高等工科院校系列教材

工　程　制　图

第2版

主编　高雪强　李才泼
参编　刘顺芳　葛敬侠　韩志杰　石建玲

机械工业出版社

本书是根据教育部高等学校工程图学教学指导委员会制定的“普通高等学校工程图学课程教学基本要求”，结合多年来工程图学教学改革和建设的经验编写而成的。

本书内容包括制图的基本知识和技能，点、直线、平面的投影，立体及表面交线的投影，组合体视图，机件常用的图样画法，标准件和常用件，零件图，装配图及计算机辅助绘图。

本书可作为高等工科院校非机类各专业本科教材，也可作为高等职业教育本科、专科相关专业教材，同时也可供有关工程技术人员参考、使用。

本书配有电子课件，凡选择本书作为教材的教师可登录机械工业出版社教育服务网 www. cmpedu. com 注册后下载。咨询邮箱：cmpgaozhi@ sina. com。咨询电话：010-88379375。

图书在版编目（CIP）数据

工程制图/高雪强，李才泼主编. —2 版. —北京：机械工业出版社，2017. 2（2023. 1 重印）

高等工科院校系列教材

ISBN 978-7-111-56068-5

Ⅰ. ①工… Ⅱ. ①高… ②李… Ⅲ. ①工程制图-高等学校-教材 Ⅳ. ①TB23

中国版本图书馆 CIP 数据核字（2017）第 029073 号

机械工业出版社（北京市百万庄大街 22 号　邮政编码 100037）
策划编辑：王海峰　赵志鹏　责任编辑：王英杰　王海峰　张亚捷
责任校对：李锦莉　刘秀丽　封面设计：陈　沛
责任印制：张　博
北京雁林吉兆印刷有限公司印刷
2023 年 1 月第 2 版第 6 次印刷
184mm×260mm · 16. 75 印张 · 402 千字
标准书号：ISBN 978-7-111-56068-5
定价：49. 00 元

电话服务
客服电话：010-88361066
010-88379833
010-68326294

网络服务
机　工　官　网：www. cmpbook. com
机　工　官　博：weibo. com/cmp1952
金　　书　　网：www. golden-book. com
机工教育服务网：www. cmpedu. com

第2版前言

本书是在第 1 版的基础上，根据教育部高等学校工程图学教学指导委员会制定的“普通高等学校工程图学课程教学基本要求”及近年来发布的与制图有关的国家标准，并结合多年来工程图学教学改革和建设的经验修订而成的。供高等学校非机类各专业作为教材使用。

与第 1 版相比，本版做了如下修订。

1. 采用最新颁布的《技术制图》和《机械制图》国家标准。

2. 原“表面粗糙度”部分，按照新颁布的国家标准“表面结构要求”编写；原“形状和位置公差”按照新颁布的国家标准“几何公差”编写。

3. 精简了画法几何部分，删除了换面法、相对位置等内容。

4. 将原来的“轴测图”一章，并入到立体及表面交线的投影章节中。

5. 将原来的“零件图上的技术要求”一章纳入到零件图章节中。

6. 在“计算机辅助绘图”一章中，介绍 Auto CAD2014 版本绘图软件。

本书由高雪强、李才泼任主编，参加本版教材编写工作的有：高雪强（绪论、第一章、第二章、第五章、部分附录）、刘顺芳（第三章）、葛敬侠（第四章）、韩志杰（第六章）、石建玲（第八章）、李才泼（第七章、第九章、部分附录）。

河北科技大学崔振勇教授认真审阅了全部书稿，提出许多宝贵意见和建议，在此表示衷心感谢。

由于编者水平所限，书中疏漏和差错之处在所难免，恳请读者批评、指正。

编　者

第1版前言

本书是根据教育部颁发的新的专业目录和高等学校工程制图课程教学指导委员会制定的画法几何及机械制图课程教学基本要求的主要精神，参考了国内外同类教材，结合近几年的教学经验编写而成的。

在编写本书过程中，主要考虑以下几点。

1. 书中的内容力求体现少而精的原则。对基本概念、原理和基本作图方法讲透，叙述通俗易懂，以便于学生自学。教材中的例题大部分采用分解图，且附有立体图，以便于图文对照。

2. 将截交线、相贯线的内容糅和在基本体的内容中，是为了强调各部分内容之间联系的同时，达到由浅入深、分散教学难点的目的。

3. 书中将“零件图中的技术要求”独立成章，其目的是在介绍技术要求的基础上，加强对有关公差标注和识别的讲解。

4. 在“计算机绘图”一章中，着重介绍 AutoCAD 2006 绘图软件，以配合教学需求，有利于普及计算机 CAD 技术。

5. 全书采用《技术制图》和《机械制图》等最新国家标准。

本书由崔振勇、印建平任主编，高雪强、葛敬侠、刘芬任副主编。参加编写的人员有：高雪强（绪论、第二章、附录）、印建平（第一章、第十一章）、崔振勇（第八章、第九章、附录）、张景梅（第三章）、葛敬侠（第四章、第五章）、刘芬（第七章）、贾广飞（第六章）、石建玲（第十章）。

本书由石家庄铁道学院池建斌教授任主审，池教授对书稿提出了许多宝贵意见。

由于编者水平有限，加上编写时间仓促，书中难免存在错误和不足，恳请读者指正。

编　者

目 录

绪 论

一、本课程的研究对象和主要任务

在现代工业生产中，无论是设计制造各种机器，还是建造高楼大厦，都离不开图样。通常将机器和建筑物等的结构形状、尺寸大小、使用材料及相关技术要求等内容，按一定的投影法和技术规定绘制在图纸上，称为工程图样。

工程图样是工程技术部门的重要技术文件，是表达交流技术思想的重要工具，被喻为工程界的“技术语言”。作为一名工程技术人员，必须掌握这种“语言”，否则就无法从事工程技术工作。

本课程主要研究绘制和阅读工程图样的基本理论和方法，学习国家标准《机械制图》和《技术制图》的相关内容。主要任务如下。

1）学习正投影法的基本理论及应用。

2）培养以图形为基础的形象思维能力。

3）学习国家标准《机械制图》和《技术制图》的有关规定。

4）培养阅读和绘制工程图样的基本能力。

5）培养学生认真负责的工作态度和严谨细致的工作作风。

二、本课程的特点和学习方法

本课程的特点是既有理论又偏重于实践。因此，学习时应注意以下几点。

（1）理论联系实际，提高两个能力　本课程的核心内容是用投影法在二维平面上表达空间几何元素以及图解几何问题，图示和图解贯穿始终。因此，要理论联系实际，多想、多看、多画，不断地“由物画图，由图想物”，将投影分析与空间分析相结合，逐步提高空间想象能力和投影分析能力。

（2）重视和强化实践环节　完成一定数量的习题和作业，是巩固基本理论和培养绘图、读图能力的基本保证。因此，对习题和作业应高度重视，认真、按时、优质地完成。

（3）严格贯彻国家标准　为了确保图样传递信息的正确与规范，国家标准对图样的具体绘制、标注方法及格式等都做了严格、统一的规定。因此，从开始学习时就要强化标准化意识，认真学习并严格贯彻国家标准的各项规定。

（4）和工程实际相结合　本课程最终要服务于工程实际。因此，学习和积累相关工程实际知识，对于加强读图和绘图能力可以起到重要的作用。

第一章

制图的基本知识和技能

工程图样是用来指导生产和进行交流的重要技术文件，作为“工程界的语言”，必须严格遵守国家标准《技术制图》和《机械制图》的有关规定，还应掌握必要的绘图技能和方法。本章摘要介绍国家标准关于制图的有关规定、绘图工具和绘图仪器的使用、几何作图方法、平面图形的画法及手工绘图等内容。

第一节　国家标准《机械制图》的基本规定

为了适应现代化生产和管理的需要，便于技术交流，中华人民共和国国家质量监督检验检疫总局和中国国家标准化管理委员会发布、实施了国家标准《技术制图》和《机械制图》，对图样上的有关内容做了统一规定，在绘制工程图样时，必须严格遵守这些规定。本节摘要介绍其中的部分内容。

一、图纸幅面和格式

1. 图纸幅面尺寸

绘制工程图样时，图纸的幅面优先采用表 1-1 中规定的基本图幅尺寸。

表 1-1　图纸基本幅面及图框尺寸　　（单位：mm）

幅面代号	A0	A1	A2	A3	A4
$B\times L$	841×1189	594×841	420×594	297×420	210×297
e	20		10		
c	10			5	
a	25				

2. 图框格式

在图纸上必须用粗实线画出图框，用来限定绘图区域。其格式分为留装订边（图 1-1）和不留装订边（图 1-2）两种，图纸周边尺寸 e、c、a 按表 1-1 中规定选取，同一产品的图样只能采取一种格式。

3. 标题栏

绘图时必须在每张图纸的右下角画出标题栏，如图 1-1、图 1-2 所示。它的内容、尺寸和格式应遵守 GB/T 10609.1—2008 的规定。为了学习方便，建议学生作业中的标题栏采用图 1-3 所示的简化格式。

若标题栏的长边置于水平方向并与图纸的长边平行时，则构成 X 形图纸；标题栏的长边置于水平方向并与图纸的长边垂直时，则构成 Y 形图纸。国家标准规定，标题栏中的文字方向为看图方向，即图中的尺寸标注、符号及说明均以标题栏中的文字方向为准，而不是相对图纸的装订边而言。

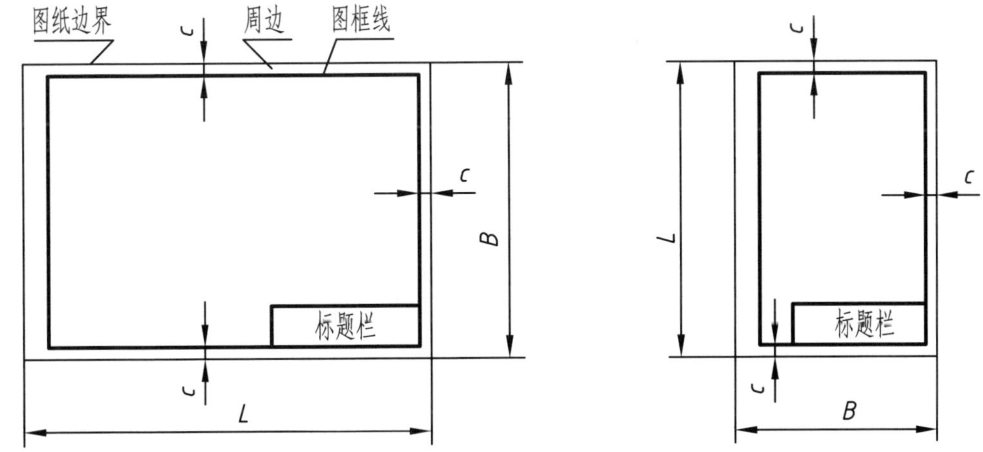

a)　　b)

图 1-1　留装订边的图框格式

a）X 形　b）Y 形

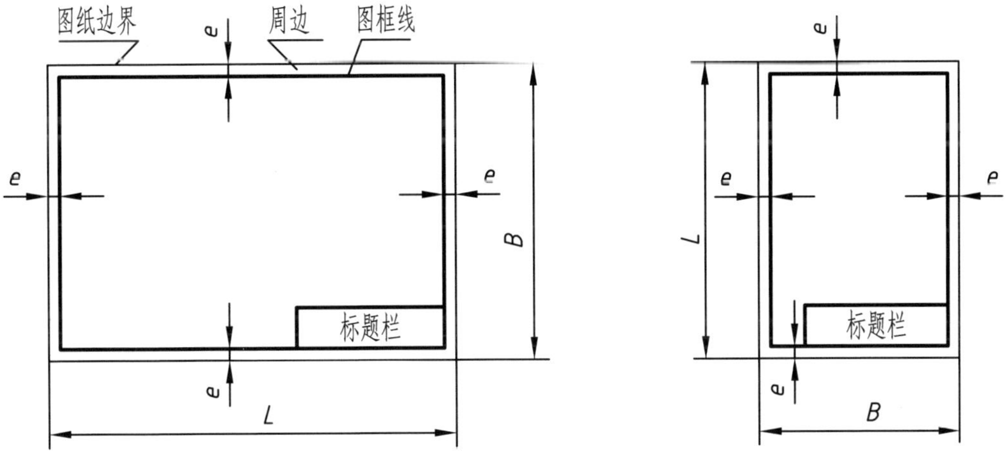

a)　　b)

图 1-2　不留装订边的图框格式

a）X 形　b）Y 形

4. 附加符号

（1）对中符号　为了使图样复制和缩微摄影时定位方便，应在图纸各边的中点处分别画出对中符号，如图 1-4a、b 所示。对中符号用粗实线绘制，长度从图纸边界开始至伸入图

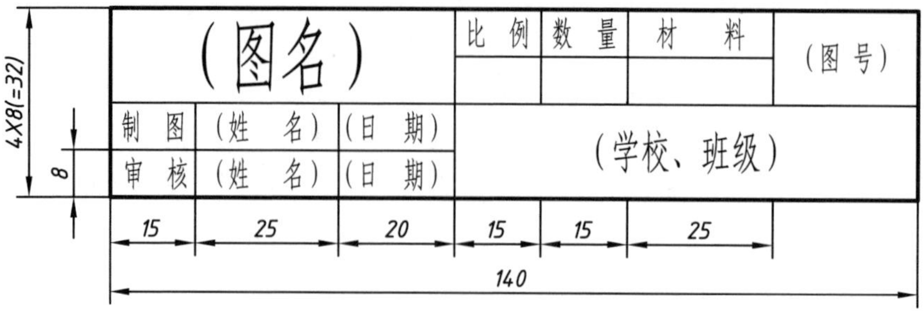

图 1-3 学生用简化标题栏

纸内约 5mm。

（2）方向符号 若使用预先印制的图纸时，为了明确绘图与看图时图纸的方向，应在图纸的下边对中符号处画出一个方向符号。方向符号是用细实线绘制的等边三角形，其大小和所处的位置如图 1-4c 所示。

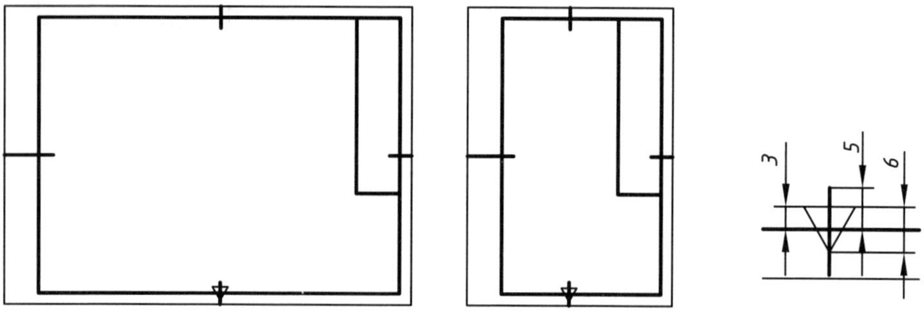

a) b) c)

图 1-4 对中符号和方向符号

a）Y 形图纸横放使用 b）X 形图纸竖放使用 c）方向符号

二、比例

比例是指图中图形与其实物相应要素的线性尺寸之比。绘制技术图样时，应根据机件的形状、大小和结构复杂程度，选用恰当的比例。表 1-2 左半部分为优先选用的比例系列。图形不论放大或缩小，所注尺寸数值必须是物体的真实大小。

表 1-2 标准比例系列

种 类	优先选用比例	允许选用比例
原值比例	1 : 1	
放大比例	2 : 1 5 : 1 1×10^n : 1 2×10^n : 1 5×10^n : 1	4 : 1 2.5 : 1 4×10^n : 1 2.5×10^n : 1
缩小比例	1 : 2 1 : 5 1 : 2×10^n 1 : 5×10^n 1 : 1×10^n	1 : 1.5 1 : 2.5 1 : 3 1 : 4 1 : 6 1 : 1.5×10^n 1 : 2.5×10^n 1 : 3×10^n 1 : 4×10^n 1 : 6×10^n

注：n 为正整数。

三、字体

在技术制图和有关技术文件中，书写汉字、字母、数字时，必须做到：字体工整、笔画清楚、间隔均匀、排列整齐。

字体高度用 h 表示，其公称尺寸系列：1.8mm，2.5mm，3.5mm，5mm，7mm，10mm，14mm，20mm。需要书写更大的字时，其字体高度应按$\sqrt{2}$的比例递增。字体高度代表字体的号数。

1. 汉字

汉字应写成长仿宋体，应采用国家正式公布推行的简化字。汉字的高度不应小于 3.5mm，其字宽一般为 $h/\sqrt{2}$。

书写长仿宋体的要领：横平竖直、注意起落、结构均匀、填满方格。长仿宋体字示例如图 1-5 所示。

10 号字

字体工整 笔画清楚 间隔均匀 排列整齐

7 号字

横平竖直注意起落结构均匀填满方格

5 号字

技术制图机械电子汽车航空船舶土木建筑矿山井坑港口纺织服装

3.5 号字

螺纹齿轮端子接线飞行指导驾驶舱位挖填施工引水通风闸阀坝棉麻化纤

图 1-5　长仿宋体字示例

2. 字母和数字

字母和数字分 A 型和 B 型。A 型字体的笔画宽度 d 为字高 h 的 1/14，B 型字体的笔画宽度 d 为字高 h 的 1/10。同一图样上，只允许选用一种形式的字体。

字母和数字可写成斜体或直体。斜体字字头向右倾斜，与水平基准线成 75°，如图 1-6 所示。

用作分数、极限偏差、注脚等的数字及字母，一般应采用小一号的字体。

四、图线

1. 图线线型

图样中的图形是由各种图线组成的。国家标准《技术制图》规定了 15 种基本线型，表 1-3 列出了国家标准《机械制图》（GB/T 4457.4—2002）中规定的 9 种线型。

图 1-6 字母、数字示例

表 1-3 机械制图常用图线

图线名称	图线线型	图线宽度	一 般 应 用
粗实线		d	可见轮廓线
细实线		约 $d/2$	1)尺寸线及尺寸界线 2)剖面线 3)重合断面的轮廓线 4)螺纹牙底线 5)过渡线
波浪线		约 $d/2$	1)断裂处边界线 2)视图与剖视图的分界线
双折线	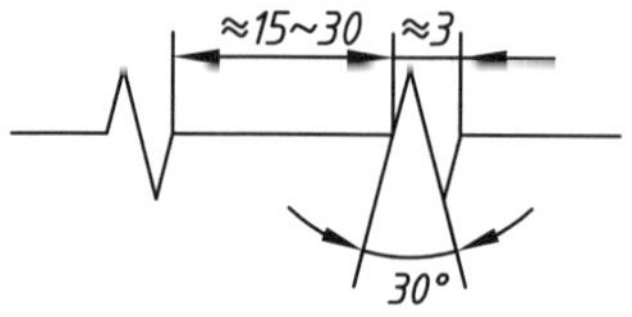	约 $d/2$	断裂处边界线
细虚线	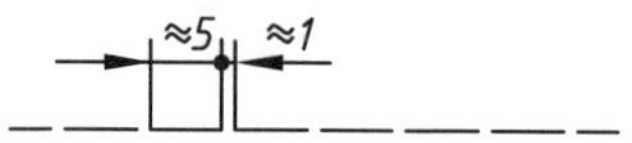	约 $d/2$	不可见轮廓线

（续）

图线名称	图线型式	图线宽度	一般应用
粗虚线		d	允许表面处理的表示线
细点画线	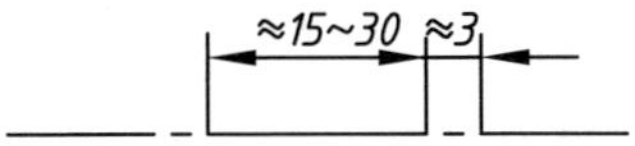	约 $d/2$	1) 轴线 2) 对称中心线 3) 分度圆及分度线
粗点画线		d	限定范围表示线
细双点画线	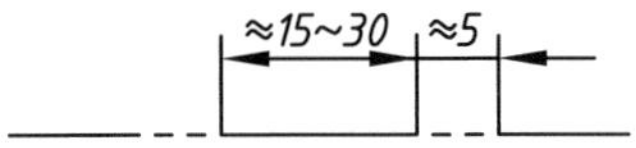	约 $d/2$	1) 相邻辅助零件的轮廓线 2) 可动零件的极限位置的轮廓线 3) 轨迹线

2. 图线宽度

机械制图中通常采用粗、细两种线宽，宽度比为 2∶1，见表 1-3。图线宽度系列：0.13mm，0.18mm，0.25mm，0.35mm，0.5mm，0.7mm，1.0mm，1.4mm，2.0mm。机械图样中粗线宽度建议采用 0.7mm 为宜。

3. 图线画法注意事项

1）在同一图样中，相同线型的线宽应保持一致。虚线、点画线及双点画线的线段长度及间隔应各自大致相等。点画线和双点画线的首尾两端应该是长画而不是点。

2）绘制圆的中心线时，圆心应为长画的交点，而不得画成点或间隔。细点画线两端应超出圆弧或相应图形轮廓 3~5mm。

3）在较小的图中画点画线或双点画线困难时，可用细实线代替。

4）当图线相交时，应是画相交。当细虚线在粗实线的延长线上时，在细虚线和粗实线的分界点处，细虚线应留出间隙。

细点画线、细虚线画法举例如图 1-7 所示。

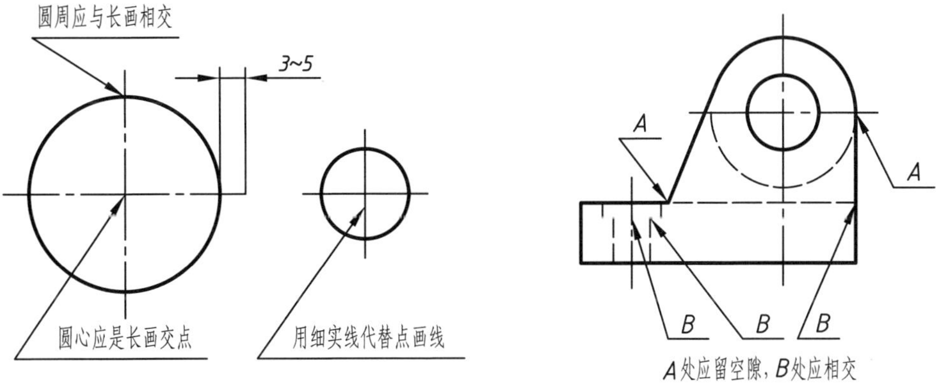

a)　　　　b)

图 1-7　细点画线、细虚线画法举例

五、尺寸注法

图样中的图形用来表达机件的结构形状，而机件的大小及各部分的相对位置关系则需要用尺寸来确定。图样上的尺寸主要是线性尺寸、角度尺寸和弧长尺寸。标注尺寸时要遵守国家标准《尺寸注法》中的基本规则和基本规定。

1. 基本规则

1）机件的真实大小应以图样上所标注的尺寸数值为依据，与图形的大小及绘图的准确度无关。

2）图样中的尺寸，一般以 mm 为单位。此时不需标注其计量单位的代号和名称。若采用其他单位，则必须注明相应的计量单位的代号或名称。

3）图样中所标注尺寸，为该图样所示机件的最后完工尺寸，否则应另加说明。

4）机件的每一尺寸，一般只标注一次，并应标注在反映该结构最清晰的图形上。

2. 尺寸的组成

一个完整的尺寸，一般由尺寸界线、尺寸线和尺寸数字（包括必要的计量单位、字母和符号）组成，如图 1-8 所示。

（1）尺寸界线　尺寸界线用以表示所标注尺寸度量的范围，用细实线绘制。尺寸界线应由图形的轮廓线、轴线或对称中心线处引出；也可利用轮廓线、轴线或对称中心线作为尺寸界线。尺寸界线一般与尺寸线垂直，并超出尺寸线末端 2~3mm。

（2）尺寸线　尺寸线用以表示尺寸度量的方向，必须用细实线单独绘制，其终端应画箭头（或斜线）。尺寸线终端形式如图 1-9 所示。机械图样中，一般采用箭头作为尺寸线的终端，当空间不够时也可以用圆点代替或采用斜线形式。线性尺寸的尺寸线必须与所标注的线段平行。

（3）尺寸数字　尺寸数字表示机件的真实大小。一般注写在尺寸线的上方中间处，也允许注在尺寸线的中断处。尺寸数字不能被任何图线穿过，当不可避免时，必须将该图线断开。

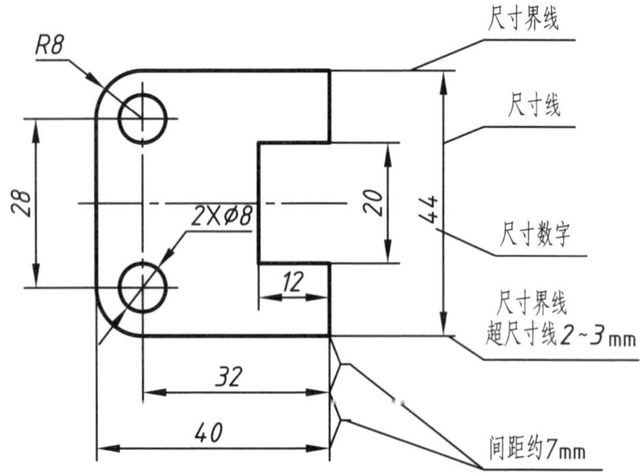

图 1-8　尺寸组成

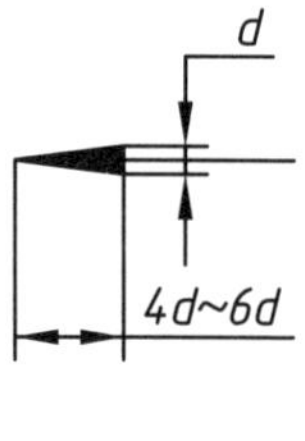

图 1-9　尺寸线终端形式

3. 常用的尺寸注法

表 1-4 列举了常见尺寸标注的规定和示例。

表 1-4 常见尺寸标注的规定和示例

标注内容	基本规定	标注示例
线性尺寸	尺寸数字一般应按右图所示的方向注写，并尽量避免在图示 30°范围内标注尺寸。当无法避免时，应按右图右侧形式引出标注	 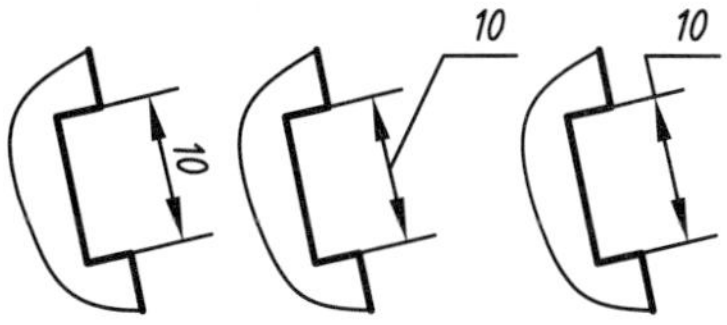
角度	尺寸界线应沿径向引出，尺寸线画成圆弧，圆心为角的顶点。尺寸数字一律水平书写，一般注写在尺寸线的中断处，必要时可引出标注	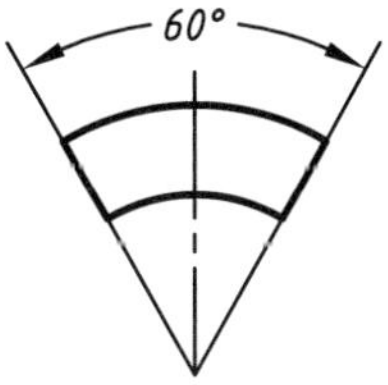 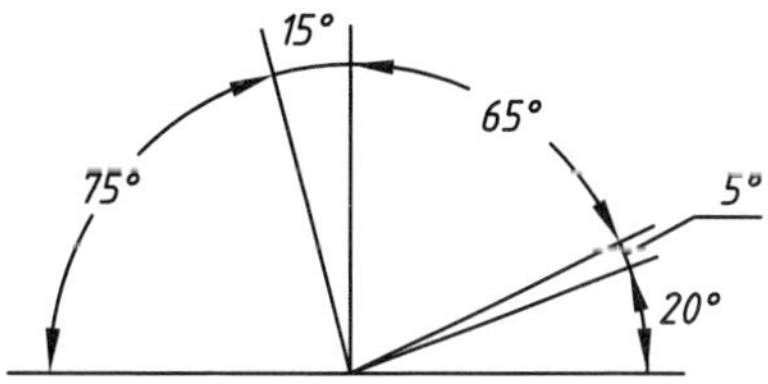
圆和圆弧	圆或大于 180°的圆弧，应标注直径，在尺寸数字前加注符号“ϕ”	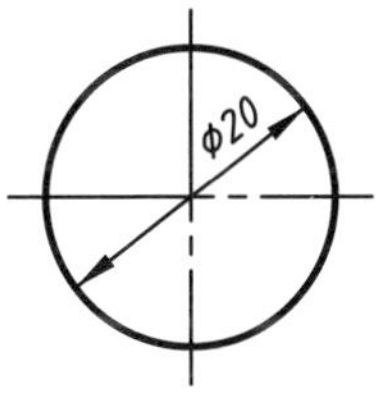 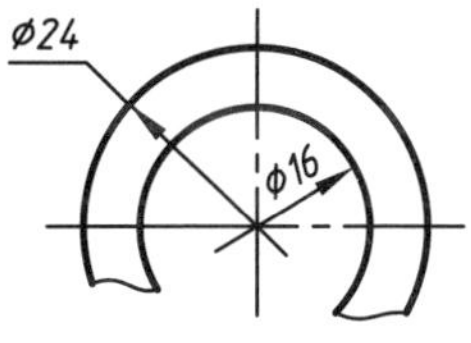
	等于或小于 180°的圆弧，应标注半径，在尺寸数字前加注符号“*R*”。当圆弧半径过大或在图纸范围内无法标出其圆心位置时，可按中图的形式标注；若不需要标出其圆心位置时，可按右图形式标注	 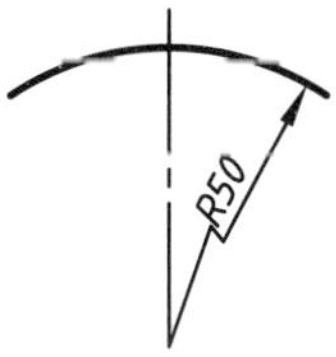 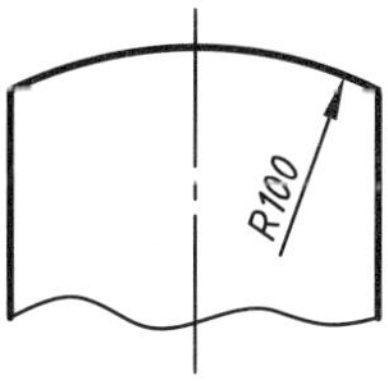
球面	应在直径符号“ϕ”或半径符号“*R*”前加注符号“*S*”。对于螺钉、铆钉的头部、轴及手柄的端部等，在不致引起误解的情况下可省略符号“*S*”	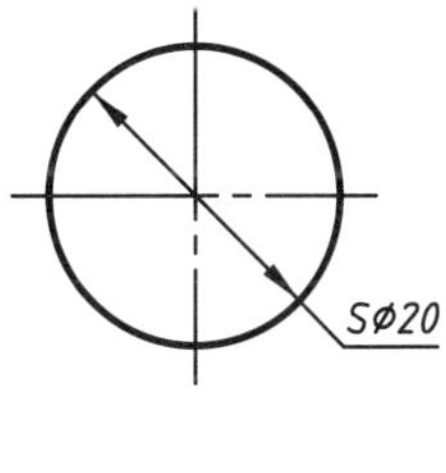 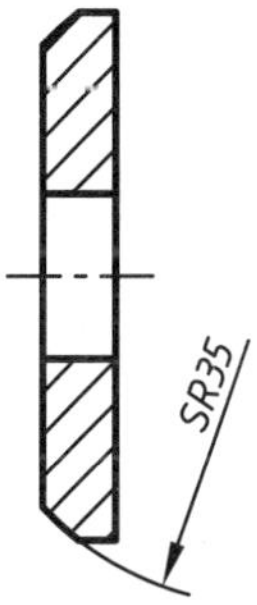 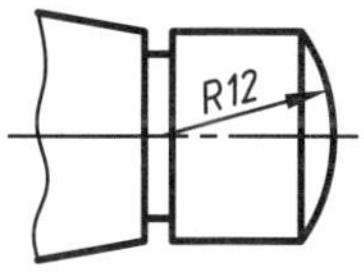

（续）

标注内容	基本规定	标注示例
弦长和弧长	尺寸界线应平行于该弦的垂直平分线，在弧长数值前加注符号“⌒”；当弧度较大时，可径向引出	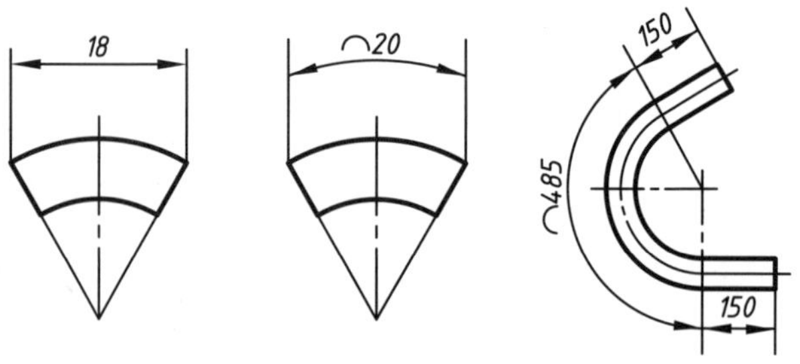
狭小部位	在没有足够位置画箭头或注写尺寸数字时，可将其布置在尺寸界线外侧，或者用圆点、斜线代替两个箭头	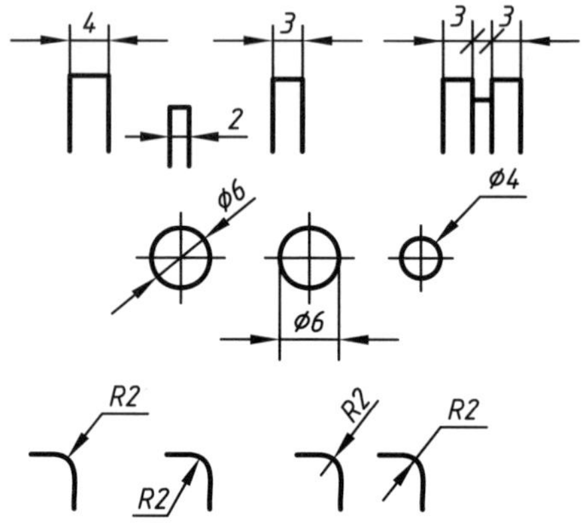
正方形断面结构	标注断面为正方形结构的尺寸时，可在正方形边长数字前加注符号“□”，或者采用“*B*×*B*”（*B* 为边长）形式注出	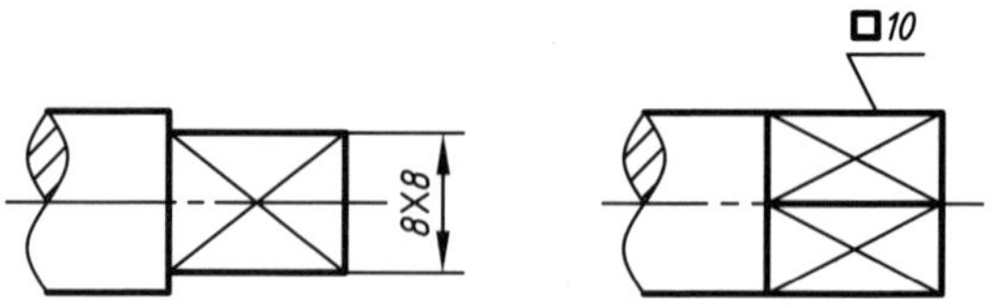
板状零件	标注板状零件（只有一个视图）的厚度时，可在尺寸数字前加注符号“*t*”	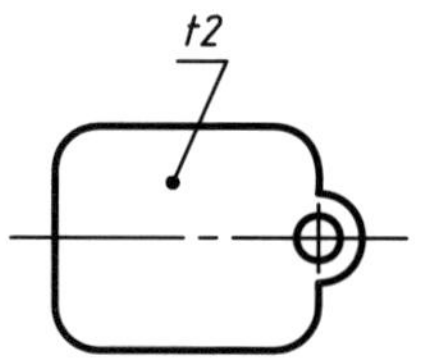

第二节　绘图工具和仪器的使用

要想提高手工绘图的准确度和绘图效率，必须正确使用各种绘图工具和仪器。常用的尺规绘图工具和仪器有图板、丁字尺、三角板、圆规、分规、铅笔等，下面简单介绍它们的使用方法。

一、图板、丁字尺、三角板的用法

图板、丁字尺、三角板的用法如图 1-10～图 1-13 所示。

图 1-10　用丁字尺画水平线

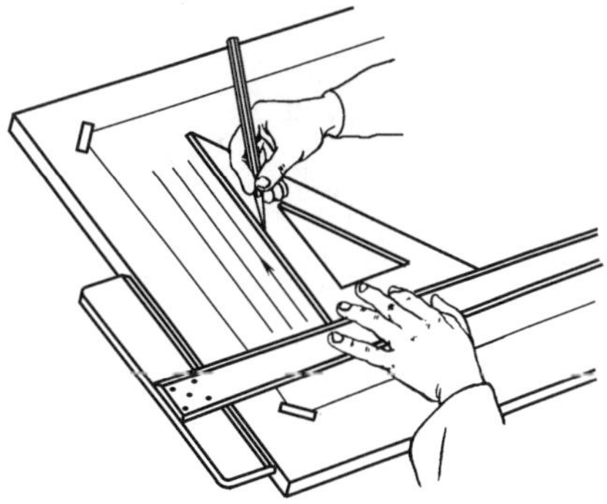

图 1-11　用丁字尺和三角板配合画铅垂线

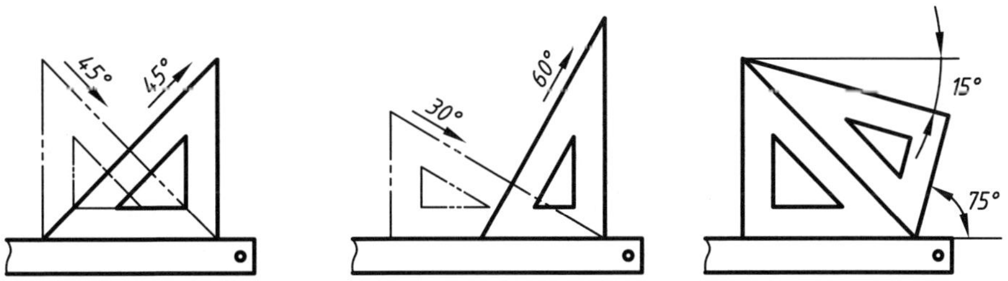

图 1-12　用丁字尺和三角板配合画 15°整数倍的斜线

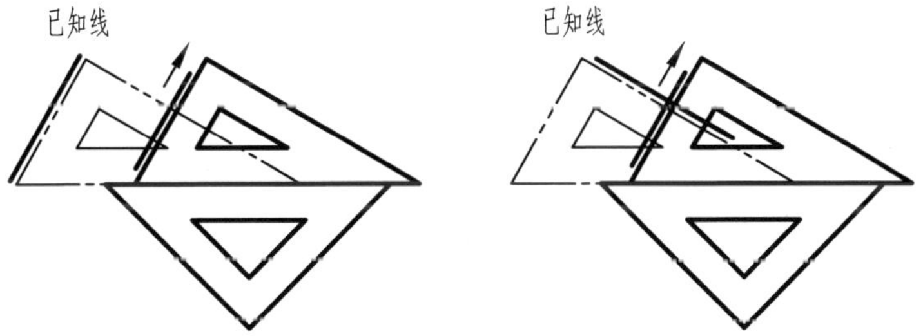

a)　　　　b)

图 1-13　用两块三角板配合画平行线或垂直线

a）画平行线　b）画垂直线

二、圆规的用法（见图 1-14）

三、铅笔的用法

绘图时，建议按如下原则选用和削铅笔：H 铅笔用于画细线及打底稿等，铅芯削成圆锥形；HB 铅笔用于写字，铅芯削成圆锥形；B 或 2B 铅笔用于画粗线，铅芯削成扁铲形。铅笔的削法如图 1-15 所示。

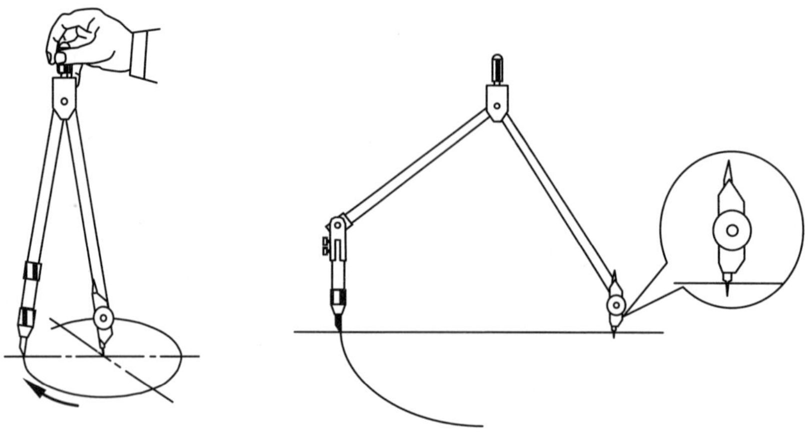

图 1-14 用圆规画圆或圆弧

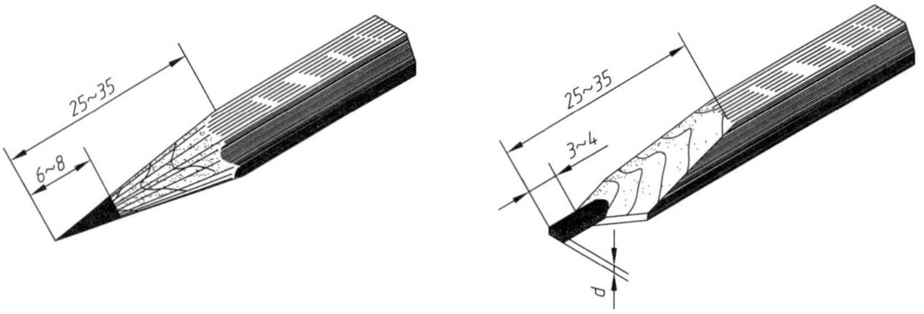

图 1-15 铅笔的削法

第三节 几 何 作 图

在绘图过程中，常会遇到几何图形的作图问题，熟练地掌握几何图形的基本作图方法，是绘制机械图样的基础，下面介绍几种常见几何图形的作图方法。

一、等分圆周及作正多边形

常见的等分圆周及作正多边形的方法和步骤见表 1-5。

二、椭圆的近似画法

若已知椭圆的长轴和短轴长度，在要求不很精确的情况下，可采用近似画法（四心法）画椭圆。步骤如下。

1）画出长轴 AB 和短轴 CD；连接端点 A 和 C；在短轴延长线上截取 $OE=OA$，在 AC 上截取 $CF=CE$，如图 1-16a 所示。

2）作 AF 的中垂线，与长、短轴分别交于点 O_1、O_2，再取其对称点 O_3、O_4，O_1、O_2、O_3、O_4 即为四段圆弧圆心；连接 O_2O_1、O_2O_3、O_4O_1、O_4O_3 并延长，即为大弧与小弧的分

界线，如图 1-16b 所示。

表 1-5 常见的等分圆周及作正多边形的方法和步骤

<table>
<tr><th>类别</th><th>作图方法</th></tr>
<tr><td>四等分</td><td>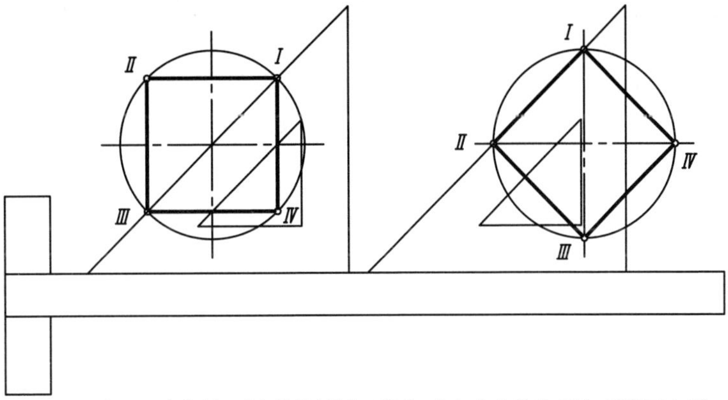

用 45°三角板和丁字尺配合作图，可直接将圆周四等分；将各分点依次相连，可得正方形</td></tr>
<tr><td rowspan="2">三、六等分</td><td>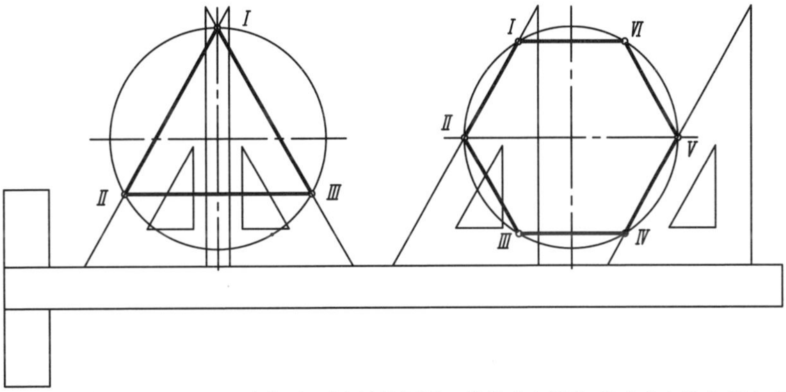

用 30°(60°)三角板和丁字尺配合作图，可直接将圆周三等分或六等分；将各分点依次相连，可得等边三角形或正六边形</td></tr>
<tr><td>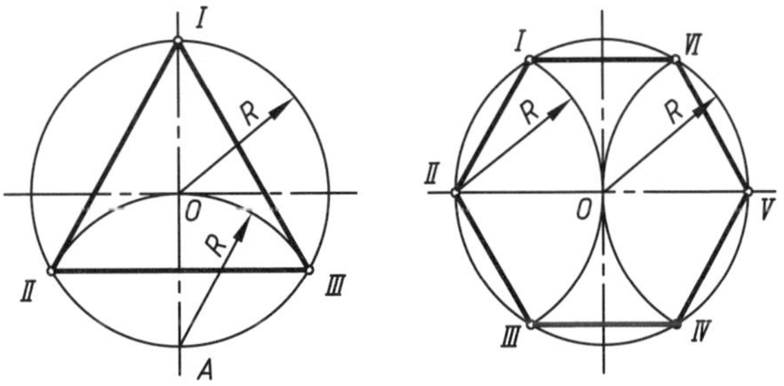

圆规可直接将圆周三等分或六等分；将各分点依次相连，可得等边三角形或正六边形</td></tr>
</table>

3）分别以 O_1、O_2、O_3、O_4 为圆心，O_1A、O_2C、O_3B、O_4D 为半径作弧，四段圆弧拼成近似椭圆，如图 1-16c 所示。

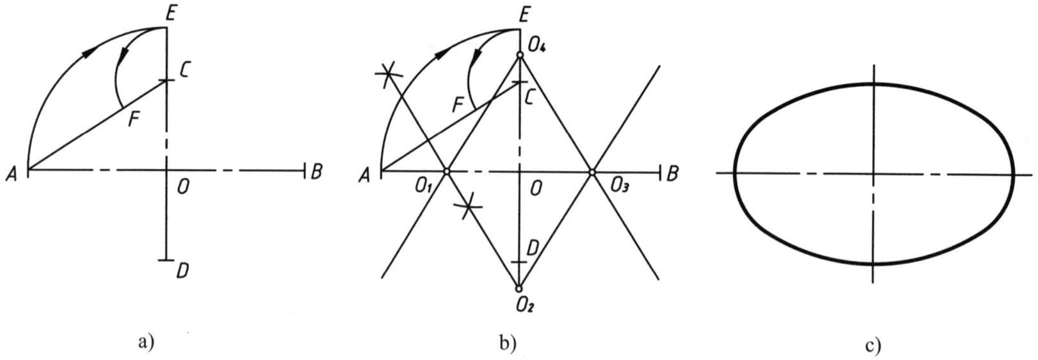

图 1-16　用四心法作近似椭圆

三、圆弧连接

用已知半径的圆弧光滑连接（即相切）两已知线段（直线或圆弧），称为圆弧连接。圆弧连接作图的关键：确定连接圆弧的圆心和切点的位置。

表 1-6 列举了 4 种用已知半径为 R 的圆弧来连接两已知线段的作图方法和步骤。

表 1-6　圆弧连接的作图举例

连接形式	实例	作图方法和步骤	
连接两相交直线	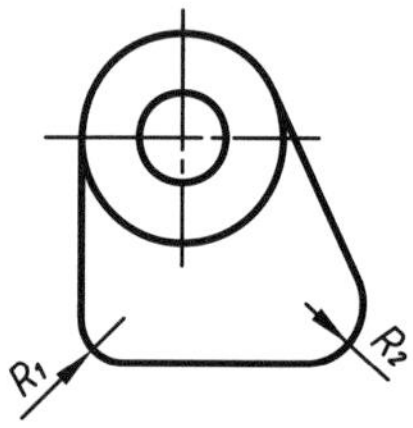	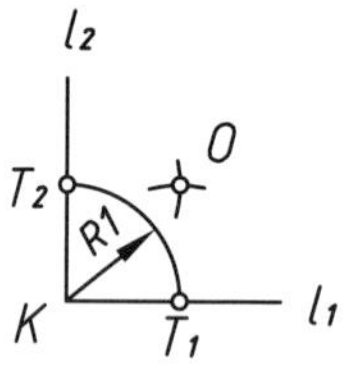	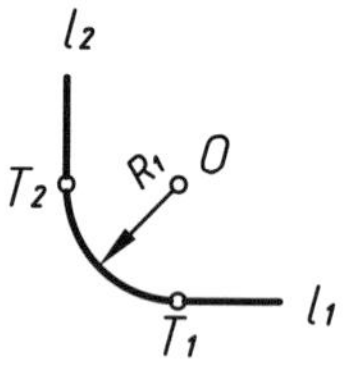
		1）以两直线交点 K 为圆心，连接弧半径 R_1 为半径画弧，分别交已知直线 l_1、l_2 于 T_1、T_2 点，分别以 T_1、T_2 为圆心、R_1 为半径画弧得交点 O 即为圆心。T_1、T_2 即为切点	2）以 O 为圆心，R_1 为半径在两切点 T_1 和 T_2 之间画圆弧，即为所求
		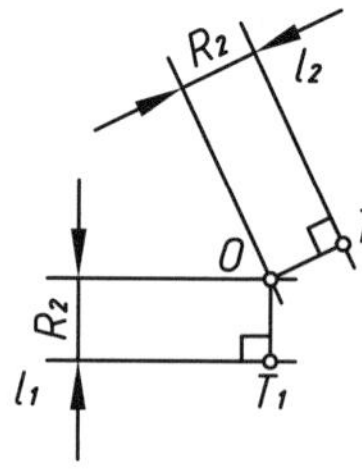	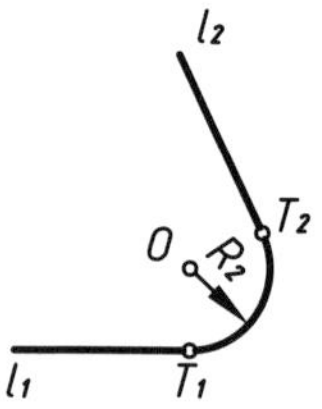
		1）分别作与已知直线 l_1、l_2 距离为 R_2 的平行线，其交点 O 即为圆心。过 O 点作两已知直线的垂线，垂足 T_1 和 T_2 即为切点	2）以 O 为圆心，R_2 为半径在两切点 T_1 和 T_2 之间画圆弧，即为所求

（续）

连接形式	实例	作图方法和步骤	
连接两圆弧（外切）	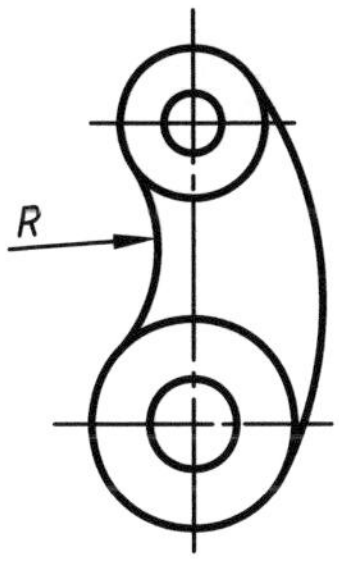	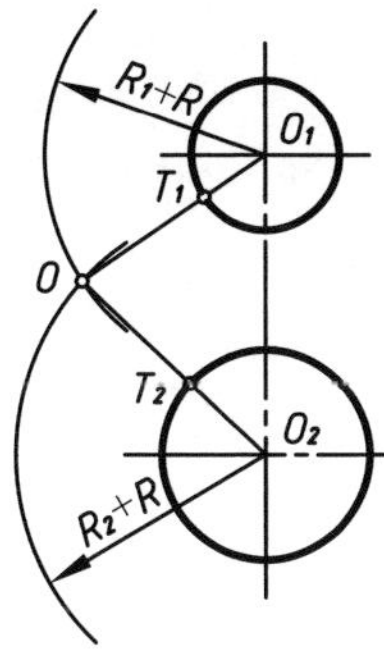	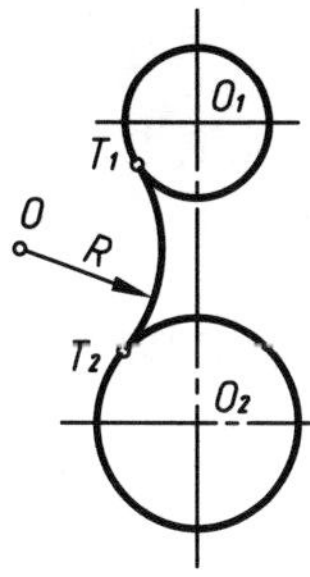
		1）分别以 O_1、O_2 为圆心，R_1+R 和 R_2+R为半径画圆弧，两圆弧交点 O 即为圆心。连接 OO_1、OO_2，与已知圆弧的交点 T_1、T_2 即为切点	2）以 O 为圆心、R 为半径在两切点 T_1 和 T_2 之间画圆弧，即为所求
连接两圆弧（内切）	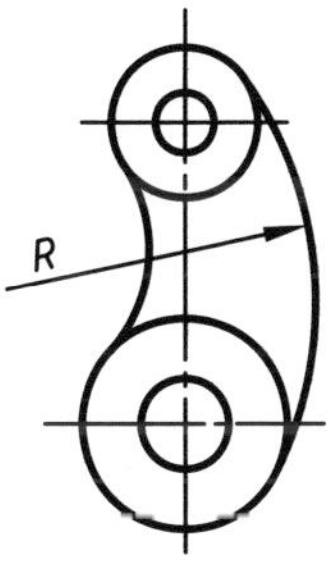	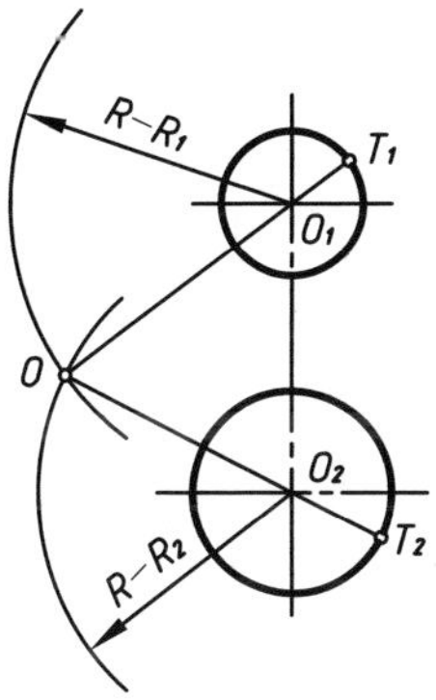	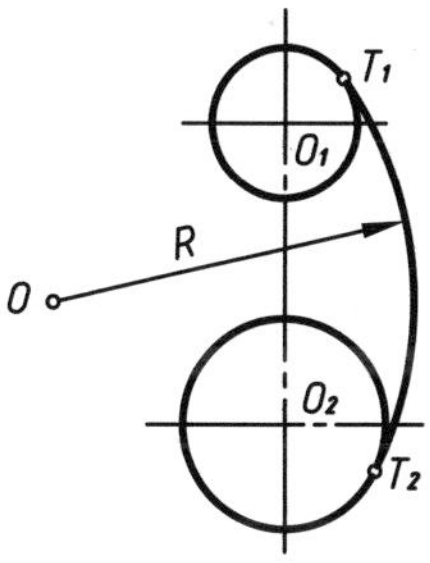
		1）分别以 O_1、O_2 为圆心，$R-R_1$ 和 $R-R_2$ 为半径画圆弧，两圆弧交点 O 即为圆心。连接 OO_1、OO_2 并延长，与已知圆弧的交点 T_1、T_2 即为切点	2）以 O 为圆心、R 为半径在两切点 T_1 和 T_2 之间画圆弧，即为所求
连接圆弧和直线	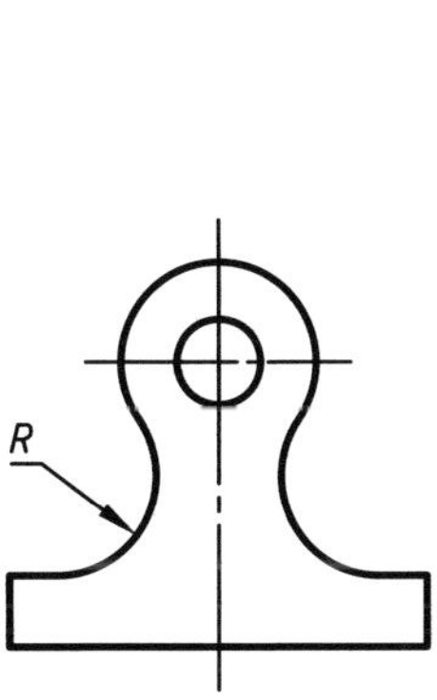	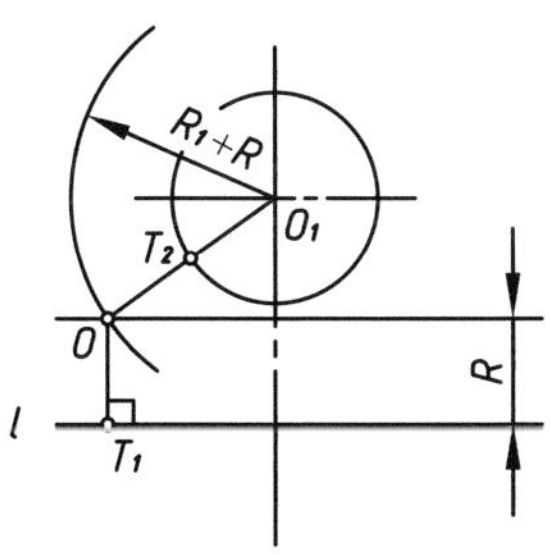	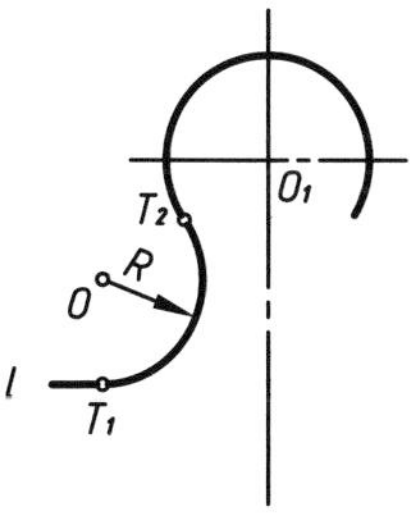
		1）作与已知直线 l 距离为 R 的平行线；以 O_1 为圆心，R_1+R 为半径画圆弧，与平行线交于点 O 即为圆心。过 O 作已知直线的垂线得垂足 T_1，连接 OO_1 与已知圆弧交于点 T_2；T_1、T_2 即为切点	2）以 O 为圆心，R 为半径，在 T_1、T_2 之间画圆弧，即为所求

第四节　平面图形的画法

平面图形是由一些线段构成的，有些线段可以根据给定的尺寸直接画出；而有些线段则需要利用线段连接关系间接画出。因此，在画平面图形之前，必须对平面图形进行尺寸分析和线段分析，以便确定画图步骤。

一、平面图形的尺寸分析

平面图形的尺寸按其作用可分为定形尺寸和定位尺寸两种。

1. 定形尺寸

确定平面图形中各线段形状大小的尺寸称为定形尺寸。例如直线段的长度、圆及圆弧的直径或半径等，如图1-17中的ϕ20mm、15mm、ϕ5mm、R15mm、R12mm、R50mm、R10mm等尺寸。

2. 定位尺寸及基准

确定平面图形中各线段间相对位置的尺寸称为定位尺寸。如图1-17中的8mm是用于确定ϕ5mm圆心位置的定位尺寸；75mm间接地确定了圆弧R10mm水平方向的位置；ϕ30mm间接地确定了圆弧R50mm垂直方向的位置。

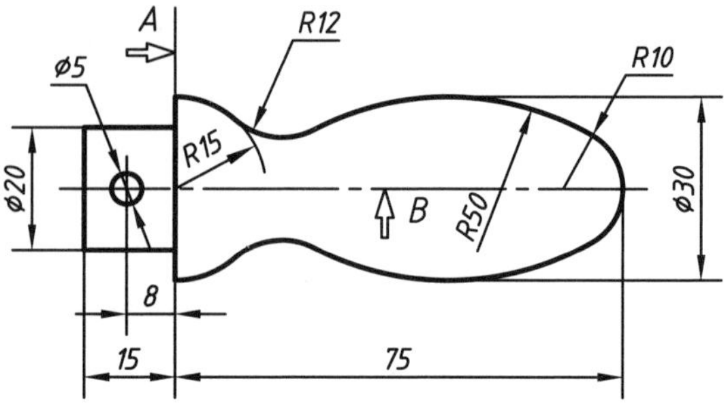

图1-17　手柄平面图形

标注定位尺寸时，必须有个起点，这个起点称为尺寸基准。在平面图形中有水平和竖直两个方向的尺寸基准。通常将对称图形的对称线、较大圆的中心线、较长的直线等作为尺寸基准。在图1-17中，A、B分别是水平和竖直两个方向的尺寸基准。

二、平面图形的线段分析

平面图形中的线段，根据其定位尺寸的完整与否，可分为以下三种。

1. 已知线段

具有定形尺寸和两个方向定位尺寸，能直接画出的线段，如图1-17中的ϕ5mm圆，R15mm、R10mm圆弧等。

2. 中间线段

具有定形尺寸和一个方向定位尺寸，需根据与一端相邻线段的连接关系才能画出的线段，如图1-17中的R50mm圆弧。

3. 连接线段

具有定形尺寸而无定位尺寸，需根据与两端相邻线段的连接关系才能画出的线段，如图1-17中的R12mm圆弧。

三、平面图形的作图步骤

下面以手柄为例说明绘制平面图形的方法和步骤。

1）画出基准线，并根据定位尺寸画出定位线，如图 1-18a 所示。

2）画出已知线段（圆弧），如图 1-18b 所示。

3）画出中间线段（圆弧），如图 1-18c 所示。

4）画出连接线段（圆弧），如图 1-18d 所示。

5）检查核对。修正错误，保留圆心和切点，擦去多余图线，如图 1-18e 所示。

6）加深图线，如图 1-18f 所示。

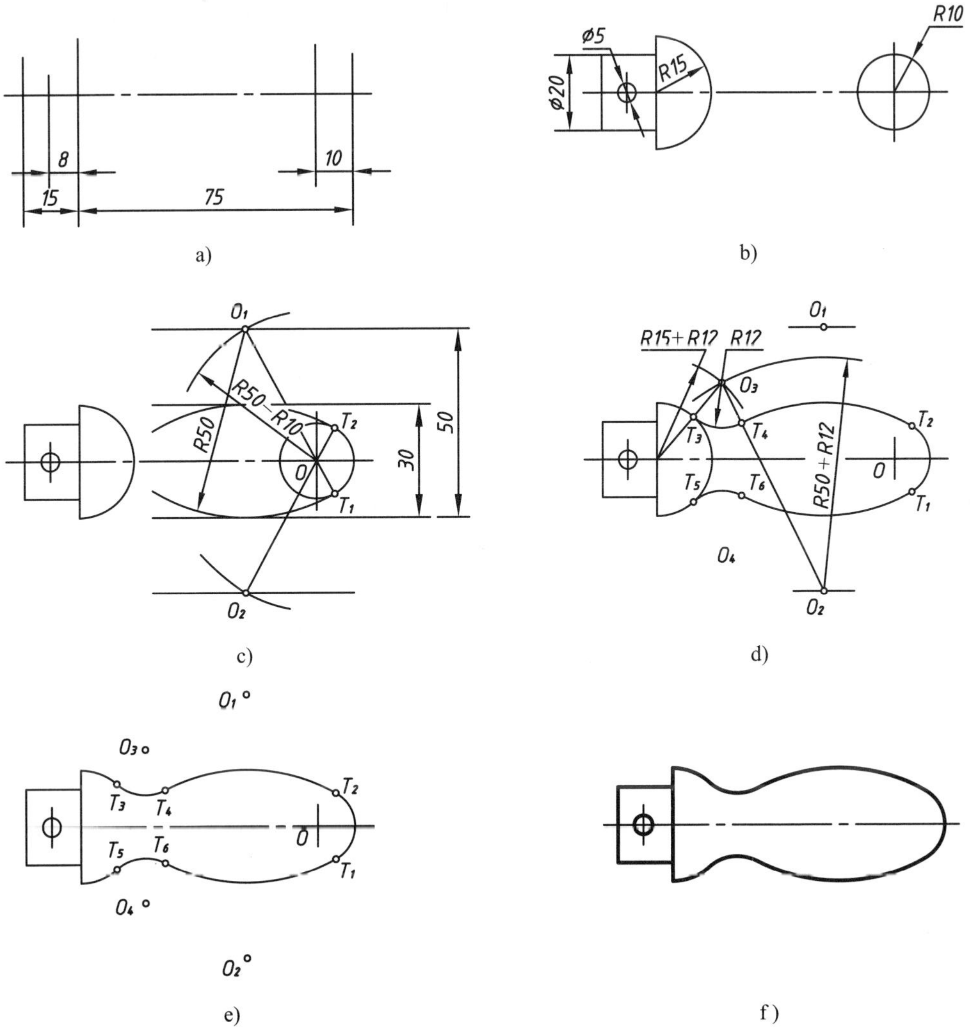

图 1-18　手柄平面图形作图步骤

第五节　手工绘图的方法和步骤

一、尺规绘图

1. 准备工作

绘图前应准备好绘图工具、仪器及绘图用品；按各种线型要求削好铅笔和圆规上的铅芯；调整好圆规的两脚长短，然后把图板、丁字尺、三角板等擦拭干净。

2. 选定比例，确定图幅，固定图纸

根据所画图形的大小及复杂程度，选取合适的绘图比例和图纸幅面。将选好的图纸放在图板的左下方，图纸的左边、下边各距图板的左边、下边留出稍大于一个丁字尺尺身宽度的空间；用丁字尺校正图纸后，用胶带纸将图纸的四个角固定在图板上。

3. 画底稿图

用细实线画出图框及标题栏的轮廓；画出图形的基准线，注意图形在图纸上的位置要布置匀称，同时应留有标注尺寸的位置；按定形尺寸画出主要轮廓线，然后再画细节部分。

4. 检查、描粗、加深图线

首先仔细校对底稿，检查是否有画错、漏画的图线，擦去多余的图线或污迹。

加深图形时，线型要符合国家标准。将同一类型、同粗细的图线一起描深；相同大小的圆或圆弧一起描深。描深的顺序一般是：先曲后直、先粗后细、先实后虚、由上向下、由左向右。

5. 标注尺寸、填写标题栏及文字说明

完成图形绘制后，依次标注尺寸、填写标题栏、明细栏内的相关内容及技术要求等文字说明。

二、徒手绘图

不使用绘图仪器，而按目测形状和大小徒手绘制的图称为徒手图，也称草图。工程技术人员时常需要用徒手图迅速、准确地表达自己的设计意图，或者把所需要的技术资料用徒手图迅速地记录下来。徒手图在零件测绘、设备维修、产品设计中占有重要地位，特别是随着计算机绘图的普及，草图的应用更加广泛。

图样一般由直线、圆、圆弧组成，因此要比较快地画好草图，应掌握徒手画各种图线，尤其是直线和圆的方法。

1. 直线的徒手画法

画直线时，执笔要自然，笔杆与纸面成45°~60°角；用手腕抵着纸面，眼睛看图线的终点，沿着画线方向匀速移动。画水平线时，可将图纸微微左倾，由左向右画线；画竖直线时，应由上而下画线，如图1-19所示；画30°、45°、60°、10°等特殊角度的斜线，可利用

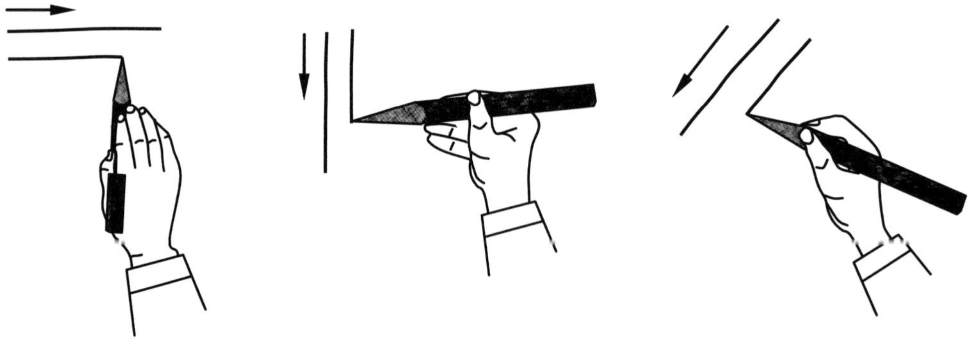

a)　　b)　　c)

图1-19　直线的徒手画法

a）画水平线　b）画竖直线　c）画斜线

两直角边的比例关系近似地画，如图 1-20 所示。每条图线最好一笔画成。

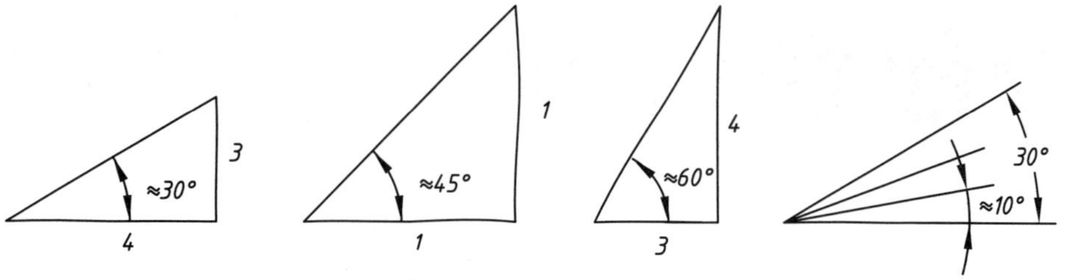

a)　　b)　　c)　　d)

图 1-20　角度线的徒手画法

a）画 30°斜线　b）画 45°斜线　c）画 60°斜线　d）画 10°斜线

2. 圆的徒手画法

画圆时，先定出圆的中心线，确定圆心位置。当所画圆直径较小时，目测在中心线上按半径大小定出四个点，然后分四段依次连成圆，如图 1-21a 所示。对于直径较大的圆，可先通过圆心画两条 45°的斜线，再目测增加四个点，分八段依次完成，如图 1-21b所示。

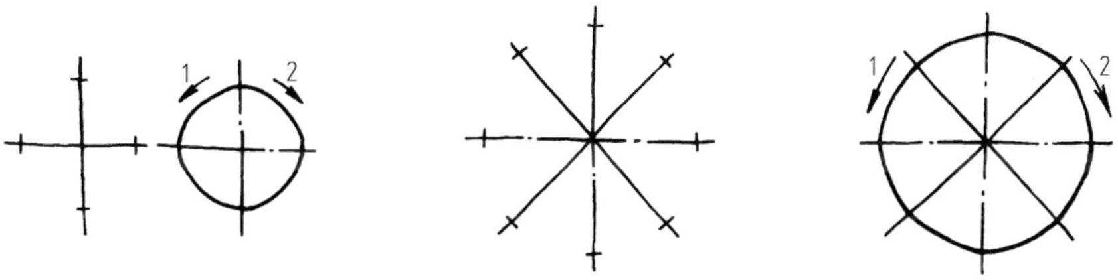

a)　　b)

图 1-21　圆的徒手画法

a）小圆画法　b）大圆画法

第二章

点、直线、平面的投影

工程图样是按照一定的投影方法绘制的。本章主要介绍投影法的基本知识，构成物体最基本的几何要素点、直线、平面的投影。

第一节　投影的基本知识

一、投影法的概念

在日光或灯光的照射下，物体会在地面或墙面上留下影子，人们发现影子的形状与物体存在着一定的对应关系，并由此现象抽象总结出了工程图样的绘制原理和方法——投影法。

如图 2-1 所示，平面外一点 S 相当于光源，称为投射中心，A、B、C 为空间点，平面 P 称为投影面，S 与 A、B、C 的连线称为投射线，SA、SB、SC 的延长线与投影面 P 的交点 a、b、c 分别称为 A、B、C 各点在投影面 P 上的投影。

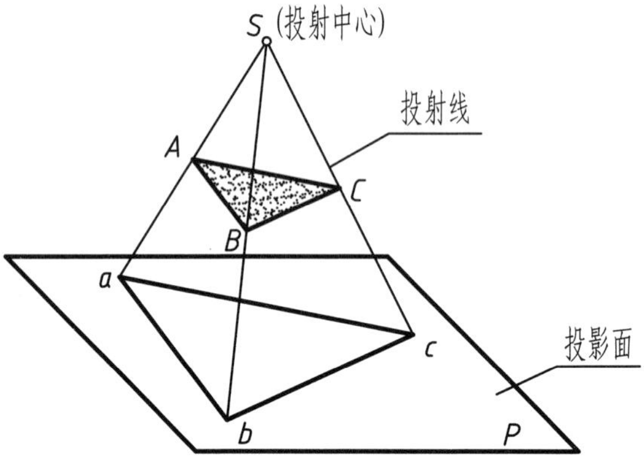

图 2-1　投影法的概念

二、投影法的分类

投影法分为两类：中心投影法和平行投影法。

1. 中心投影法

当投射线相交于有限远点，该投影法称为中心投影法，如图 2-1 所示。

中心投影法常用于绘制建筑物或产品的立体图。其特点是直观性好，立体感强。但中心投影法得到的图形大小会随投射中心或空间物体与投影面的距离变化而变化，不能反映物体的真实形状和大小，度量性差，作图比较复杂，故在机械图样中很少采用。

2. 平行投影法

若将投射中心移至无穷远处，则所有投射线将彼此平行，该投影法称为平行投影法。

根据投射线与投影面是否垂直，将平行投影法分为两类：当投射线与投影面垂直时，称为正投影法；当投射线与投影面倾斜时，称为斜投影法，如图 2-2 所示。

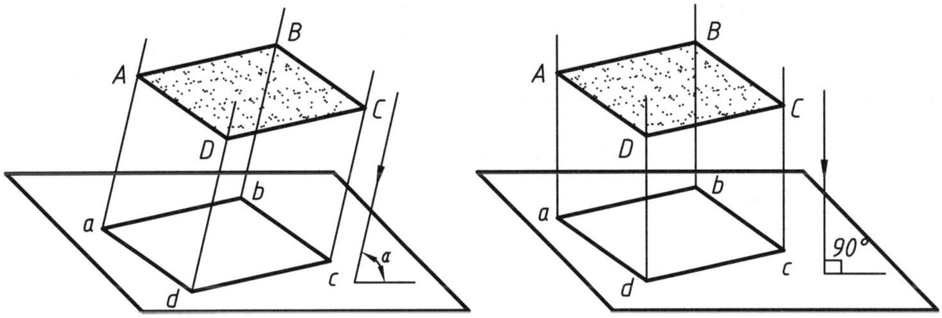

a)　　　　b)

图 2-2　平行投影法

a）正投影法　b）斜投影法

由于正投影法容易表达空间物体的形状和大小，度量性好，作图简便，所以在工程上应用最广。机械工程图样多采用正投影法绘制。以后各章节中，如无特殊说明，投影均采用正投影法。

第二节　点的投影

一、点的三面投影

1. 三面投影体系的建立

如图 2-3 所示，三面投影体系由三个相互垂直的投影面组成，分别是水平投影面（简称水平面或 *H* 面）、正立投影面（简称正面或 *V* 面）和侧立投影面（简称侧面或 *W* 面）；两投影面之间的交线 *OX*、*OY*、*OZ* 称为投影轴。

2. 点的三面投影图

（1）三面投影的形成　如图 2-4a 所示，将空间点 *S* 置于三面投影体系中，然后自 *S* 点分别向 *H* 面、*V* 面和 *W* 面作垂线并相交，得到水平投影 *s*、正面投影 *s′* 和侧面投影 *s″*。规定空间点用大写字母表示（如 *A*，*B*，…），各面投影用对应的小写字母表示（如 *a*、*a′*、*a″*，*b*、*b′*、*b″*，…）。

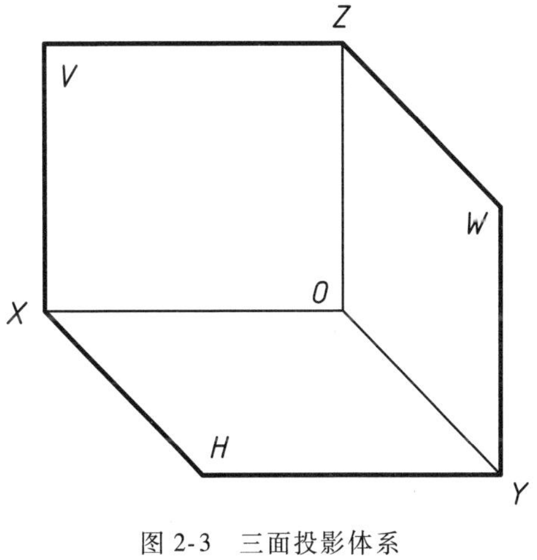

图 2-3　三面投影体系

（2）三面投影体系的展开　因为机械图样是绘制在平面图纸上的，而三面投影体系给出的是投影的空间形式，因此，规定做如下展开：保持 *V* 面不动，将 *H* 面绕 *OX* 轴向下旋转 90°，与 *V* 面重合；将 W 面绕 Z 轴向后旋转 90°与 V 面重合，如图 2-4a 中箭头所示。展开后的三面投影体系如图 2-4b 所示，其中 OY 轴一分为二，随 H 面旋转的标记为 OY_H，随 W 面旋转的标记为 OY_W。作图过程中常略去 H、V、W 面的名称以及表示其范围的边框，得到点的三面投影图，如图 2-4c 所示。

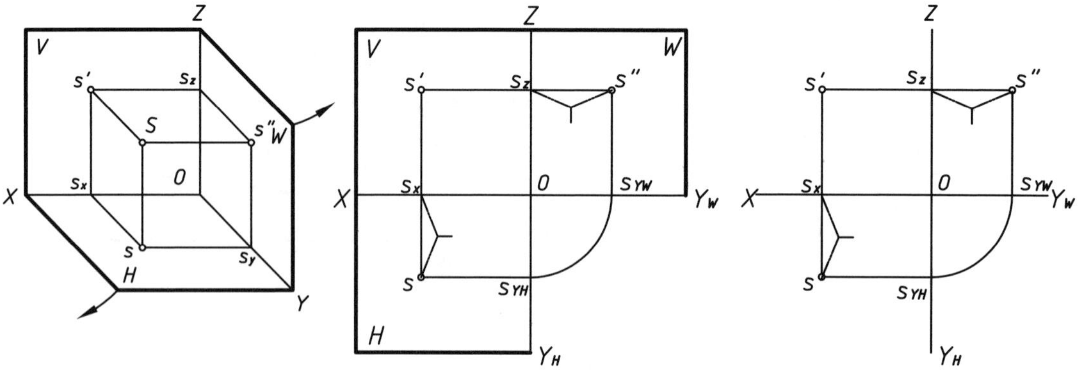

a) b) c)

图 2-4 点的三面投影

3. 点的三面投影规律

根据几何关系，从图 2-4 中可以得出点的三面投影规律“两个垂直，一个相等”，即：

1）$ss' \perp OX$，即点的水平投影和正面投影的连线垂直于 OX 轴。

2）$s's'' \perp OZ$，即点的正面投影和侧面投影的连线垂直于 OZ 轴。

3）$ss_X = s''s_Z$，即点的水平投影到 OX 轴的距离等于点的侧面投影到 OZ 轴的距离。

例 2-1 如图 2-5a 所示，已知点 A 的正面投影 a'和侧面投影 a''，试求其水平投影 a。

【解】 由于 a 和 a'的连线垂直于 OX 轴，所以 a 一定在过 a'而且垂直于 OX 轴的直线上；又由于 a 至 OX 轴的距离必等于 a''至 OZ 轴的距离，因此，使 $aa_X = a''a_Z$，便可确定出 a 的位置。具体作图过程如图 2-5b 所示。

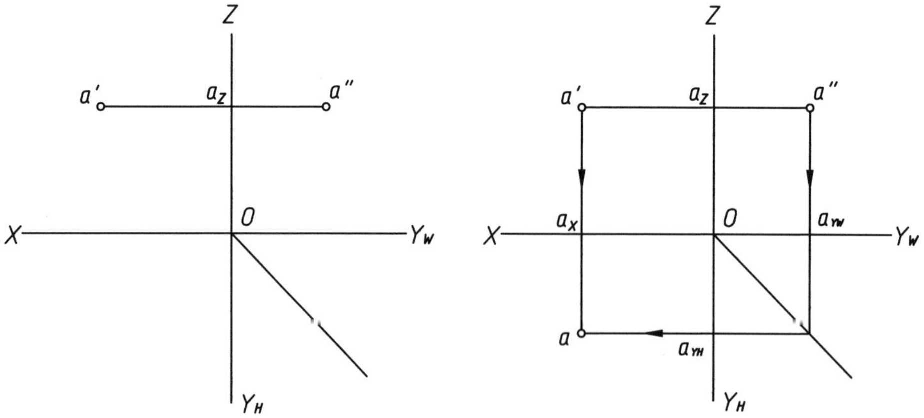

a) b)

图 2-5 求点的第三投影

二、两点的相对位置和重影点

两点之间有左右、前后、上下三个方向的相对位置关系。这种位置关系反映在点投影的坐标上为：X 坐标大者在左，Y 坐标大者在前，Z 坐标大者在上。因此，两点的正面投影反映了其左右、上下关系，水平投影反映了其左右、前后关系，侧面投影反映了其上下、前后关系。如图 2-6 中 B 点位于 A 点的右、前、上方。

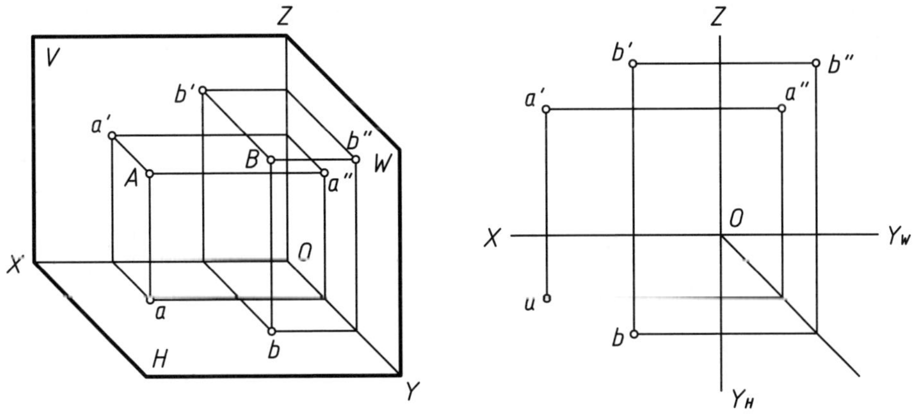

a)　　　　b)

图 2-6　两点的相对位置

当空间两点处于某一投影面的同一条投射线上时，则在该投影面上具有重合的投影，此两点称为该投影面的重影点。如图 2-7a 所示，A 点位于 B 点正上方，水平投影 a、b 重合，则 A、B 两点称为对 H 面的重影点；C 点在 D 点的正前方，正面投影 c'、d'重合，则 C、D 两点称为对 V 面的重影点。

重影点需要判别可见性，根据投影特性，可见性的区分应是左面遮挡右面，前面遮挡后面，上面遮挡下面，故向 H 面投射时 A 点遮挡 B 点，所以 b 不可见；向 V 面投射时 C 点遮挡 D 点，所以 d'不可见。规定不可见的投影加圆括号，得（b）、（d'），如图 2-7b 所示。

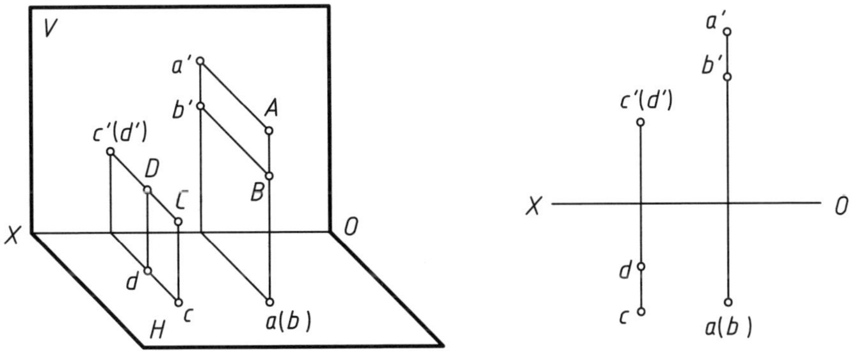

a)　　　　b)

图 2-7　重影点

第三节　直线的投影

一、直线的三面投影

空间一条直线向一平面进行正投影，一般情况下投影仍为一条直线，特殊情况会积聚为一点。空间两点确定一条直线，因此作直线的三面投影，只要作出直线上任意两点的三面投影，然后在同一投影面上连接该两点的投影，即可得到该直线的投影，如图 2-8 所示。

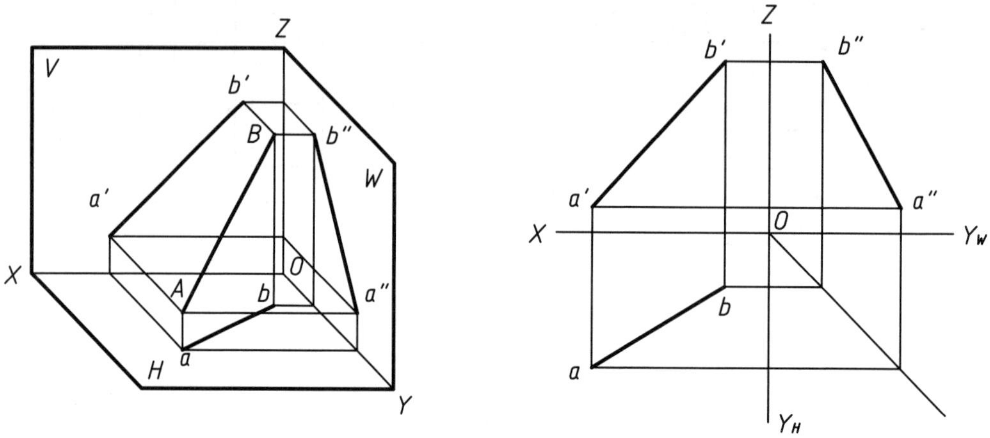

a)　　　　b)

图 2-8　直线的三面投影

二、各种位置直线及其投影特性

在三面投影体系中，直线与投影面之间有三种相对位置，相应将直线分为一般位置直线、投影面平行线和投影面垂直线。

1. 一般位置直线

与三个投影面都倾斜的直线称为一般位置直线。由图 2-8 可知，一般位置直线的三面投影都是倾斜线，且均小于实长。

2. 投影面平行线

平行于一个投影面，且与另外两个投影面倾斜的直线称为投影面平行线。根据直线所平行的投影面不同，可分为正平线（//*V* 面）、水平线（//*H* 面）和侧平线（//*W* 面）三种，投影面平行线的投影特性见表 2-1。

3. 投影面垂直线

垂直于一个投影面的直线称为投影面垂直线。根据直线所垂直的投影面不同，可分为正垂线（⊥*V* 面）、铅垂线（⊥*H* 面）和侧垂线（⊥*W* 面）三种，投影面垂直线的投影特性见表 2-2。

表 2-1 投影面平行线的投影特性

<table>
<tr><th>名称</th><th>立 体 图</th><th>投 影 图</th></tr>
<tr><td>水平线</td><td>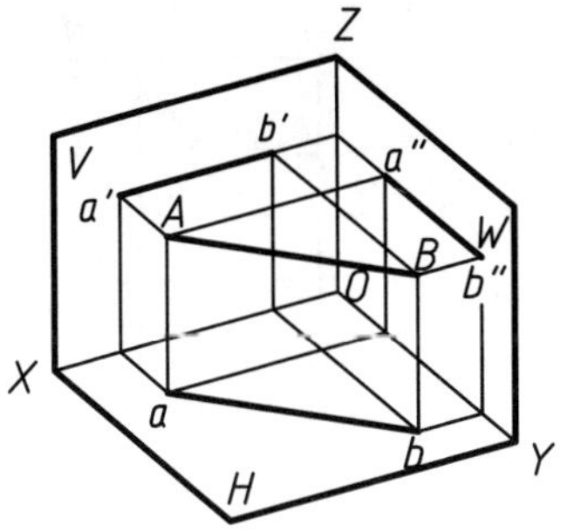
</td><td>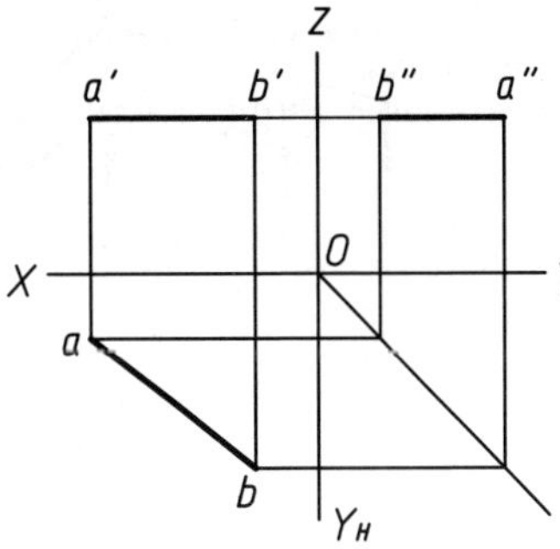
</td></tr>
<tr><td>正平线</td><td>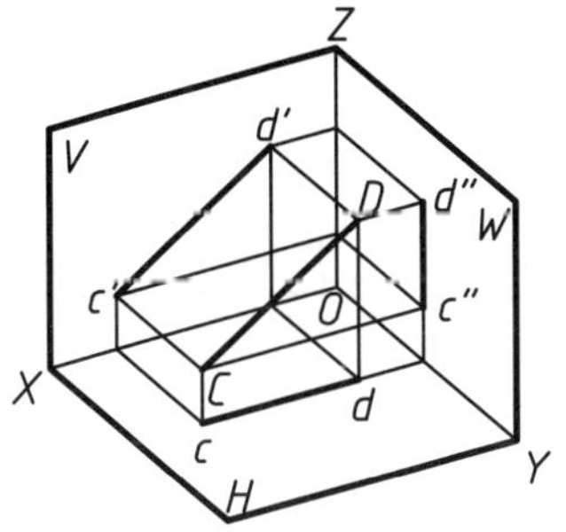
</td><td>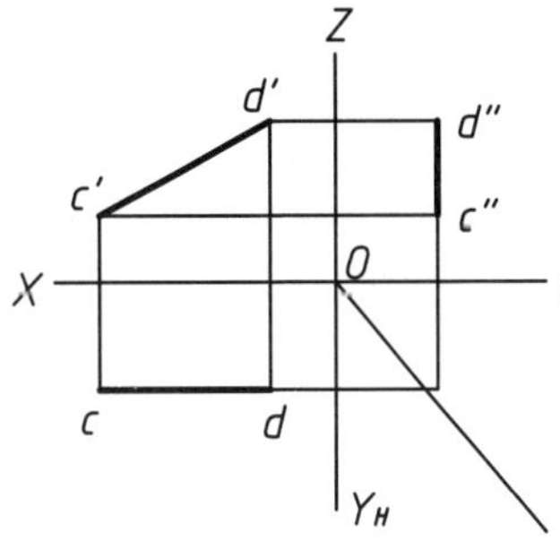
</td></tr>
<tr><td>侧平线</td><td>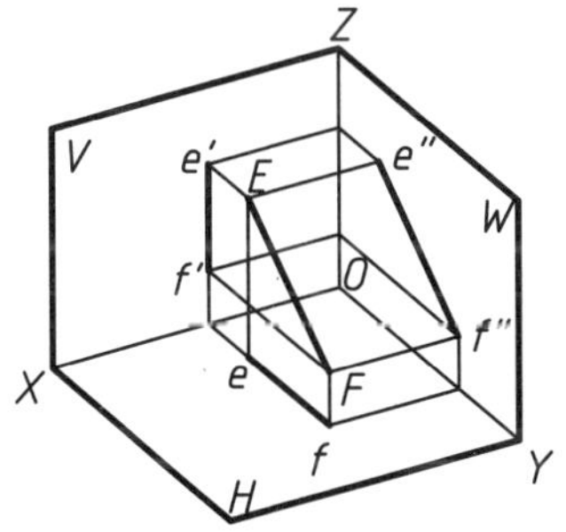
</td><td>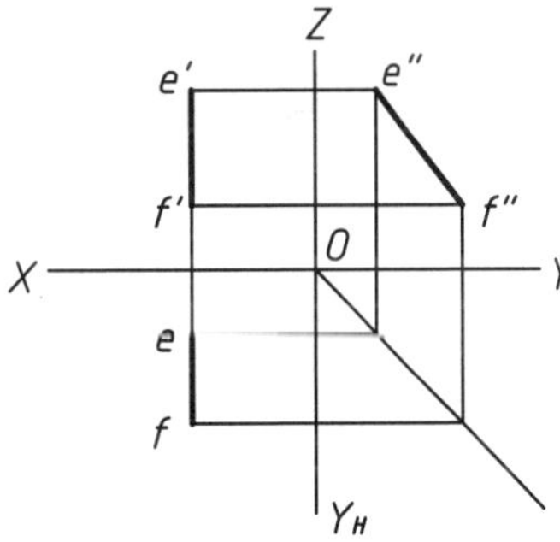
</td></tr>
<tr><td>投影特性</td><td colspan="2">1）在直线所平行的投影面上的投影反映实长
2）其余两面投影分别平行于相应的投影轴</td></tr>
</table>

表 2-2 投影面垂直线的投影特性

<table>
<tr><th>名称</th><th>立 体 图</th><th>投 影 图</th></tr>
<tr><td>铅垂线</td><td>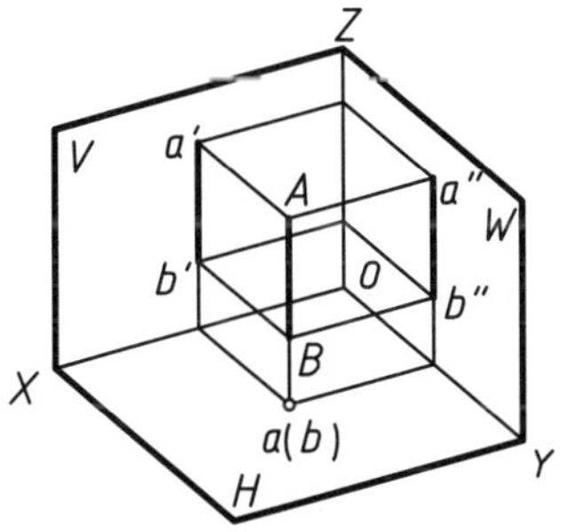
</td><td>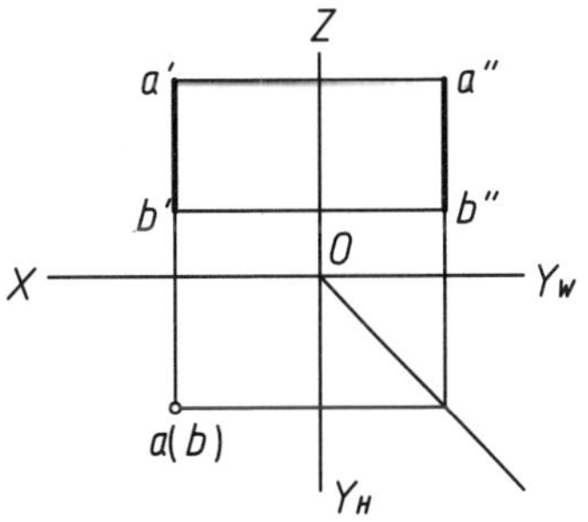
</td></tr>
</table>

（续）

名称	立体图	投影图
正垂线	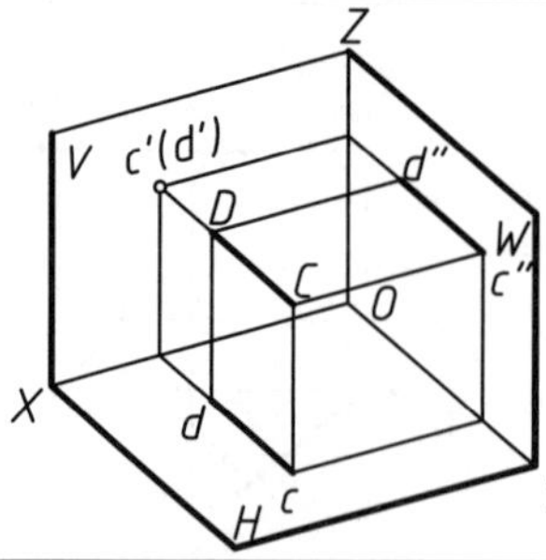	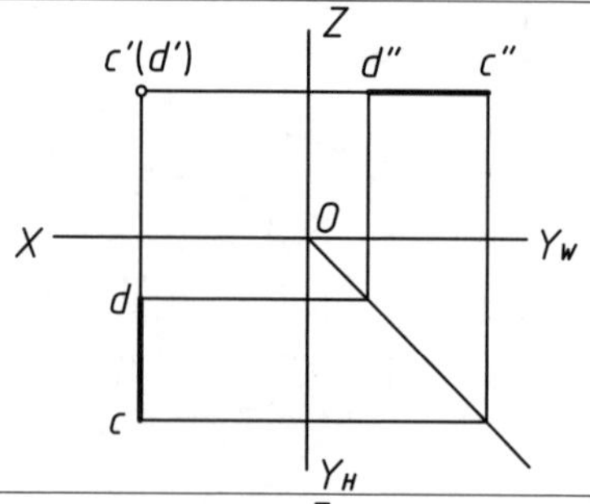
侧垂线	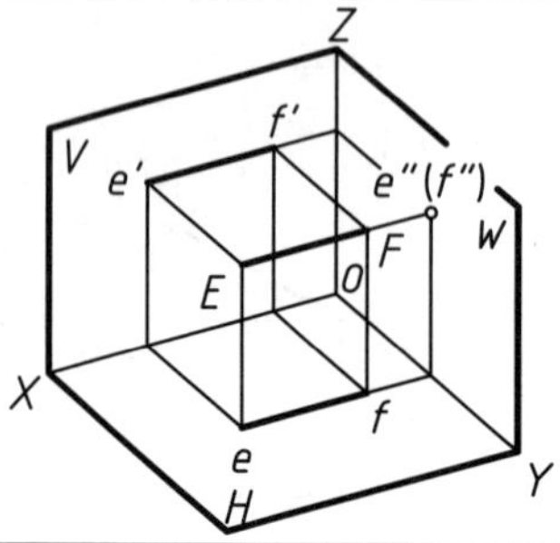	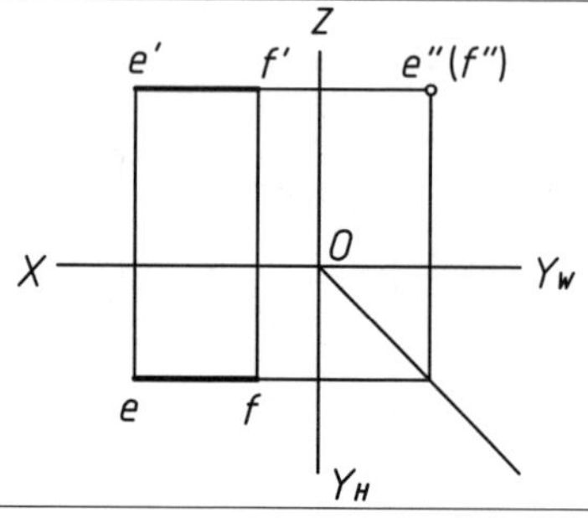
投影特性	1）在直线所垂直的投影面上的投影积聚为一点 2）其余两面投影反映直线实长，且分别垂直于相应的投影轴	

三、直线上的点

如图 2-9 所示，直线上的点有以下投影特性。

1）直线上点的投影必在该直线的同面投影上。例如 $C\in AB$，则 $c\in ab$，$c'\in a'b'$，$c''\in a''b''$。

2）点分线段长度之比等于其分线段投影长度之比。因此 $AC:CB=ac:cb=a'c':c'b'=a''c'':c''b''$。

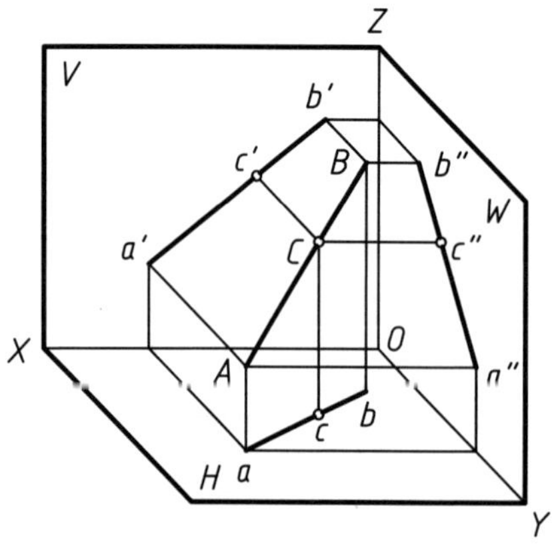

a)

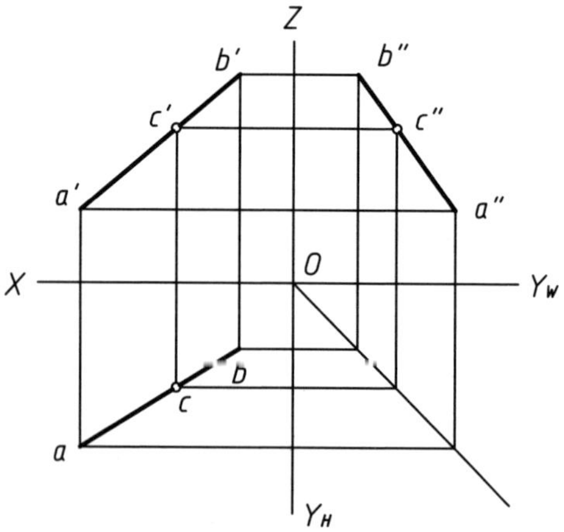

b)

图 2-9　直线上点的投影

例 2-2　如图 2-10a 所示，在已知线段 AB 上求一点 C，使 $AC:CB=2:3$，求作点 C 的两面投影。

【解】

1）过 a'任作一射线，在其上截取 5 个单位长，如图 2-10b 所示。

2）连接 $5b'$，过 2 作 $5b'$的平行线，交 $a'b'$于 c'，如图 2-10c 所示。

3）过 c'作 OX 轴的垂线，交 ab 于 c，则 C（c，c'）即为所求，如图 2-10d 所示。

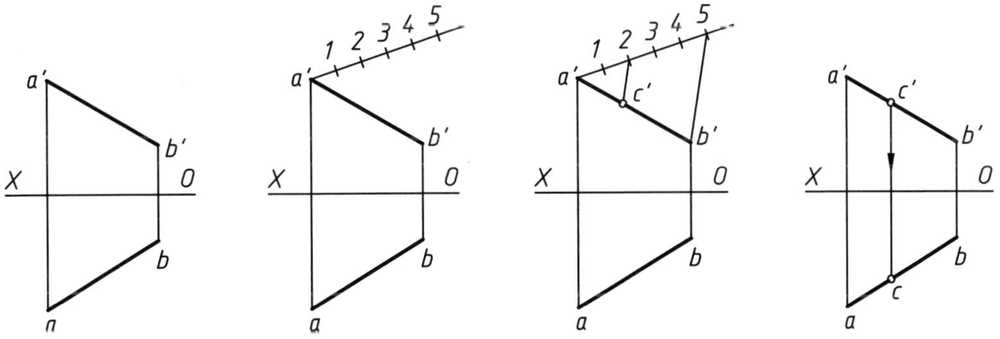

a)　　b)　　c)　　d)

图 2-10　求定分点的两面投影

四、两直线的相对位置

空间两直线的相对位置有三种情况：平行、相交、交叉。

1. 平行

若空间两直线平行，则其同面投影必平行，且对应成定比。如图 2-11 所示，若 $AB /\!/ CD$，则必有 $a'b' /\!/ c'd'$，$ab /\!/ cd$，$a''b'' /\!/ c''d''$，且 $AB:CD=a'b':c'd'=ab:cd=a''b'':c''d''$。

反之，若两直线的同面投影均平行，则空间两直线必相互平行。

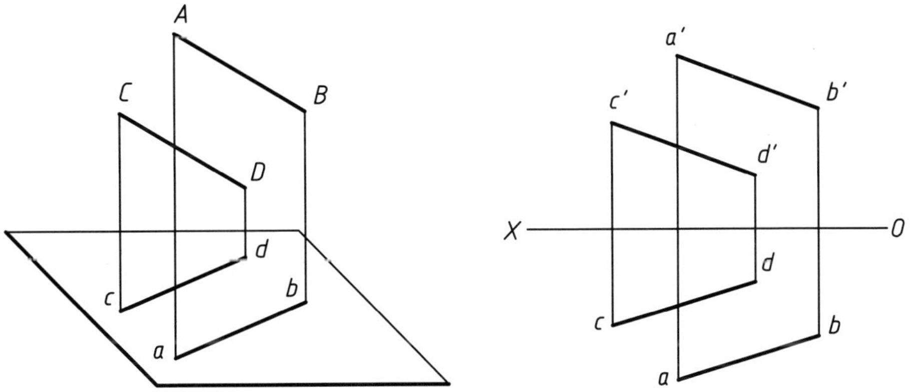

a)　　b)

图 2-11　平行两直线

2. 相交

若空间两直线相交，则其同面投影必相交，交点为两直线的共有点，且符合点的投影规律。如图 2-12 所示，若 AB 与 CD 相交于 K 点，点 K 为两直线的共有点。则有 k' 为 $a'b'$ 与 $c'd'$ 的交点，k 为 $a\ b$ 与 cd 的交点，且 $k'k \perp OX$ 轴。

反之，若两直线的同面投影都相交，且交点符合点的投影规律，则空间两直线必相交。

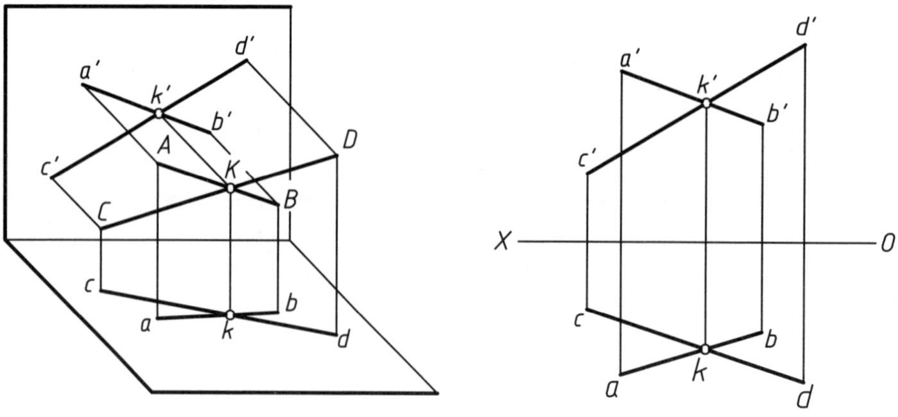

a)　　　　b)

图 2-12　相交两直线

3. 交叉

在空间既不平行，也不相交的两直线，称为交叉两直线。交叉两直线的同面投影可能有交点，但各投影面上的交点不符合点的投影规律，为两直线上重影点的投影。如图 2-13 所示，AB 与 CD 为交叉两直线，在 V、H 面上各有一对重影点 m'（n'）和 e（f）。

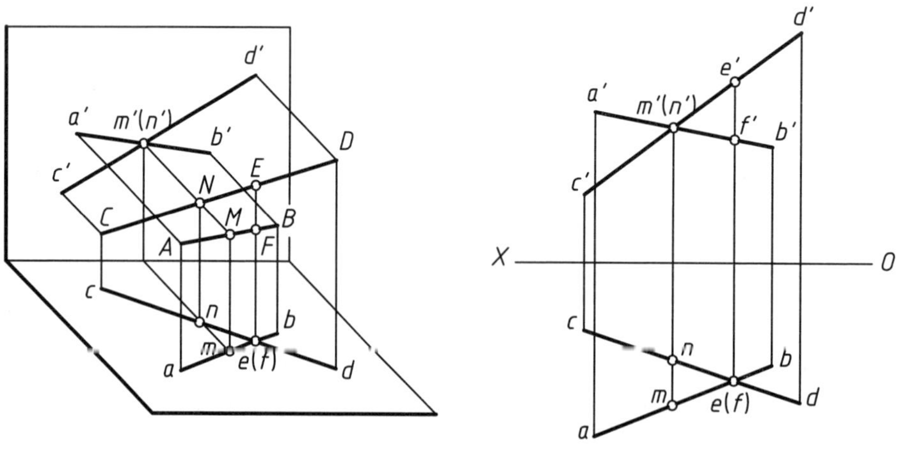

a)　　　　b)

图 2-13　交叉两直线

第四节 平面的投影

一、平面表示法

平面的空间位置可由下列任何一组几何元素确定，各组表示方法可以相互转换。

1）不在同一直线上的三点，如图 2-14a 所示。

2）一直线和直线外一点，如图 2-14b 所示。

3）相交两直线，如图 2-14c 所示。

4）平行两直线，如图 2-14d 所示。

5）任意平面图形，如图 2-14e 所示。

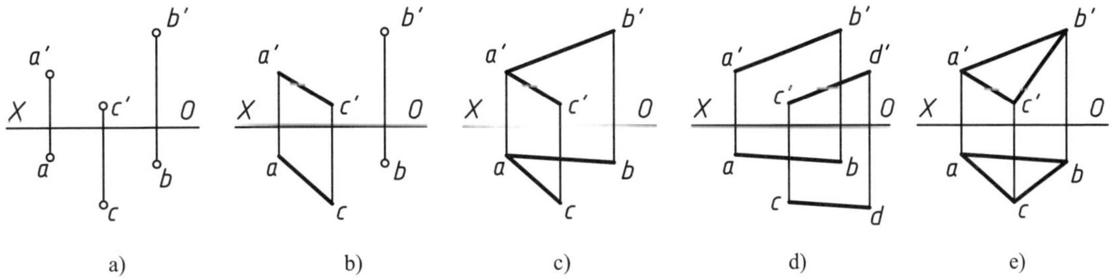

图 2-14 平面的表示方法

二、各种位置平面及其投影特性

在三面投影体系中，平面与投影面之间有三种相对位置，相应将平面分为一般位置平面、投影面垂直面和投影面平行面。

1. 一般位置平面

与三个投影面都倾斜的平面称为一般位置平面，如图 2-15 所示。一般位置平面的三面投影均不反映实形，是比原图形面积小的类似形。

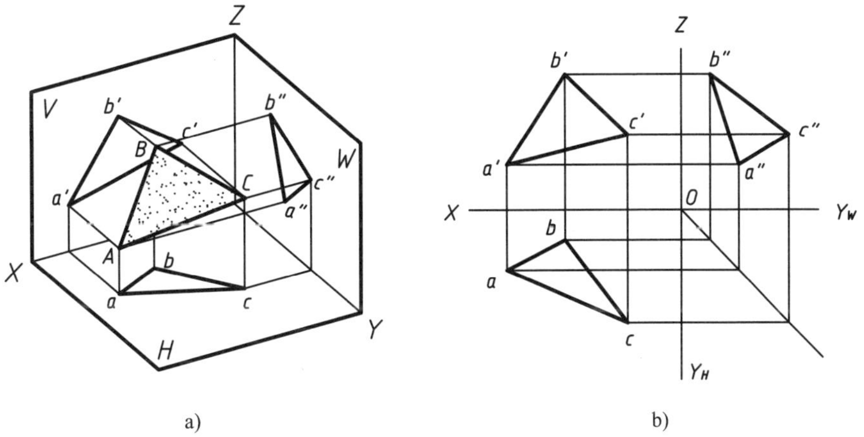

图 2-15 一般位置平面

2. 投影面垂直面

垂直于一个投影面，且与另外两个投影面倾斜的平面称为投影面垂直面。根据平面所垂直的投影面不同，可分为正垂面（⊥V 面）、铅垂面（⊥H 面）和侧垂面（⊥W 面）三种，投影面垂直面的投影特性见表 2-3。

表 2-3 投影面垂直面的投影特性

名称	立体图	投影图
铅垂面	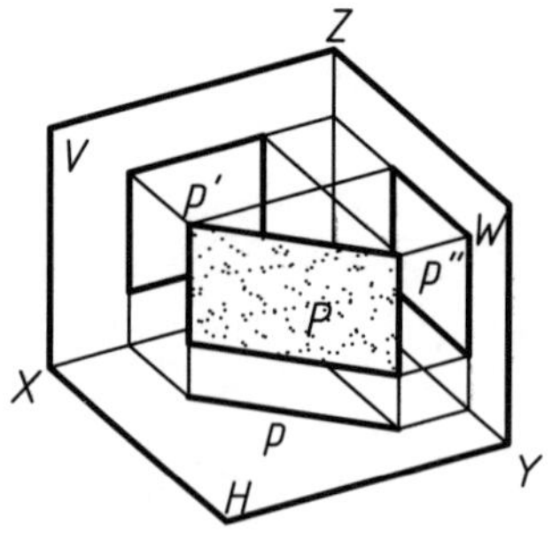	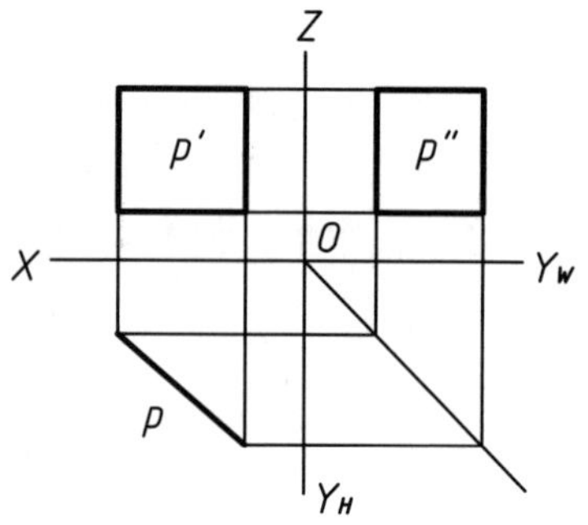
正垂面	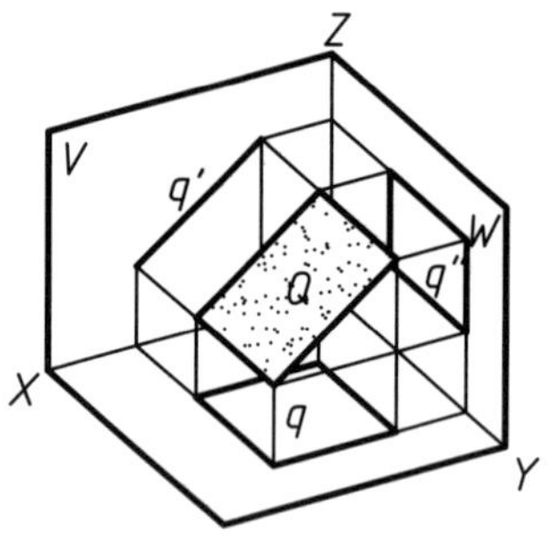	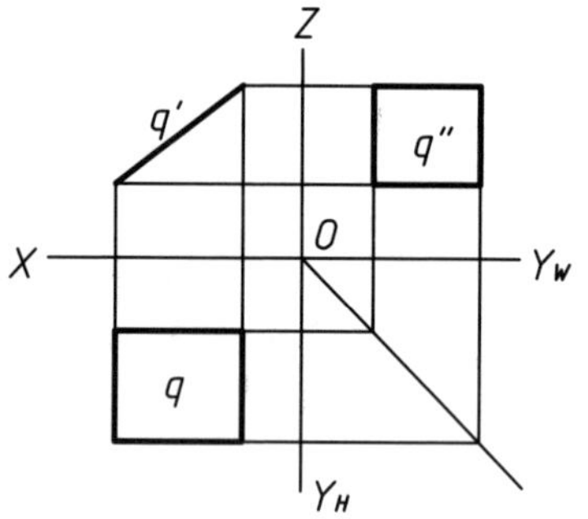
侧垂面	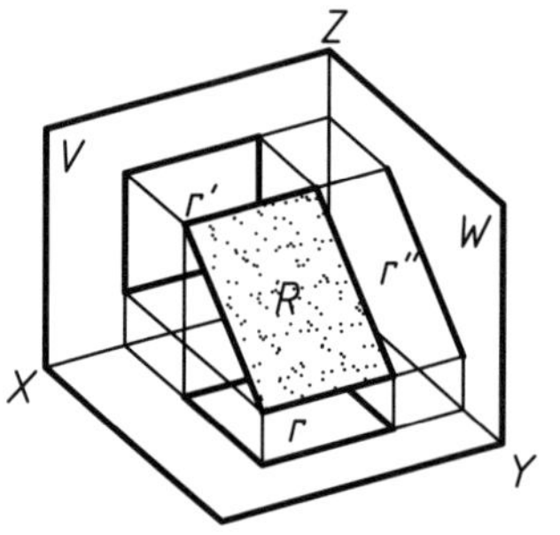	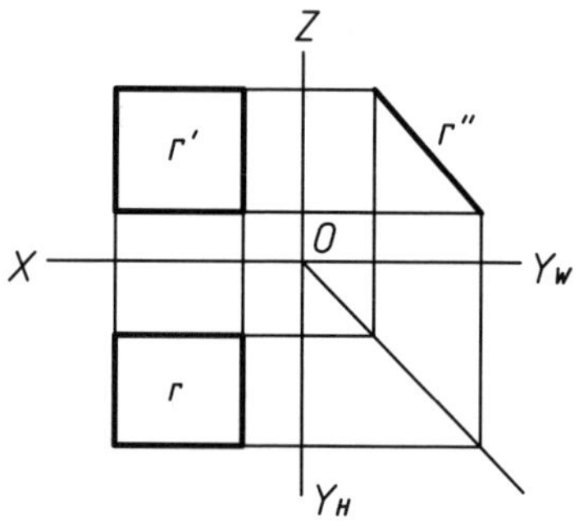
投影特性	1）在平面所垂直的投影面上的投影积聚成直线 2）其余两面投影均为原图形的类似形	

3. 投影面平行面

平行于一个投影面的平面称为投影面平行面。根据平面所平行的投影面不同，可分为正平面（//V 面）、水平面（//H 面）和侧平面（//W 面）三种，投影面平行面的投影特性见表 2-4。

表 2-4 投影面平行面的投影特性

名称	立体图	投影图
水平面	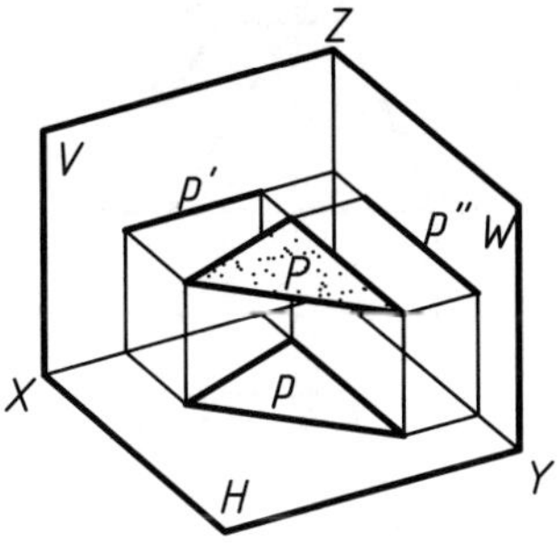	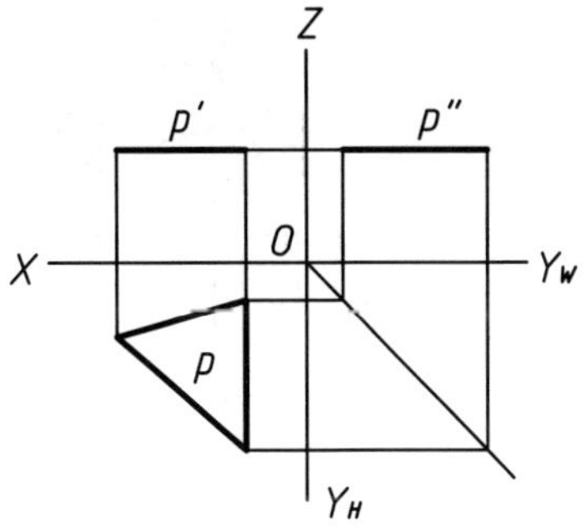
正平面	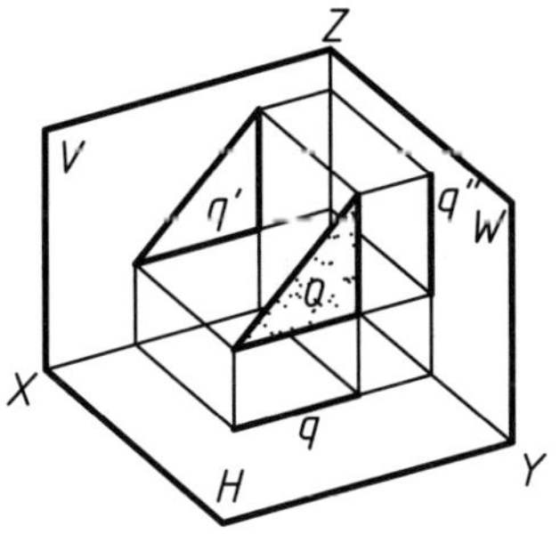	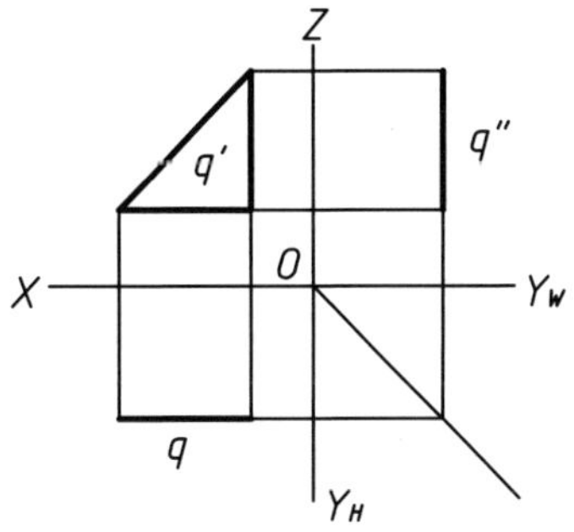
侧平面	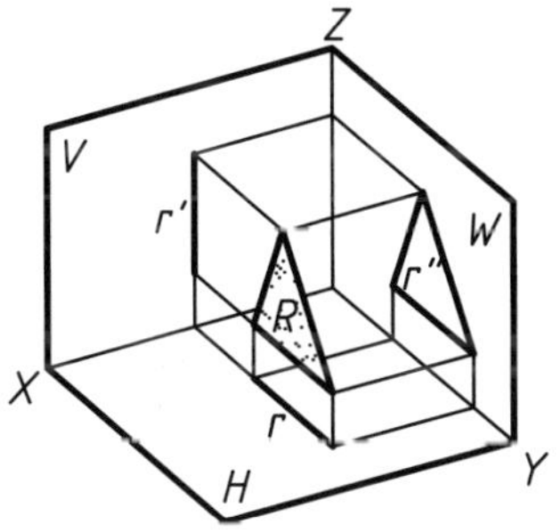	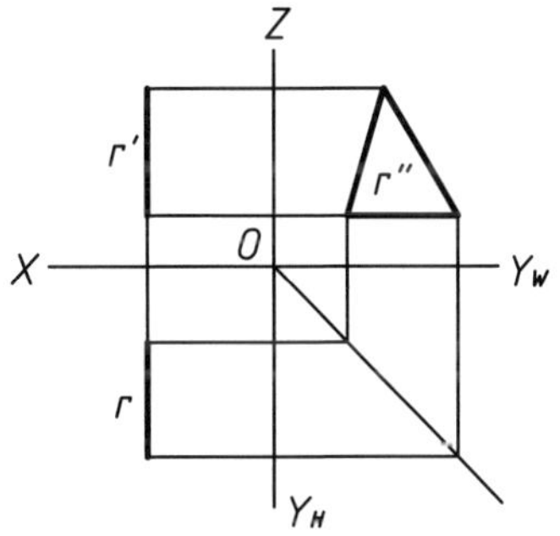
投影特性	1）在其所平行的投影面上的投影反映实形 2）其余两面投影均积聚成直线段，且分别平行于相应的投影轴	

三、平面内的直线和点

1. 平面内的直线

具备下列几何条件之一的直线必定位于给定的平面内。

1）直线通过平面内的两点。

2）直线通过平面内一点，且平行于该平面内的一条直线。

如图 2-16a 所示，梯形 *ABCD* 确定平面 *P*，*M*、*N* 为平面内两点，所以 *MN* 是属于平面 *P* 的直线；如图 2-16b 所示，*EF* 平行于 *BC*，且 *E* 点为平面内的点，所以 *EF* 也属于平面 *P*。

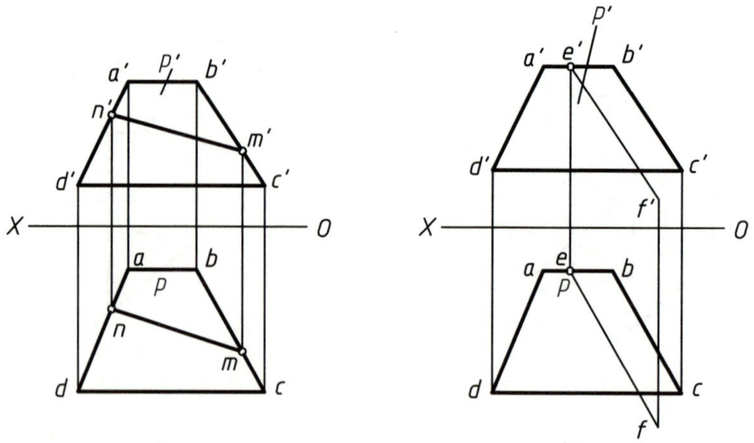

a)　　　　　　　　b)

图 2-16　平面内的直线

例 2-3　如图 2-17a 所示，在平面△*ABC* 内，过 *A* 点作属于该平面的水平线，过 *C* 点作属于该平面的正平线。

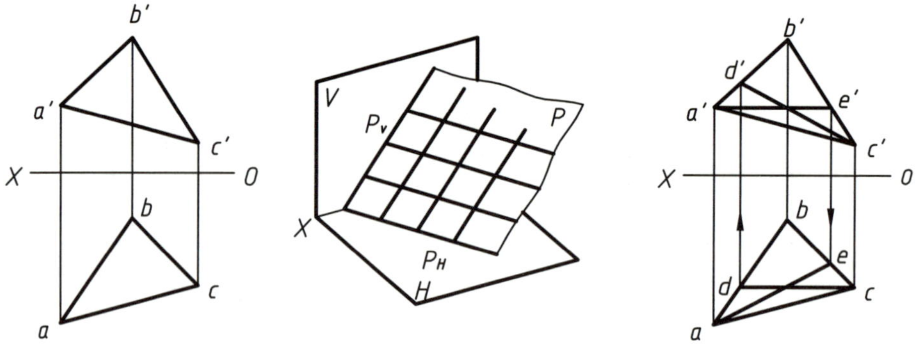

a)　　　　　　　　b)　　　　　　　　c)

图 2-17　属于平面内的水平线和正平线

分析：一般位置平面内存在投影面平行线，包括水平线、正平线和侧平线。它们既属于平面，又符合投影面平行线的投影特性。如图 2-17b 所示，属于平面的某一投影面平行线有无数多条，其方向一定且互相平行。

【解】　水平线的正面投影平行于 *OX* 轴。因此，先过 a'作 $a'e'$平行于 *OX* 轴，交 $b'c'$于 e'；在 *bc* 上定出 *e*，连 *ae*，则 *AE*（$a'e'$，*ae*）即为所求水平线。同理，可作出面内正平线 *CD*（$c'd'$，*cd*）。作图步骤如图 2-17c 所示。

2. 平面内的点

点属于平面的几何条件：若点在属于平面的一直线上，则点在该平面内。因此，平面内取点的问题首先还是平面内取线的问题。

如图 2-18 所示，点 *K* 在属于平面 *ABC* 的直线 *DE* 上，所以点 *K* 必在平面 *ABC* 内。

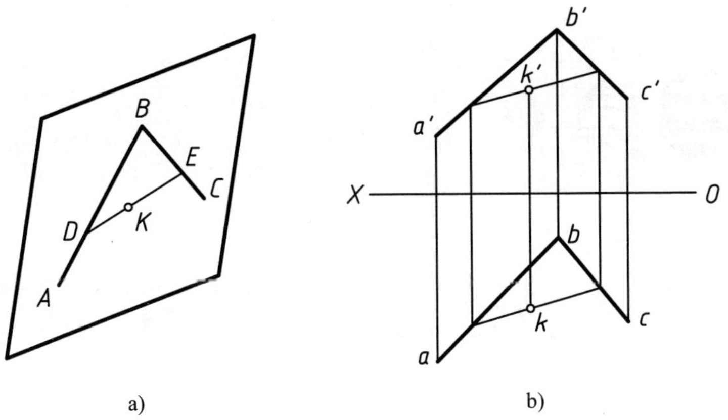

图 2-18　平面内的点

第三章 立体及表面交线的投影

任何立体都是由若干表面围成的，根据其表面的几何形状特性分为平面立体和曲面立体两大类。本章主要以点、线、面的投影原理为基础，介绍常见基本体及其表面交线的投影。

第一节 基本几何体

一、平面立体

表面均由平面围成的立体称为平面立体，相邻表面的交线称为棱线。工程上常见的平面立体有棱柱和棱锥。

1. 棱柱

棱柱的表面由两个底面和若干个侧棱面围成，图 3-1a 为一正六棱柱的直观图及投影图。

（1）正六棱柱的投影

1）投影分析。如图 3-1a 所示，正六棱柱的上、下底面是水平面，水平投影重合且反映实形，正面、侧面投影都积聚成直线；前后两侧面是正平面，正面投影反映实形，水平、侧面投影都积聚成直线；其余四个侧面是铅垂面，水平投影积聚成直线，正面、侧面投影都是类似形。

2）作图方法。先画对称中心线和底面基准线，再画出反映底面实形的水平投影——正六边形；然后根据投影关系画出其他两面投影，如图 3-1b 所示。

（2）棱柱表面取点　棱柱表面取点与平面上取点的方法相同，可利用棱柱表面的积聚性求点的投影，其投影的可见性取决于所在表面的可见性。判别可见性的原则：若点所在的面的投影可见，则点的投影可见；有积聚性的表面上的点，只讨论一个点时认为它可见。

例 3-1　如图 3-2a 所示，已知正六棱柱表面上点 M 的正面投影 m'，求其另两面投影。

分析. 由已知条件可知，点 M 在左前棱面上，而该侧面的水平投影有积聚性，故可直接利用积聚性求出其水平投影 m，再根据点的投影规律求出 m''。

作图： 由 m'向水平投影面作垂线，与左前棱面的水平投影的交点即为 m，由 m、m'按投影关系求出 m''。因点 M 位于左前棱面上，所以 m 和 m''均可见，如图 3-2b 所示。

2. 棱锥

棱锥与棱柱不同之处在于棱锥只有一个底面，所有的侧棱线交于一点——锥顶。

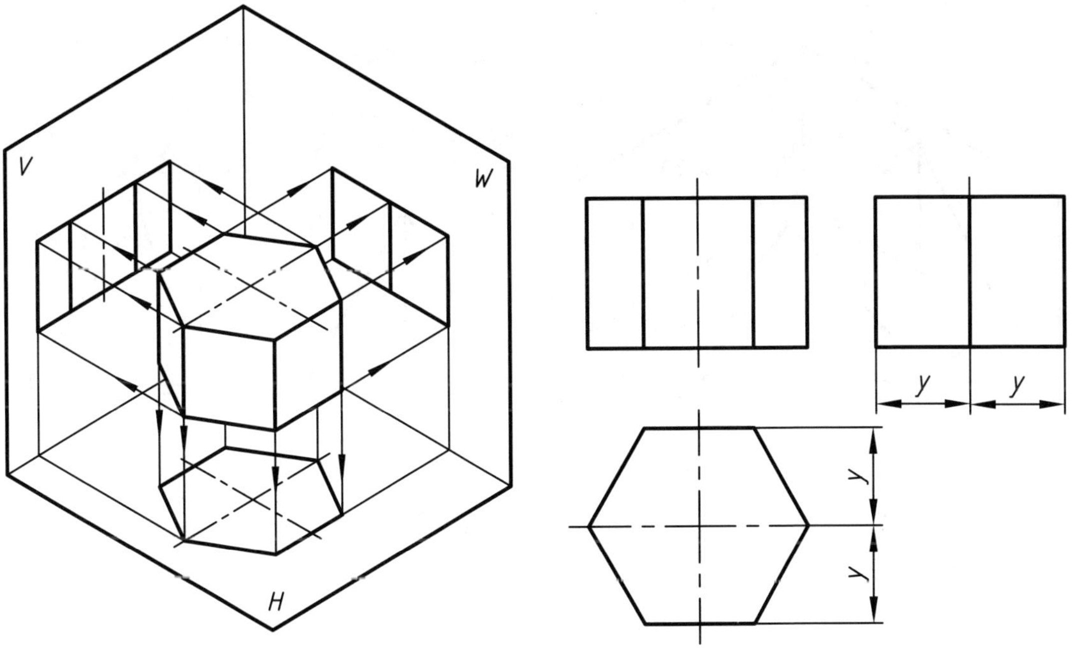

a)　　b)

图 3-1　正六棱柱的投影

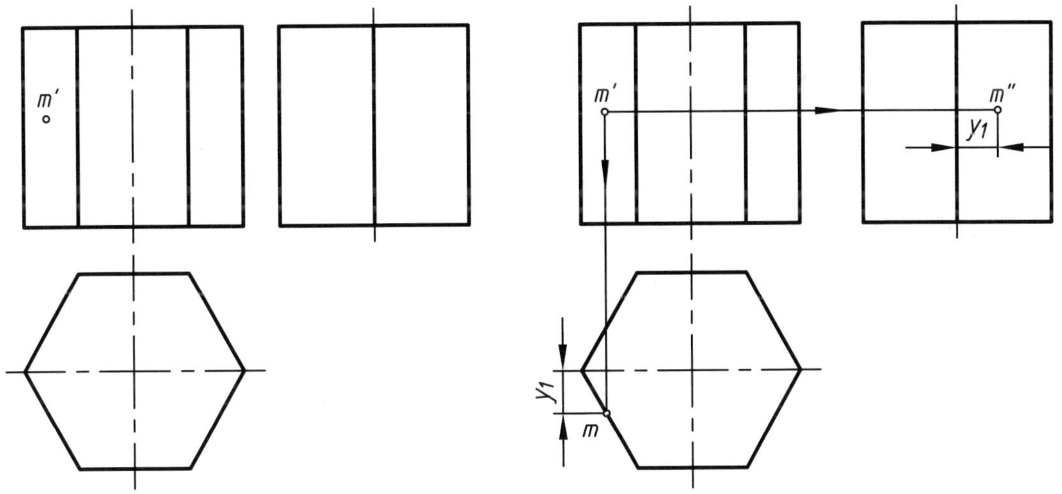

a)　　b)

图 3-2　正六棱柱表面取点

（1）棱锥的投影

1）投影分析。如图 3-3a 所示，三棱锥底面 *ABC* 的水平投影 *abc* 反映实形，正面投影和侧面投影分别积聚为直线 *a′b′c′*和 *a″*（*c″*）*b″*；后棱面 *SAC* 的侧面投影积聚为直线 *s″a″*（*c″*），水平投影 *sac* 和正面投影 *s′a′c′*均为类似形，且水平投影可见，正面投影不可见；左、右两个棱面为一般位置平面，三个投影均为类似形。

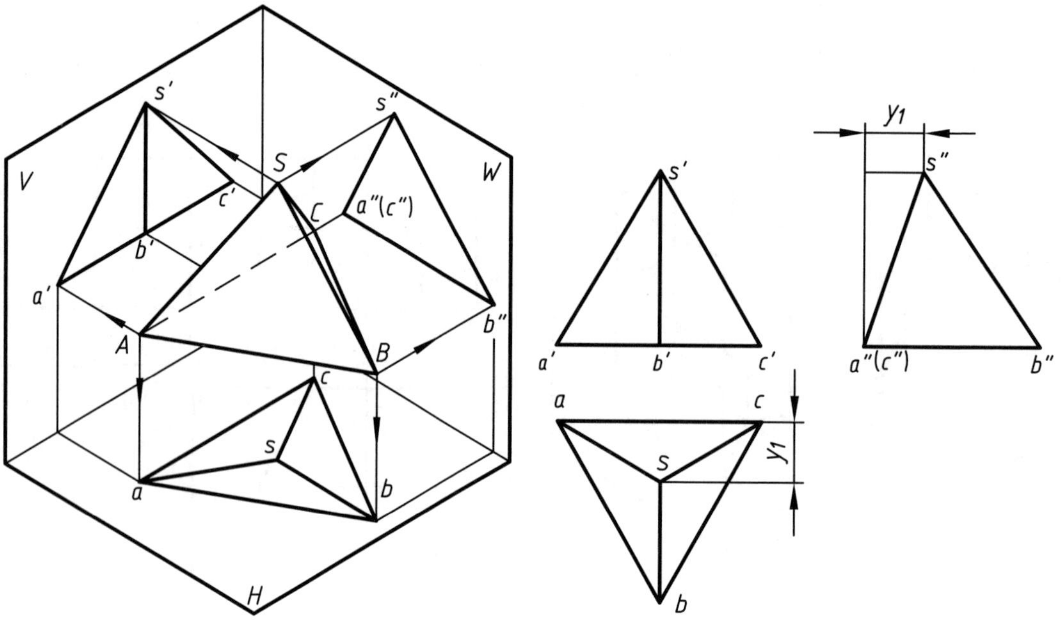

a)　　　　b)

图 3-3　三棱锥的投影

2）作图方法。画出作图基准线，先作出底面和锥顶的三面投影，然后分别连接棱线 *SA*、*SB*、*SC* 的同面投影，即完成三棱锥的投影图，如图 3-3b 所示。

（2）棱锥表面取点　棱锥的表面有特殊位置平面，也有一般位置平面。位于特殊位置平面内的点，其投影可利用平面投影的积聚性直接求得；位于一般位置平面内的点，必须利用辅助线法求解。作图时应注意：过已知点在它所在的平面内可以作出无数条线，但所作线的投影一定要能直接得到。

例 3-2　如图 3-4a 所示，已知正三棱锥表面上 *M*、*N* 点的正面投影 *m*′、*n*′，求其另两面投影。

分析：由已知条件可知，*M* 点在一般位置平面 *SAB* 上，*N* 点在一般位置平面 *SBC* 上，因此需要通过平面上作辅助线的方法求其另两面投影。

作图：对于 *M*、*N* 点用不同的辅助线方法求解，如图 3-4b 所示。

连接 *m*′*s*′并延长，与 *a*′*b*′交于 1′，求出 *S* Ⅰ 的水平投影 *s*1，并求出 *M* 点的水平投影 *m*，再根据点的投影规律求出侧面投影 *m*″。因棱面 *SAB* 的水平投影和侧面投影都可见，所以 *m* 和 *m*″均可见。

过 *n*′作底边 *b*′*c*′的平行线为辅助线，利用该辅助线求出水平投影 *n*，再根据点的投影规律求出侧面投影 *n*″。因棱面 *SBC* 的水平投影可见，所以 *n* 可见；而 *SBC* 的侧面投影不可见，则 *n*″不可见。

二、曲面立体

表面由曲面或曲面和平面围成的立体称为曲面立体。回转体是工程上常见的曲面立体。

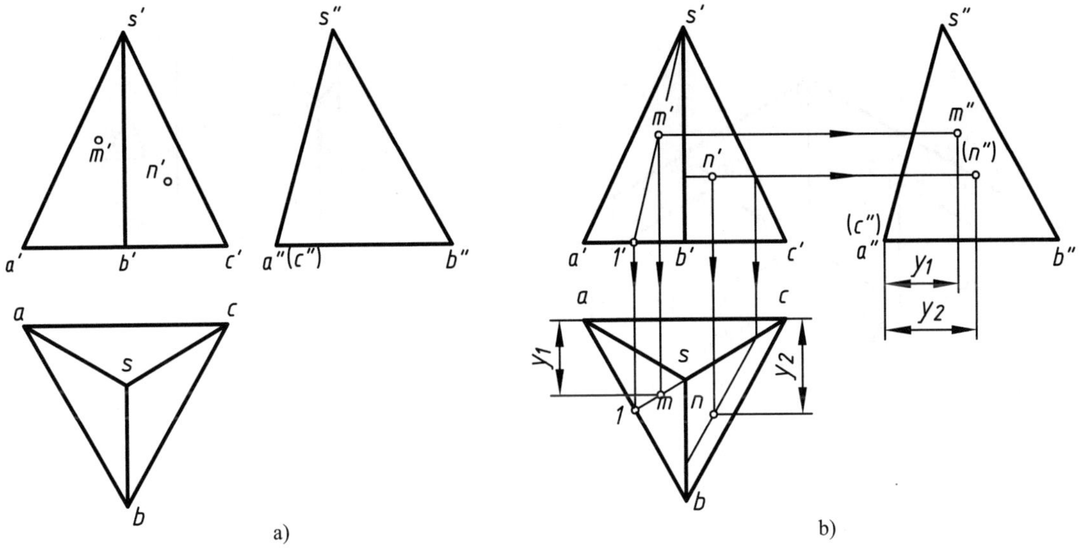

图 3-4　正三棱锥表面取点

最常见的回转体有圆柱、圆锥、圆球。

1. 圆柱

圆柱由圆柱面和两底面围成。圆柱面可看作由一条直线 MN 绕与它平行的轴线 OO_1 旋转而成。直线 MN 称为母线，任一位置的母线称为素线，如图 3-5a 所示。

（1）圆柱的投影

1）投影分析。如图 3-5b 所示，圆柱轴线处于铅垂位置时，圆柱上、下底面的水平投影反映实形，正面和侧面投影均积聚成直线。圆柱面的水平投影积聚为一圆周，与两底面的水平投影重合；在正面投影中，前、后两半圆柱面的投影重合为一矩形，矩形的两条竖线分别是圆柱面的最左、最右素线的投影，也是圆柱面前、后分界的转向轮廓线；在侧面投影中，左、右两半圆柱面的投影重合为一矩形，矩形的两条竖线分别是圆柱面的最前、最后素线的投影，也是圆柱面左、右分界的转向轮廓线。

2）作图方法。先画出各投影的对称中心线和底面基准线，然后画反映底面圆实形的水平投影，再根据圆柱的高按投影关系画出另两面投影，如图 3-5c 所示。

（2）圆柱表面取点　轴线处于特殊位置的圆柱，圆柱面在轴线所垂直的投影面上的投影有积聚性，两底面圆的另两个投影有积聚性，因此，在圆柱表面上取点时，均可利用积聚性投影作图。

例 3-3　如图 3-6a 所示，已知圆柱表面上的点 E、F 的正面投影 e'、f'，求其另两面投影。

分析：由已知条件可知，E 点位于左前圆柱面上，F 点位于圆柱面的最左素线上。因圆柱面的水平投影有积聚性，故先求出各点的水平投影，然后再根据投影关系求出其侧面投影。

作图：如图 3-6b 所示，由 e' 向水平投影面作垂线，与圆柱面有积聚性的投影（圆）相交求得 e，再根据投影关系求出 e''。因 E 点位于左前圆柱面上，故 e'' 可见。

由于 F 点位于圆柱面的最左素线上，故由 f' 根据投影关系可直接求得 f 和 f''。因 F 点位于左半圆柱面上，故 f'' 可见。

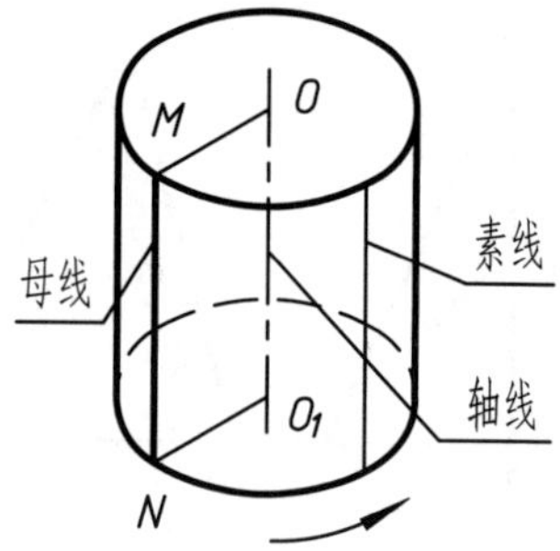

a)

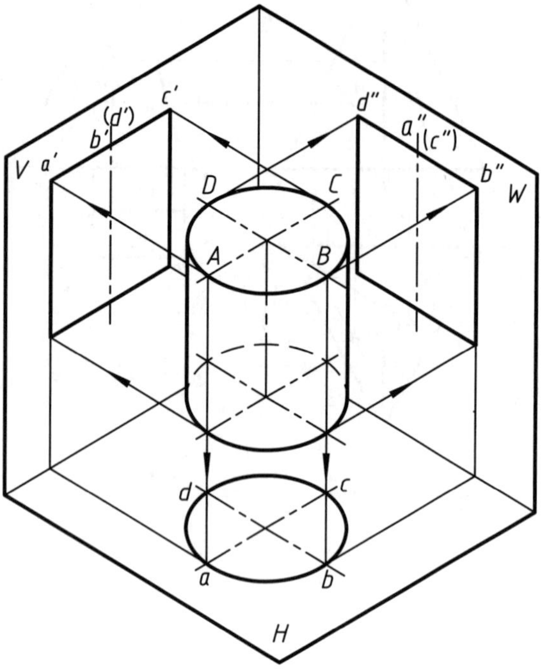

b)

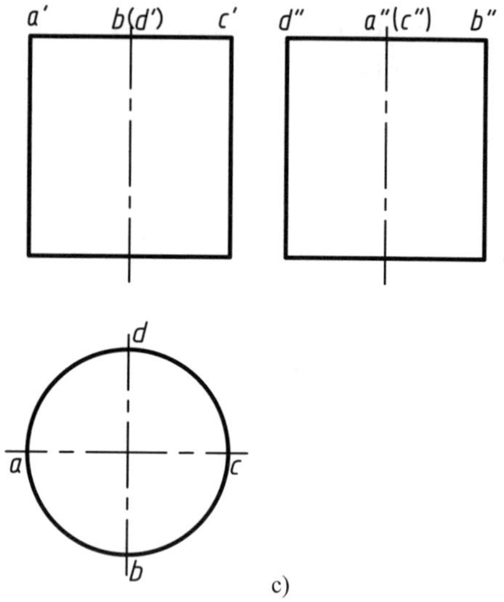

c)

图 3-5　圆柱的投影

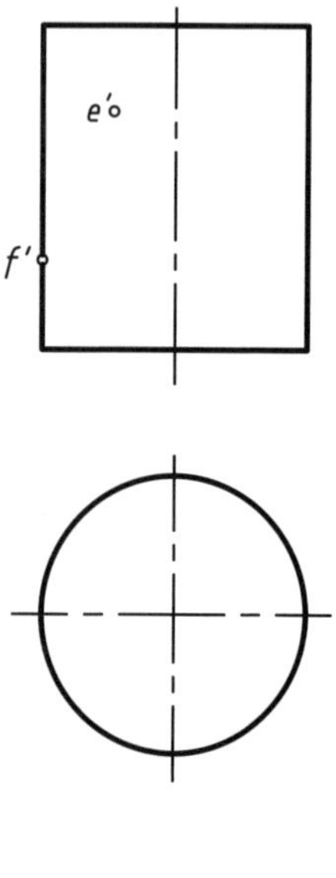

a)

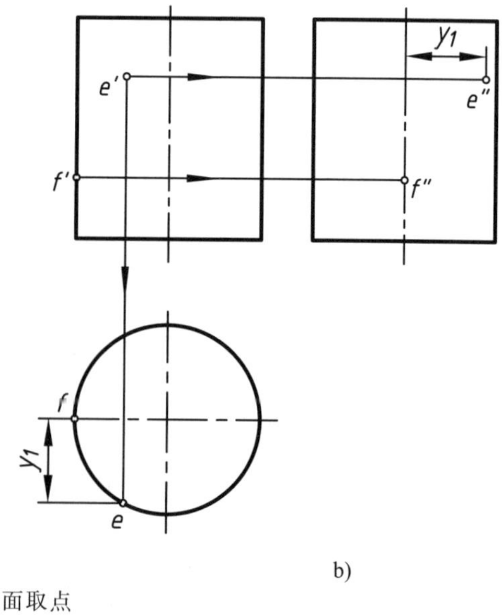

b)

图 3-6　圆柱表面取点

（3）圆柱表面取线

例 3-4　如图 3-7a 所示，已知圆柱表面上的曲线 *ABC* 的正面投影，求其侧面投影。

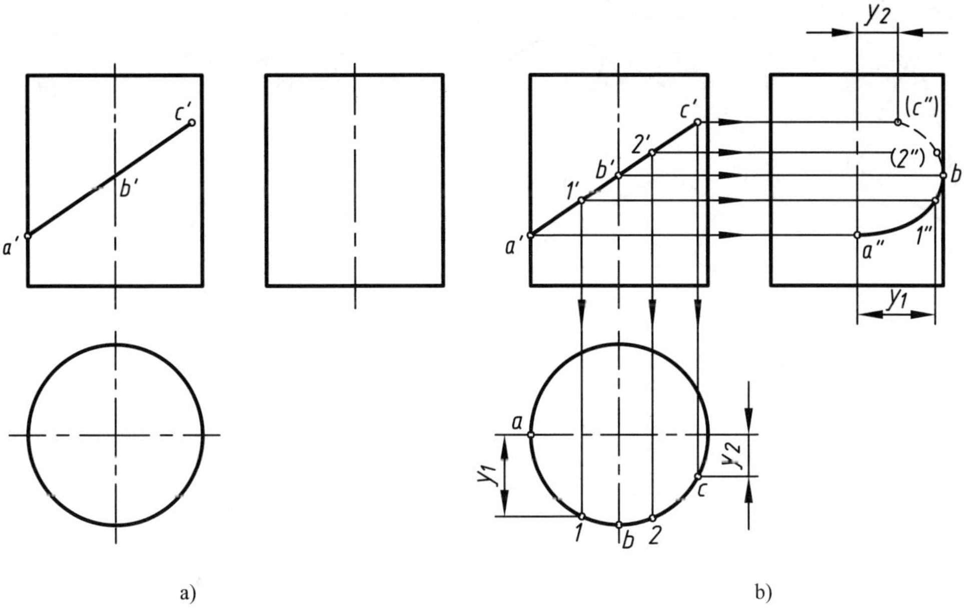

图 3-7　圆柱表面取线

分析：要求得曲线的投影，可求出曲线上一系列点的投影，然后连接各点的同面投影即为所求。

作图：首先求特殊点，点 *A* 是最左素线上的点，点 *B* 是最前素线上的点，所以根据投影关系可直接求出其水平投影 *a*、*b* 和侧面投影 *a″*、*b″*；再选取几个一般点（两个特殊点之间至少选一个），如点 *C* 和点 Ⅰ、Ⅱ，并求出其水平投影和侧面投影；经判别可见性后，将曲线 *AC* 的侧面投影依次连接成光滑曲线，如图 3-7b 所示。

2. 圆锥

圆锥由圆锥面和底圆平面围成。圆锥面可看作由一条直线（母线）绕与它相交的轴线旋转而成，圆锥面的素线均交于锥顶。

（1）圆锥的投影

1）投影分析。如图 3-8a 所示，圆锥的底面为水平面，其水平投影反映实形，正面和侧面投影均积聚为直线，且长度等于底圆的直径；圆锥面的三个投影均无积聚性，其水平投影与底面的水平投影重合，而且可见。正面投影是前、后两个半圆锥面的投影，且重合为一等腰三角形，三角形的两腰分别是圆锥面的最左、最右素线的投影，也是圆锥面前（可见部分）、后（不可见部分）分界的转向轮廓线。侧面投影是左、右两个半圆锥面的投影，且重合为一等腰三角形，三角形的两腰分别是圆锥面的最前、最后素线的投影，也是圆锥面左（可见部分）、右（不可见部分）分界的转向轮廓线。

2）作图方法。先画出各投影的对称中心线和底面基准线，然后画出反映底面圆实形的投影，根据圆锥的高确定锥顶，再根据投影关系完成圆锥的三面投影，如图 3-8b 所示。

（2）圆锥表面取点　由于圆锥面的三面投影均无积聚性，故求圆锥面上点的投影时，

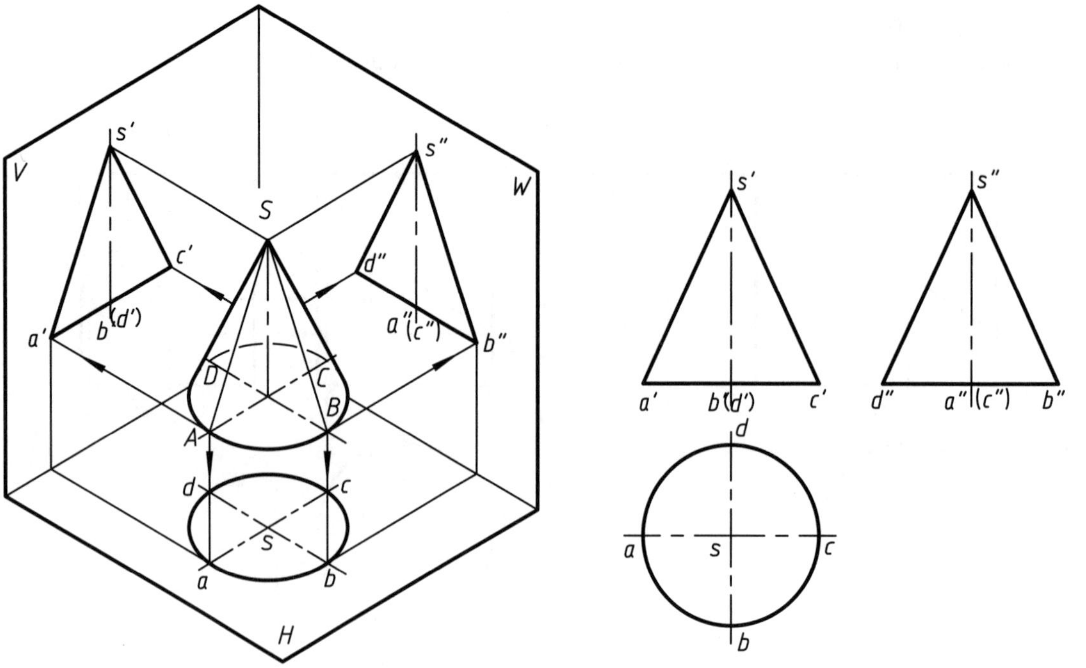

a)　　　b)

图 3-8　圆锥的投影

不能利用积聚性来求。但回转体有一重要特性：母线的任一位置称为素线，母线上各点的运动轨迹都为垂直于回转体轴线的圆，这些圆称为纬线（纬圆）。根据这一性质，可在圆锥面上作素线取点，称为素线法；也可在圆锥面上作纬线（纬圆）取点，称为纬线（纬圆）法。

1）素线法。所谓素线法就是过已知点在锥面上作一条素线，借助该素线的投影，求出已知点的投影。

例 3-5　如图 3-9a 所示，已知锥面上 E、F 点的正面投影 e'、f'，求其另两面投影。

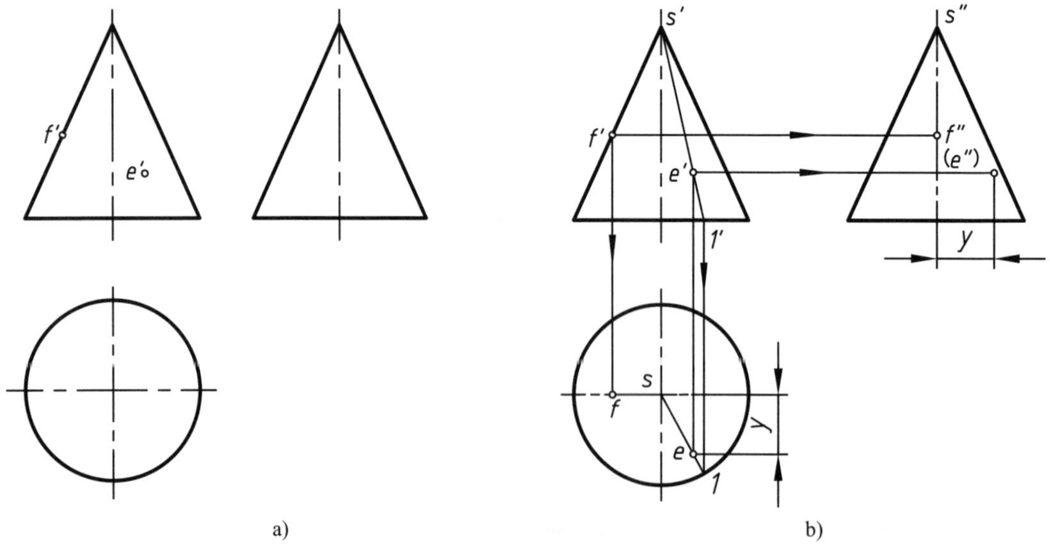

a)　　　b)

图 3-9　圆锥表面取点（素线法）

分析：根据已知条件可知，E 点位于圆锥面的右前方，F 点位于圆锥面的最左素线上。对于 E 点，可过 E 作素线 SⅠ，求出素线 SⅠ的三面投影，再根据直线上点的投影规律求出点 E 的另两面投影；而对于 F 点，可直接利用点的投影规律求其另两面投影。

作图：先连接 $s'e'$并延长，与圆锥底面的正面投影交于 $1'$，求出其水平投影 $s1$，自 e'作垂直线交 $s1$ 于 e 点，则 e 即 E 点的水平投影。然后再根据点的投影规律求出 e''。最后判别可见性，因 E 在圆锥面的右前方，故 e 可见，e''不可见，如图 3-9b 所示。

过 f'作垂直线，与最左素线水平投影的交点即水平投影 f；过 f'作水平直线，与最左素线侧面投影的交点即侧面投影 f''。最后判别可见性，因 F 点位于圆锥面的最左素线上，所以其水平投影和侧面投影均可见，如图 3-9b 所示。

2）纬线（纬圆）法。所谓纬线（纬圆）法就是过锥面上的已知点在圆锥面上作一辅助圆（纬圆），借助该圆的投影，求出已知点的投影。

对于图 3-9a 中的 E 点，也可用纬线（纬圆）法作图。过点 E 在圆锥面上作一辅助纬圆，其正面投影和侧面投影均积聚为一条水平直线，水平投影是反映实形的圆。再根据投影规律求出点 E 的另两面投影，如图 3-10 所示。

3. 圆球

圆球面可看作由一圆母线绕其直径回转而形成。母线上各点的运动轨迹都为垂直于回转轴线的圆。

（1）圆球的投影

1）投影分析。如图 3-11a 所示，圆球的三面投影均为与圆球直径相等的圆，并且是圆球面上平行于相应投影面的三个不同位置的最大轮廓圆。正面投影的轮廓是前、后两半球面可见与不可见的分界线（最大的正平圆的投影）；水平投影的轮廓是上、下两半球面可见与不可见的分界线（最大的水平圆的投影）；侧面投影的轮廓是左、右两半球面可见与不可见的分界线（最大的侧平圆的投影）。

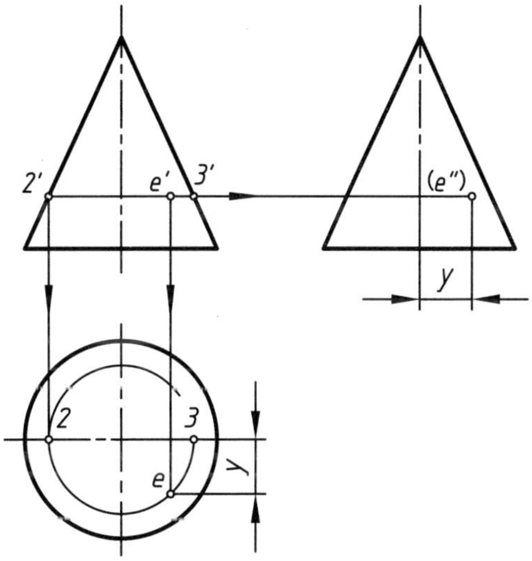

图 3-10　圆锥表面取点

2）作图方法。用细点画线画出各投影的对称中心线，再画出与圆球等直径的圆，如图 3-11b 所示。

（2）圆球表面取点　由于圆球面的三个投影均无积聚性，所以在圆球表面上取点时，除特殊点可以直接求出外，处于一般位置的点，都需用辅助圆法作图。

例 3-6　如图 3-12a 所示，已知圆球表面上点 E 的正面投影 e'和 F 点的水平投影 f，求其另两面投影。

分析：根据已知条件可知，E 点位于圆球面的左、上、前方，F 点位于圆球面前后对称面（正面转向轮廓线）的上半部分。对于 E 点，可过 E 作水平圆（也可以作正平圆或侧平圆），水平圆的水平投影反映实形，正面、侧面投影都积聚成一条直线，求出水平圆的三面投影，再根据投影规律求出点 E 的另两面投影；而对于 F 点，直接利用点的投影规律求其另两面投影。

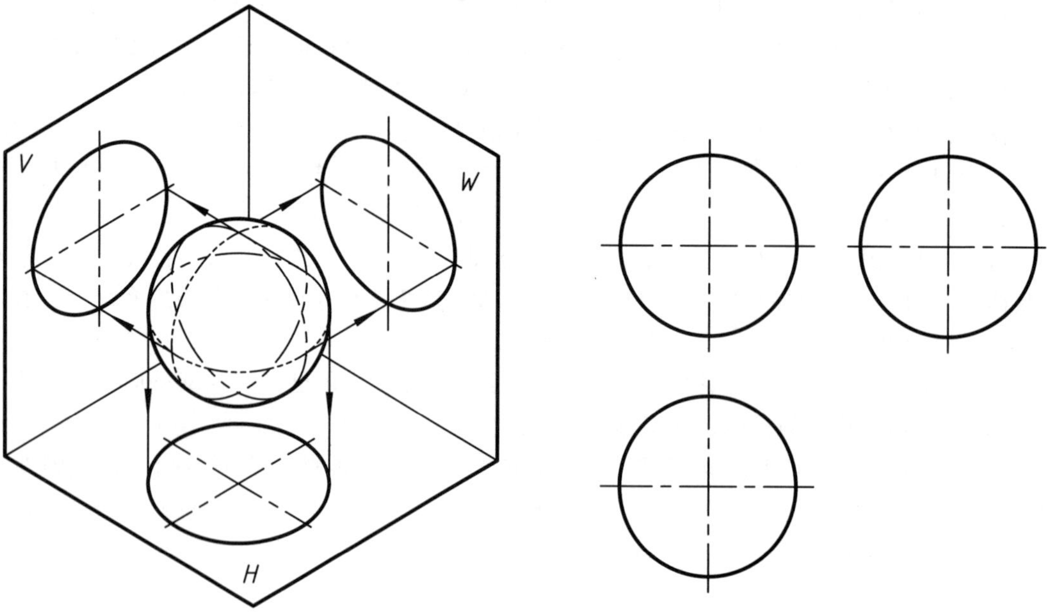

a)　　　　b)

图 3-11　圆球的投影

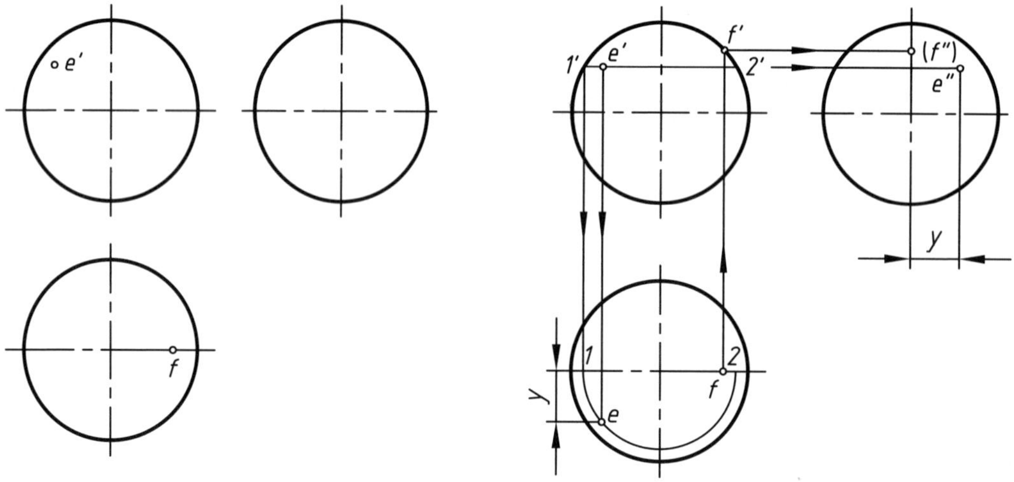

a)　　　　b)

图 3-12　圆球表面取点

作图：过 e'作水平直线与圆球正面投影（圆）交于点 1′、2′，以 1′2′为直径在水平投影上作圆，则点 E 的水平投影 e 必在该圆上，再由 e、e'求出 e''。最后判别可见性，因点 E 位于圆球面的左、上、前方，故 e、e''均可见，如图 3-12b 所示。

过 f 作垂直线，与圆球面正面投影的上半个圆的交点即为 f'；过 f'作水平直线，与圆球面侧面投影的垂直中心线的交点即为 f''。最后判别可见性，因 F 点位于圆球面前后对称面的上、右方，所以其正面投影可见而侧面投影不可见，如图 3-12b 所示。

第二节　截　交　线

用平面切去立体的一部分称为截切，该平面称为截平面，截平面与立体表面产生的交线称为截交线，由截交线围成的平面图形称为截断面，如图 3-13 所示。

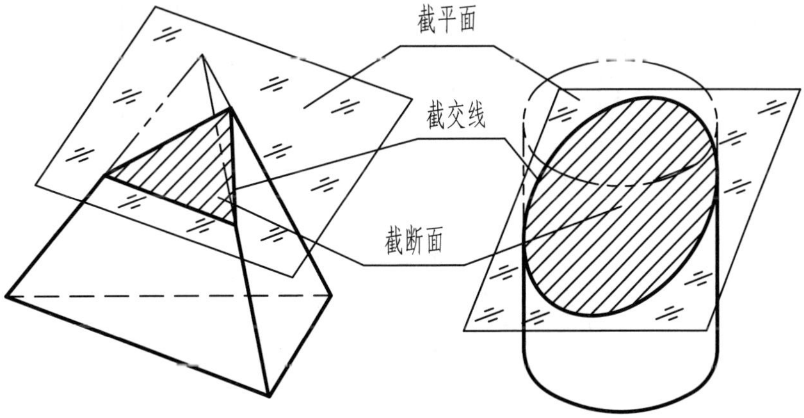

a)　　b)

图 3-13　截交线

截交线具有如下性质。

共有性：截交线是截平面与立体表面的共有线，截交线上的点均为截平面与立体表面的共有点。

封闭性：由于任何立体都占有一定的封闭空间，故截交线一定是封闭的平面图形。

根据截交线的性质可知：求截交线的实质是求截平面与立体表面的共有点。截交线的形状取决于被截立体的形状以及截平面与立体的相对位置。

一、平面与平面立体相交

平面与平面立体相交，其截交线是一封闭的平面多边形。求平面与平面立体的截交线，可归结为求被切到的棱线与截平面的交点，经判别可见性，依次连接各交点，即得所求的截交线。

例 3-7　求正垂面截切六棱柱的截交线，如图 3-14a 所示。

分析：六棱柱被一个正垂面截切，截平面切到了六条侧棱，故截交线为六边形（由截平面与被切到六条侧棱的交点构成），如图 3-14b 所示。由于截交线所在的平面是正垂面，故它的正面投影积聚成一条直线，水平投影和侧面投影都是类似形。截交线的正面投影和水平投影已知，只需求其侧面投影。

作图：在正面投影和水平投影上分别标出截平面与被切到六条侧棱的交点，作出六棱柱的侧面投影，根据投影关系求出六个交点的侧面投影。

判别可见性、整理轮廓线：六棱柱的左上部分被正垂面截切，故截交线六边形的侧面投影可见。六条侧棱的截平面以上部分被切去，截平面以下部分都存在，最右的棱线侧面投影不可见，因此 1″4″画细虚线。最后检查加深完成侧面投影，如图 3-14c 所示。

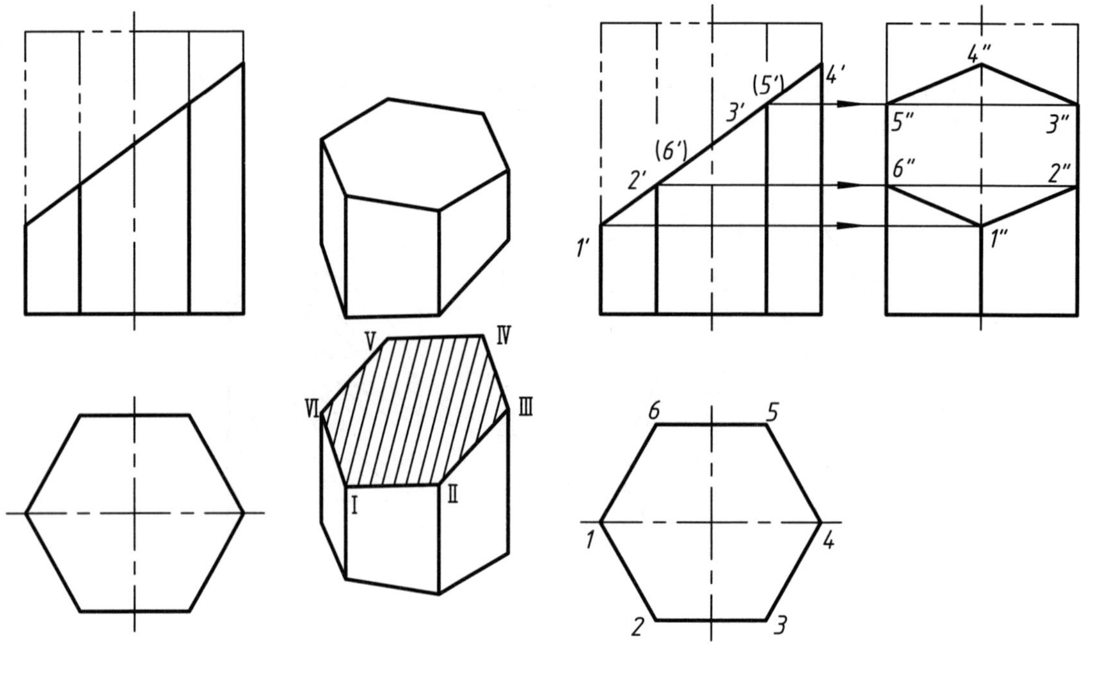

a)　　　　b)　　　　c)

图 3-14　平面与六棱柱相交

例 3-8　求图 3-15a 中正垂面与四棱锥的截交线。

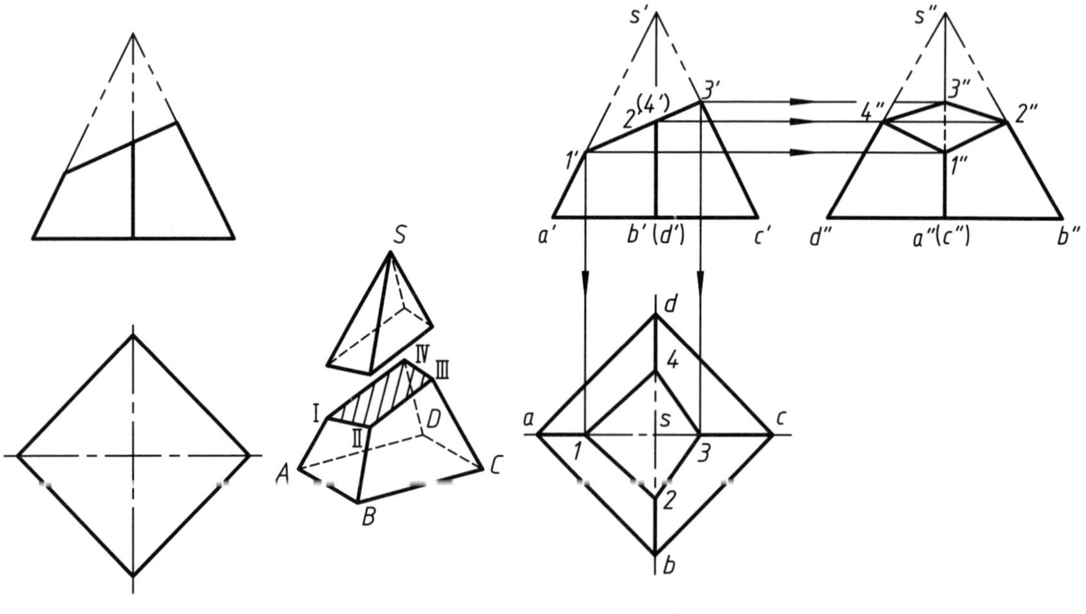

a)　　　　b)　　　　c)

图 3-15　平面与四棱锥相交

分析： 四棱锥被一个正垂面截切，截平面切到了四条侧棱，故截交线为四边形（由截平面与被切到四条侧棱的交点构成），如图 3-15b 所示。由于截交线所在的平面是正垂面，故它的正面投影积聚成一条直线，水平投影和侧面投影都是类似形。截交线的正面投影已知，水平和侧面投影都需要求出。

作图： 在正面投影上标出截平面与被切到四条侧棱的交点，作出四棱锥的水平和侧面投影，根据投影关系求出四个交点的水平和侧面投影。

判别可见性、整理轮廓线：四棱锥的左上部分被正垂面截切，故截交线四边形的水平和侧面投影都可见。四条侧棱的截平面以上部分被切去，截平面以下部分都存在，最右的棱线侧面投影不可见，因此 1″4″画细虚线。最后检查加深完成水平和侧面投影，如图 3-15c 所示。

二、平面与回转体相交

平面与回转体相交时，既可能只与回转面相交，又可能与回转面和平面都相交。因此回转体表面的截交线可以是直线、曲线或直线与曲线的组合。若截交线为非圆曲线，作图时先找特殊点，即截交线的最高、最低、最前、最后、最左、最右点以及回转体的转向轮廓线与截平面的交点；再定中间点（又称一般点），然后判断可见性、用光滑的曲线将各点的同面投影依次连接起来。

表 3-1　圆柱截交线

截平面位置	与轴线平行	与轴线垂直	与轴线倾斜
截交线形状	矩形	圆	圆椭
轴测图	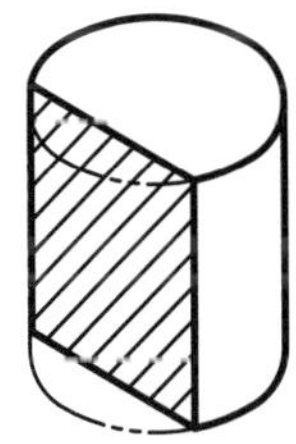	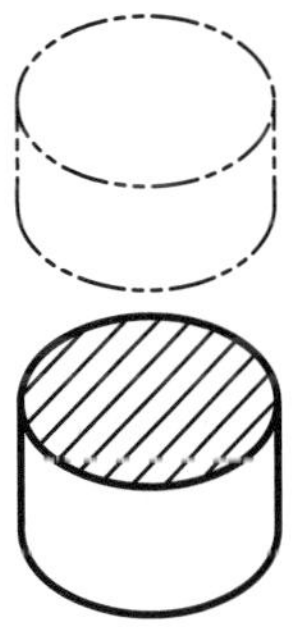	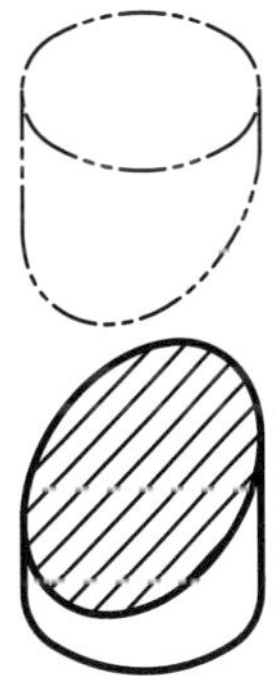
投影图	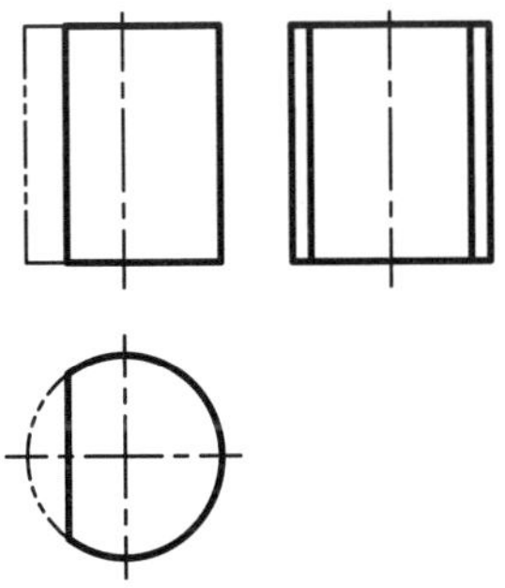	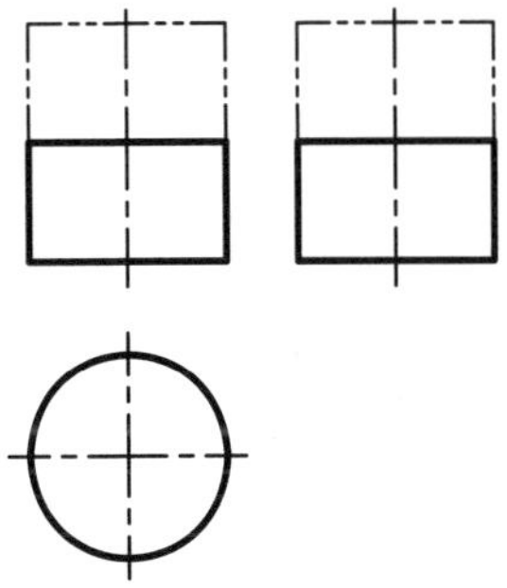	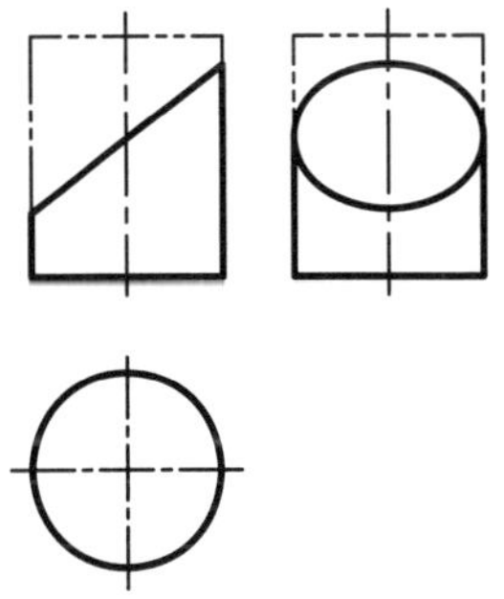

1. 平面与圆柱相交

平面与圆柱相交时，根据截平面与圆柱轴线的相对位置不同，所得的截交线有三种不同的形状：矩形、圆和椭圆，见表 3-1。

例 3-9 求图 3-16a 中圆柱被正垂面截切后的侧面投影。

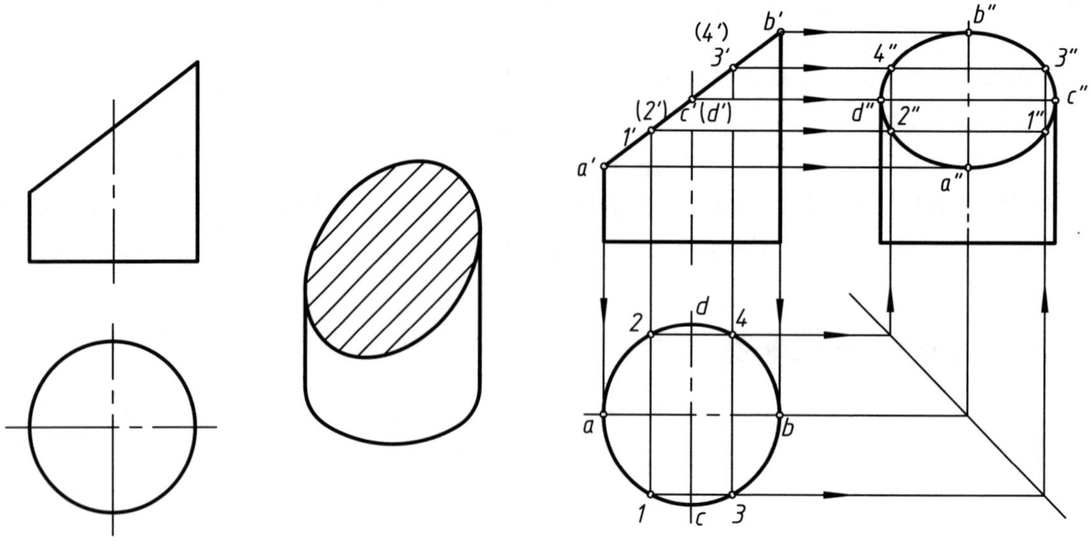

a) b) c)

图 3-16 正垂面与圆柱相交

分析：由于圆柱轴线垂直于水平面，且截平面为正垂面，故截交线为椭圆，如图 3-16b 所示。截交线的正面投影积聚成一条直线（与截平面的正面投影重合），水平投影积聚在圆柱面的水平投影上，截交线的侧面投影为椭圆，但不反映实形。

作图（图 3-16c）：

1）求特殊点。在已知的正面投影和水平投影上找出特殊点，A、B 是截交线（椭圆）的最低点和最高点，且位于圆柱的最左、最右素线上，故也是最左、最右点。C、D 是截交线（椭圆）的最前点和最后点，且位于圆柱的最前、最后素线上。依次标出这些点的正面投影 a'、b'、c'（d'）和水平投影 a、b、c、d，然后根据投影关系求出 a''、b''、c''、d''，它们也是椭圆长、短轴端点的投影。

特殊点对确定截交线的范围、判别可见性以及准确地求出截交线有着重要的作用，作图时必须首先求出。

2）求一般点。在特殊点之间选取若干一般位置点Ⅰ、Ⅱ、Ⅲ、Ⅳ。可由有积聚性的投影上先标出 1、2、3、4 和 1′、（2′）、3′、（4′），然后根据点的投影规律求出侧面投影 1″、2″、3″、4″。依此可再求出若干一般点。

3）判别可见性。由于圆柱的左上部分被切去，所以截交线的侧面投影可见。

4）连线。依次光滑连接各点的侧面投影 a''、2″、d''、4″、b''、3″、c''、1″、a''，得到的椭圆即为所求。

5）整理轮廓线，完成全图。

讨论：正垂面与铅垂圆柱相交时，随着截平面与圆柱轴线夹角的变化，截交线椭圆的长、短轴发生变化，侧面投影所得椭圆的长、短轴也会变化。如图 3-17 所示，当截平面与水平面的夹角为45°时，交线的空间形状仍为椭圆，但由于长、短轴的侧面投影长度相等，因此椭圆的侧面投影为圆（见图3-17b）。

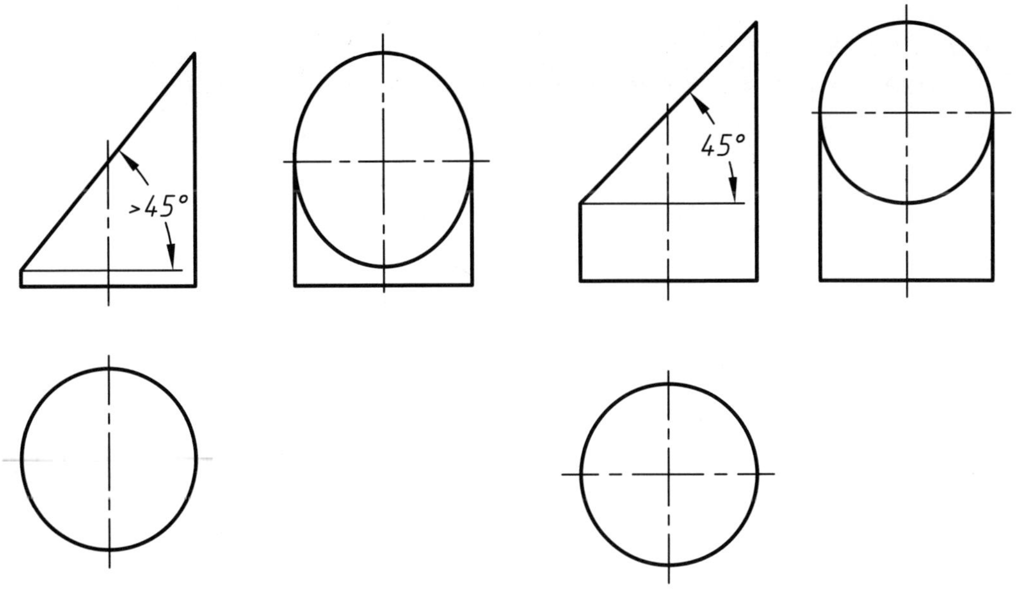

a)　　b)

图3-17　圆柱被正垂面截切的情况

例3-10　已知开槽圆柱的正面投影，求其另两面投影。

分析：由图3-18a可知，正面投影反映圆柱上端通槽的实形，它是由两个对称的侧平面和一个水平面截切后形成的，如图3-18b所示。侧平面切得的截交线形状为矩形，水平面切

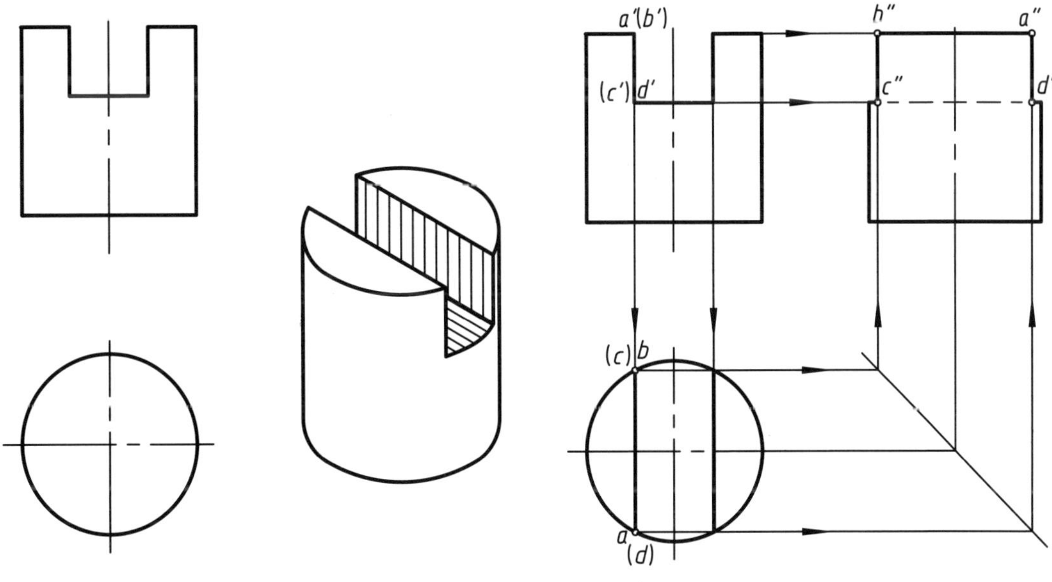

a)　　b)　　c)

图3-18　开槽圆柱

得的截交线形状为圆弧和两截平面的交线组成的封闭平面图形。两截交线的水平投影分别有积聚性和反映实形，可直接作垂直线求得，然后再根据投影关系求出侧面投影。

作图（图 3-18c）：

1）自侧平面的正面投影作垂直线与圆柱的水平投影（圆）相交得两直线段，即为两侧平面的水平投影。水平面切得的截交线的水平投影是侧平面积聚成的直线和两段圆弧组成的平面图形，反映实形。

2）由正面、水平投影，根据投影关系求出其侧面投影。

3）整理轮廓线，完成全图。

槽底以上部分圆柱的最前、最后素线被切除，故在侧面投影中，只是槽底以下部分存在圆柱的最前、最后素线。侧平面和水平面交线的侧面投影不可见，画成细虚线。

例 3-11 已知圆柱被截切后的水平、正面投影，求其侧面投影。

分析：由图 3-19a 可知，圆柱被正垂面和侧平面所截切，侧平面切得的交线为矩形，正垂面切得的交线为椭圆的一部分，如图 3-19b 所示。两条交线的正面和水平投影均有积聚性，投影已知，求出侧面投影即可。

作图（图 3-19c）：

1）画出圆柱被截切之前的侧面投影，先求侧平面切得的交线（矩形）的侧面投影，再求正垂面切得的交线（部分椭圆）的侧面投影。

2）判别可见性、光滑连线。由于两个截平面把圆柱的左上部分切去，故矩形和椭圆的侧面投影均可见。

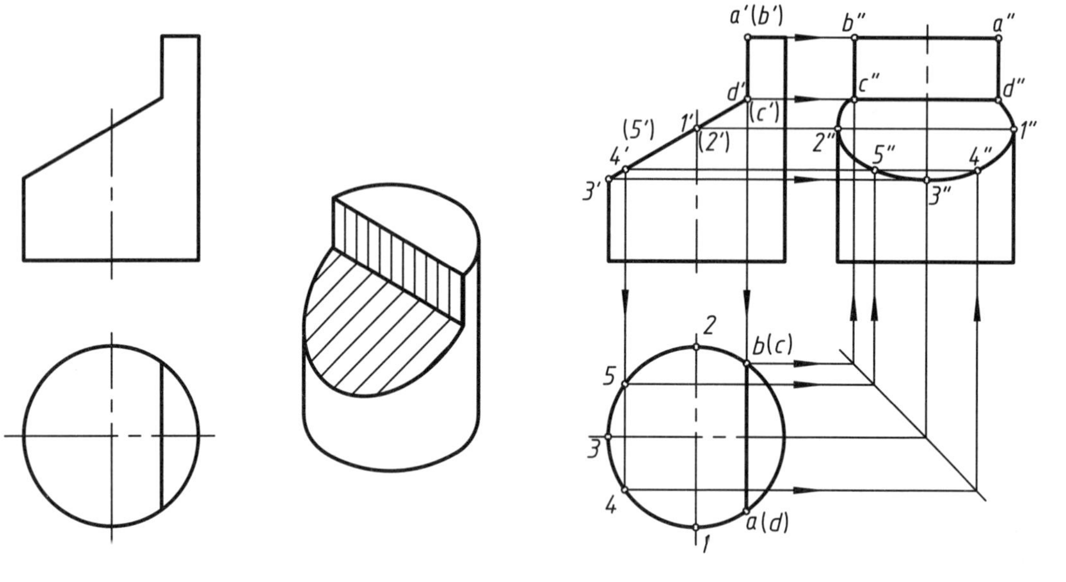

a)　　b)　　c)

图 3-19　圆柱被两个平面截切

3）整理轮廓线，完成全图。Ⅰ、Ⅱ点以下存在圆柱的最前、最后素线，其侧面投影画粗实线。

2. 平面与圆锥相交

平面与圆锥相交，因截平面与圆锥轴线的相对位置不同，其截交线有五种情况：圆、椭圆、抛物线与直线组成的平面图形、双曲线与直线组成的平面图形、过锥顶的三角形。圆锥截交线见表 3-2。

表 3-2 圆锥截交线

截平面位置	与轴线垂直	与轴线倾斜	平行于一条素线	与轴线平行	过锥顶
截交线形状	圆	椭圆	抛物线和直线段	双曲线和直线段	等腰三角形
轴测图	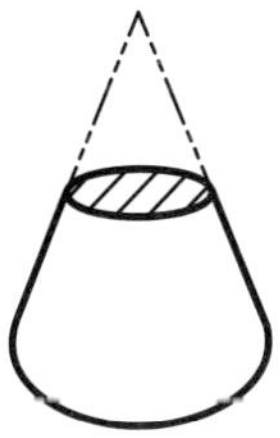		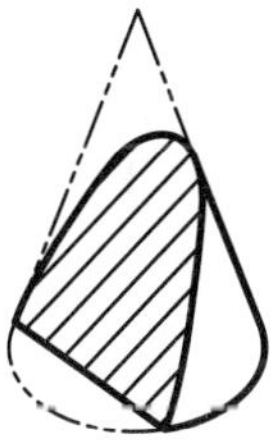	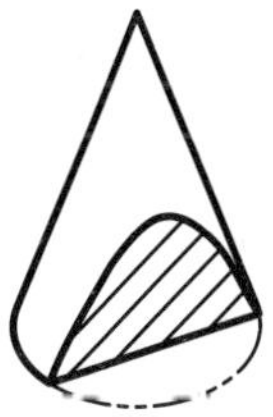	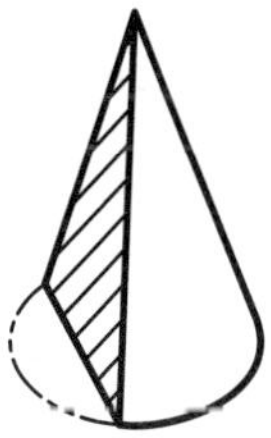
投影图	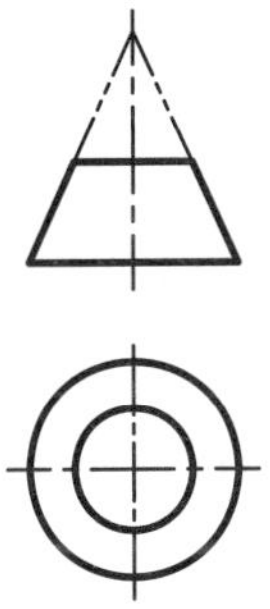	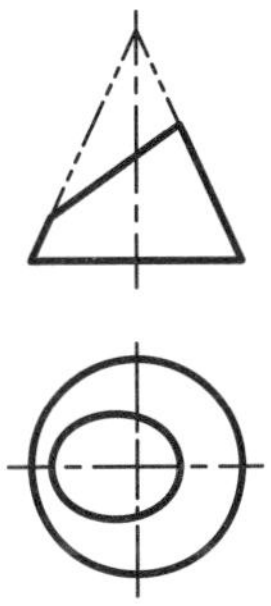	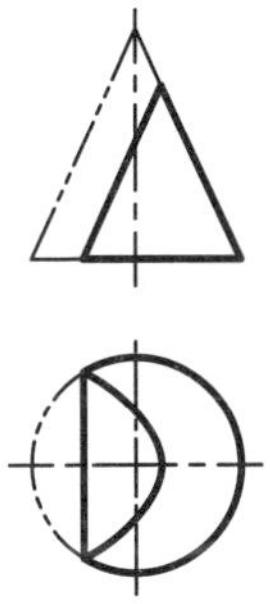	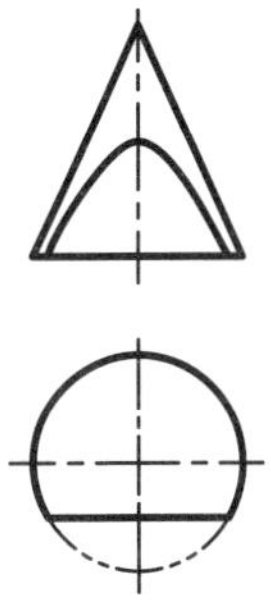	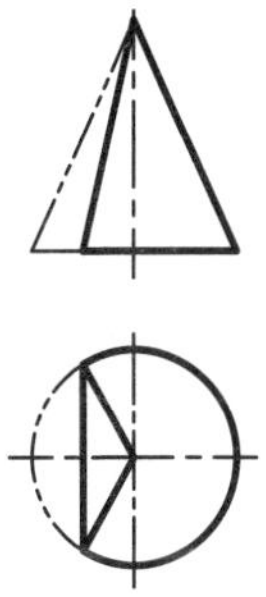

平面切圆锥所得的截交线为圆或直线时，其作图方法较简单。当截交线为椭圆、抛物线、双曲线时，则需采用求共有点的方法作图。

例 3-12 如图 3-20a 所示，已知圆锥被正垂面截切后的正面投影，补全其另两面投影。

分析： 圆锥被正垂面截切，截交线为椭圆，如图 3-20b 所示。截交线的正面投影积聚为一直线，水平投影和侧面投影均为椭圆，但不反映实形。因此需要求截交线的水平和侧面投影。

作图（图 3-20c）：

1）求特殊点。截交线椭圆长轴 AB 和短轴 EF 互相垂直平分，它们分别处于正平线和正垂线的位置。由正面投影可知：A 为最低点也是最左点，B 为最高点也是最右点，E 为最前点，F 为最后点。点 C 和 D 也是特殊点，分别是圆锥最前、最后转向轮廓线和截平面的交点。由于 A、B、C、D 是圆锥面转向轮廓线上的点，所以直接根据投影关系由 a'、b'、c'、(d') 求出 a、b、c、d 和 a''、b''、c''、d''。而 E、F 则是圆锥面上的一般位置点，必须利用纬圆法（或素线法）由 e'、(f') 求出 e、f 和 e''、f''。

2）求一般点。点 Ⅰ、Ⅱ 为截交线上的一般位置点，用纬圆法（或素线法）由 $1'$ 和 ($2'$) 求得 1、2 和 $1''$、$2''$。

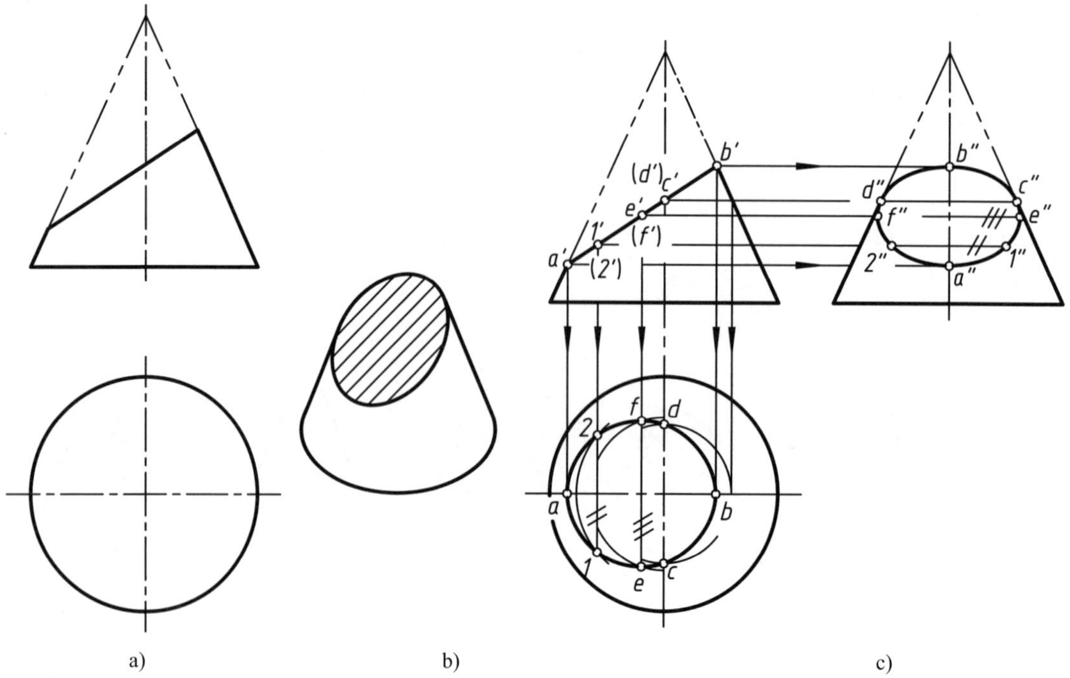

图 3-20　正垂面与圆锥相交

3）判别可见性、光滑连线。由于圆锥的左上部分被正垂面切去，所以截交线的水平投影和侧面投影均可见。

4）整理轮廓线，完成全图。侧面投影中圆锥的最前、最后素线只有 c''、d''以下部分存在。

例 3-13　如图 3-21a 所示，已知圆锥被正平面截切，补全其正面投影。

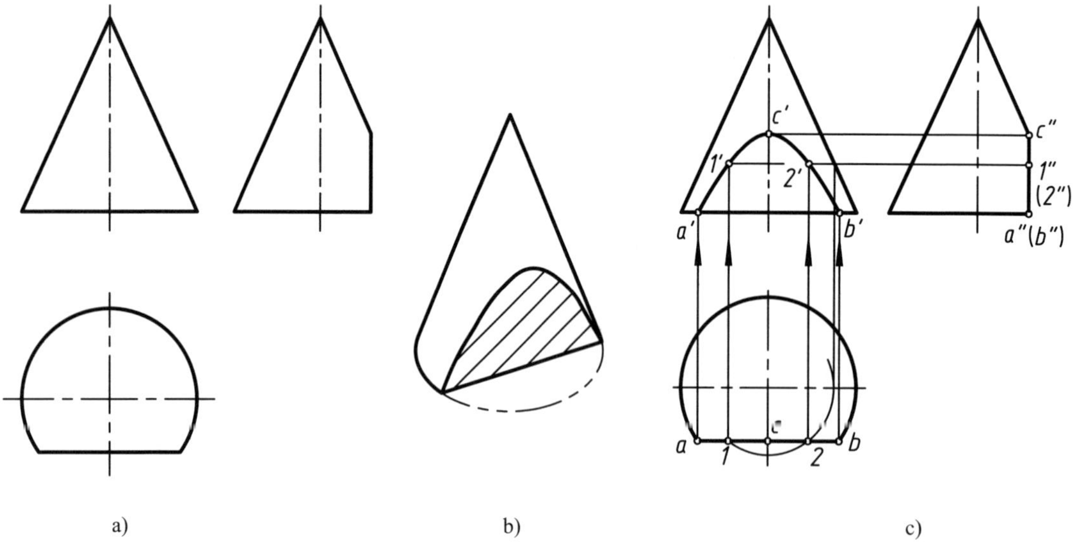

图 3-21　正平面与圆锥相交

分析：圆锥被正平面截切，截交线由双曲线和直线段组成，如图 3-21b 所示。截交线的正面投影反映实形，左右对称；水平、侧面投影均积聚为一直线。

作图（图 3-21c）：

1）求特殊点。截交线上最低、最左点 A 和最低、最右点 B 在底面圆周上，因此可利用投影关系由水平投影 a、b 直接求出 a'、b'。截交线上的最高点 C 在圆锥的最前素线上，因此可根据投影关系直接求出 c'。

2）求一般点。点Ⅰ、Ⅱ为截交线上的一般位置点，用纬圆法（或素线法）由 1、2 求得 1′和 2′。

3）判别可见性、光滑连线。由于圆锥的前面部分被切去，所以截交线的正面投影可见。

4）整理轮廓线，完成全图。圆锥面的最左、最右素线没有切到，所以正面投影的等腰三角形是完整的。

3. 平面与圆球相交

平面与圆球相交，其截交线都是圆。圆的大小取决于截平面到球心的距离。当截平面平行于投影面时，截交线在该投影面上的投影为圆的实形，其余两个投影积聚成直线。当截平面垂直于投影面时，截交线在该投影面上的投影积聚为直线，其余两个投影为椭圆。

例 3-14 如图 3-22a 所示，已知切槽半球的正面投影，补全另两面投影。

分析：由图 3-22a 中的正面投影可知，通槽是用两个侧平面和一个水平面切割半球所得的。半球被侧平面截切，截交线为圆弧，它的水平投影积聚为直线，侧面投影反映实形。半球被水平面截切，截交线为两段圆弧，水平投影反映实形，侧面投影积聚为直线。

作图（图 3-22b）：

1）作半径为 R_1 的水平纬圆，根据投影关系求出交线的水平投影；作半径为 R_2 的侧平纬圆，根据投影关系求出交线的侧面投影。

2）整理轮廓线，完成全图。半球的底面圆没有切到，故半球水平投影的圆是完整的；半球的左右对称面槽底以上部分被切去，故半球侧面投影的圆只有槽底以下部分存在。侧平面和水平面交线的侧面投影不可见，画成细虚线。

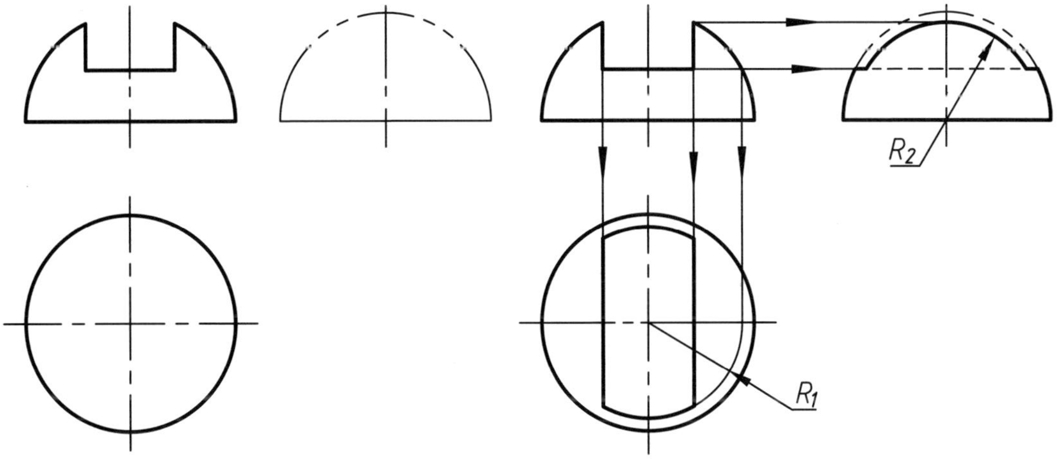

a)　　　　b)

图 3-22 半球切槽

4. 平面与复合回转体相交

求作平面与同轴复合回转体相交的交线时，首先要分析该形体由哪几个回转体组成，再分析平面与被切割回转体的相对位置、交线的形状和投影特性，然后逐步画出平面对每个回转体产生的交线，最后判别可见性并依次将其连接、整理轮廓线。

例 3-15　如图 3-23a 所示，求同轴叠加圆柱、圆锥被截切后的水平投影。

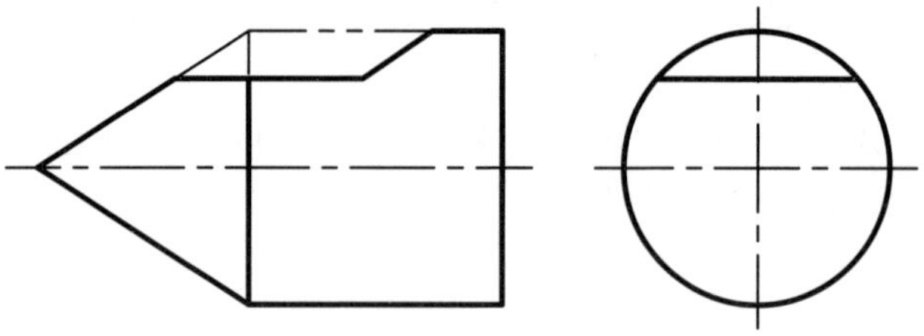

a)

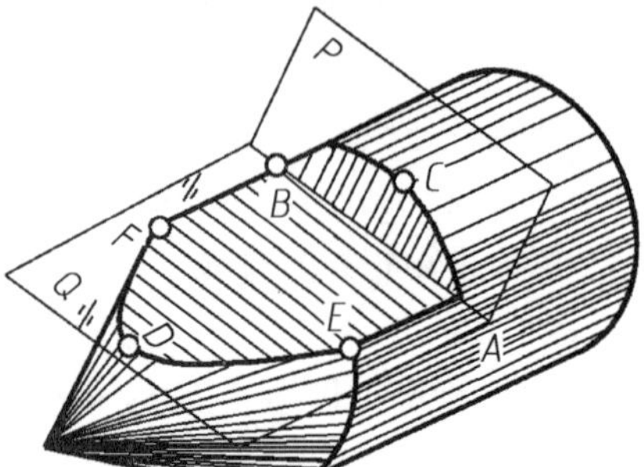

b)

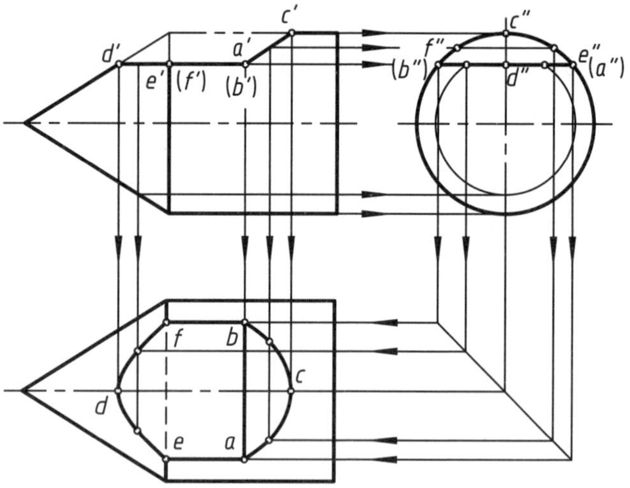

c)

图 3-23　平面与复合回转体相交

分析： 由图 3-23a 可知，该复合形体由同轴线的圆锥和圆柱叠加而成，被一个水平面和一个正垂面截切，如图 3-23b 所示。水平面与圆锥面的交线为双曲线，与圆柱面的交线为平行的两直线，两截交线的正面投影和侧面投影均积聚为直线段，而水平投影反映实形；正垂面与圆柱面的截交线是部分椭圆，其正面投影积聚为直线，侧面投影与圆柱面的侧面投影重合为圆的一部分，其水平投影为部分椭圆。

作图（图 3-23c 所示）：

1）画出复合形体完整的水平投影。

2）作水平面与圆锥面的截交线。首先求特殊点，*D* 为最左点；*E*、*F* 为最右点，同时分别为最前和最后点；*D* 在圆锥最高转向线上，*E*、*F* 在圆锥的底面圆周上，故它们的水平投影可直接利用投影关系求出。然后再求一般位置点，在水平面的正面投影上任取两点，利用纬圆法求出其水平投影。

3）作水平面与圆柱面的截交线。水平面与圆柱的轴线平行，其截交线的水平投影 *ae* 和 *bf* 可直接利用投影关系求出。

4）作正垂面与圆柱面的截交线。首先求特殊点，*A*、*B* 为最左点，也是最低点，同时分别为最前和最后点；*C* 为最右点也是最高点。它们的水平投影可直接利用投影关系求出。然后再求一般位置点，在正垂面的正面投影上任取两点，根据投影关系求出其水平投影。

5）判别可见性、光滑连线。复合形体的左上部分被水平面和正垂面切去，故截交线的水平投影均可见。

6）整理轮廓线，完成全图。圆柱和圆锥的最前、最后素线均没切到，故其水平投影是完整的，而圆柱面和圆锥面的交线上半部分可见、下半部分不可见。

第三节 相 贯 线

相交的两个立体称为相贯体，其表面产生的交线称为相贯线。零件上常见的是两回转体相贯。图 3-24a 所示的三通管，是由轴线水平放置的圆筒和轴线垂直放置的带孔圆锥台组成的；图 3-24b 所示的盖，是由轴线水平放置的圆筒和轴线垂直放置的带孔圆锥台、圆筒组成的，其表面都产生相贯线。

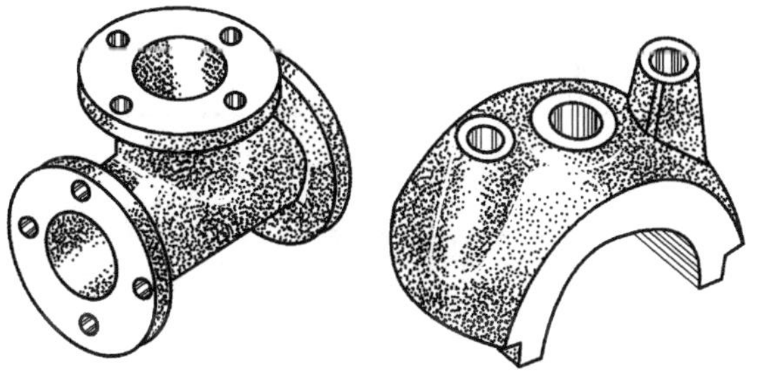

a) b)

图 3-24 两立体相贯

相贯线具有以下性质。

共有性：相贯线是两立体表面的共有线（也是两立体表面的分界线），相贯线上的点是两相交立体表面的共有点。

封闭性：由于形体具有一定的空间范围，因此相贯线一般为封闭的空间曲线，特殊情况下也可能是平面曲线或直线。

相贯线的形状取决于相交两回转体的表面特征以及它们之间的相对位置关系。根据相贯线的性质可知：求相贯线实质上是求相交两立体表面的共有点，这些共有点的集合就是相贯线。求相贯线常用的方法有表面取点法和辅助平面法。这里只介绍两回转体正交（轴线垂直相交）时相贯线的作图方法。

一、表面取点法求相贯线

表面取点法也称积聚性法，它是利用投影具有积聚性的特点，首先确定两回转体表面上若干个共有点的已知投影，然后采用回转体表面取点的方法求出其未知投影，从而作出相贯线的投影。当两相交回转体表面投影有积聚性时，用此方法求解。

1. 正交两圆柱的相贯线的作图方法

例 3-16 求图 3-25a 所示正交两圆柱的相贯线。

分析：如图 3-25b 所示，小圆柱的水平投影和大圆柱的侧面投影积聚成圆，所以相贯线的水平投影即为小圆柱的水平投影——圆；相贯线的侧面投影为两圆柱共有部分的一段圆弧，即相贯线的水平和侧面投影已知，只需求其正面投影。因相贯线的前后、左右都对称，

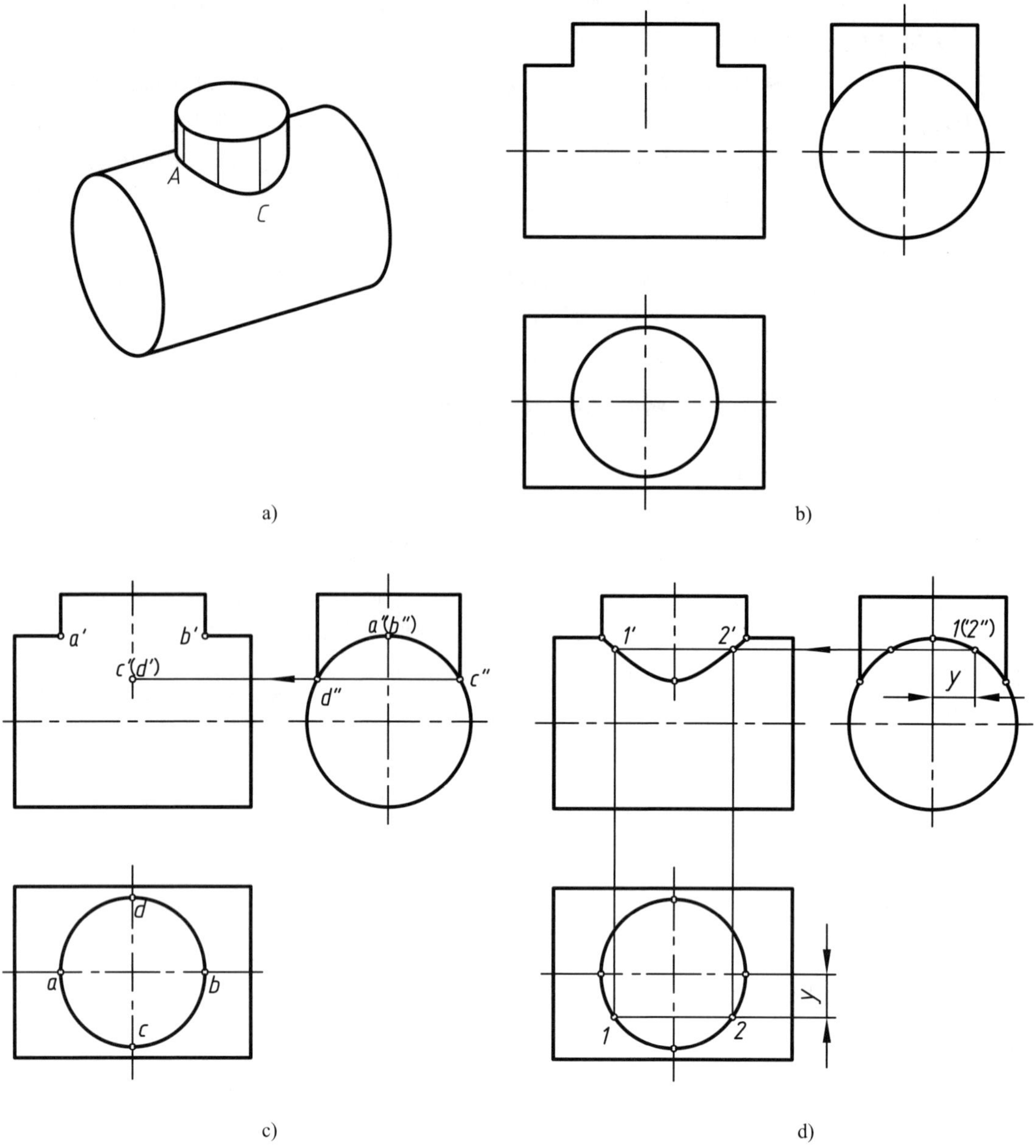

图 3-25 圆柱与圆柱正交

所以在其正面投影中，可见的前半部分与不可见的后半部分重合。

作图：

1）求特殊点。如图 3-25c 所示，相贯线的最左点 *A*、最右点 *B* 分别为两圆柱正面转向轮廓线的交点，也是相贯线上的最高点；最前点 *C*、最后点 *D* 是小圆柱侧面转向轮廓线与大圆柱面的交点，也是最低点；点 *A*、*B* 的正面投影 *a*′、*b*′可直接得到；点 *C*、*D* 则应先找出 *c*、*d* 和 *c*″、*d*″，然后根据投影关系求出其正面投影 *c*′和（*d*′）。

2）求一般点。如图 3-25d 所示，在相贯线的已知投影（如水平投影）中取点Ⅰ、Ⅱ的投影 1、2，根据点的投影规律作出侧面投影上 1″和（2″），然后再求出正面投影 1′

和 2′。

3）判别可见性、光滑连接。将各点的正面投影依次连成光滑曲线。因前后对称，相贯线正面投影的可见部分与不可见部分重合。

两圆柱正交，除了两外表面相交之外，还有外表面与内表面相交和两内表面相交，其交线的形状和作图方法完全相同，如图 3-26 所示。

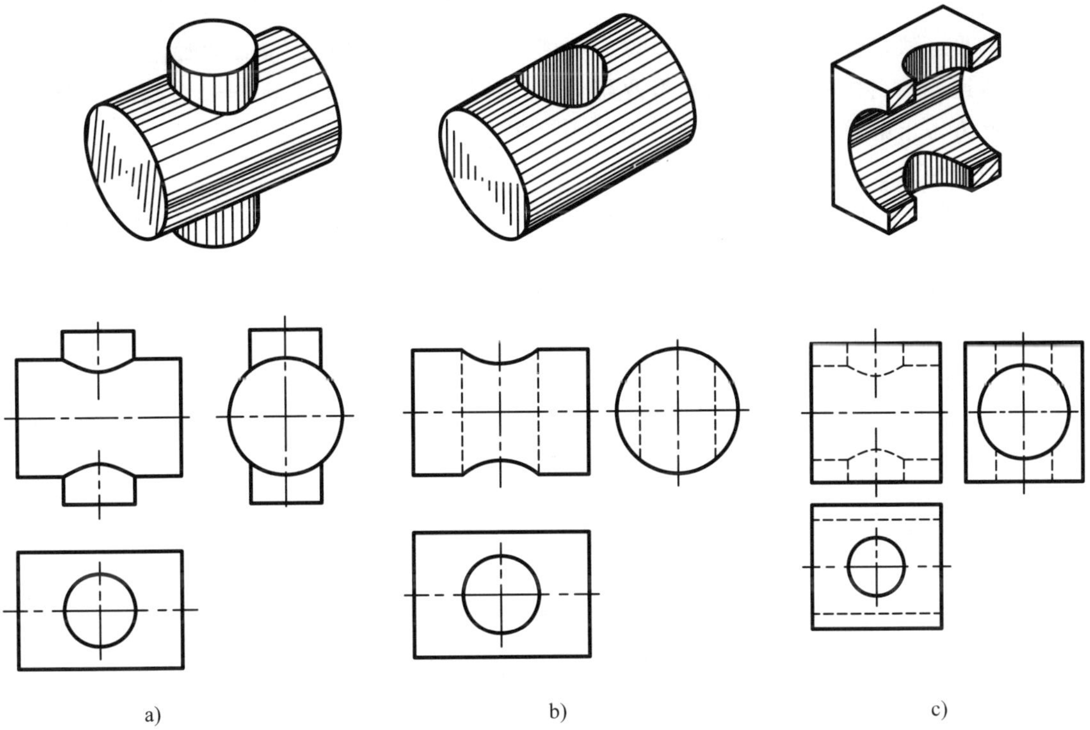

图 3-26 正交两圆柱相交的三种形式

2. 两圆柱正交时相贯线的变化趋势

如图 3-27 所示，当正交两圆柱的直径变化时，相贯线的形状和位置也随着变化，其变化规律如下。

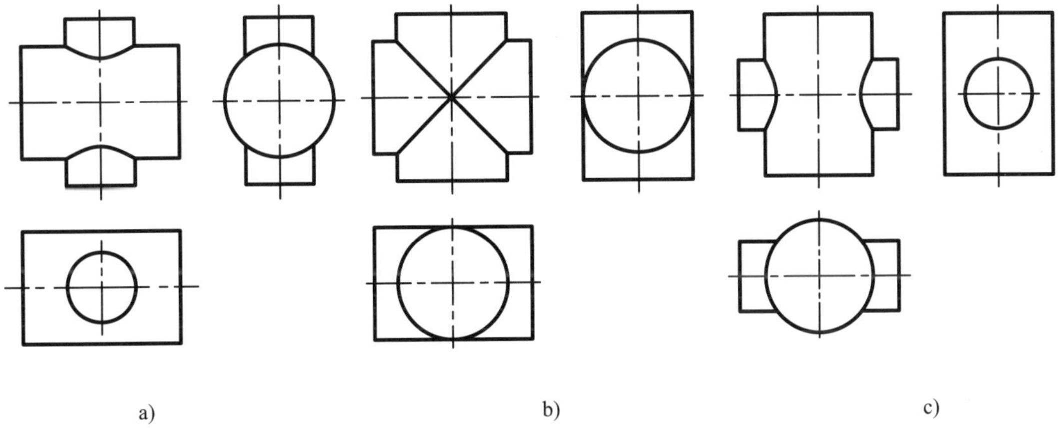

图 3-27 正交两圆柱相贯线的变化趋势

1）相贯线的投影总是向大圆柱的轴线方向弯曲。

2）两圆柱的直径差越小，相贯线的投影越弯近大圆柱的轴线。

3）当两圆柱的直径相等时，相贯线为相交的两个椭圆，其正面投影为相交的两条直线。

二、辅助平面法求相贯线

辅助平面法是根据三面共点的原理，利用辅助平面求出两曲面立体表面上若干个共有点，然后连线画出相贯线的方法。当两相交回转体表面有一个投影无积聚性或均无积聚性时，用此方法求解。

辅助平面法求相贯线的作图步骤如下。

1）作辅助平面与两立体相交。辅助平面的选择原则：常选用投影面的平行面或垂直面，使得辅助平面与两回转体表面的截交线的投影为简单易画的图形——直线或圆，如图3-28所示。

2）分别求出辅助平面与两回转体的交线。

3）求出两交线的交点，即相贯线上的点。

4）可根据需要取多个辅助平面，求出一系列点，判别可见性，顺次连接各点的同面投影。

5）整理轮廓线，完成全图。

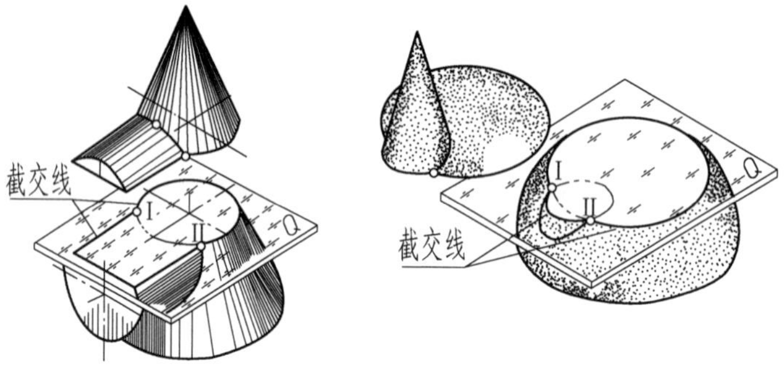

图3-28 用辅助平面法求相贯线

例3-17 求图3-29a中正交圆柱与圆锥的相贯线。

分析： 如图3-29b所示，相贯线为封闭的空间曲线，且前后对称。由于圆柱轴线是侧垂线，则相贯线的侧面投影积聚成圆周，相贯线的另两面投影无积聚性，需要采用辅助平面法求出。

作图：

1）求特殊点。如图3-29b所示，相贯线的最高点 *A*、最低点 *B* 为圆柱和圆锥正面转向轮廓线的交点，正面投影可直接得到，根据投影关系可求出其水平投影。点 *C*、*D* 分别是圆柱最前、最后素线和圆锥面的交点，也是相贯线上的最前、最后点；由点 *C*、*D* 的侧面投影 c''、d'' 入手，过其作一水平辅助平面，在水平投影上分别求出辅助平面与圆柱面和圆锥面的

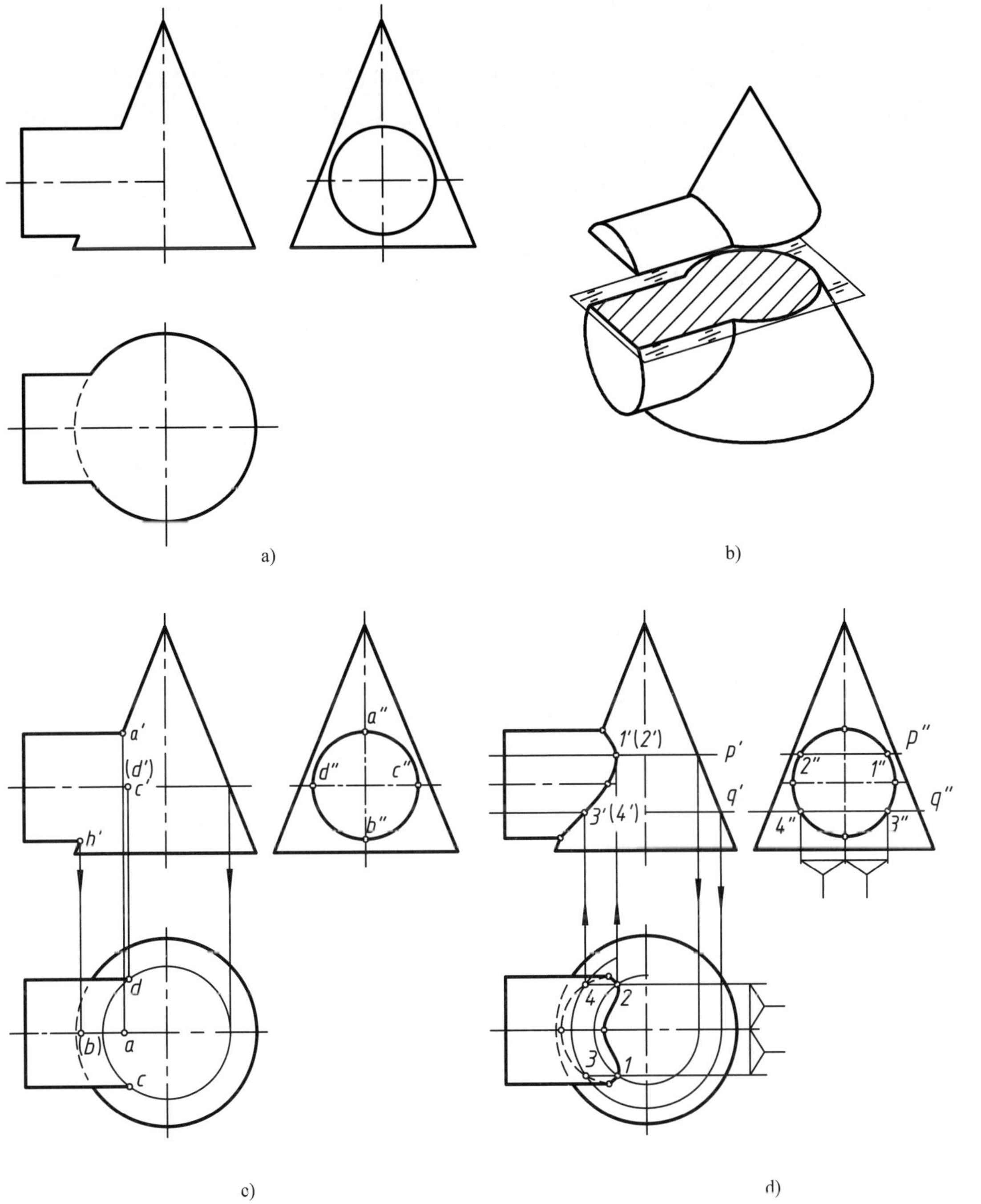

图 3-29　正交圆柱与圆锥的相贯线

交线，再找出它们的交点，即为相贯线上的点 c、d，根据投影关系求出其正面投影 c' 和 (d')。

2）求一般点。如图 3-29c 所示，在侧面投影中取点Ⅰ、Ⅱ的投影 1″和 2″，过其作一水平辅助平面，在水平投影上分别求出辅助平面与圆柱面和圆锥面的交线，再找出它们的交点，即为相贯线上的点 1、2，根据投影关系求出其正面投影 1′和（2′）。同理还可作出若干个一般点（如Ⅲ、Ⅳ点）。

3）判别可见性、光滑连接。水平投影中，上半圆柱面的相贯线是可见的，下半圆柱面的相贯线是不可见的，c、d 两点是相贯线的可见与不可见部分的分界点；正面投影中相贯线前、后部分的投影重合，画出可见部分即可。

4）整理轮廓线，完成全图。在水平投影中，圆柱的转向轮廓线应画到 c、d 点为止；圆锥底面圆周被圆柱挡住的部分不可见，画细虚线。

三、相贯线的特殊情况

相交两曲面立体的相贯线一般是空间曲线，特殊情况下可能是直线或平面曲线。

1. 相贯线为直线

两圆柱轴线平行或两圆锥共顶相贯时，其相贯线为直线，如图 3-30 所示。

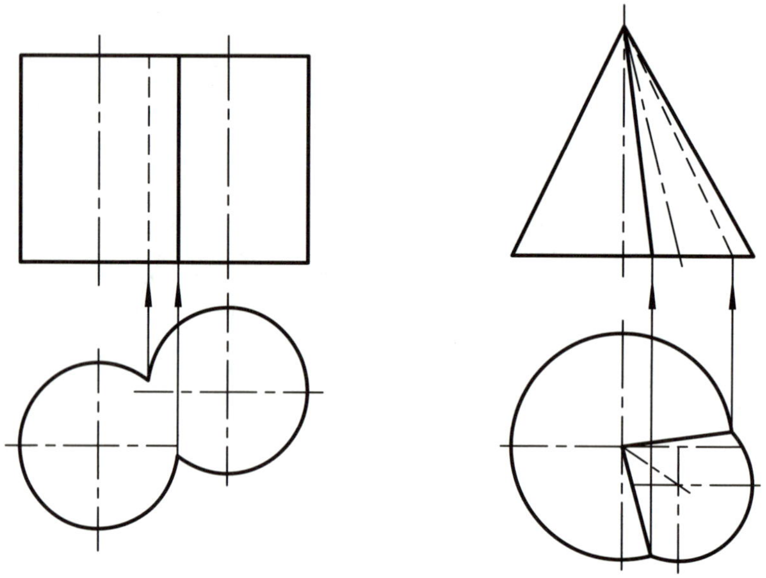

a)　　b)

图 3-30　相贯线为直线

2. 相贯线为圆

同轴回转体相贯，其相贯线为圆，并且该圆垂直于公共轴线。当公共轴线垂直于某投影面时，相贯线在该投影面上的投影为反映实形的圆，相贯线在轴线平行的投影面上的投影积聚为直线段，且和轴线投影垂直，如图 3-31 所示。

3. 相贯线为椭圆

当两回转体公切于一个球面时，其相贯线为两条平面曲线——椭圆，当相交两曲面立体的轴线同时平行于某投影面时，则此二椭圆曲线在该投影面上的投影为相交两直线，如图 3-32 所示。

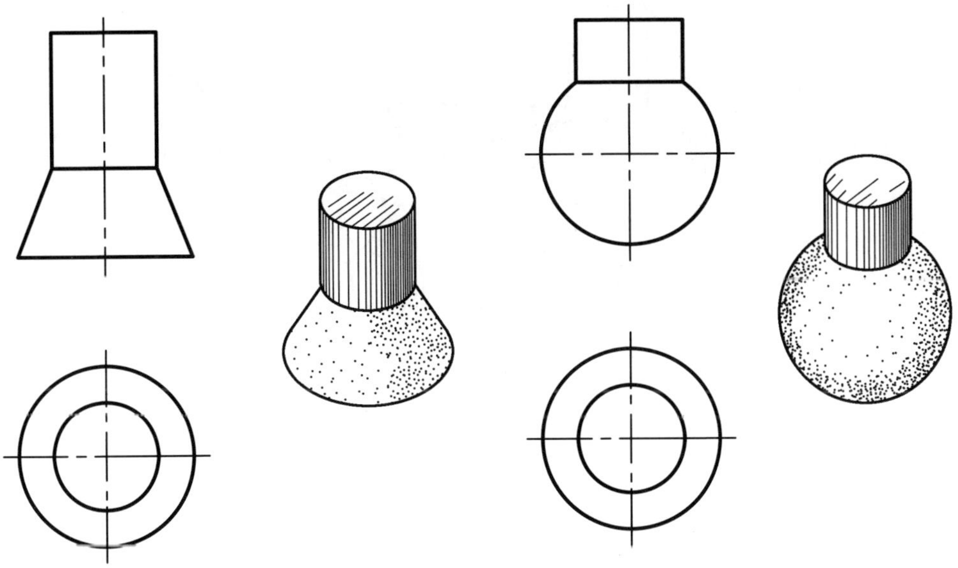

a)　　b)

图 3-31　相贯线为圆

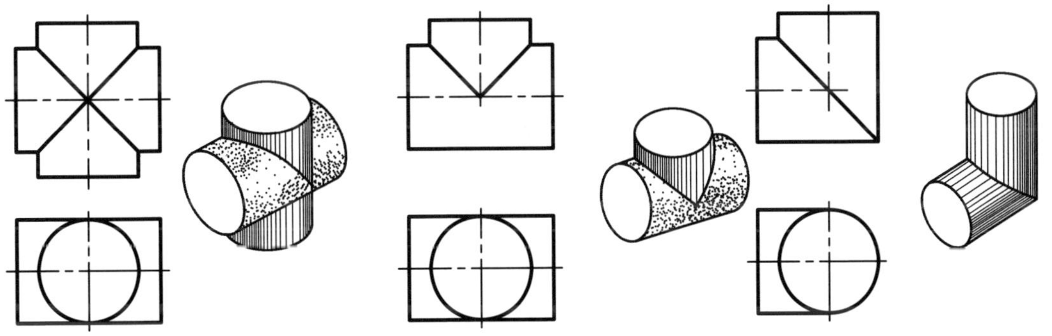

a)　　b)　　c)

图 3-32　相贯线为椭圆

第四节　轴测投影图

一、轴测投影的基本知识

1. 轴测投影图的形成

用平行投影法将物体连同确定其空间位置的直角坐标系，沿不平行于任一坐标平面的方向，用平行投影法将其投射在单一投影面（轴测投影面）上所得到的图形，称为轴测投影图（简称轴测图），如图 3-33 所示。

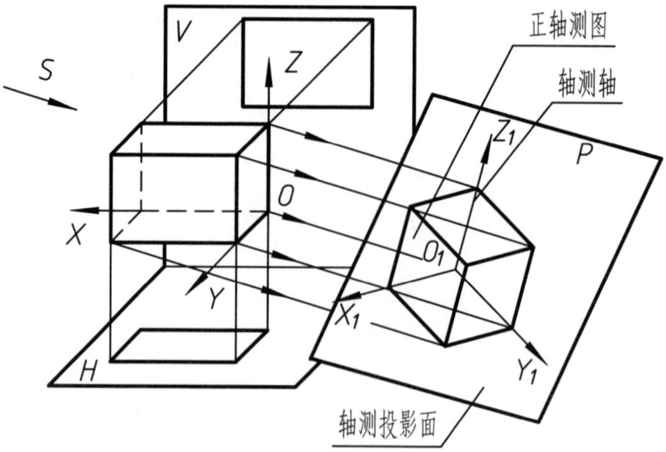

图 3-33　轴测图的形成

2. 轴测图的基本术语

（1）轴测投影面　用来进行轴测投影的投影面称为轴测投影面，如图 3-33 中的 P 面。

（2）轴测投影轴　空间坐标轴 OX、OY、OZ 在轴测投影面上的投影 O_1X_1、O_1Y_1、O_1Z_1 称为轴测投影轴，简称轴测轴。

（3）轴间角　轴测投影中，任意两个轴测轴之间的夹角称为轴间角。

（4）轴向伸缩系数　轴测轴上的线段与坐标轴上对应线段长度的比值。OX、OY、OZ 轴的轴向伸缩系数分别用 p、q、r 表示。

3. 轴测图的投影特性

轴测图是用平行投影法得到的，因此具有平行投影的一切投影特性。

1）空间相互平行的线段，其轴测投影仍相互平行，且投影长度之比等于其空间长度之比。

2）与空间坐标轴平行的线段，其轴测投影平行于相应的轴测轴，且轴向伸缩系数与相应轴的轴向伸缩系数相同。

4. 轴测图的分类

轴测图按投射方向与轴测投影面是否垂直，可分为如下两大类。

（1）正轴测图　投射方向与轴测投影面垂直。

（2）斜轴测图　投射方向与轴测投影面倾斜。

根据轴向伸缩系数的不同，每类轴测图又可分为如下三种。

（1）正（或斜）等测图　$p=q=r$。

（2）正（或斜）二测图　有两个轴向伸缩系数相等。

（3）正（或斜）三测图　$p \neq q \neq r$。

工程上常用正等轴测图（简称正等测）和斜二等轴测图（简称斜二测），这里只介绍这两种轴测图。

二、正等轴测图

当投射方向垂直于轴测投影面，且物体上三个直角坐标轴 OX、OY、OZ 对投影面的倾角相同时，所得到的轴测投影图称为正等轴测图，简称正等测。

1. 轴间角、轴向伸缩系数

在正投影的情况下，使物体旋转到确定其空间位置的三个坐标轴与轴测投影面的倾角都是 35°16′，这样与其相对应的轴间角均为 120°，三个轴向伸缩系数均为 0.82，如图 3-34 所示。

为了简化作图，通常采用简化的轴向伸缩系数，即 $p=q=r=1$。采用简化的轴向伸缩系数画出的图形，各轴向的长度都放大了 1.22（1/0.82）倍，但形状不变。

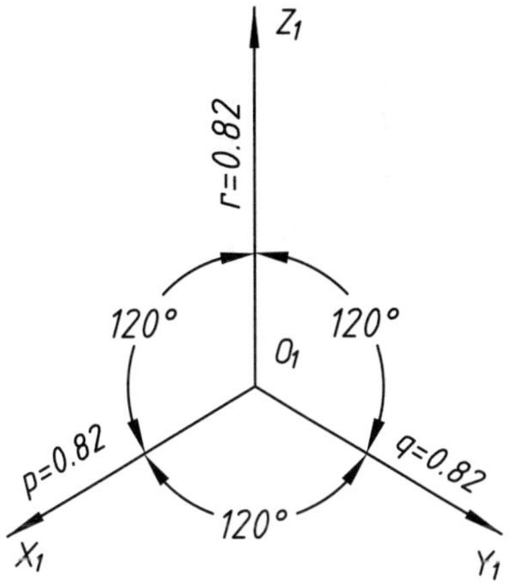

图 3-34　正等测的轴间角和轴向伸缩系数

2. 平面立体的正等测

画平面立体轴测图最基本的方法是坐标定点法。坐标定点法是根据立体的结构特点，选择合适的坐标轴，然后根据立体上各点的坐标关系，画出相应点的轴测图，最后连线，从而得到立体轴测图的作图方法。

对于不完整的形体，可先按完整形体画出，然后再按其相对位置逐个切去多余的部分（切割法）；对于另外一些较复杂的形体，可先将其分解成若干基本形体，然后再按其相对位置逐个画出各基本形体的轴测图，进而完成整体的轴测图（叠加法）。下面举例说明画平面立体正等测的作图步骤。

例 3-18　根据正六棱柱的正投影图，作出其正等测。

分析：如图 3-35a 所示，正六棱柱的前后、左右对称，将坐标原点 O 定在顶面六边形中心，以六边形的中心线为 X 轴、Y 轴。这样便于直接作出顶面六边形各顶点的坐标，从顶面开始作图。

作图：

1）在正投影图上确定坐标原点和坐标轴，如图 3-35a 所示。

2）作轴测轴，然后按坐标分别画出顶面各顶点的轴测投影，依次连接各点，得顶面的轴测投影，如图 3-35b、c 所示。

3）过各顶点作 O_1Z_1 的平行线，并分别量取其高度 H，得底面各顶点的轴测投影，如图 3-35d 所示。

4）连接底面各点，得底面的轴测投影。

5）擦去多余图线，加深其可见轮廓线，即为正六棱柱的轴测投影，如图 3-35e 所示。

例 3-19　如图 3-36a 所示，根据立体的正投影图，作出其正等测。

分析：该立体可看成是四棱柱被正垂面切去左上角而形成的。可先画出完整四棱柱的正等测，然后用坐标定点法分别作出各截切点，切去多余部分即可。

作图：

1）作出完整四棱柱的正等测。

2）沿与轴测轴平行的对应棱线量取相应尺寸，定出斜面上线段端点的位置，并连成四边形，如图 3-36b 所示。

3）擦去多余图线，加深其可见轮廓线，即为立体的轴测投影，如图 3-36c 所示。

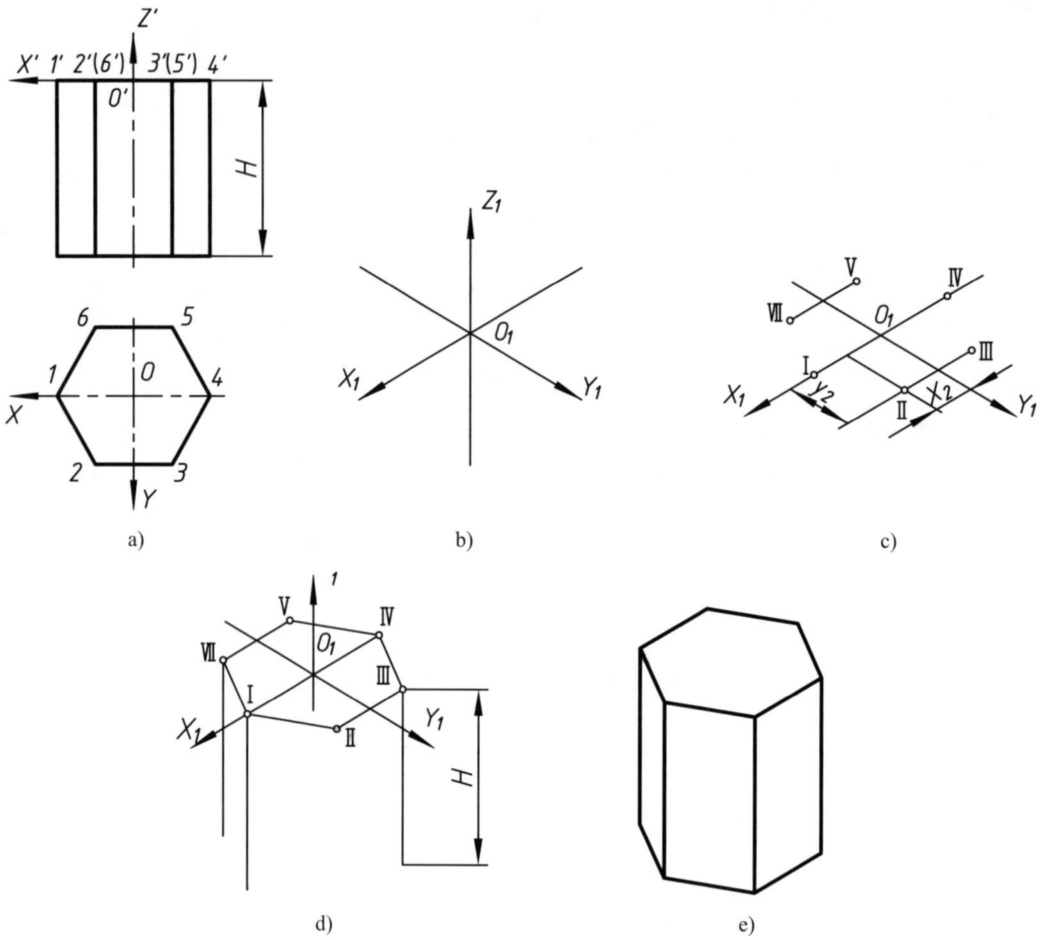

图 3-35　正六棱柱的正等测画法

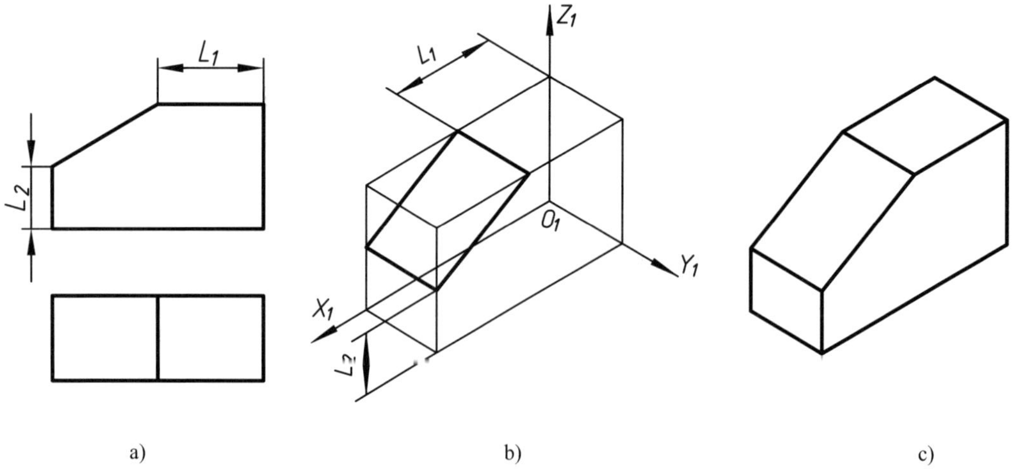

图 3-36　切割体的正等测

画轴测图时必须注意：倾斜线段，不能直接量取。因为与三个坐标轴都不平行的线段，在轴测图上的伸缩系数与轴向伸缩系数不同。画这些倾斜线段时，必须先根据端点的坐标找出各端点的位置，然后用线段把它们依次连接起来。

3. 回转体的正等测

对于常见的圆柱、圆锥、圆球等回转体，在画其正等测时，首先应画出回转体中平行于坐标面的圆的正等测，然后再作出整个回转体的正等测。

（1）平行于坐标面的圆的正等测　在正等测中，由于轴测投影面倾斜于三个坐标面，故平行于坐标面的圆的正等测均为椭圆。圆的正等测通常采用近似画法，步骤如图 3-37 所示。

1）在正投影图上确定坐标原点和坐标轴，并作圆的外切正方形，如图 3-37a 所示。

2）作轴测轴，用坐标定点法作出 A、B、C、D 各点的正等测。过各点分别作轴测轴的平行线，得圆外切正方形的轴测图——菱形。菱形的长、短对角线方向即为椭圆的长、短轴方向，两顶点 3、4 为大圆弧的圆心，如图 3-37b 所示。

3）连接 $D3$、$C3$，分别与菱形的长对角线交于点 1、2，点 1、2 即为小圆弧的圆心，如图 3-37c 所示。

4）分别以 3、4 为圆心，$D3$ 为半径画大圆弧；分别以 1、2 为圆心，$D1$ 为半径画小圆弧，即为近似椭圆，如图 3-37d 所示。

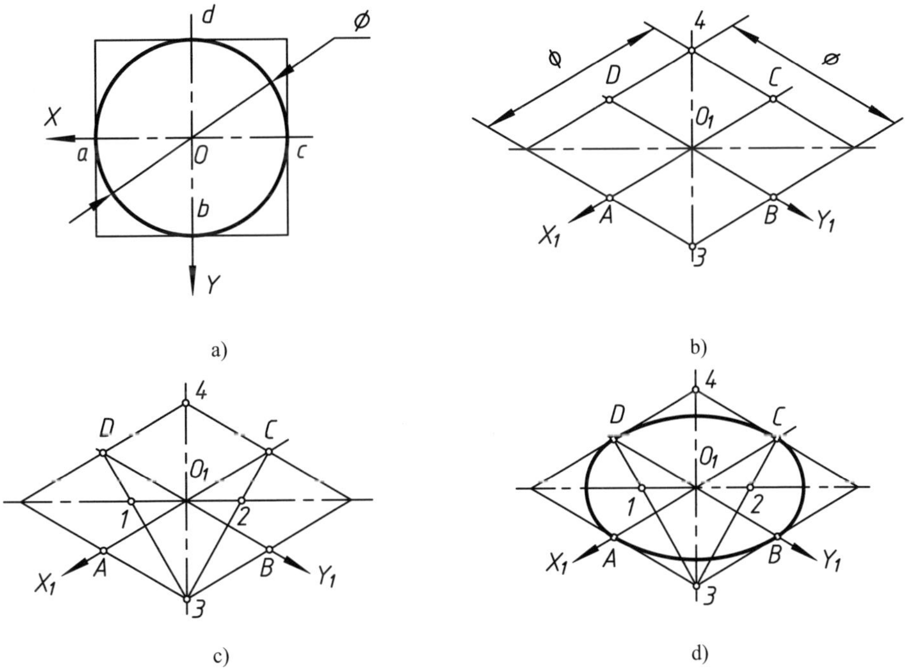

图 3-37　四心近似法画圆的正等测

图 3-38 中画出了平行于三个坐标面的圆的正等测。从图中可以看出，它们形状相同、大小相等，只是椭圆长、短轴方向不同。椭圆的长、短轴方向与轴测轴有如下关系。

1）水平椭圆的长轴垂直于 Z_1 轴，短轴平行于 Z_1 轴。

2）正面椭圆的长轴垂直于 Y_1 轴，短轴平行于 Y_1 轴。

3）侧面椭圆的长轴垂直于 X_1 轴，短轴平行于 X_1 轴。

（2）圆柱的正等测

例 3-20　如图 3-39a 所示，根据圆柱的正投影图，作出其正等测。

分析：如图 3-39a 所示，圆柱的上、下底面是与水平面平行且大小相等的圆，在轴测图中均为椭圆。根据直径 ϕ 作出两个大小相同、中心距为 H 的椭圆，然后作两椭圆的公切线即可。

作图：

1）在正投影图上确定坐标原点和坐标轴，如图 3-39a 所示。

2）作轴测轴，然后用四心近似法画出顶面圆的正等测，如图 3-39b 所示。

3）把中心下移高度 H，画出底面圆的正等测，如图 3-39c 所示。

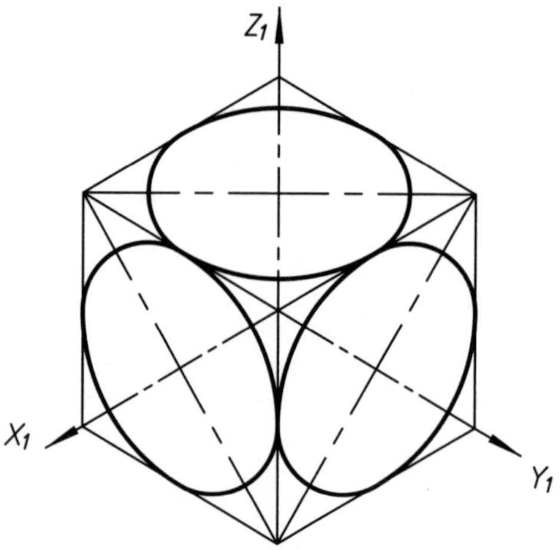

图 3-38　平行于三个坐标面的圆的正等测

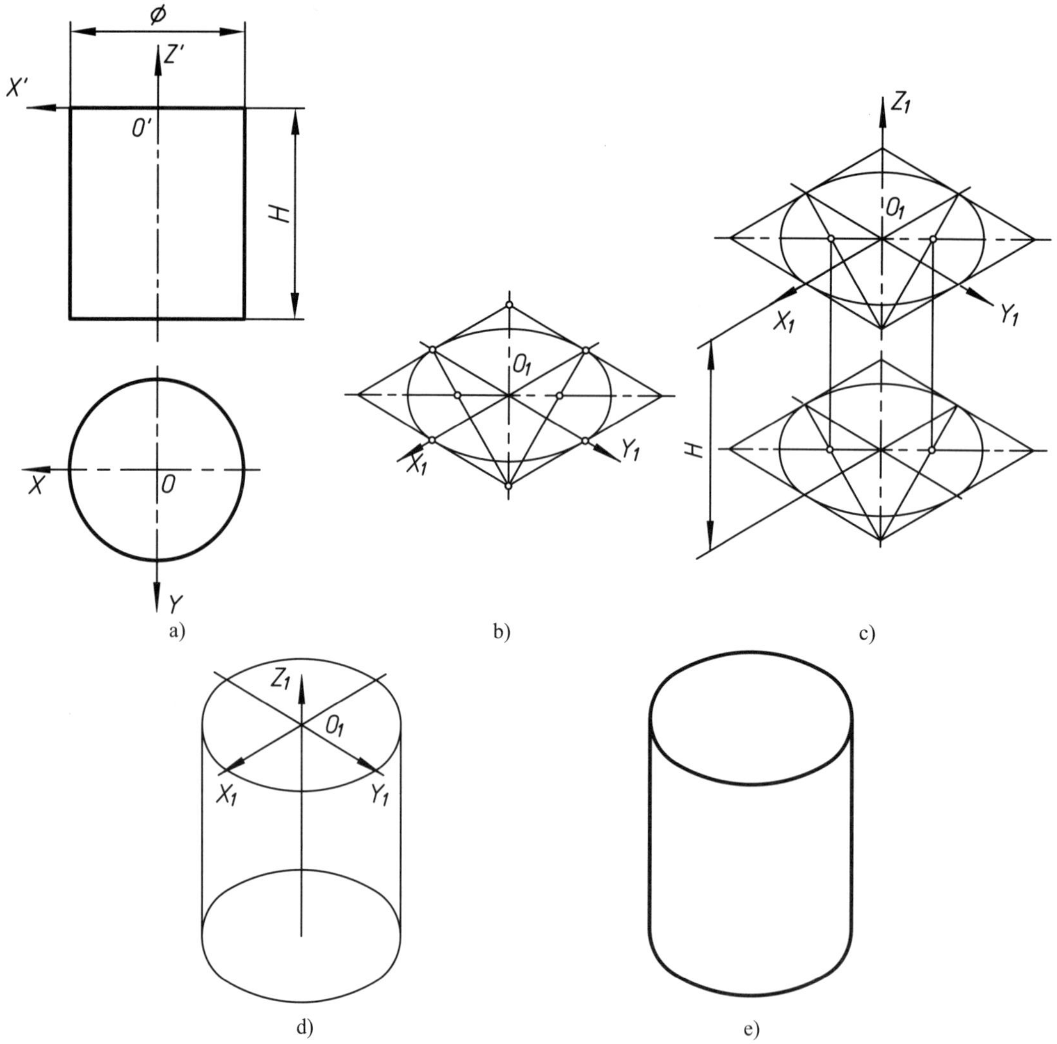

图 3-39　圆柱的正等测画法

4）作两椭圆的公切线，如图 3-39d 所示。

5）擦去作图线，加深可见轮廓线即得圆柱的正等测，如图 3-39e 所示。

（3）圆角的正等测　平行于坐标平面的圆角是圆的一部分，图 3-40a 中为常见的四分之一圆周的圆角，其正等测恰好是上述近似椭圆的一部分，其作图步骤如图 3-40b、c 所示。

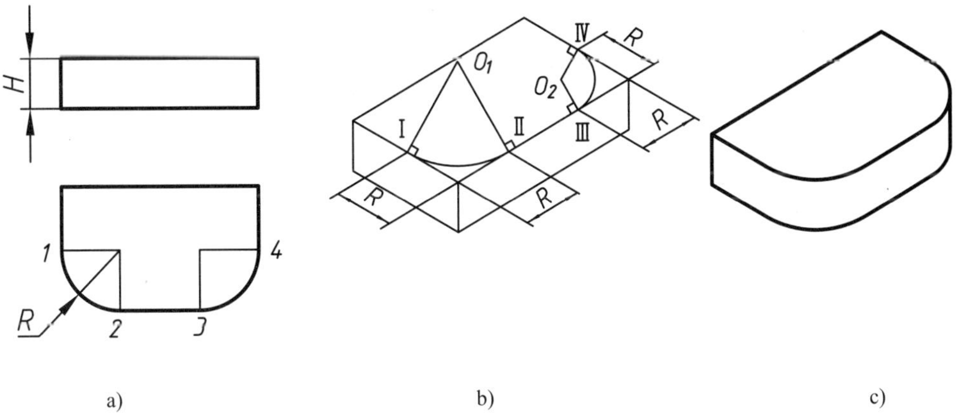

图 3-40　圆角的正等测画法

1）作出平板的正等测，并根据圆角的半径 R，在平板顶面相应的棱线上作出切点Ⅰ、Ⅱ、Ⅲ、Ⅳ。

2）过切点Ⅰ、Ⅱ分别作相应棱线的垂线，得交点 O_1；过切点Ⅲ、Ⅳ分别作相应棱线的垂线，得交点 O_2。以 O_1 为圆心，O_1Ⅰ为半径作圆弧；以 O_2 为圆心，O_2Ⅲ为半径作圆弧，即得平板顶面两圆角的轴测图，如图 3-40b 所示。

3）将圆心 O_1、O_2 下移平板的厚度 H，再用与顶面圆弧相同的半径分别作两圆弧，得平板底面圆角的轴测图。在平板右端作上下小圆弧的公切线，加深可见轮廓线即可，如图 3-40c 所示。

三、斜二等轴测图

在确定物体的直角坐标系时，使 OX 轴和 OZ 轴平行于轴测投影面，用斜投影法将物体连同其坐标系一起向轴测投影面投射，所得到的投影称为斜二等轴测图（简称斜二测）。

1. 轴间角、轴向伸缩系数

工程上常用的斜二等轴测图，其轴间角 $\angle X_1O_1Z_1$ 为 90°，并且 O_1X_1 和 O_1Z_1 的轴向伸缩系数都是 1，即 $p=r=1$。O_1Y_1 轴测轴的方向和 O_1Y_1 轴的轴向伸缩系数要随着投射方向的变化而改变，一般使 O_1Y_1 轴与水平线的夹角为 45°，取 $q=0.5$，如图 3-41 所示。

斜二测的特点：物体上凡平行于 XOZ 坐标面的平面，在轴测图上都反映实形。凡平行于 OY 轴的线段长度都缩短 1/2，因此，当物体某一方向上有较多圆或圆弧曲线时，常用此方法作图。

2. 平行于坐标面的圆的斜二测

在斜二测中，平行于 XOZ 坐标面的圆反映该圆的实形；平行于 XOY 和 YOZ 坐标面的圆

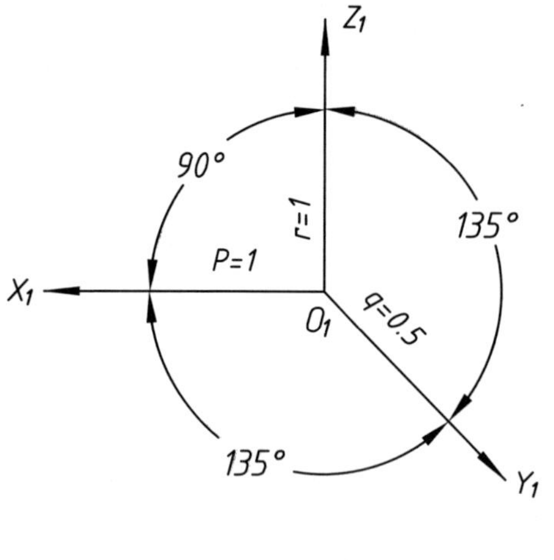

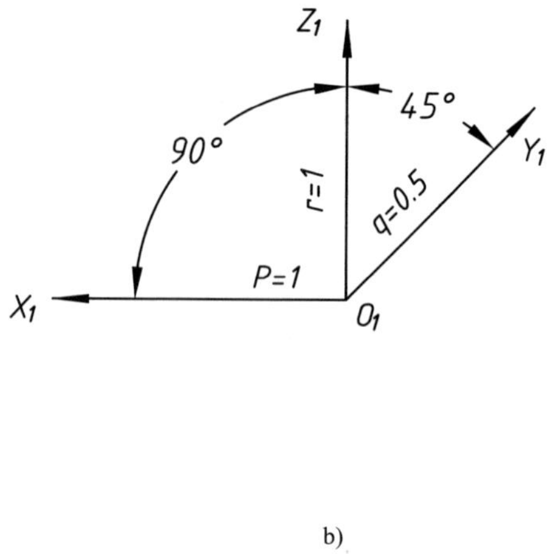

图 3-41　斜二测的轴间角和轴向伸缩系数

的投影是形状相同、长短轴方向不同的椭圆。它们的长轴与圆所在的坐标面上的一根轴测轴成 7°10′（≈7°）的夹角。长轴约为 1.06d，短轴与长轴垂直平分，长度为 0.33d。平行于三个坐标面的圆的斜二测如图 3-42 所示。

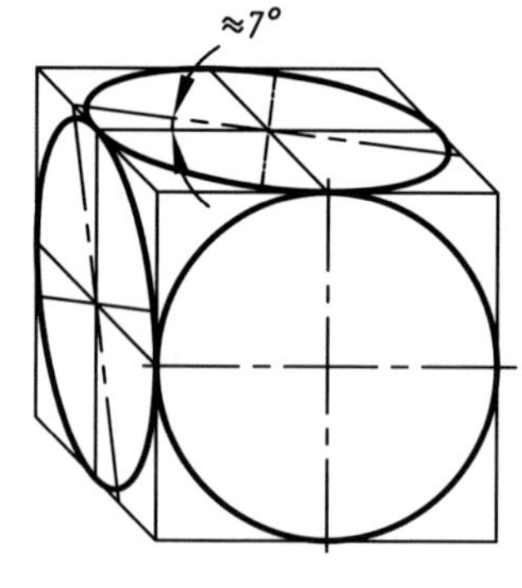

图 3-42　平行于三个坐标面的圆的斜二测

3. 斜二等轴测图画法举例

例 3-21　根据图 3-43a 所示的支座的投影图，作出其斜二测。

分析： 图示支座的前后端面都有圆形，采用斜二测作图最方便。作图时，选择圆平面平行于 XOZ 面。

作图：

1）在正投影图上确定坐标原点和坐标轴，如图 3-43a 所示。

2）作轴测轴，并画出与正面投影完全相同的前端面的图形；再由 O_1 沿 O_1Y_1 轴向后移 $L/2$，得后端面位置，用相同的方法画出后端面，如图 3-43b 所示。

3）作两圆的公切线，补齐 O_1Y_1 方向的轮廓线，擦去作图线，加深可见轮廓线即得支架的斜二测，如图 3-43c 所示。

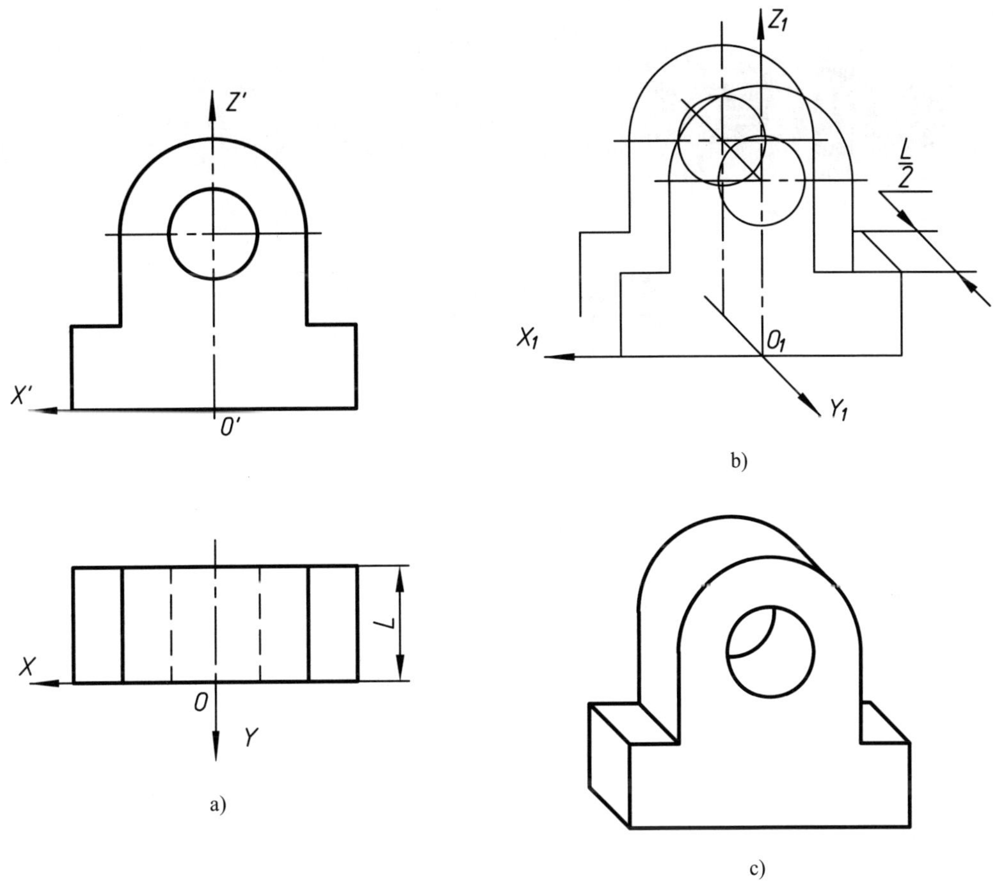

图 3-43　支架的斜二测画法

第四章

组合体视图

工程图中的实际零件，一般都不是单一的基本形体，而是由某些基本形体按一定的方式组合而成的。这种由两个或两个以上的基本形体所构成的物体称为组合体。本章是在学习制图的基本知识和正投影理论的基础上，进一步讨论组合体视图的画法、阅读及尺寸标注等问题。

第一节 概 述

一、组合体三视图的形成

1. 三视图的形成

在绘制工程图样时，人们往往用视线来代替光线对物体进行投射，这样所得的图形称为视图，如图 4-1a 所示。物体的正面投影称为主视图；水平投影称为俯视图；侧面投影称为左视图。三视图展开后的位置如图 4-1b 所示。由于展开后视图之间的距离不影响物体形状的表达，因此，画图时不需要画投影轴。

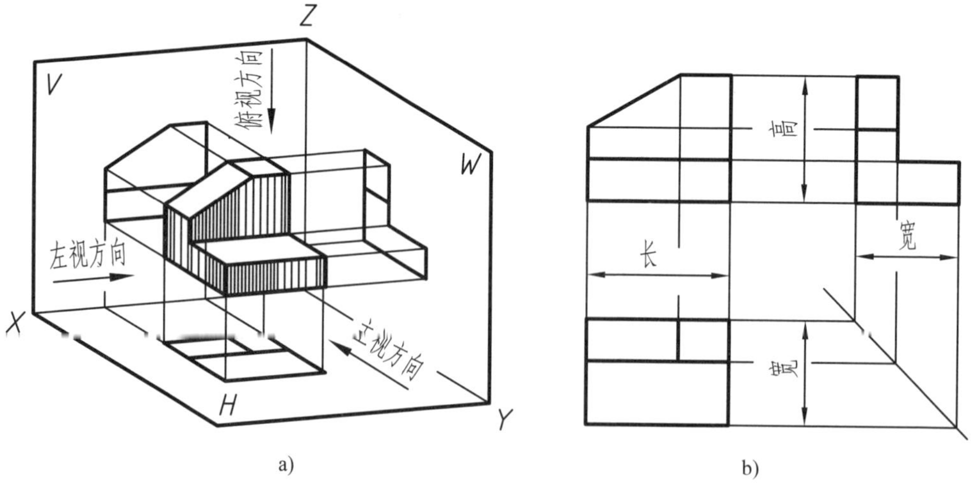

图 4-1 三视图的形成

2. 三视图的投影规律

如图 4-1b 所示，主视图反映物体的长和高，俯视图反映物体的长和宽，左视图反映物体的高和宽。由此，可总结出如下三视图的投影规律。

主、俯视图长对正，主、左视图高平齐，俯、左视图宽相等。

此规律简称“三等”规律。不论是对组合体的整体，还是对组合体的局部，“三等”规律都是成立的。

二、组合体的组合形式

基本形体（以下简称形体）间的组合形式可分为叠加和挖切两种。叠加指实形体与实形体堆积而成，如图 4-2a 所示；挖切指从实形体中挖去另一个实形体，被挖去的部分形成空腔、孔洞或缺角，如图 4-2b 所示。实际上，经常遇到的组合体是综合式的，既有挖切、也有叠加，如图 4-2c 所示。

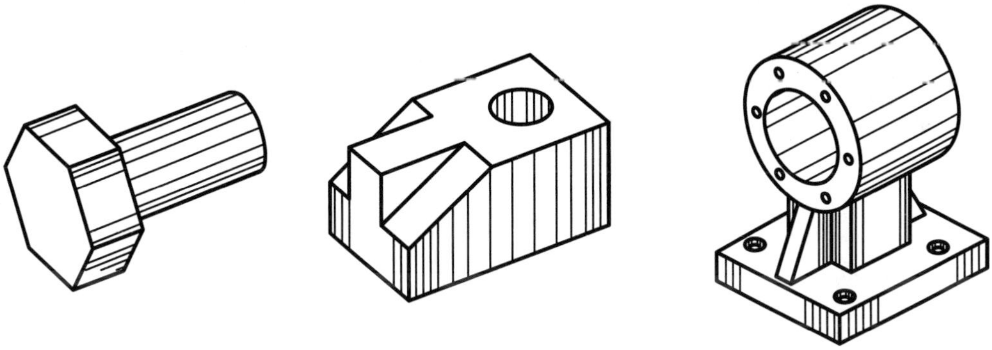

a)　　b)　　c)

图 4-2　组合体的组合形式

a）叠加式　b）挖切式　c）综合式

三、组合体邻接表面间的位置关系

形体经叠加、挖切组合后，组合体的各邻接表面之间可能形成共面、相切、相交三种位置及表面连接关系，如图 4-3 所示。

1. 共面

相邻两形体表面对齐连接，形成一个表面，因此，在共面连接处不画分界线，如图 4-4 所示。

但当组合体上两形体的表面不共面时，在有关的视图中应该有线（交线或面的积聚性投影）隔开，如图 4-5 所示。

2. 相切

两形体邻接表面（平面与曲面或曲面与曲面）光滑过渡即为相切。相切时，该两表面连接处无分界线，如图 4-6 所示。

两形体邻接表面相切时，应从相切表面的积聚性投影画起，先确定切点的位置，再画其他投影。

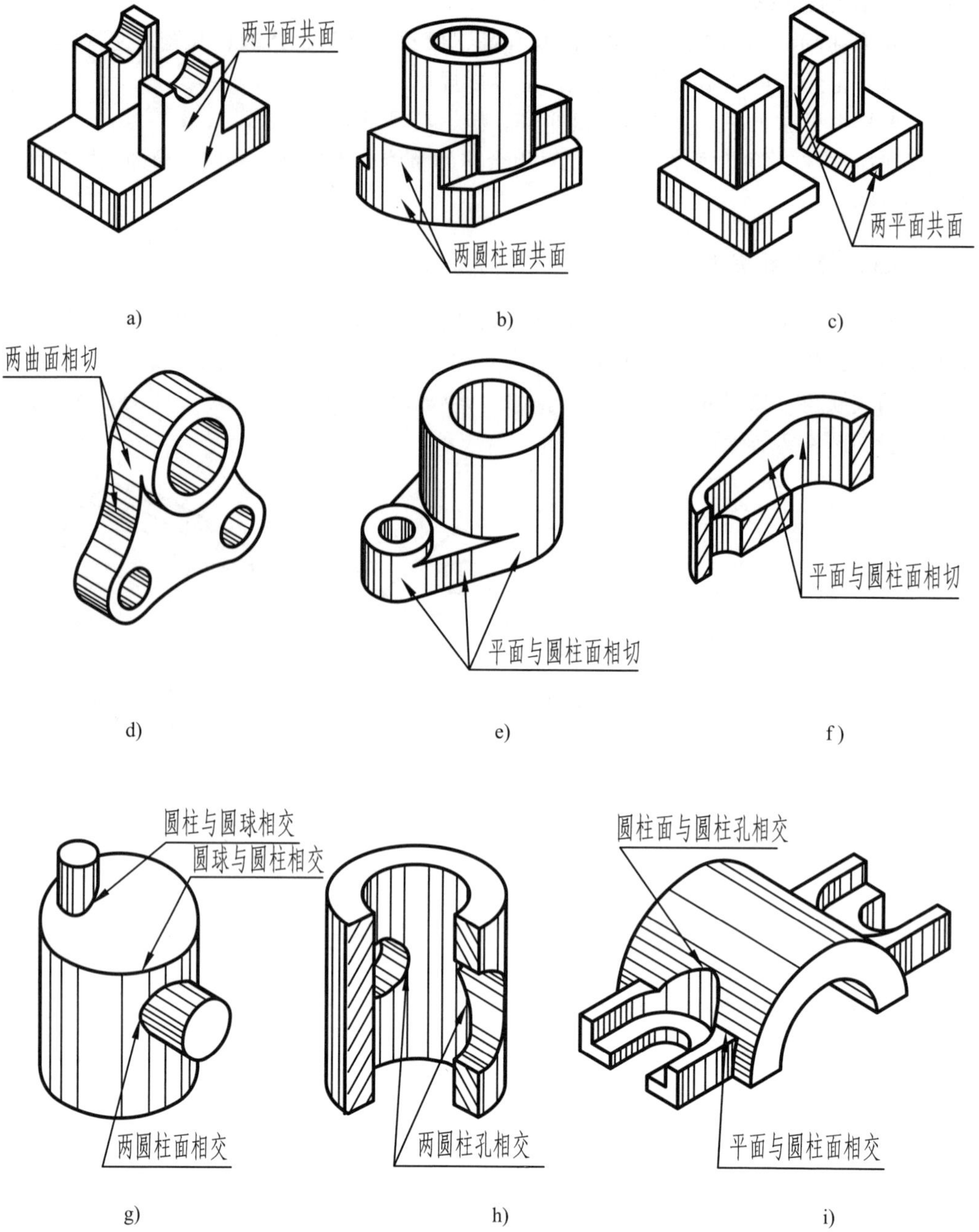

图 4-3　相邻形体邻接表面的位置关系

3. 相交

两形体的邻接表面相交，两表面之间一定产生交线（截交线或相贯线），它是两形体表面的共有线与分界线，在视图中应将其画出来，如图 4-7 所示。

对于组合体中最为常见的两圆柱正交相贯，当其直径不等时，相贯线的投影可用近似画法绘制，如图 4-8 所示。其他关于交线的画法已在第三章中讨论过，此处不再赘述。

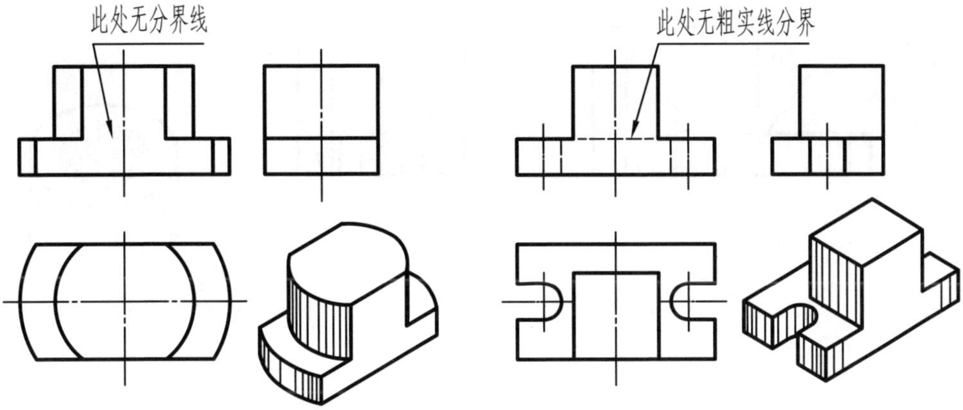

a)　　　　b)

图 4-4 相邻两形体共面的画法

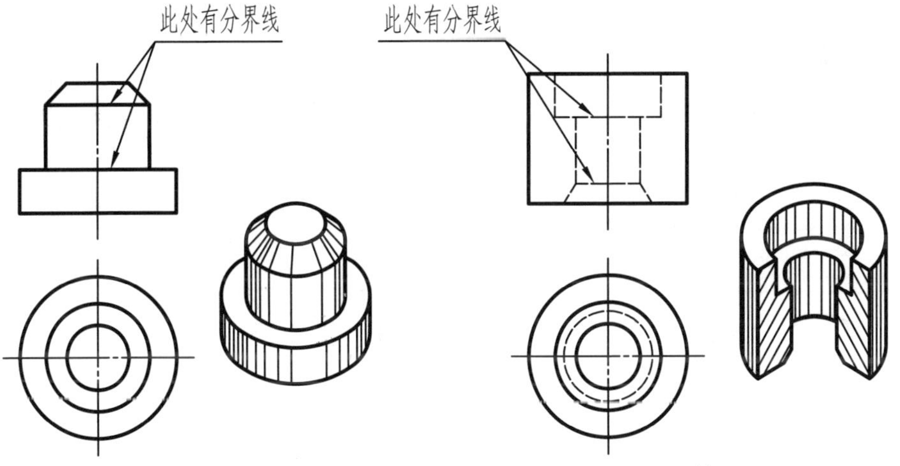

a)　　　　b)

图 4-5 相邻两形体表面不共面的画法

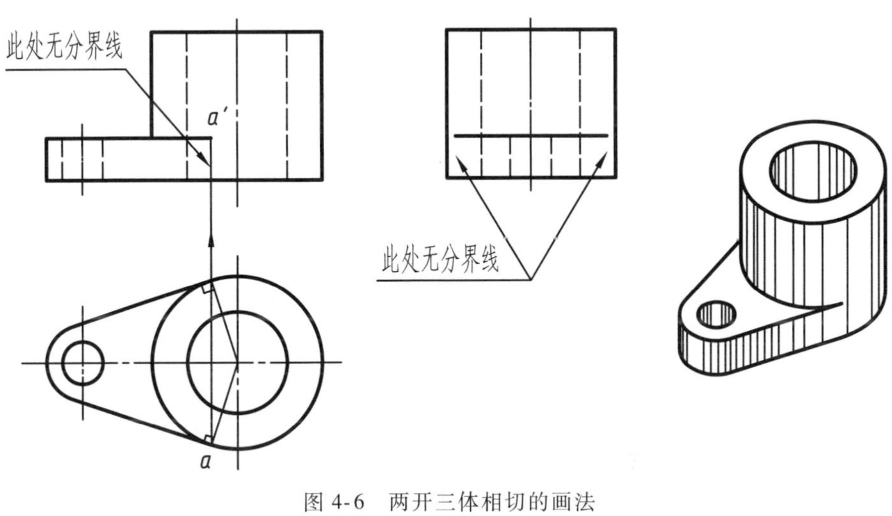

图 4-6 两开三体相切的画法

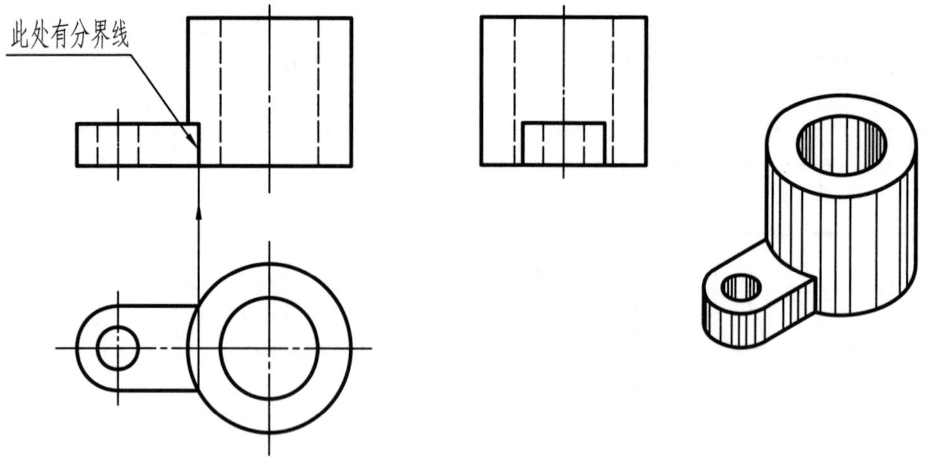

图 4-7　两形体相交的画法

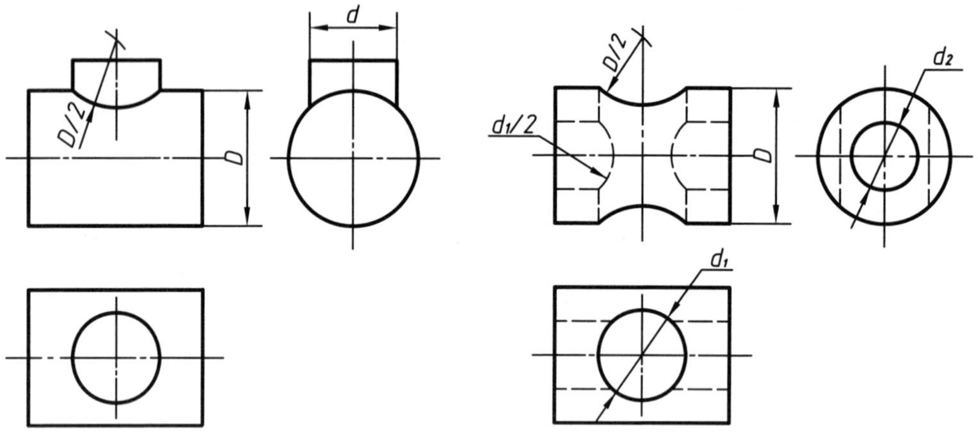

a)　　　　b)

图 4-8　相贯线的近似画法

四、组合体的形体分析法

假想将组合体合理地分解成若干简单形体，并确定各形体间的组合形式和形体邻接表面之间相对位置及连接关系的方法，称为形体分析法。形体分析法是绘制和阅读组合体视图最基本的方法。

如图 4-9a 所示的组合体，可分解成由形体Ⅰ、Ⅱ（均为侧垂圆柱）和形体Ⅲ（铅垂圆柱）叠加而成。形体Ⅰ分别切去形体Ⅶ（形成平面切口）和形体Ⅵ（形成三个均布孔），与形体Ⅱ同轴叠加后挖去形体Ⅳ（形成左右方向的圆柱通孔）；形体Ⅱ与形体Ⅲ正交相贯并挖去形体Ⅴ（形成上下方向的圆柱孔）。

需要注意的是，把组合体分解成若干形体，仅是一种假想的分析问题的方法。实际上组合体是一个完整的形体，各形体仅在表面存在分界线，内部完全融合为一体，形体之间没有“缝”。同时，运用形体分析法分析组合体时，分解过程并非是唯一和固定的，如图 4-10 所示。

a)

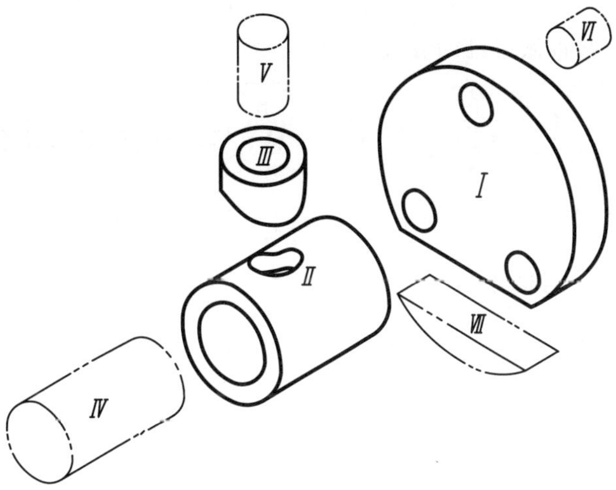

b)

图 4-9　组合体的形体分析

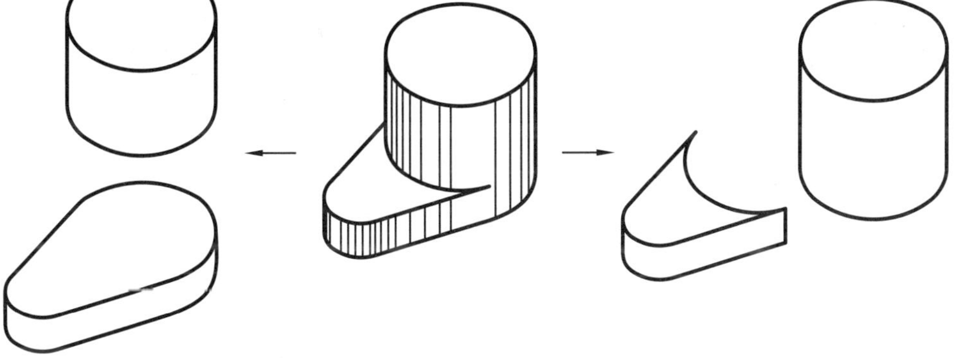

a)

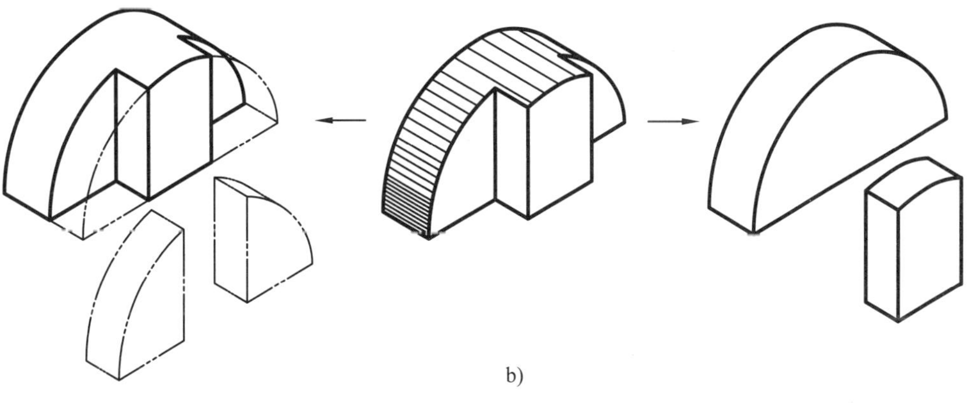

b)

图 4-10　组合体的不同分解方案

对于一些常见的简单组合体，为简化分解过程，可以直接把它们作为构成组合体的形体，不必再做过细的分解。

第二节　组合体三视图的画法

现以图 4-11a 所示的支架为例，说明组合体三视图的画图方法和步骤。

一、形体分析

按其形体特点，可认为支架由底板Ⅰ、圆筒Ⅱ、支承板Ⅲ和肋板Ⅳ四部分叠加组合而成，如图 4-11b 所示。底板Ⅰ、支承板Ⅲ、圆筒Ⅱ三者后表面共面、靠齐，支承板Ⅲ的左右两侧面与圆筒Ⅱ外表面相切，肋板Ⅳ与底板Ⅰ、支承板Ⅲ之间面面相接，其左右侧面与圆筒Ⅱ外表面相交。整个形体左右对称。

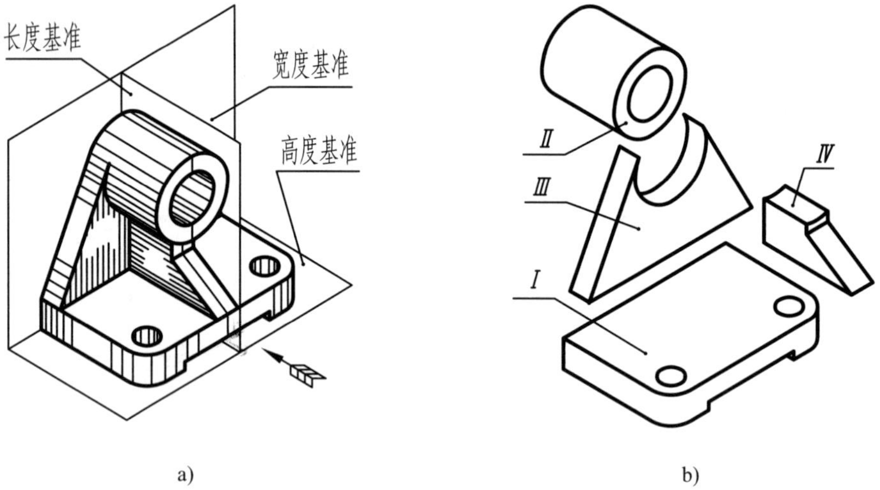

图 4-11　支架

二、视图选择

主视图是最主要的视图，主视图选择的恰当与否，对画图和读图有很大影响，画图时应先选择主视图。通常，将组合体按自然位置安放，选择最能反映其结构特征和各形体相对位置明显的方向作为主视图的投射方向，同时，还应考虑到尽量减少各视图中的虚线。支架按图 4-11a 中箭头方向作为其主视图的投射方向。

主视图确定之后，俯视图及左视图的投射方向也随之确定。

三、选比例、定图幅

视图选定后，便可根据组合体的尺寸大小和复杂程度确定绘图比例和图幅。绘图时，应尽量采用 1∶1 的比例。选图幅时应根据组合体的总体尺寸估算三个视图所占面积，并在视图之间留出标注尺寸的位置和适当间距。

四、画底稿

1. 布置视图、画基准线

图纸固定后，根据各视图的大小及间距，画出基准线以确定每个视图的具体位置。基准线是画图的出发点，也是以后标注尺寸的起点。通常选择组合体的对称中心面、较大回转体的轴线、较大平面等作为基准。每一视图均有两个方向的基准线，如图 4-12a 所示。

2. 逐个画出各形体的投影

对于以叠加为主的组合体，应根据各形体的相对位置，按照“三等”规律，逐个画出各形体的投影。画形体的顺序：先大（形体）后小（形体）；先实（形体）后空（孔、槽）。在画每一形体时，应先从反映该形体结构特征明显的视图入手，按照先整体、后细节的顺序，完成其投影，如图 4-12b～e 所示。

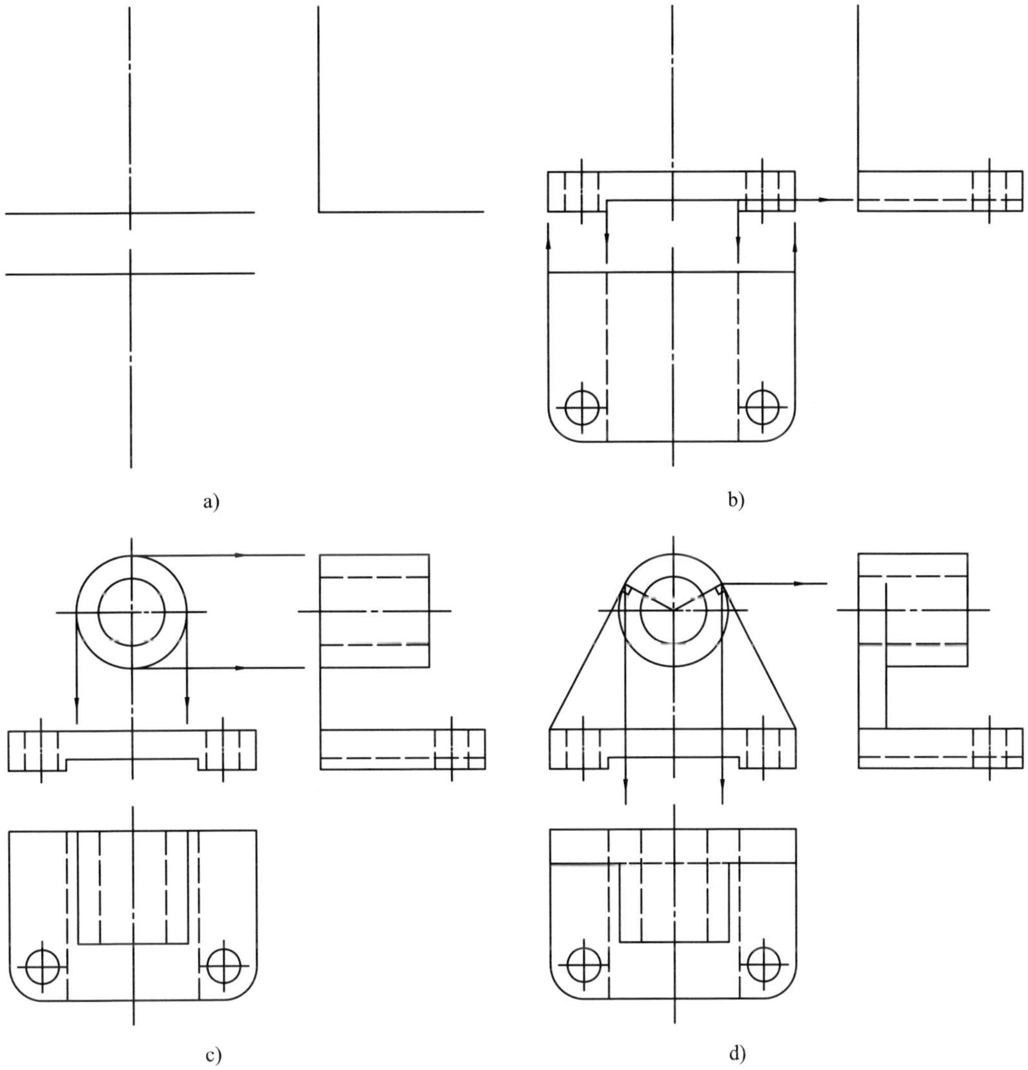

a)　　b)　　c)　　d)

图 4-12　支架三视图的画法

a）布置视图，画出各视图的基准线　b）画底板　c）画圆筒　d）画支承板

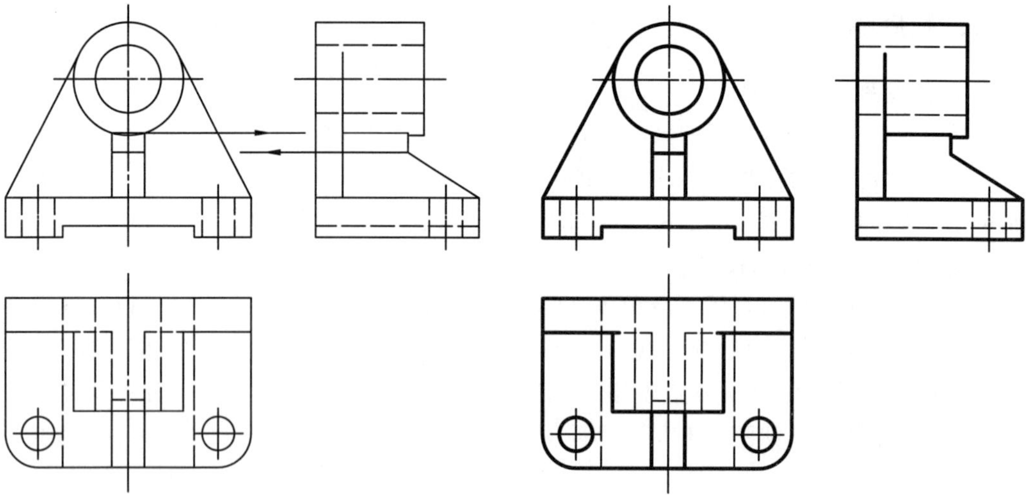

e)　　　　f)

图 4-12　支架三视图的画法（续）

e）画肋板　f）检查底稿、清理图面、按规定线型加深

对于以挖切为主的组合体，一般先画出未挖切前完整基本立体的视图，然后按合理的挖切顺序依次画出相应交线或截断面的投影。各切口（槽）部分应从其形状特征明显的投影入手，再画其他视图。

特别要注意的是，不应完整地画好组合体的一个视图后再画另一个视图。画图时应将几个视图对应着画，同一组成部分在各视图中的投影应符合“三等”规律，以保证正确的投影关系。

五、检查、描深

画完底稿后，按形体及其邻接表面相对位置，仔细检查投影关系。特别是当形体邻接表面有共面、相切、相交关系时更应重点查对，确定无误后，方可按规定线型加深图线，如图 4-12f 所示。对于视图中出现的对称图形，圆、半圆及大于 180°的圆弧均应画出对称中心线，回转体应画出轴线。

例 4-1　画图 4-13a 所示垫块的三视图。

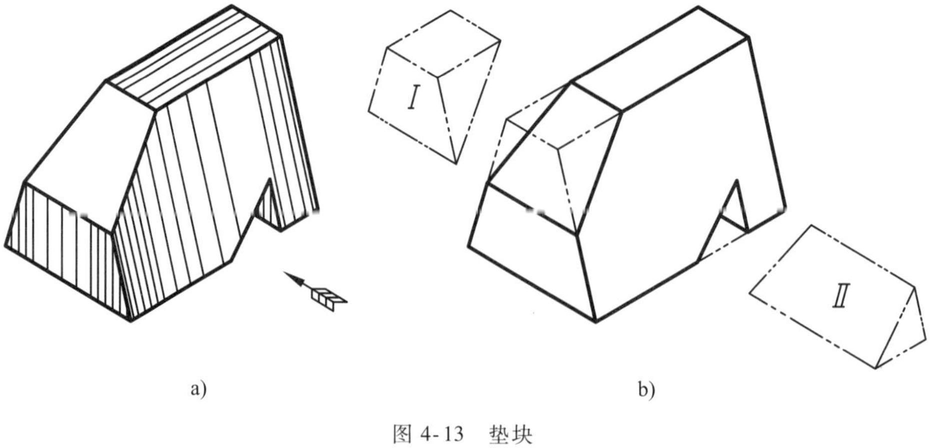

a)　　　　b)

图 4-13　垫块

垫块可看成由梯形四棱柱经两次挖切而成，如图 4-13b 所示。先用正垂面在梯形四棱柱左上角切去一个三棱柱Ⅰ，再用正垂面和侧平面在其下方切去另一个三棱柱Ⅱ，形成三角形通槽。选择垫块前方箭头方向作为主视图投射方向。具体绘图过程如图 4-14 所示。

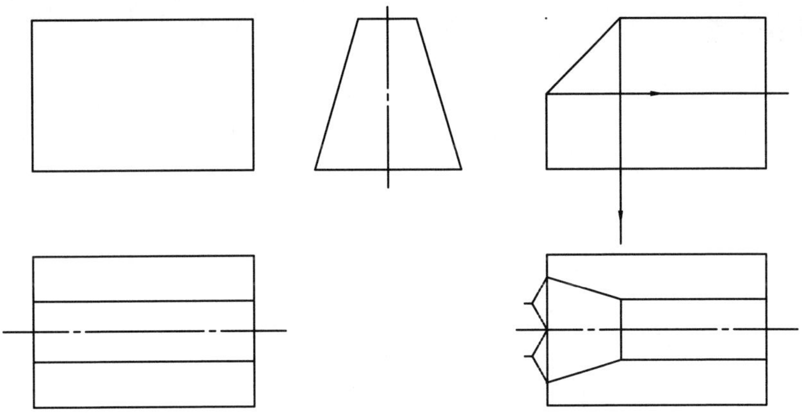

a) b)

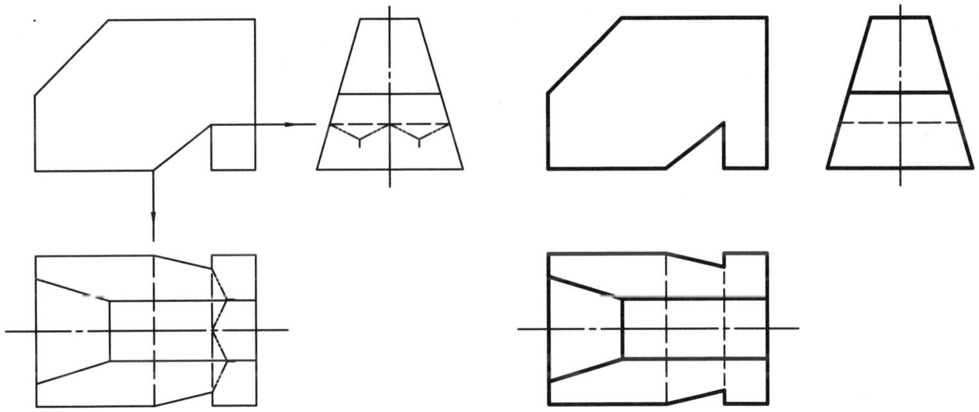

c) d)

图 4-14 垫块三视图的画法

a）画基准线、作四棱柱三视图 b）作截去形体Ⅰ的三视图

c）作截去形体Ⅱ的三视图 d）检查、描深、完成作图

第三节 组合体的尺寸标注

视图仅能表达物体的形状，而不能表达物体的大小，所以画好视图后还应标注尺寸。对组合体尺寸标注的基本要求：正确、完整、清晰。

（1）正确 尺寸注法要符合国家标准的有关规定。

（2）完整 所注尺寸能完全地、唯一地确定各组成部分的大小和相对位置，尺寸既无遗漏，又不重复多余。

（3）清晰　所注尺寸布局整齐、醒目，便于看图。

本书第一章已经介绍了《机械制图》国家标准中标注尺寸的有关规定，下面只就尺寸的完整和布局的清晰进行讨论。

一、尺寸标注要完整

要完整地标注组合体的尺寸，首先应对组合体进行形体分析。组合体的形状结构是由每个形体的形状及各形体间的相对位置共同确定的。确定各形体形状大小的尺寸称为定形尺寸，确定各形体间相对位置的尺寸称为定位尺寸。

1. 定形尺寸（基本几何体的尺寸标注）

组合体由基本几何体按一定方式叠加或挖切而成，要标注组合体尺寸，首先必须掌握基本几何体的尺寸标注。常见基本几何体的尺寸标注见表 4-1。

表 4-1　常见基本几何体的尺寸标注

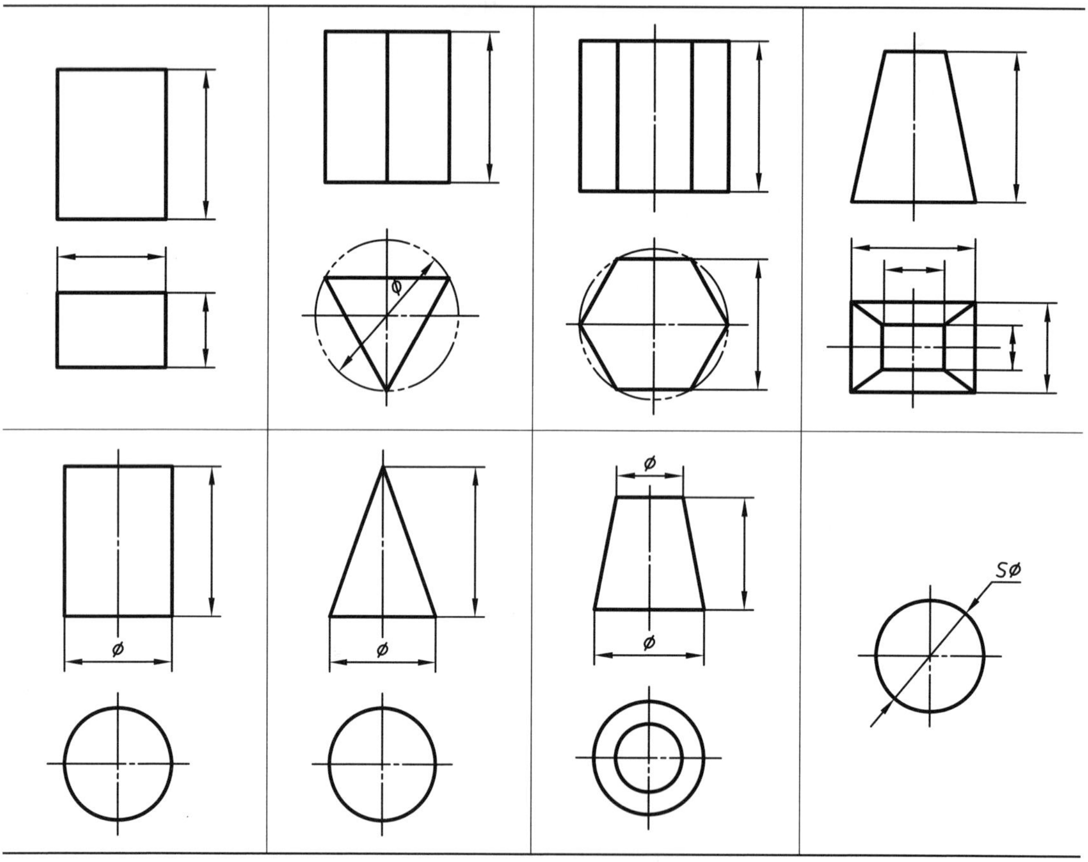

2. 定位尺寸和尺寸基准

确定组合体上各形体间相对位置的尺寸称为定位尺寸。在标注定位尺寸时，首先要确定标注尺寸的起点——尺寸基准。

组合体具有长、宽、高三个方向的尺寸，因此，确定形体间的相对位置时，每个方向都应有尺寸基准。通常选择组合体的对称中心平面、较大回转体的轴线或较大平面作为该方向的尺寸基准。

一般情况下，应从尺寸基准出发标注定位尺寸，如图 4-15 所示的支架的尺寸标注。图中带有方框的尺寸均为定位尺寸，其中 2×ϕ5mm 圆柱孔的左右方向的定位尺寸为 35mm，ϕ10mm 圆柱孔的上下方向的定位尺寸为 19mm，底板上方形通槽左右方向的定位尺寸为 10mm；但当几何形体相对于基准对称分布时，通常采用对称的标注形式，如图 4-15 中 2×ϕ5mm 的前后方向的定位尺寸 14mm。

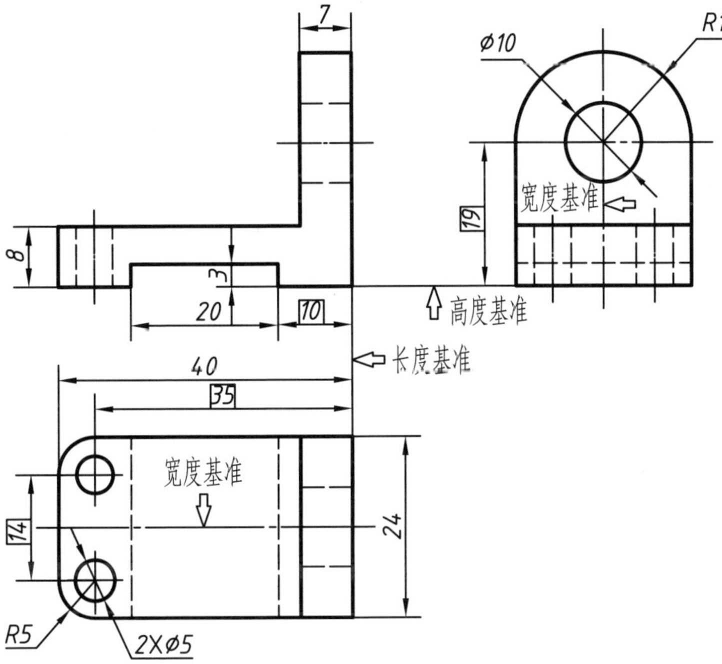

图 4-15 组合体的定位尺寸和尺寸基准

3. 总体尺寸

在研究组合体空间位置时，一般总希望知道组合体所占空间的大小。因此，常需要标出总体尺寸，即组合体的总长、总宽、总高尺寸。但由于组合体的定形、定位尺寸已标注完整，若再增加总体尺寸就会出现多余尺寸，为了保持尺寸数量的恒定，加注一个总体尺寸的同时，就要减去同方向的一个不重要的定形尺寸，如图 4-16a 所示，在标注了总高尺寸 36mm 后，应该去掉圆柱的定形尺寸 24mm。

有些物体的总体尺寸，是根据形体结构和工艺要求而间接得出的，为考虑制作方便，必须作出对称中心线之间的定位尺寸和回转体半径（或直径），而不直接标注总体尺寸。如图 4-16a 中总长尺寸由定位尺寸 32mm 和圆柱面的定形尺寸 R12mm 及 ϕ44mm 间接得到，不用直接标注总长尺寸。

也有另外的情况，为了满足加工要求，既标注总体尺寸，又标注定形尺寸，如图 4-16b 中底板四个角的小圆柱面，可能与孔同轴，也可能不同轴，但无论同轴与否，均要标出小孔轴线间的定位尺寸和四分之一圆柱面的定形尺寸半径 R，还要标出总体尺寸。

二、尺寸标注要清晰

要使尺寸标注清晰、醒目，除了严格遵守国家标准有关规定外，还应注意合理地布置

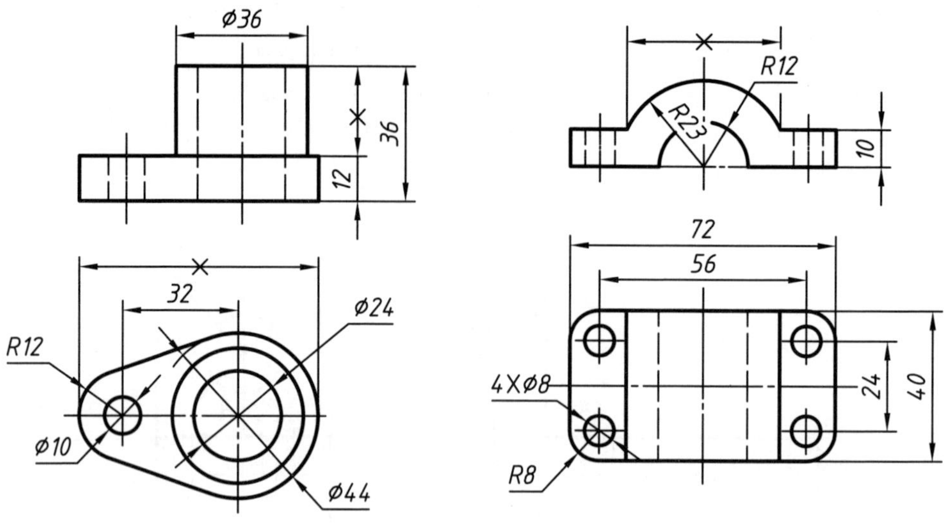

a)　　　　b)

图 4-16　总体尺寸的标注

尺寸。

1）尺寸应尽量注在形体形状特征明显的视图上，且定形、定位尺寸应尽量集中标注，以利于读图。如图 4-15 所示的支架，底板的形状特征在俯视图上反映明显，因此底板的定形尺寸 40mm、24mm、2×ϕ5mm、R5mm，定位尺寸 35mm、14mm 都集中标注在俯视图上，底板上方槽的形状特征在主视图上反映明显，所以方槽的定形尺寸 20mm、3mm 及定位尺寸 10mm 标在主视图上；而竖板的形状特征在左视图上反映明显，因此竖板的尺寸大都标注在左视图上。

2）尺寸尽量注在视图外部，与两个视图有关的尺寸应尽量注在有关的两视图之间，如图 4-17 所示。

3）尺寸线、尺寸界线与轮廓线尽量避免相交，互相平行的尺寸应按顺序排列，小尺寸在里面，大尺寸在外面，尺寸数字尽量错开，如图 4-17 所示。

4）尺寸尽量不注在虚线上，如图 4-17 中圆孔尺寸 ϕ24mm，2×ϕ12mm 等。

5）回转体的直径尺寸应尽量注在非圆视图上，而半径尺寸应注在反映为圆弧的视图上。如图 4-17 中的圆柱直径尺寸 ϕ40mm 注在主视图上，耳板半径 R12mm 注在俯视图上。

6）不在截交线和相贯线上标注尺寸。形体在叠加或挖切过程中，当邻接表面处于相交位置时，交线自然产生，其形状由两形体的定形尺寸和定位尺寸共同确定，因而在交线上不应再注尺寸，如图 4-16、图 4-17 中打“×”的尺寸。

在实际标注尺寸时，有时难以兼顾以上各点，应该在保证正确、完整、清晰的前提下，根据具体情况统筹考虑、合理安排。

三、常见结构的尺寸注法

表 4-2 中给出了组合体中常见结构的尺寸注法。

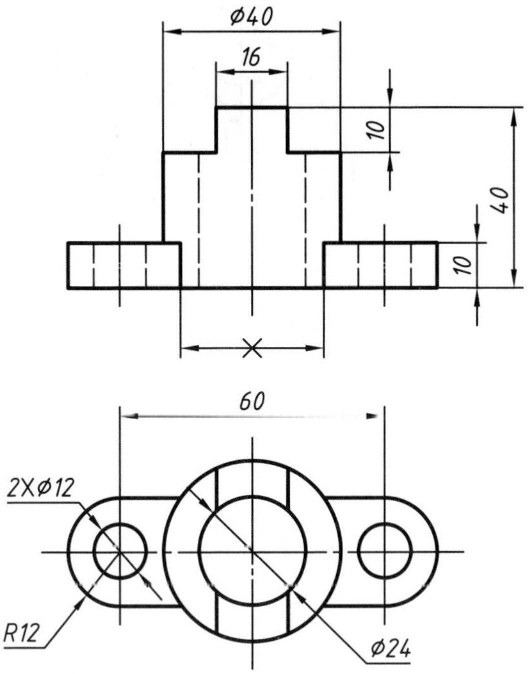

图 4-17　尺寸标注要清晰

表 4-2　常见结构的尺寸注法

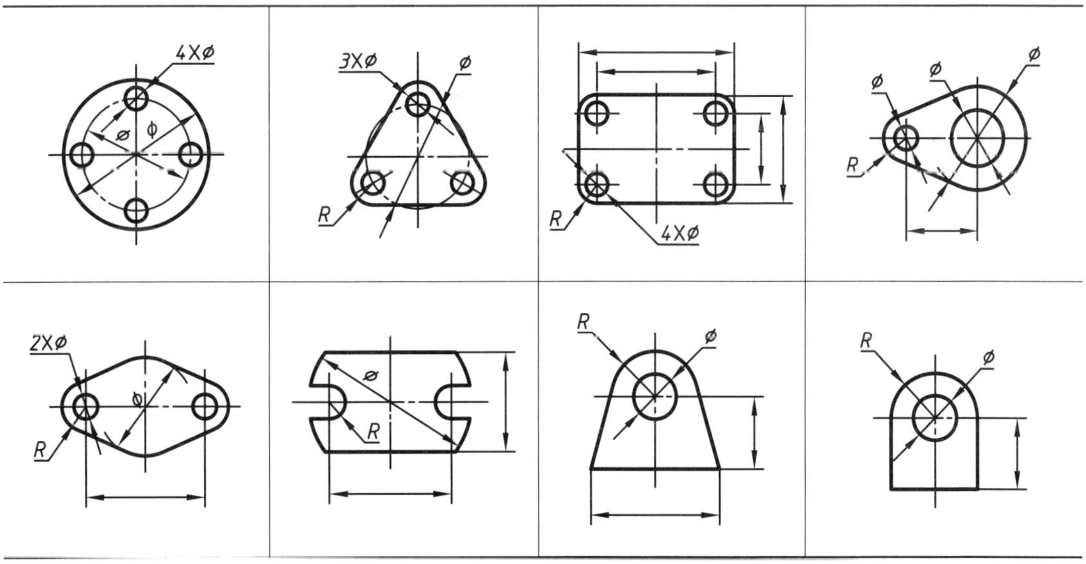

四、标注组合体尺寸的方法步骤

标注组合体尺寸的方法步骤，与画组合体视图类似，一般应先对组合体进行形体分析，选定长、宽、高三个方向的尺寸基准，然后逐个标注各个形体的定形、定位尺寸，再标注、调整总体尺寸，最后检查，完成全图的尺寸标注。

下面以图 4-18 所示的支架为例，说明标注组合体尺寸的具体方法步骤。

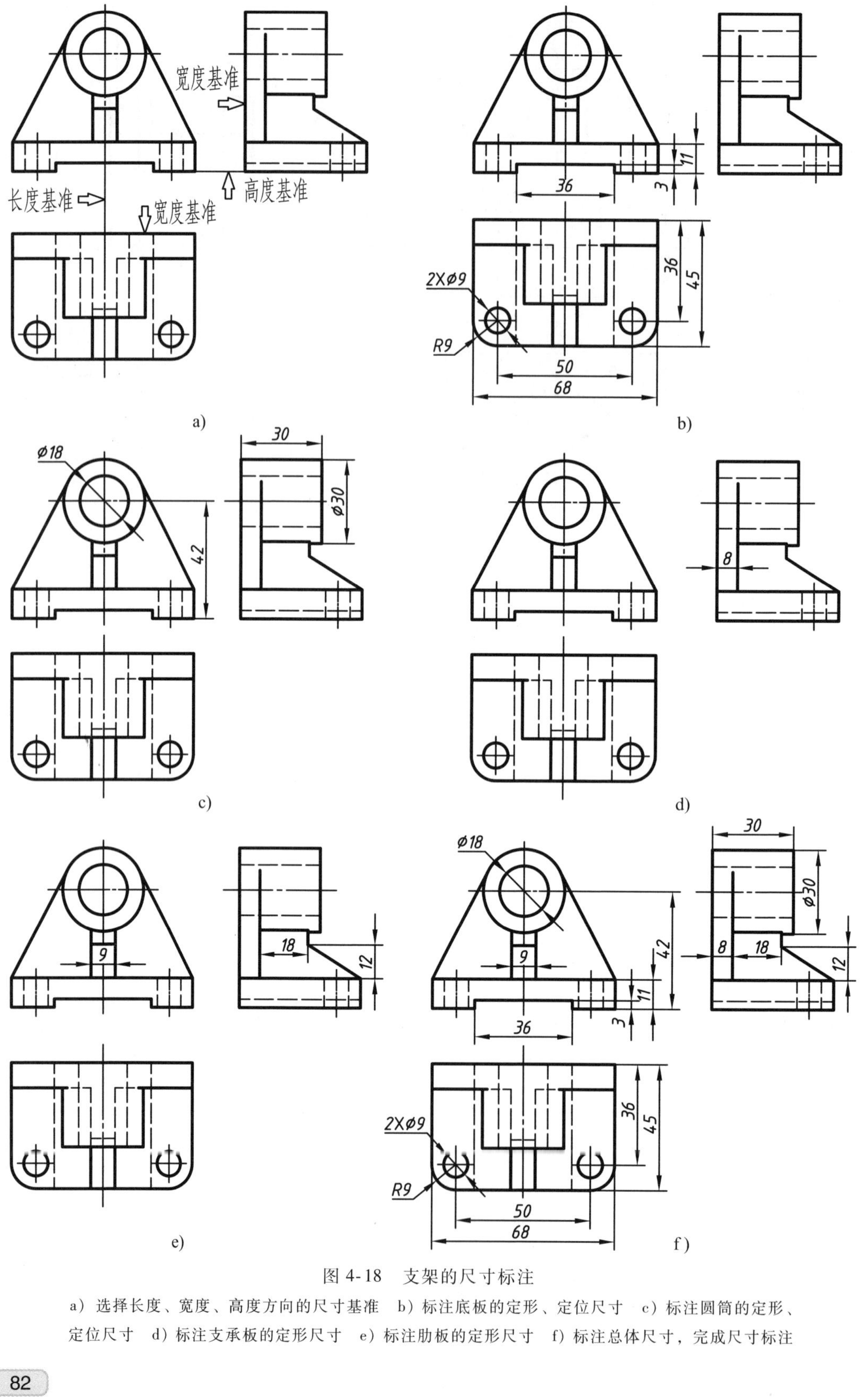

图 4-18　支架的尺寸标注

a）选择长度、宽度、高度方向的尺寸基准　b）标注底板的定形、定位尺寸　c）标注圆筒的定形、定位尺寸　d）标注支承板的定形尺寸　e）标注肋板的定形尺寸　f）标注总体尺寸，完成尺寸标注

第四节　读组合体的视图

学习机械制图的主要任务是培养画图和读图两方面的能力。画图是将实际物体（或立体图）按投影规律绘出平面图形，而读图则是根据已画出的平面图形，想象出物体的实际形状，是画图的逆过程。要正确、快速地读懂各视图，必须掌握制图的基本知识、读图要点和读图方法，并经过反复地读图实践练习。

一、读图要点

1. 要几个视图联系起来一起看

一个视图若不加尺寸标注则不能确切地表达物体的形状，有时两个视图也不能完全确定组合体的空间结构，如图 4-19a 所示，当左视图不同时，组合体结构就不同。因此读图时，不能只看一个或两个视图，要几个视图联系起来一起看。

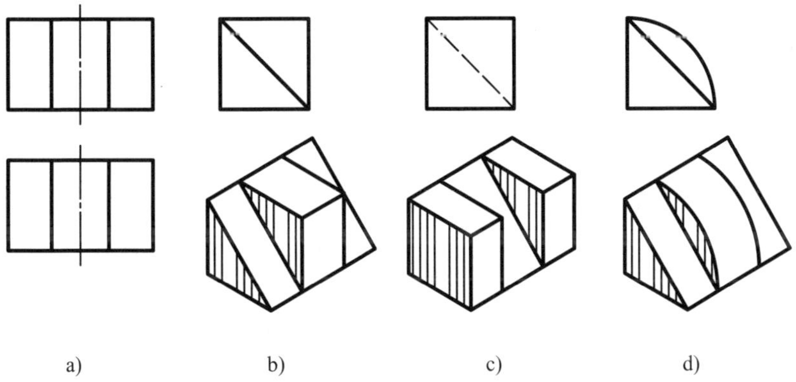

图 4-19　读图要点之一：要几个视图联系起来一起看

2. 要抓住特征视图

特征视图就是最能反映物体各组成部分形状特征和相对位置特征的视图。一个较复杂的组合体，其各部分的特征并非全部集中在一个视图上，如图 4-20a 中，主视图反映各组成部分Ⅰ、Ⅱ、Ⅲ形状特征较为明显，而形体Ⅱ、Ⅲ的前后位置特征在左视图图 4-20b、c 上却反映得十分清楚。因此，在读图时，应根据具体情况，从反映各部分形状特征明显的视图出发，想象出形状；从反映各部分位置特征明显的视图出发，想象出它们的相对位置。只有这样，才能快速而准确地读懂组合体视图。

二、读图的方法

读组合体视图最基本、常用的方法是形体分析法和线面分析法。

1. 形体分析法

形体分析法是看图的基本方法，它把复杂的组合体视图分解成若干较简单的封闭线框。每一个封闭线框表示一个简单形体的投影。通过分析封闭线框的形状和位置，最后得出组合体的整体结构形状。用形体分析法读图时，要善于抓住主要矛盾——形状特征和位置特征。下面以图 4-21 所示的三视图为例，说明形体分析法看图的方法步骤。

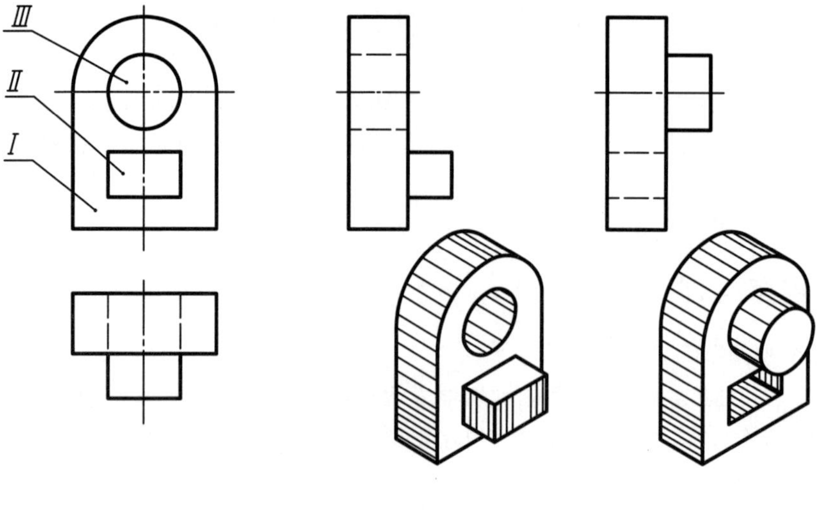

图 4-20　读图要点之二：抓住形体特征明显的视图

（1）划分线框　根据已知视图，从一个视图（一般为主视图）出发，配合其他视图，粗略对照投影关系，按线框将组合体分成几个较为简单的组成部分。如图 4-21 所示，在主视图中将组合体视图分解成Ⅰ、Ⅱ、Ⅲ三个封闭线框，每个封闭线框表示一个简单形体。

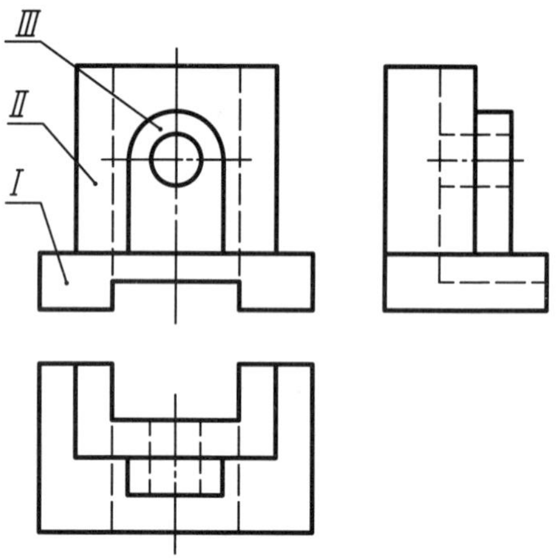

图 4-21　形体分析法看图

（2）逐个对出各部分的投影，想出各自的形状　按照“三等”规律，借助三角板、圆规等绘图工具，对出各部分在其他视图中的投影，然后根据其视图，想出每一部分的形状。分部分看视图时，一般应先从主要的、大的线框开始，然后再分析次要的、细节的部分，逐个读懂，如图 4-22a～c 所示。

（3）综合起来想整体　搞清每一部分的形状后，再根据各部分的方位关系和邻接表面的相互位置综合想出组合体的整体形状，如图 4-22d 所示。

例 4-2　已知组合体的主、俯两视图，如图 4-23a 所示，补画其左视图。

此例是读图和画图的综合。

首先用形体分析方法读图：粗略对照投影关系，可将组合体主视图分解成三个封闭线框Ⅰ、Ⅱ、Ⅲ，线框Ⅰ和线框Ⅱ为相邻线框，可看成两个形体叠加，线框Ⅲ嵌套于线框Ⅰ中，结合俯视图可知，线框Ⅲ为在形体Ⅰ上挖切产生的半圆柱槽。读图过程如图 4-23b～d 所示。

想出组合体形状后，再按前面讲过的画组合体视图的方法步骤补画其左视图，如图4-24所示。

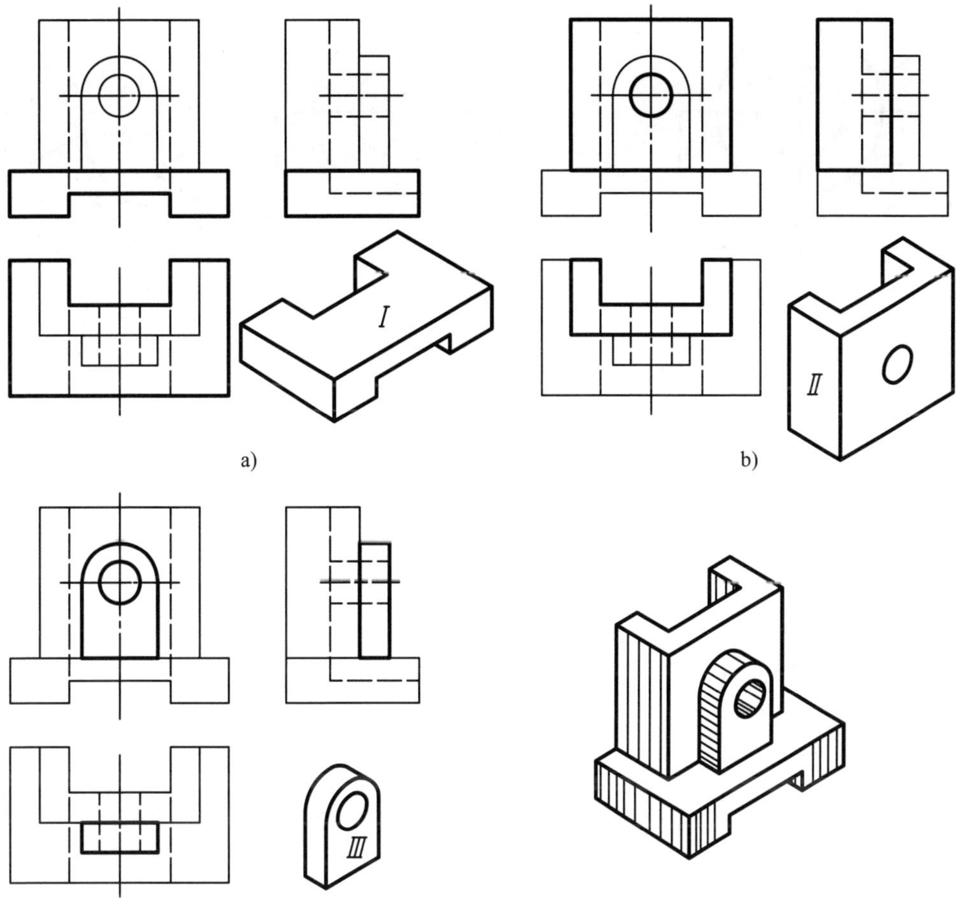

a) b) c) d)

图 4-22 形体分析法看图步骤

a）想出形体Ⅰ b）想出形体Ⅱ c）想出形体Ⅲ d）想出整体

2. 线面分析法

当看切割形体、不规则形体或结构的投影关系有重叠的组合体视图时，采用上述形体分析法往往难以看懂。此时，还必须进行细致的线面分析，才能想象出组合体的正确形状。

线面分析法看图的着眼点是视图中的线段和线框。因此弄清视图中线段、线框的含义，对于看图是十分必要的。

视图中的每个封闭线框表示一个面（平面或曲面）与其切面的投影，如图 4-25 中线框 p、q'。

视图中每一条线段的含义有以下两种情况。

1）表示棱线或回转体的转向素线的投影，如图 4-25 中的 mn。

2）表示特殊位置平面或曲面的积聚性投影，如图 4-25 中的 p'、q。

把视图中的线框认定为体上的表面，把线段认定为立体上的线或面，然后通过投影分析，确定线、面的形状和空间位置，最后综合出组合体的完整形状，这种方法称为线面分析法。

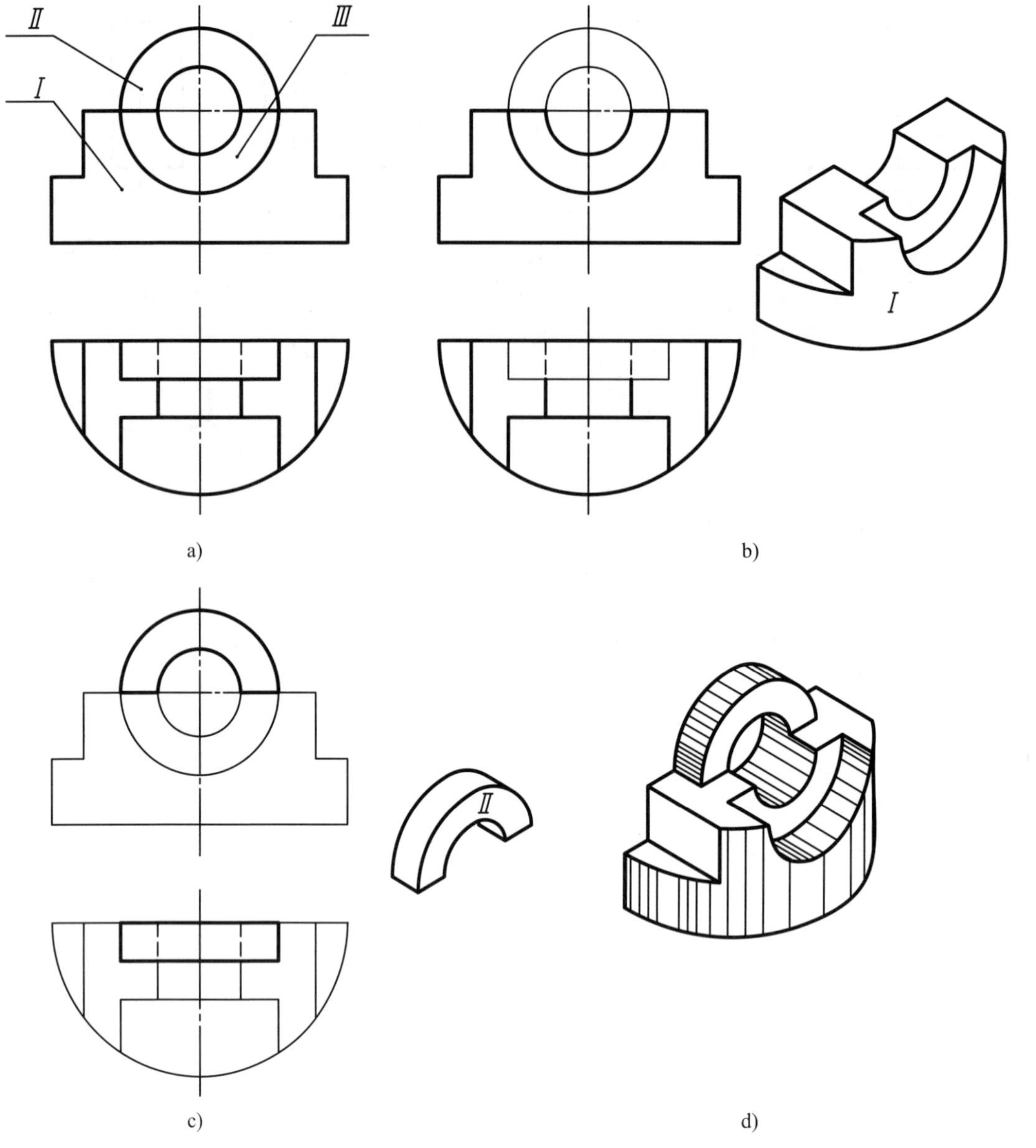

图 4-23　形体分析法读图举例——读图

下面以图 4-26a 为例，说明线面分析法看图的方法步骤。

（1）形体分析　分析三个视图可知，视图中的每个封闭线框，并不适合单独构成简单形体，因此该组合体的组合方式不以叠加为主。从其整体外形轮廓可知，该组合体应由一四棱柱经切割而成。

（2）线面分析　将视图中难以看懂的各封闭线框，进行细致的线面分析，搞清这些线框所代表的面的形状和位置。

主视图可划分为两个封闭线框 p' 和 q'。按“三等”关系分别找出其在俯视图及左视图中的相应投影，如图 4-26b、c 所示。可知线框 P（p，p'，p''）为四棱柱前表面截切后剩余部分，线框 Q(q，q'，q'') 为一侧垂面。

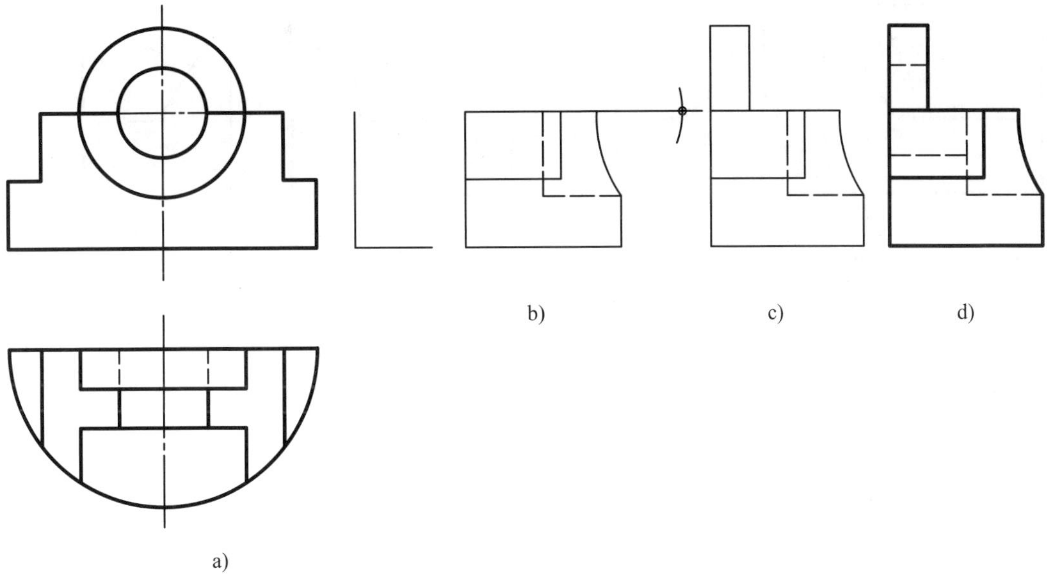

图 4-24　形体分析法读图举例——补画左视图

a）画基准线　b）画半圆柱及其上切口（槽）　c）画半圆柱　d）画圆柱孔，描深图形

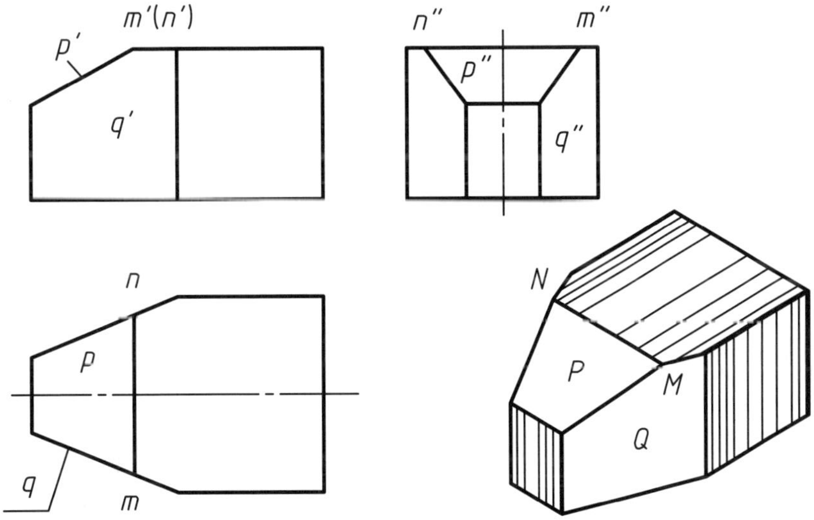

图 4-25　视图中线、线框的空间含义

分析俯视图中另两个封闭线框 s 和 t。按“三等”关系分别找出其在主视图及左视图中的相应投影，如图 4-26d、e 所示。可知线框 S（s，s'，s''）为一水平面，线框 T（t，t'，t''）为正垂面。

（3）线面归位，想出整体形状　搞清各面的空间位置和形状后，对组合体表面进行切割或组装，即可得出其整体形状，如图 4-26f 所示。

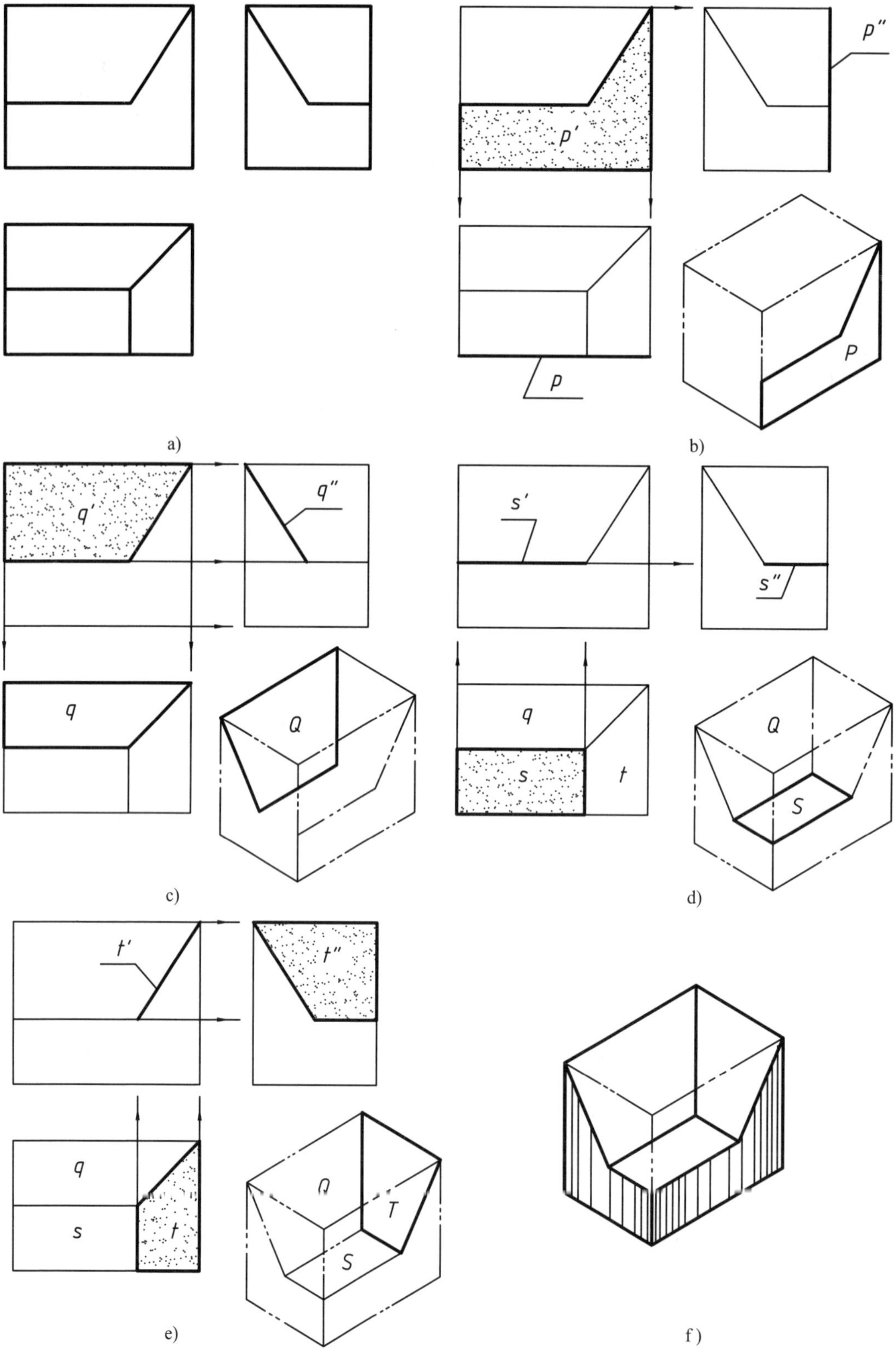

图 4-26　线面分析法读图步骤

例 4-3 如图 4-27a 所示，根据给出的主、俯视图，补画左视图。

（1）读懂视图，想出形状 从所给视图整体外形轮廓可知，该组合体由一四棱柱被切割而成。显而易见，主视图上方缺角为正垂面 P（p，p'，p''）截切而致，俯视图左前方缺口为正平面 Q（q，q'，q''）和侧平面 S（s，s'，s''）组合截切而成，如图 4-27b 所示。对于视图中难以看懂的其他图线还需做进一步的线面分析。

主视图中的线框 t' 在俯视图按投影关系对应一横线 t，可知面 T 为正平面，其形状及位置如图 4-27c 所示；俯视图中线框 m 在主视图中对应一段圆弧 m'，可知面 M 为一正垂的四分之一圆柱面，其形状及位置如图 4-27d 所示，面 T 和面 M 组合切去四棱柱左上方形体。

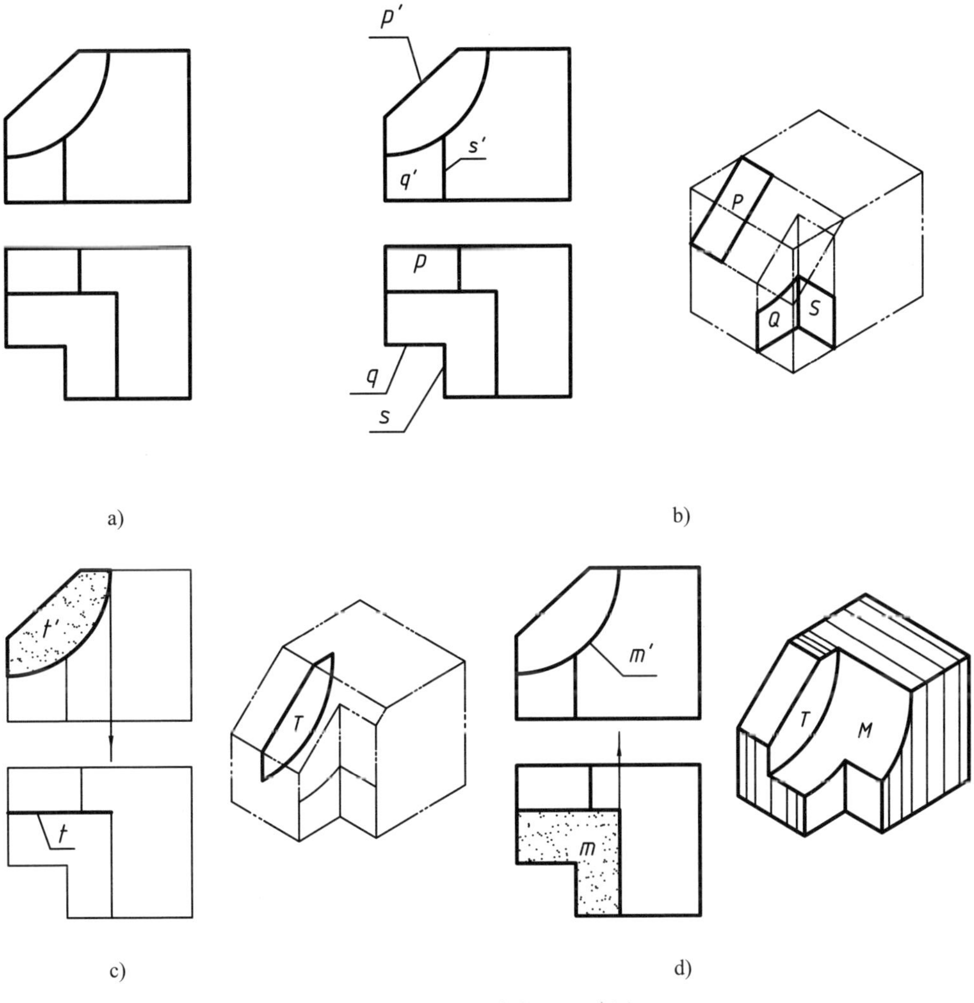

图 4-27 看图举例——读图

（2）补画左视图 补画切割体视图时，可先画出完整基本体的投影，然后分别补画在该视图上具有积聚性截断面的投影，接着补画反映实形截断面的投影，最后由简单到复杂依次补画各类似形截断面的投影。具体步骤如图 4-28 所示。

需要指出的是，实际读图时，分析的方式可能多种多样，形体分析法与线面分析法也常常交叉进行，两者并没有严格的界限，补画第三视图的过程也不尽相同，但最终结果是一致的。

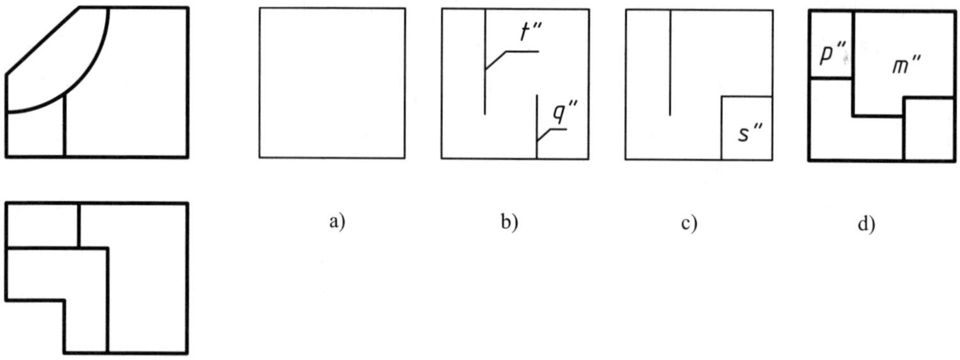

图 4-28　看图举例——补画左视图

a）画基准线及四棱柱左视图　b）画截断面 T、Q 的积聚性投影　c）画断面 S 的实形投影　d）画断面 P、M 的类似形投影，整理轮廓，描深图形

第五章 机件常用的图样画法

实际生产中，机件（零件、部件和机器的总称）结构形状千差万别，对于形体复杂的机件仅用三视图很难把它们清晰地表达出来。因此，国家标准《机械制图　图样画法》中规定了视图、剖视图、断面图、局部放大图和简化画法等有关内容。

绘制技术图样时，应根据机件的结构特点，选用适当的表达方法，在完整、清晰地表达机件的前提下，力争制图简便。熟练掌握这部分的内容是正确绘制和阅读零件图和装配图的基础。

第一节　视　　图

根据有关标准和规定，用正投影法所绘制的机件图形，称为视图。视图主要用来表达机件的外部结构和形状，一般只画出机件的可见部分，必要时才用细虚线画出其不可见部分。视图分为：基本视图、向视图、局部视图和斜视图。

一、基本视图

国家标准规定以正六面体的六个面作为绘制机件图样时的六个基本投影面，机件放在其中，如图 5-1 所示，采用第一角投影（机件放在观察者与相应的投影面之间），将机件向这六个基本投影面投射所得的投影称为基本视图。除前面所学的主视图、俯视图、左视图外，还有自右向左投射所得的右视图；自下向上投射所得的仰视图；自后向前投射所得的后视图。

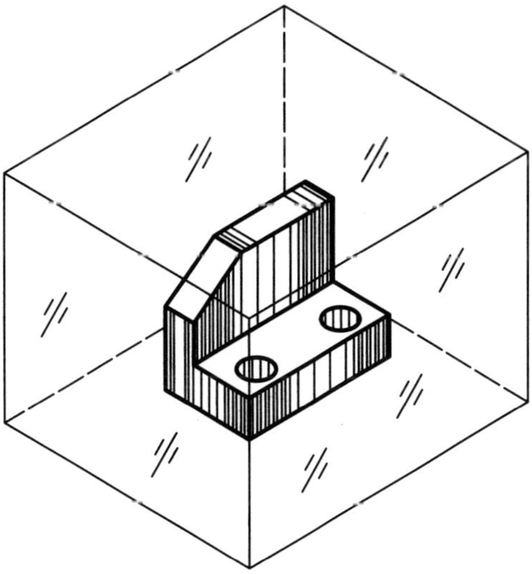

图 5-1　机件与正六面体

六个基本视图按照图 5-2a 所示方法展开，即保持正立投影面不动，其余投影面按照图中箭头所指的方向旋转至与正立投影面共面。展开后的六个基本视图按图 5-2b 所示配置，此时无需标注各视图名称。

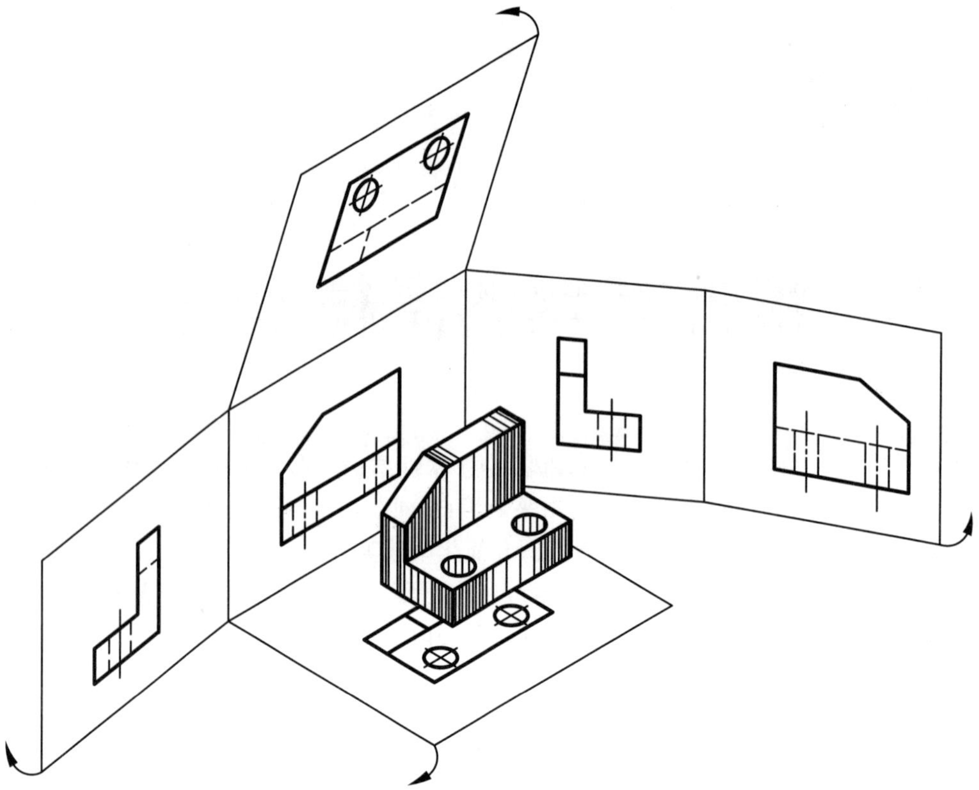

a)

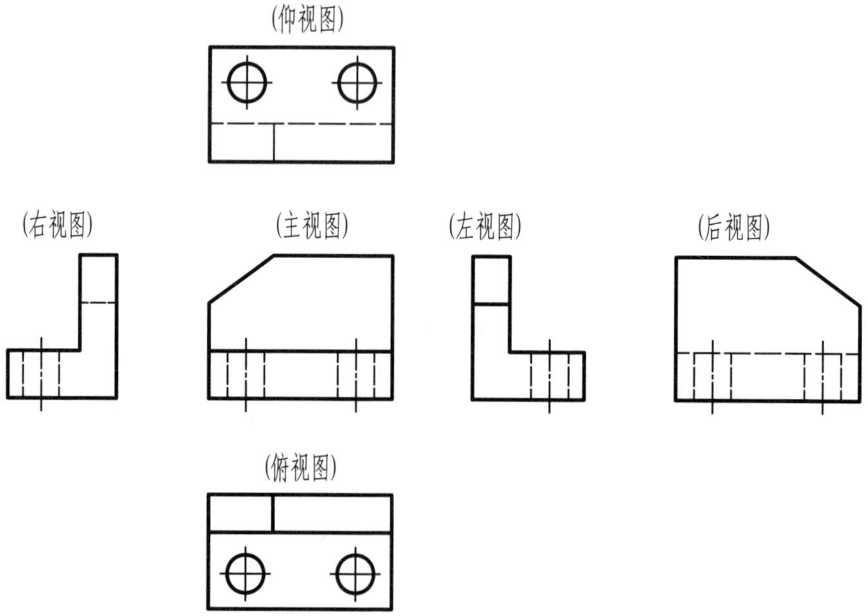

b)

图 5-2　六个基本视图

a）投影面的展开方法　b）基本视图的配置

实际绘图时，应根据机件的复杂程度，灵活选择适当数量的基本视图，而不必把六个基本视图都画上。至于选哪几个基本视图，应根据机件的形状和复杂程度来确定。

二、向视图

向视图是可以自由配置的视图。为了合理利用图纸空间，若某一视图不能按图 5-2b 所示的投影关系配置时，可根据需要将其灵活配置在适当的位置，此时称为向视图。

为了方便读图，向视图必须进行标注。通常用大写拉丁字母在向视图的上方标注其名称，并用箭头在相应的视图附近指明投射方向，同时标注相同字母，如图 5-3 中 *A*、*B*、*C* 三个向视图。

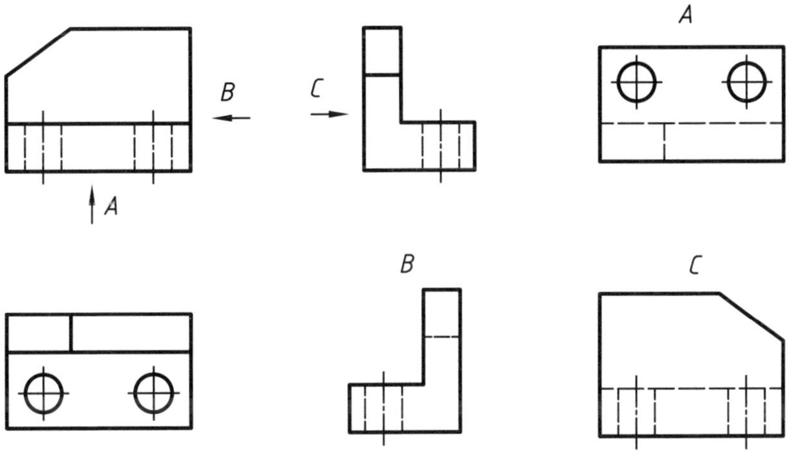

图 5-3 向视图

二、局部视图

局部视图是将机件的某一部分向基本投影面投射所得的视图。如图 5-4 中机件，采用主、俯两个视图，并配合两个局部视图来表示，要比选用主、俯、左、右四个视图来表示简练、清晰得多，便于看图和画图。

1. 局部视图的画法

1）局部视图上机件的断裂处一般用波浪线或双折线表示，如图 5-4 中的 *B* 向局部视图。波浪线应画在有实体材料的地方，不能画在空心处或超出机件边界。

2）当所表达的局部结构外形轮廓完整且封闭时，局部视图可不画其断裂边界线，如图 5-4 中的 *A* 向局部视图。

2. 局部视图的配置与标注

1）按向视图的配置形式配置并标注，如图 5-4 中的 *A* 向局部视图。

2）按基本视图的配置形式配置。当中间没有其他视图隔开时，也可不必标注，如图 5-4中的 *B* 向局部视图，表示投射方向的箭头及名称的字母 *B* 均可省略不注。

四、斜视图

斜视图是机件向不平行于基本投影面的平面投射所得的视图。当机件上的倾斜结构

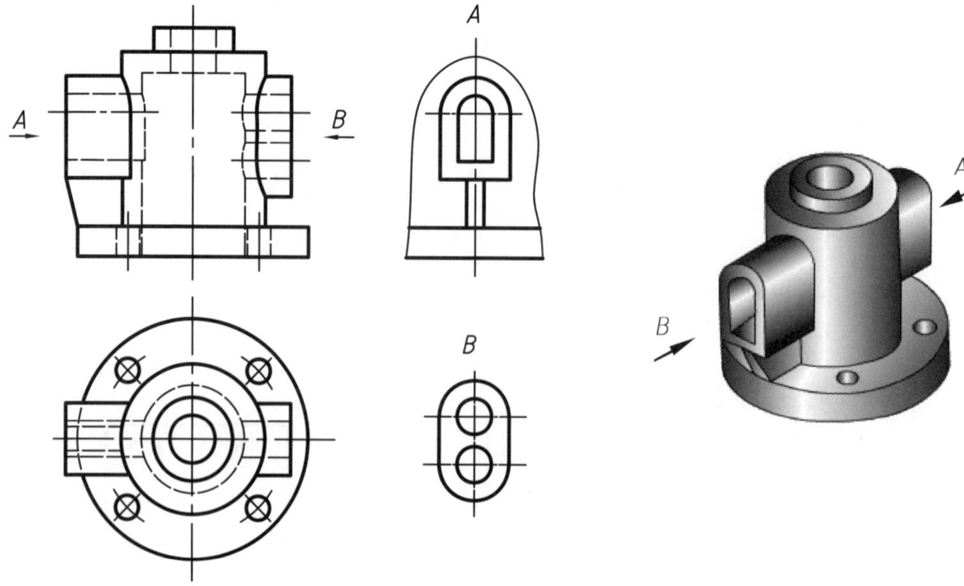

图 5-4　局部视图

不平行于任何基本投影面时，在基本视图中就无法反映该结构的实形。为此，可以选一个新的辅助投影面，使它与该倾斜结构平行，并与某基本投影面垂直，然后将倾斜部分向该辅助投影面投射，就可得到反映该部分实形的视图，即斜视图。斜视图的获得如图 5-5 所示。

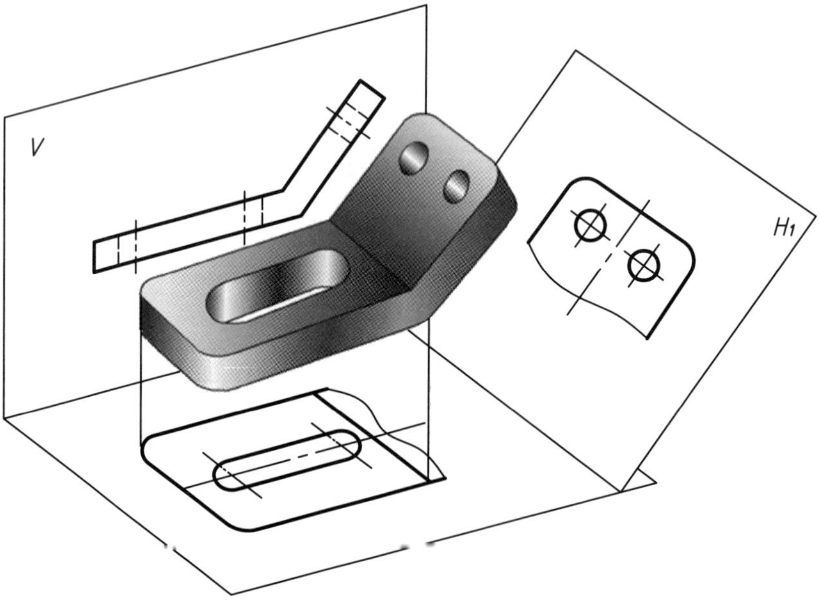

图 5-5　斜视图的获得

1. 斜视图的画法

1）当机件的倾斜部分向辅助投影面投射后，必须将辅助投影面按箭头所指方向旋转至与其垂直的基本投影面重合。斜视图只反映机件上倾斜部分的实形，因此原来平行于基本投影面的一些结构，在斜视图中省略不画，如图 5-6 所示。

2）斜视图的断裂边界通常用波浪线或双折线表示，如图 5-6 所示。

2. 斜视图的配置与标注

1）斜视图通常按向视图的配置形式配置并标注，必要时也可配置在其他适当位置。表示投射方向的箭头应垂直于倾斜投影面，标注的字母应水平书写，如图 5-6 所示。

2）必要时，允许将斜视图旋转、放正配置，并在相应的斜视图上方加注旋转符号，旋转符号的方向要与图形实际旋转方向相一致，表示该视图名称的字母写在靠近箭头的一侧，如图 5-6 所示。

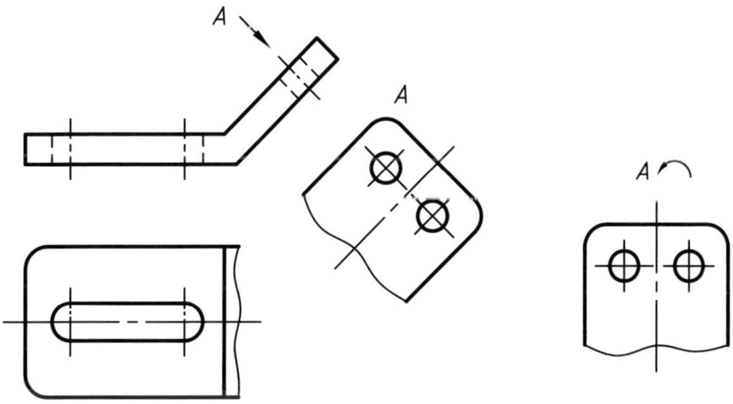

图 5-6　斜视图

第二节　剖　视　图

有些机件的内部结构形状比较复杂，若仅用视图表达，则视图中就会出现大量虚线，这样既影响图形的清晰，又不便于标注尺寸，同时也增加了绘图和读图的难度，因此国家标准规定采用剖视图的画法表达机件内部结构形状。

一、剖视图的概念

如图 5-7 所示，假想用剖切面剖开机件，将位于观察者和剖切面之间的部分移去，而将余下部分向投影面投射所得的图形称为剖视图，简称剖视。视图和剖视图对比如图 5-8 所示。

二、剖视图的画法和标注

下面以图 5-9a 所示叉杆的视图为例说明画剖视图的方法步骤。

1. 确定剖切面的位置

根据机件的结构特点，剖切面一般为平面，也可以是曲面。所取剖切平面一般平行于相应的投影面，且通过机件内部结构的对称面或孔的轴线，如图 5-9b 所示。

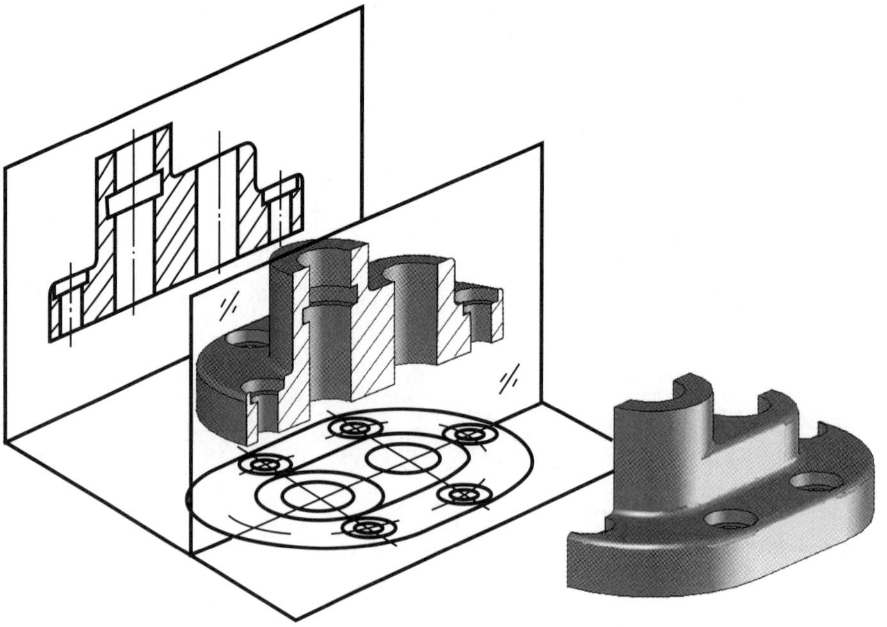

图 5-7　剖视图的概念

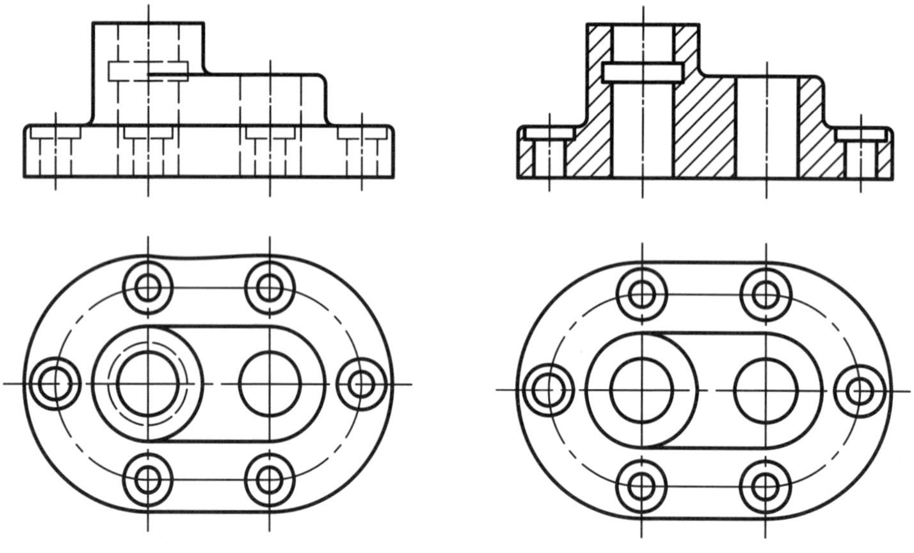

图 5-8　视图和剖视图对比

2. 画投影轮廓线

机件被假想剖切后，用粗实线画出剖切面与机件接触部分的相应轮廓，同时位于剖切面后面的可见轮廓线也用粗实线画出，省略不必要的细虚线，如图 5-9c 所示。

3. 画剖面符号

剖切面与机件接触的部分，称为剖面区域。国标规定，在剖面区域应画出表示材料的剖面符号，如图 5-9d 所示。

常用材料的剖面符号见表 5-1。

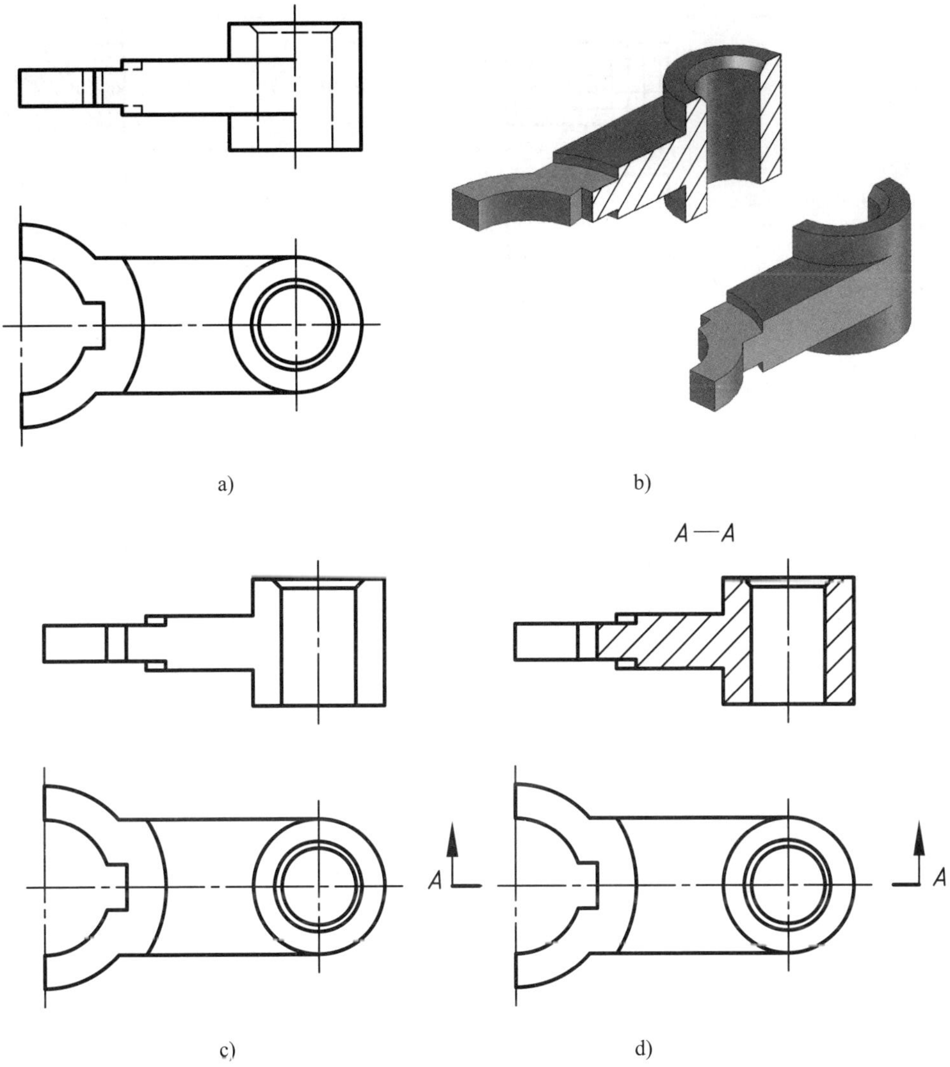

图 5-9 剖视图的画法

表 5-1 常用材料的剖面符号

金属材料 （已有规定剖面符号者除外）	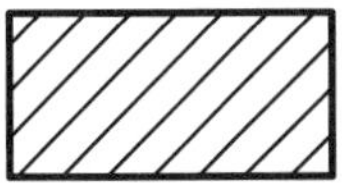	木质胶合板 （不分层数）	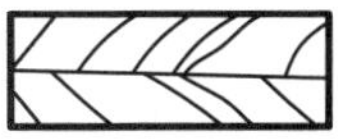
非金属材料 （已有规定剖面符号者除外）		基础周围的泥土	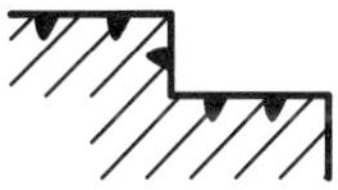
转子、电枢、变压器和 电抗器等的叠钢片		混凝土	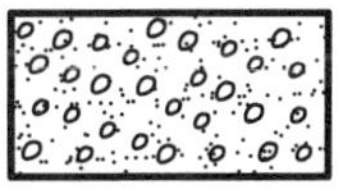

（续）

线圈绕组元件	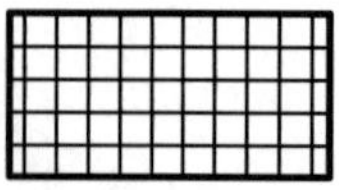	钢筋混凝土	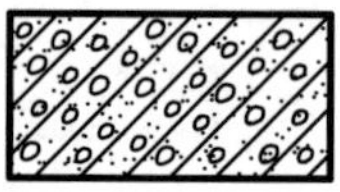
型砂、填砂、粉末冶金、砂轮、陶瓷刀片、硬质合金刀片等		砖	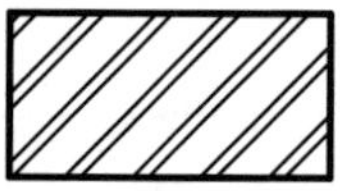
玻璃及供观察用的其他透明材料		格网（筛网、过滤网等）	
木材　纵断面		液体	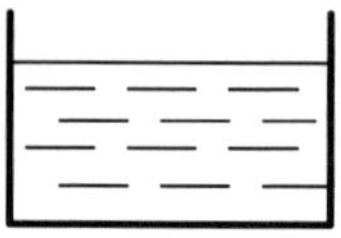
木材　横断面	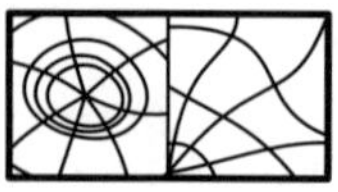		

注：1. 剖面符号仅表示材料的类别，材料的名称和代号必须另行注明。
2. 叠钢片的剖面线方向应与束装中叠钢片的方向一致。
3. 液面用细实线绘制。

表示金属材料的剖面符号称为剖面线，剖面线用适当角度的细实线绘制，最好与主要轮廓或剖面区域的对称线成45°，如图5-10所示。同一零件的各个剖面区域，其剖面线应方向相同、间隔相等；相邻零件的剖面线必须以不同的方向或以不同的间隔画出，以示区分。

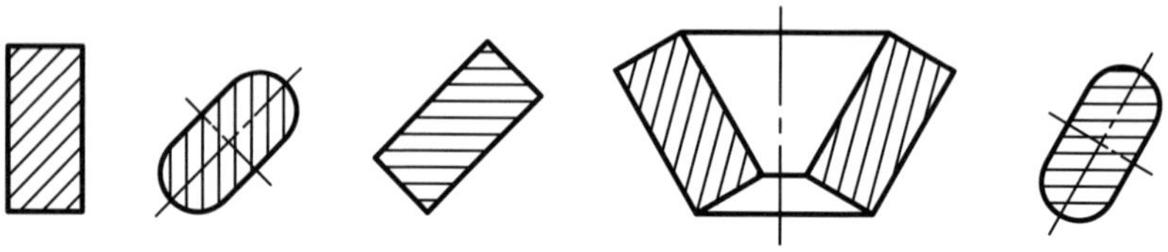

图5-10　剖面线的画法

4. 剖视图的标注

为了便于读图，剖视图一般都应进行标注，以明确剖视图和相关视图的投影关系。剖视图完整的标注包括剖切位置、投射方向和剖视图名称。

1）剖切符号。在剖切面起、止和转折处画上粗实线（线长5~10mm）表示剖切面的位置；在表示剖切面起、止处的粗实线处画出与其垂直的箭头，表示剖切后的投射方向，如图5-9d所示。

2）视图名称。在剖视图上方用大写拉丁字母标注剖视图的名称“×—×”，并在表示剖切位置的粗实线起、止和转折处注写相同字母，字母一律水平书写。

3）在下列情况下，可简化或省略标注。

① 单一剖切平面通过机件的对称平面或基本对称平面，且剖视图按投影关系配置、中间没有其他图形隔开时，可不必标注，如图5-11中的主视图。

② 剖视图按投影关系配置，中间又没有其他图形隔开时，可省略剖切符号中表示投射方向的箭头线。如图 5-11 所示，表示左视图 *A—A* 投射方向的箭头线在主视图中省略未画。

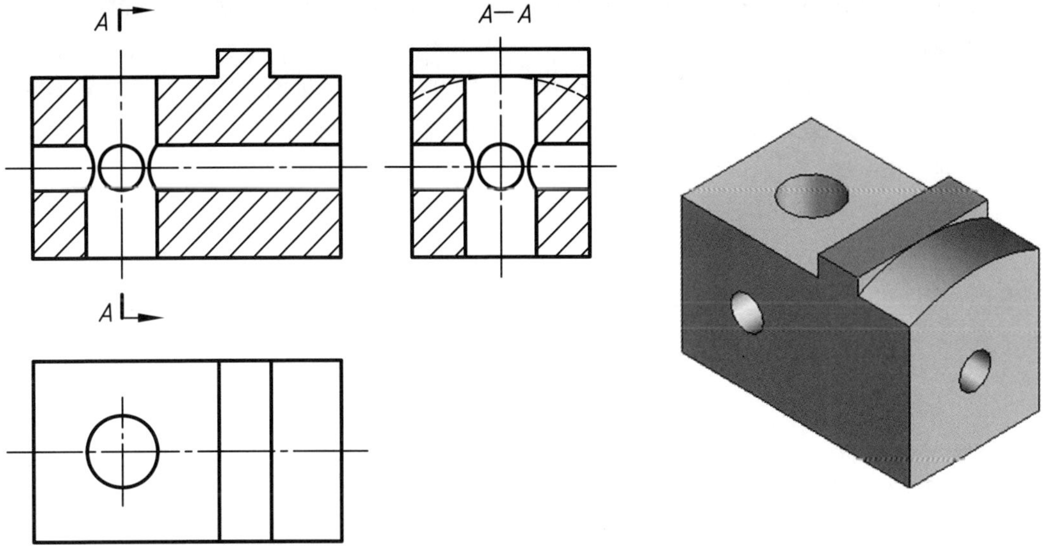

图 5-11　剖视图标注的省略和简化

5. 画剖视图的注意事项

1）剖切是假想的，故当机件的某个视图画成剖视图后，其他视图仍应按完整的机件画出。

2）剖切面应通过机件的对称平面或孔、槽的轴线，以便清楚地表达机件的内部结构。应尽量避免剖切出不完整结构要素或不反映实形的剖面区域。

3）剖视图中不可见轮廓一般不画，仅当机件某些结构尚未表达清楚时，才画出必要的虚线。如图 5-12 所示，若去掉主视图中的虚线，则下方底板台阶的高度无法表达清楚，故此虚线不能省略。

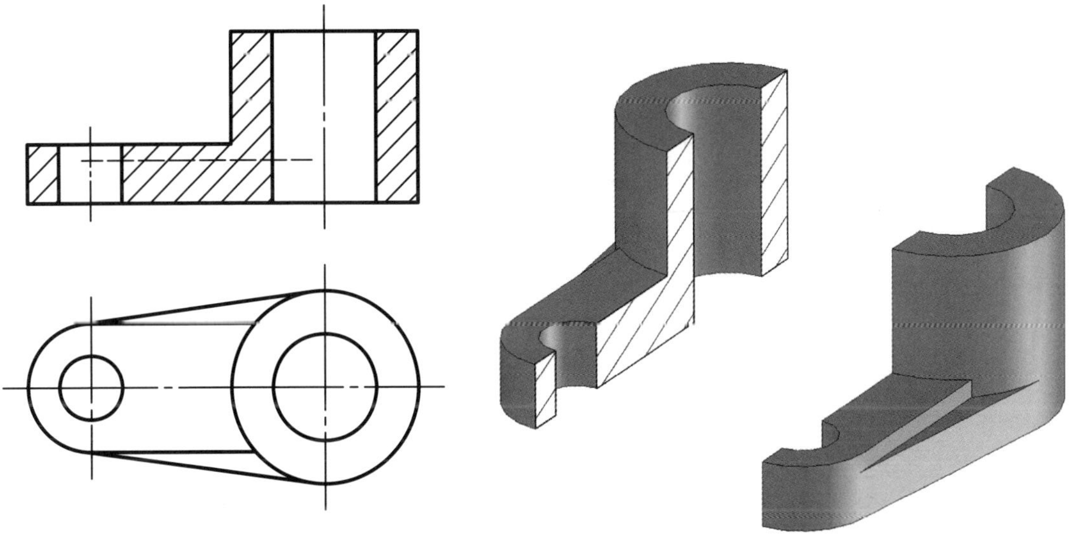

图 5-12　剖视图中不能省略的虚线

三、剖视图的种类

按照机件被剖切面剖开的范围不同，剖视图分为全剖视图、半剖视图和局部剖视图三种。

1. 全剖视图

用剖切面完全地剖开机件所得的剖视图称为全剖视图，全剖视图适用于表达内部形状复杂的不对称机件，如图 5-11、图 5-12 所示；或者外形简单的对称机件，如图 5-14 所示。

2. 半剖视图

当机件具有对称平面时，向垂直于该对称平面的投影面上投射所得的图形，可以对称中心线为界，一半画成剖视图表达机件内形，另一半画成视图表达外形，这样合成的图形称为半剖视图，如图 5-13 所示。半剖视图适用于内部形状和外部形状都需要表达的对称机件或接近于对称的机件。

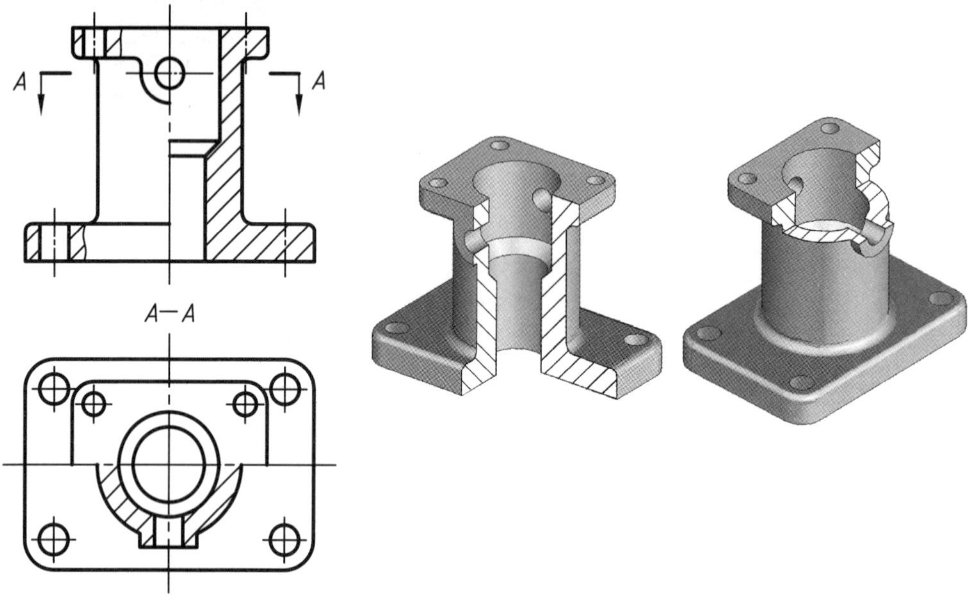

图 5-13 半剖视图

画半剖视图时应注意的事项如下。

1）视图与剖视图的分界线为细点画线，不能画成粗实线。

2）在表达外形的一半视图中，不必画出表达内形的虚线。

3）半剖视图的标注与全剖视图相同。

4）对于外形十分简单的对称机件，为了方便读图和尺寸标注，通常采用全剖视图来表达机件的内部结构，如图 5-14 所示。

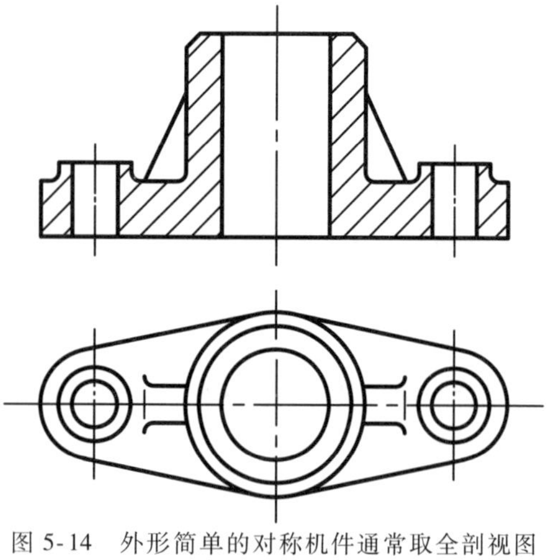

图 5-14 外形简单的对称机件通常取全剖视图

3. 局部剖视图

用剖切面局部地剖开机件所得的剖视图称为局部剖视图，如图 5-15 所示。局部剖视图主要用于表达机件局部的内部结构形状，或者不宜采用全剖视图或半剖视图的机件。局部剖视图表达灵活，适当运用可使图形表达重点突出、简明清晰，但若过多使用，则会使图形显得零乱，反而不利于读图。

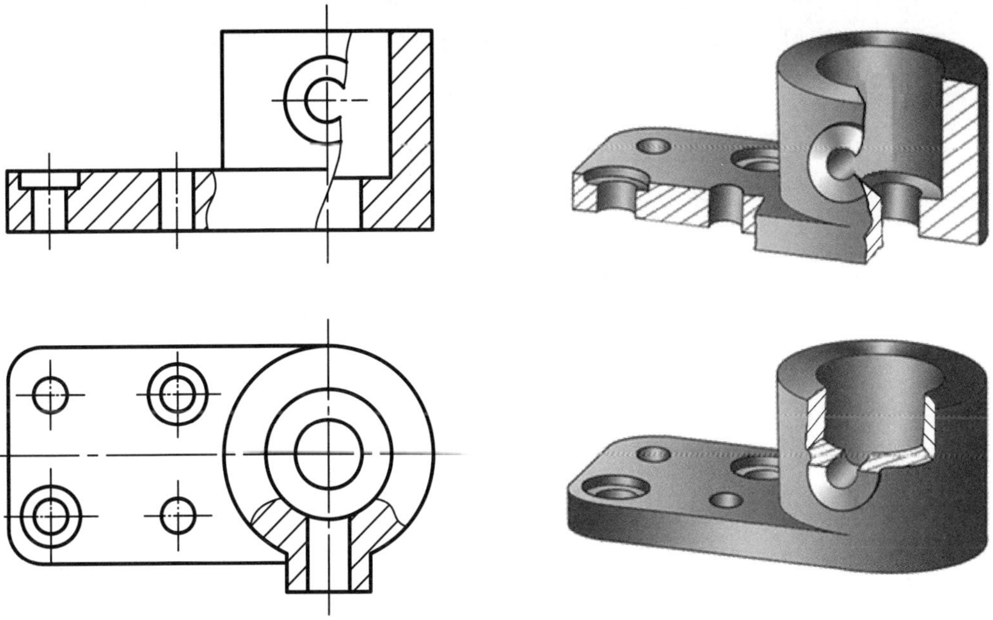

图 5-15 局部剖视图

局部剖视图中，视图与剖视图的分界线用波浪线或双折线表示。波浪线应画在机件的实体处，如图 5-16a 所示；不能画在空心处或超出实体轮廓，如图 5-16b 所示；也不能与视图上的其他图线重合或画在轮廓线的延长线上，如图 5-16c 所示。

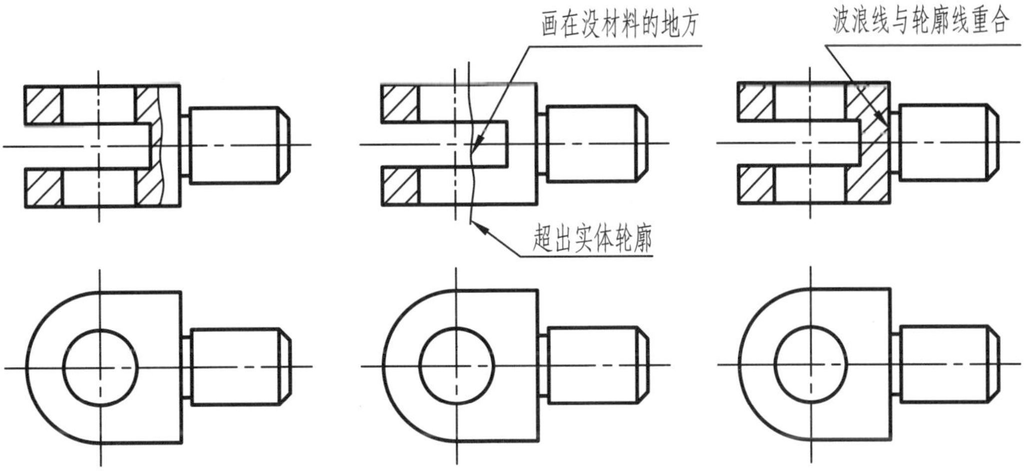

a) b) c)

图 5-16 局部剖视图的画法
a) 正确 b) 错误 c) 错误

局部剖视图的标注规则与全剖视图标注规则相同。当用一个平面剖切且剖切位置明显时，可省略标注。

采用剖视后某些结构仍未表达清楚，可在剖视图的剖面中再做一次局部剖视图，采用这种画法时，两个剖面的剖面线方向应相同，间隔应相等，但要互相错开，并用引出线标注其名称“×—×”，这种形式的局部剖视图习惯上称为“剖中剖”，如图 5-17 中的 B—B。

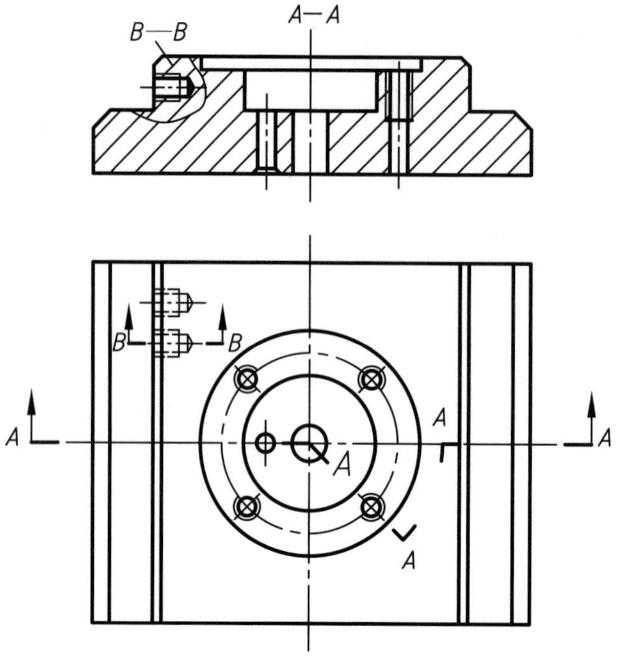

图 5-17 在剖视图的剖面区域做局部剖视图

四、剖切面的种类

在实际设计绘图时，可根据机件所需表达的内部结构的具体情况和特点，选用单一剖切面、几个平行的剖切平面或几个相交的剖切平面剖切机件，得到相应的全剖视图、半剖视图或局部剖视图。

1. 单一剖切面

（1）单一剖切平面

1）平行于某一基本投影面的剖切平面。这种剖切平面是最常用的剖切方法，适用于内部孔、槽的轴线或对称平面位于同一个平面上的机件。前面所述的各种类型的剖视图图例均由该种方法获得。

2）垂直于某一基本投影面的剖切平面。这种剖切平面用于表达机件上倾斜部分的内部结构形状。如图 5-18 所示，为了表达斜板的形状及 U 形凸台上小孔的结构，用一个正垂面剖开机件，按照箭头所示的投射方向投射，得到倾斜部分的 B—B 剖视图。其投影和配置方法与斜视图相同，剖切符号和名称必须标注。

（2）单一剖切柱面　采用单一柱面剖切机件时，所得的图形一般须展开绘制，并在剖视图名称后面加注“展开”两字，如图 5-19 中的主视图为单一剖切柱面剖切获得的半剖视图。

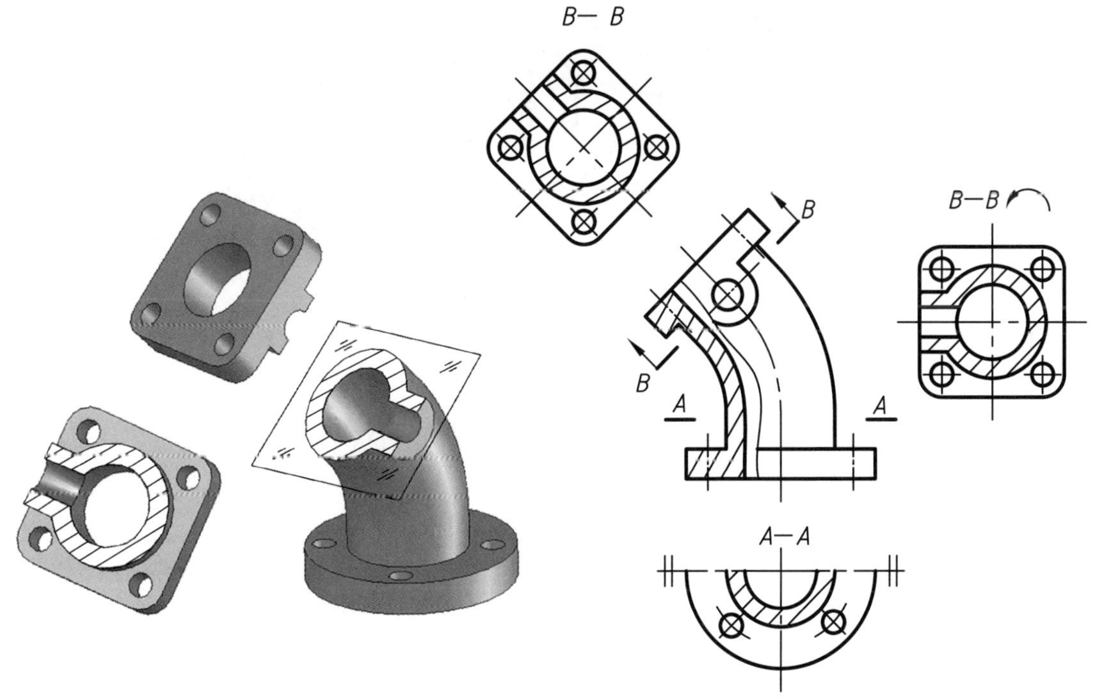

图 5-18　垂直于某一基本投影面的剖切平面

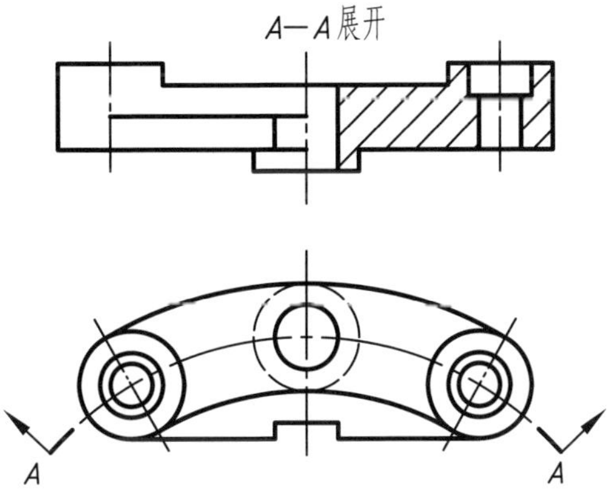

图 5-19　单一剖切柱面

2. **几个平行的剖切平面**

当机件的内部结构层次较多，且它们的轴线或对称中心面在两个或多个相互平行的平面上时，可以用几个平行的剖切平面剖开机件，如图 5-20 所示。

（1）标注　采用几个平行的剖切平面所得的剖视图必须标注，应在起、止和转折处标注剖切符号及字母，在剖视图的上方标注名称“×—×”，如图 5-20 所示。转折符号成直角且应相互对齐；当转折处空间有限且不致引起误解时，允许省略字母；当剖视图按基本视图位置配置时，可省略箭头线，如图 5-21 所示。

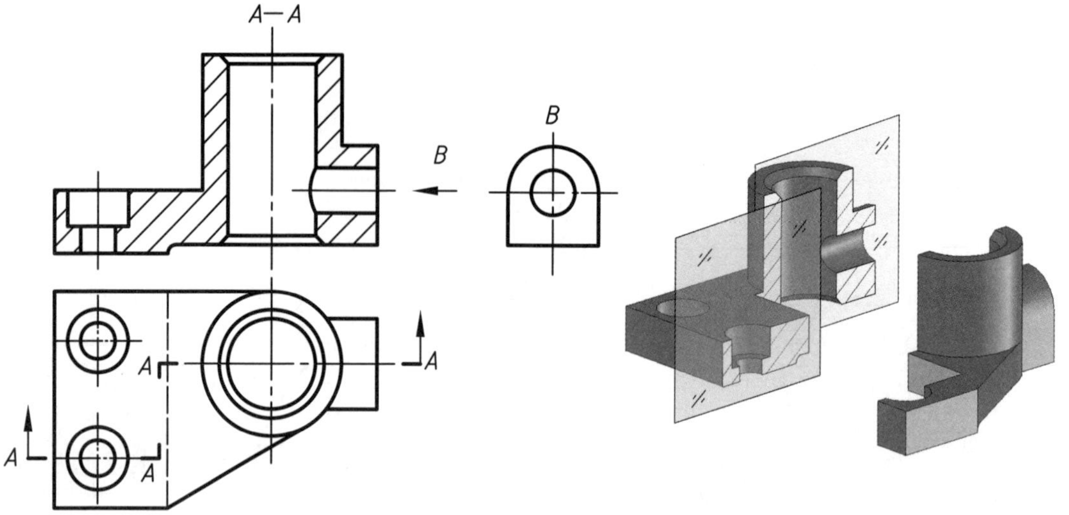

图 5-20 几个平行的剖切平面剖得的全剖视图

（2）画法

1）剖切平面转折处以直角转折，不能与视图中轮廓线重合。由于剖切面是假想的，因此在剖视图上不应画出转折面的投影。

2）合理选择剖切位置，避免在图形中出现不完整要素。仅当两个要素在图形上具有公共对称中心线或轴线时，可以对称中心线或轴线为界，各画一半，如图 5-21 所示。

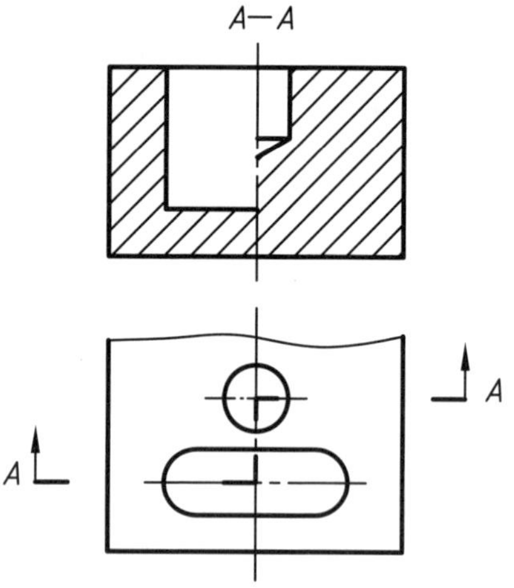

图 5-21 具有公共对称面或轴线的结构要素

3. 几个相交的剖切面剖切

当机件的内部结构用一个剖切面不能表达完全，且这个机件在整体上又具有回转轴时，可以用几个相交的剖切面（交线垂直于某一投影面）剖开机件。图 5-22 所示为两个相交的剖切平面剖切机件，其交线垂直于水平投影面，并与机件左端圆柱的回转轴线重合。

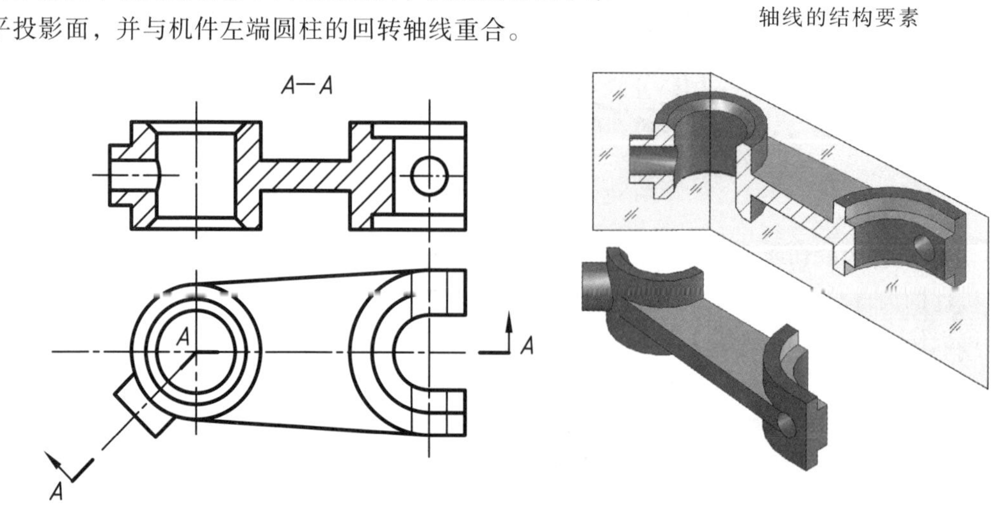

图 5-22 两个相交的剖切平面剖切机件

（1）标注　采用相交剖切平面所得的剖视图必须标注，应在起、止和转折处标注剖切符号及字母，在剖视图的上方标注名称“×—×”，如图 5-22 所示。当转折处位置不便标注字母时，可以省略转折处的字母。

（2）画法

1）先假想按剖切位置剖开机件，然后将与所选投影面不平行的剖切面剖开的结构及有关部分旋转到与所选投影面平行后再进行投射。剖切面后面的其他结构一般仍按原来位置投射画出，如图 5-23 中的 A 孔。用这种“先剖切，后旋转，再投射”的方法绘制的剖视图，往往倾斜部分旋转后图形会伸长。

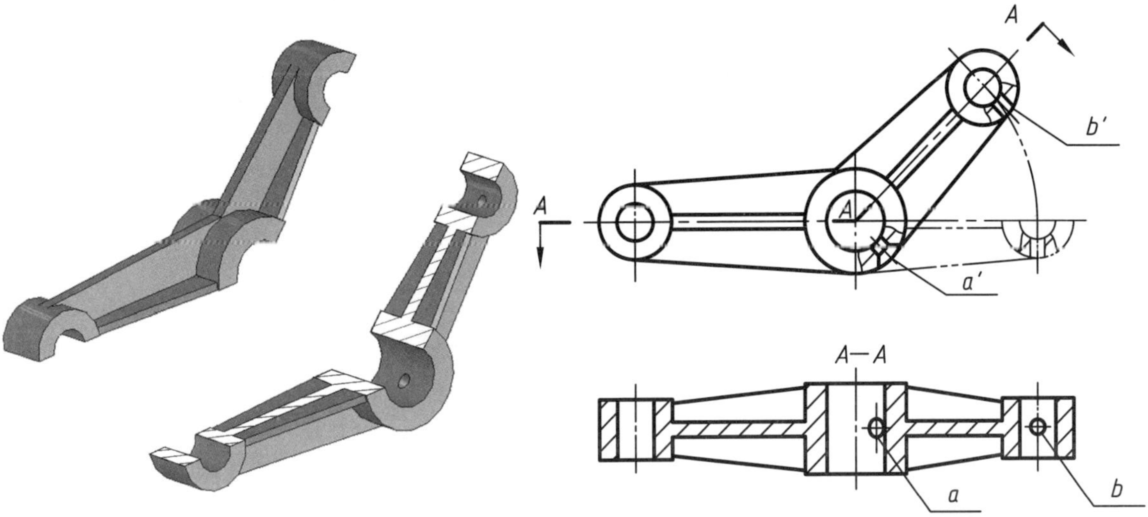

图 5-23　两个相交的剖切平面剖切

2）当用几个相交的剖切面剖切时，有些剖视图还要展开绘制，如图 5-24 所示。

3）当剖切后产生不完整结构要素时，应将该部分按不剖绘出，如图 5-25 所示。

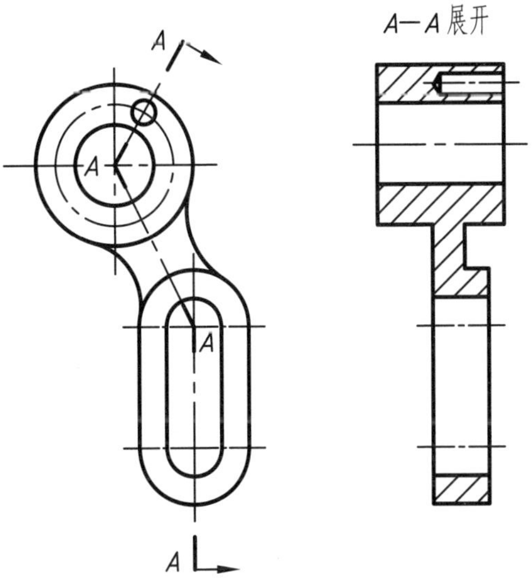

图 5-24　展开绘制的剖视图

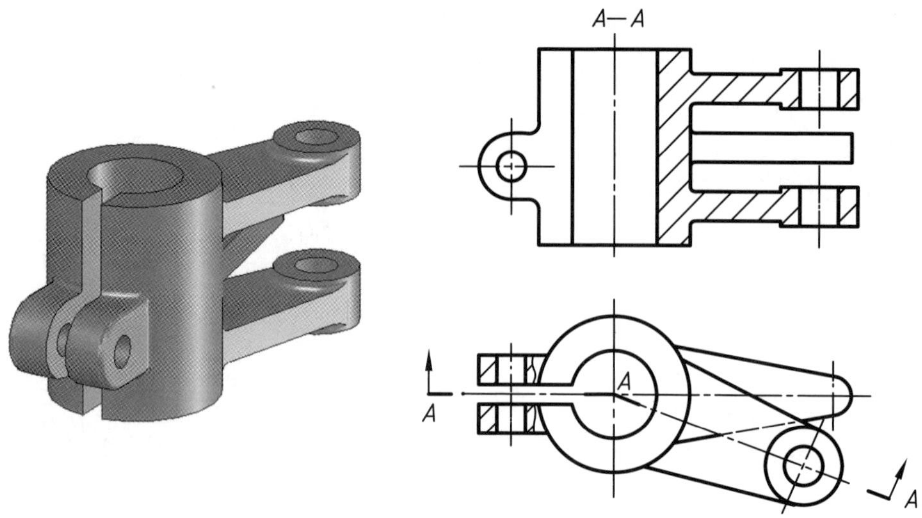

图 5-25　剖切到不完整结构要素的规定画法

第三节　断　面　图

一、断面图的概念

假想用剖切面将机件的某处切断，仅画出断面的图形，称为断面图，简称断面。

断面图与剖视图的区别：断面图仅画出该剖切面与机件相接触部分的图形；而剖视图除了要画出剖切面与机件接触部分的图形外，还需画出剖切面后边可见部分的轮廓线，如图5-26所示。

断面图按其配置位置的不同，可分为移出断面图和重合断面图两种。

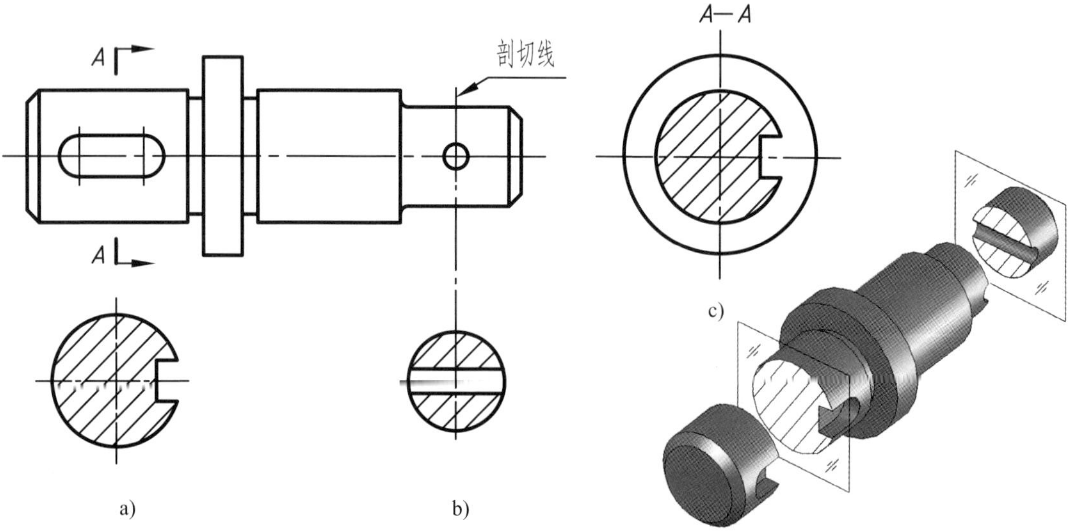

图 5-26　断面图的概念

a）断面图　b）断面图　c）剖视图

二、移出断面图

画在视图之外，轮廓线用粗实线绘制的断面图称为移出断面图，如图 5-26 所示。

1. 移出断面图的画法

1）剖切面应垂直于机件的主要轮廓线或轴线；由两个或多个相交的剖切平面剖切得到的移出断面图，中间一般用波浪线断开，如图 5-27 所示。

2）当剖切平面通过回转面形成的孔或凹坑的轴线时，这些结构按剖视图要求绘制，即孔口或凹坑口画成闭合，如图 5-28所示。

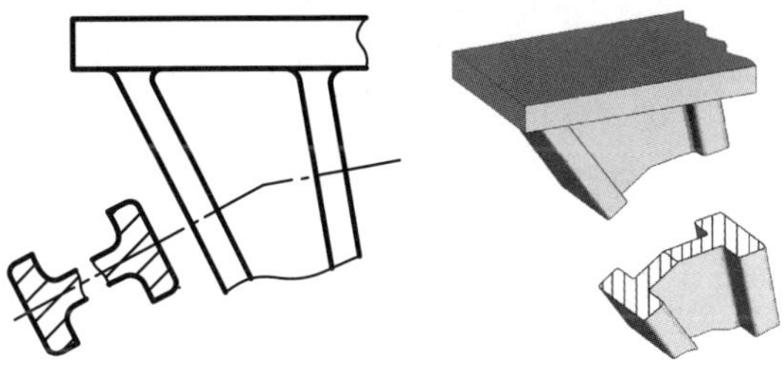

图 5-27　两相交平面切得的移出断面图

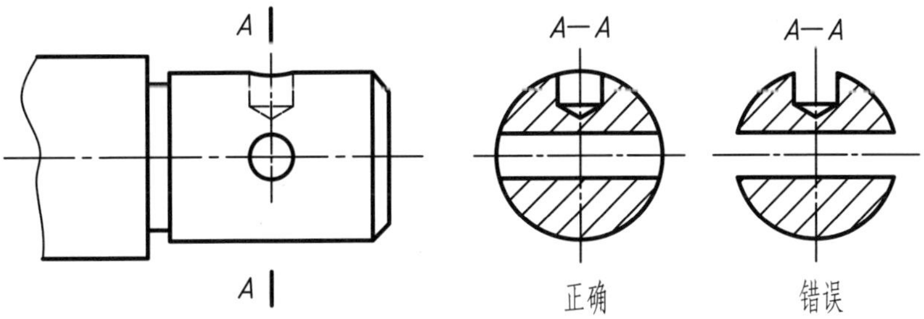

图 5-28　按剖视图绘制的移出断面图

3）当剖切平面通过非圆孔，会导致出现完全分离的剖面区域时，则这些结构应按剖视图要求绘制，如图 5-29 所示。

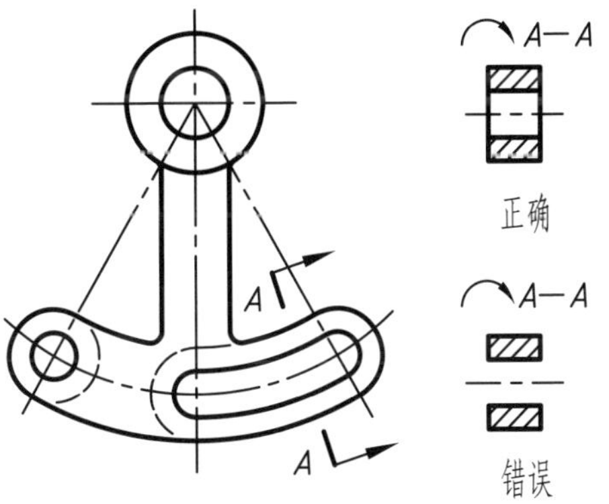

图 5-29　按剖视图绘制的非圆孔移出断面图

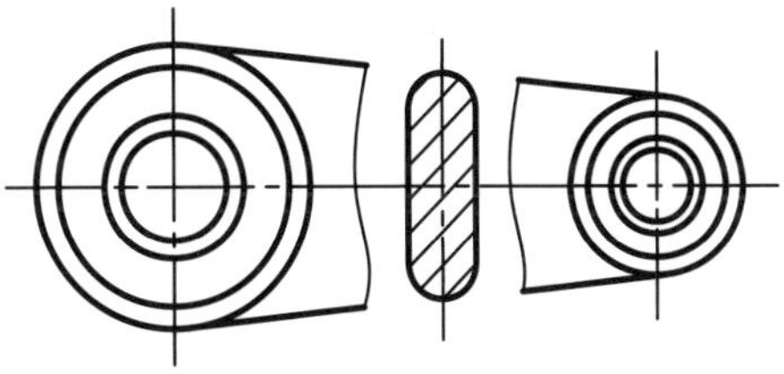

图 5-30　配置在视图中断处的移出断面图

2. 移出断面图的配置

1）应尽量将移出断面图配置在剖切符号的延长线上（图 5-26）或剖切线延长线上（图 5-27）。

2）断面图形对称时，可配置在视图的中断处，如图 5-30 所示。

3）必要时可按投影关系配置（图 5-28）或配置在其他适当位置（图 5-29）；在不致引起误解时，允许将移出断面图旋转配置，如图 5-29 所示。

3. 移出断面图的标注

（1）完整标注　在相应视图上画剖切符号表示剖切位置和投射方向，在断面图上方标出名称“×—×”，并在剖切符号附近注写相同字母。

（2）省略标注

1）省略名称。配置在剖切符号延长线上的断面图，可以省略名称，如图 5-26 所示。

2）省略箭头。对称断面图不管配置在何处均可省略箭头，不对称移出断面图按投影关系配置时可省略箭头，如图 5-28 所示。

3）完全省略。配置在剖切符号延长线上的对称移出断面图不必标注。

三、重合断面图

画在视图轮廓线之内，轮廓线用细实线绘制的断面称为重合断面图，如图 5-31 所示。当机件的断面形状简单，且不影响图形清晰时适宜画重合断面图。

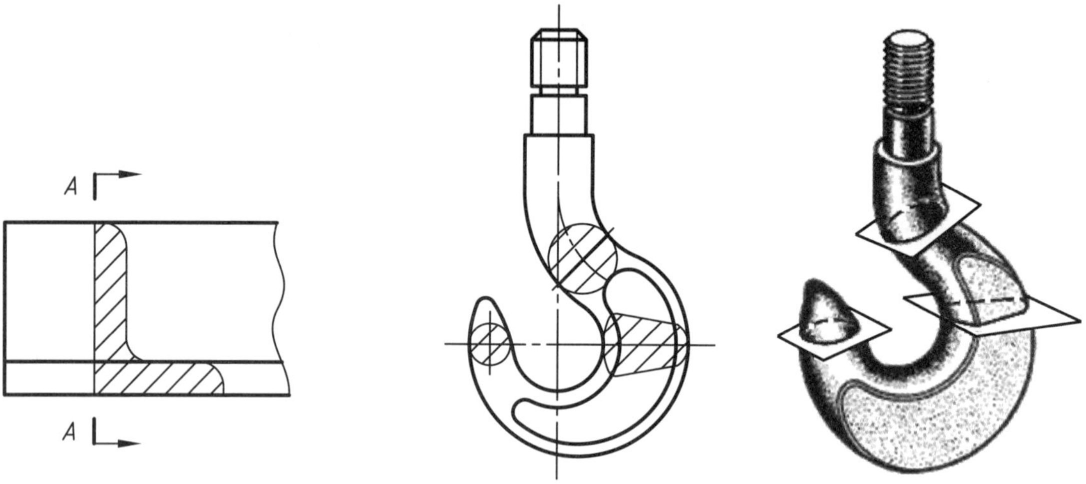

a)　　　b)

图 5-31　重合断面图

a）角钢　b）吊钩

画重合断面图时应注意以下两点。

1）当视图中的轮廓线与重合断面图的轮廓线重叠时，视图中的轮廓线仍应连续画出、不可间断，如图 5-31a 所示。

2）由于重合断面图是直接将断面“就地”旋转 90°后得到的，故重合断面图对称时可省略标注，如图 5-31b 所示；不对称的重合断面图只需标注剖切位置和投射方向，如图 5-31a所示。

第四节　局部放大图和简化画法

一、局部放大图

将机件的某些局部结构，用大于原图形所采用的比例画出的图形，称为局部放大图，如

图 5-32 所示。局部放大图用于表达机件上某些细小结构在原图形中表达不清楚或不便标注尺寸的情况，可根据需要画成视图、剖视图或断面图，它与被放大部分的原表达方式无关。局部放大图应尽量配置在被放大部位的附近。

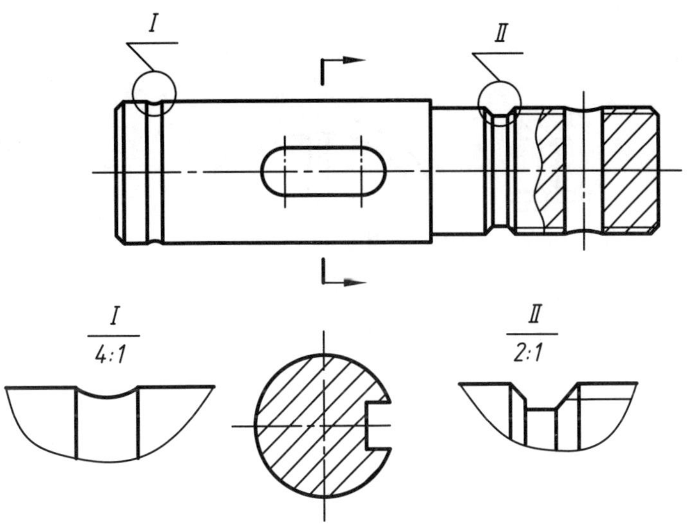

图 5-32 局部放大图

局部放大图的比例应为局部放大图与实物相应要素的线性尺寸之比，与原图形的比例无关。

绘制局部放大图时，应按图 5-32 所示用细实线圆圈出被放大的部位。当同一机件上有几个被放大的部分时，应用罗马数字依次标明被放大的部位，并在局部放大图的上方标注相应罗马数字和所采用的比例。

二、简化画法

简化画法是在保证完整、清晰表达机件的形状和结构的前提下，力求制图简便和看图方便，提高设计效率及图样的清晰度。下面介绍国家标准规定的部分简化画法。

1）零件上的肋、轮辐及薄壁等，如按纵向剖切（即剖切面通过其厚度方向的对称面或轮辐轴线），这些结构都不画剖面符号，而用粗实线将它与其相邻的部分分开，如图 5-33、图 5-34 所示。

2）当回转体机件上均匀分布的肋、轮辐、孔等结构不处于剖切平面上时，可将这些结

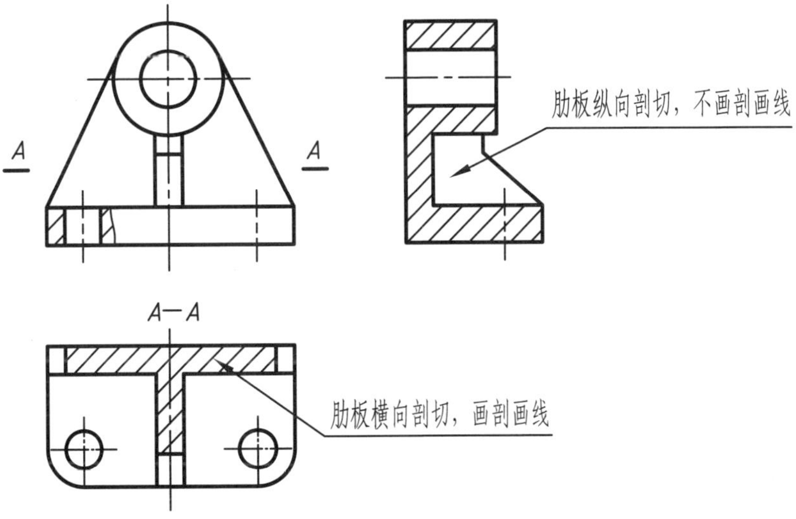

图 5-33 肋板剖切后的画法

构旋转到剖切平面上画出，且不必标注，如图 5-34 所示。

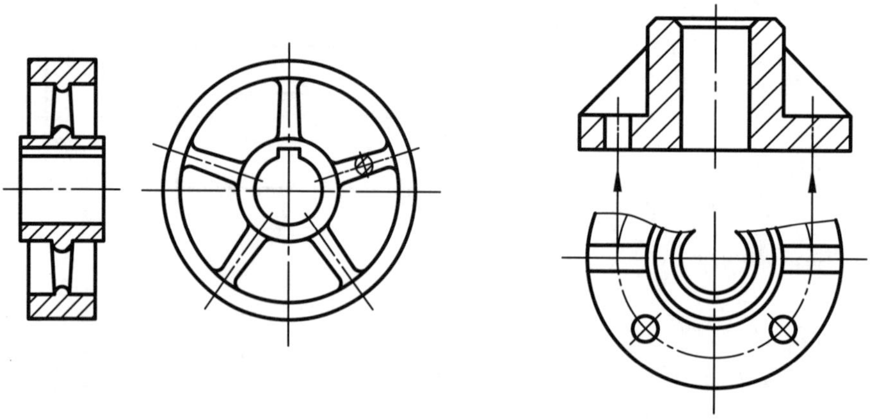

a) b)

图 5-34 均布孔、肋板及轮辐的简化画法

a）轮辐 b）均布孔及肋板

3）与投影面倾斜角度小于或等于 30°的圆或圆弧，其投影可用圆或圆弧代替，如图 5-35所示。

4）在不引起误解时，图中的过渡线、相贯线允许简化。例如用圆弧或直线代替非圆曲线，如图 5-36 所示。

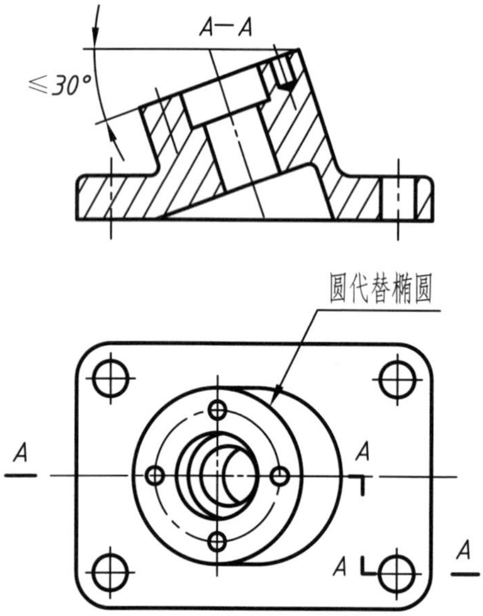

图 5-35 与投影面倾斜角≤30°圆的画法

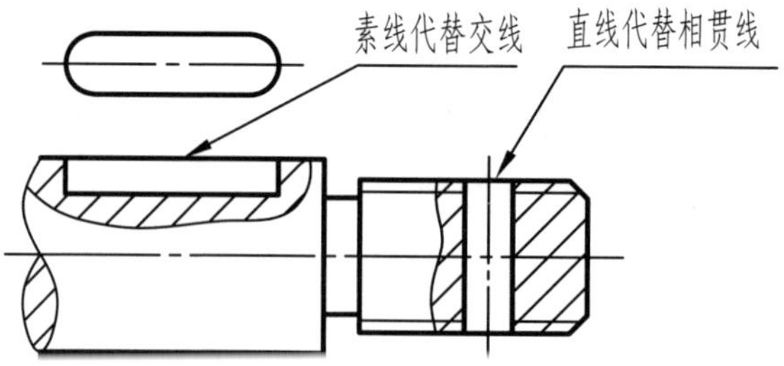

图 5-36 交线的简化

5）当图形不能充分表达平面时，可用两条相交的细实线所画的平面符号表示，如图 5-37所示。

6）当机件上具有若干相同结构，并其按一定规律分布时，只需画出几个完整的结构，其余用细实线连接表示其范围，并在图中注明该结构的总数，如图 5-38 所示。当机件上有

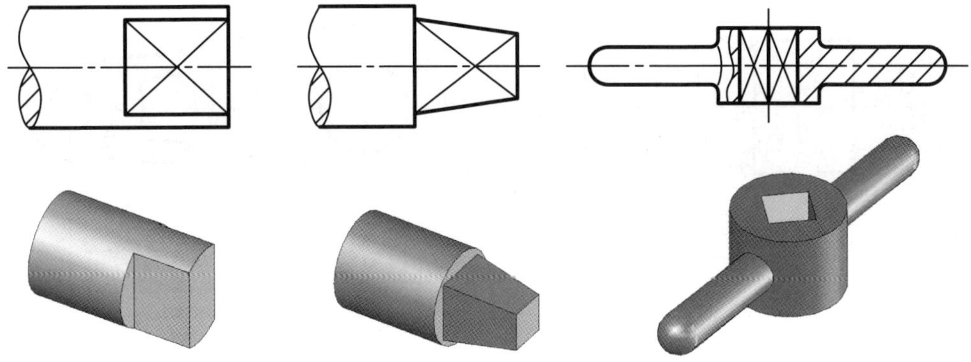

a)　　b)　　c)

图 5-37　用符号表示平面

若干直径相同且成规律分布的孔时，只需画出几个，其余用细点画线（细实线）表示其中心位置，并在图中注明孔的总数和尺寸，如图 5-39 所示。

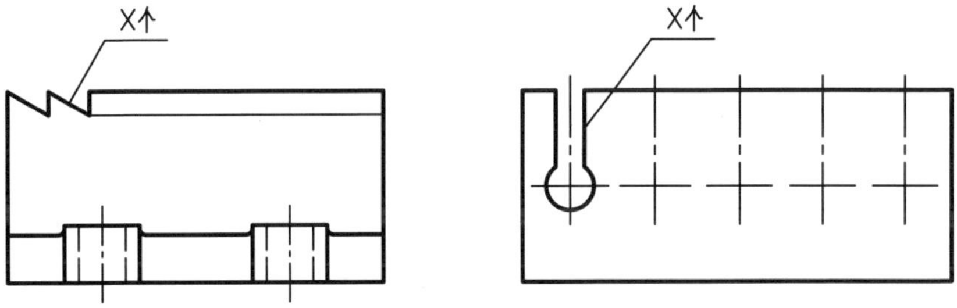

a)　　b)

图 5-38　规律分布的相同结构

a）对称重复结构　b）不对称重复结构

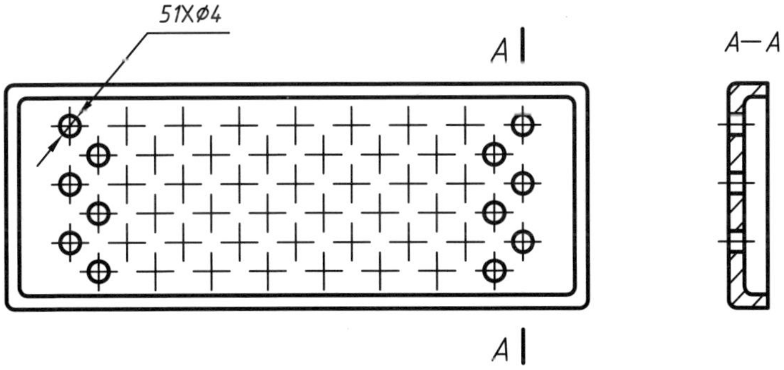

图 5-39　规律分布的相同孔

7）较长的机件（轴、杆、型材、连杆等）沿长度方向的形状一致或按一定规律变化时，可断开绘制，其断裂边界用波浪线或双折线绘制。但要标注机件的实际长度尺寸，如图 5-40所示。

8）机件上的较小结构如在一个视图中已表达清楚时，其他视图中可以简化或省略，如图 5-41 所示。

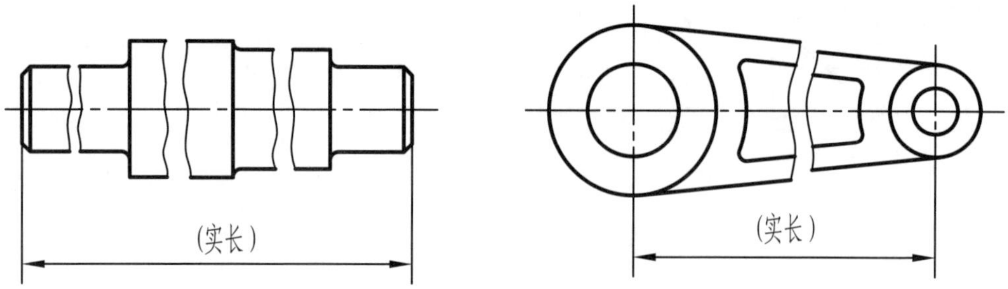

图 5-40　较长机件的画法

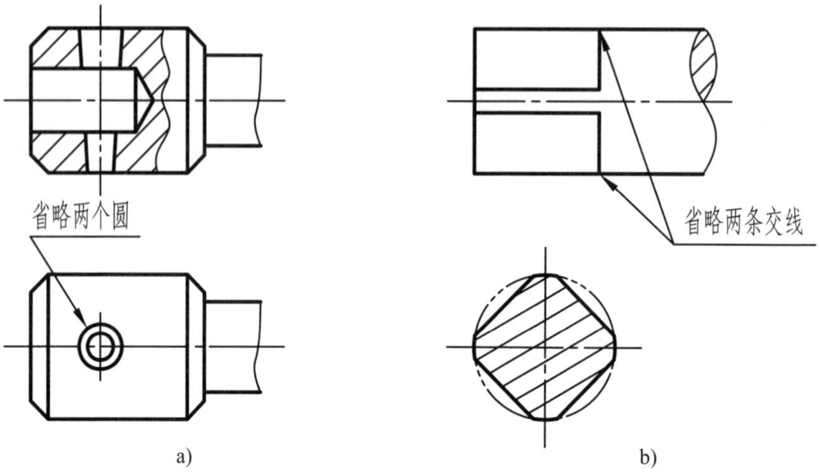

图 5-41　小结构的简化

9）为了节省绘图时间和图幅，在不引起误解的前提下，对称机件的视图可只画一半或四分之一，并在对称中心线的两端画出与其垂直的两条平行细实线，如图 5-42 所示。

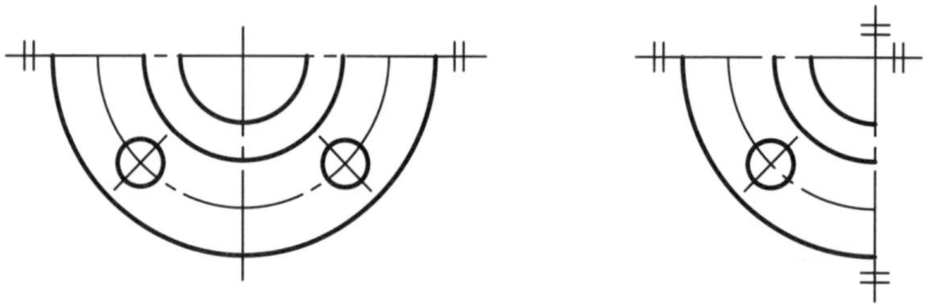

图 5-42　对称机件的简化画法

第五节　第三角投影简介

如图 5-43 所示，三个相互垂直的投影面，将空间分为Ⅰ、Ⅱ、Ⅲ、Ⅳ、Ⅴ、Ⅵ、Ⅶ和Ⅷ八个分角。将物体放在第一分角内，按“观察者——物体——投影面”的位置关系作正投影，所得到的视图称为第一角投影。将物体放在第三分角内，按“观察者——投影面——物体”的位置关系作正投影，所得到的视图称为第三角投影。

中国、俄罗斯、德国、法国等国家采用第一角投影绘图，美国、日本、加拿大等采用第三角投影绘图。为了便于技术交流，本节对第三角投影做简单介绍。

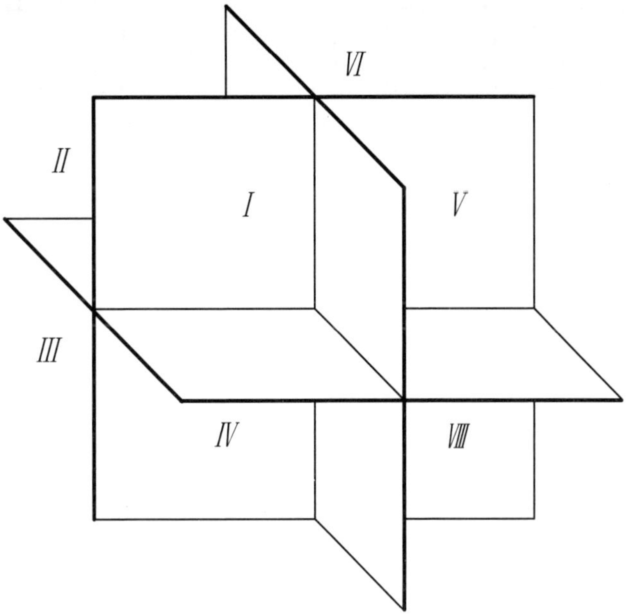

图 5-43　八个分角

如图 5-43 所示，将物体置于第三分角内，使投影面处于观察者和机件之间，假想投影面是透明的，从而得到机件的正投影。然后按图 5-44a 中箭头所示的方向展开投影面，所得的三视图如图 5-44b 所示。

ISO 128 规定第一角投影和第三角投影等效使用。为了便于识别，应在图样中标题栏的名称及代号区的下方标注投影识别符号。由于我国多采用第一角投影，故在国内采用第一角

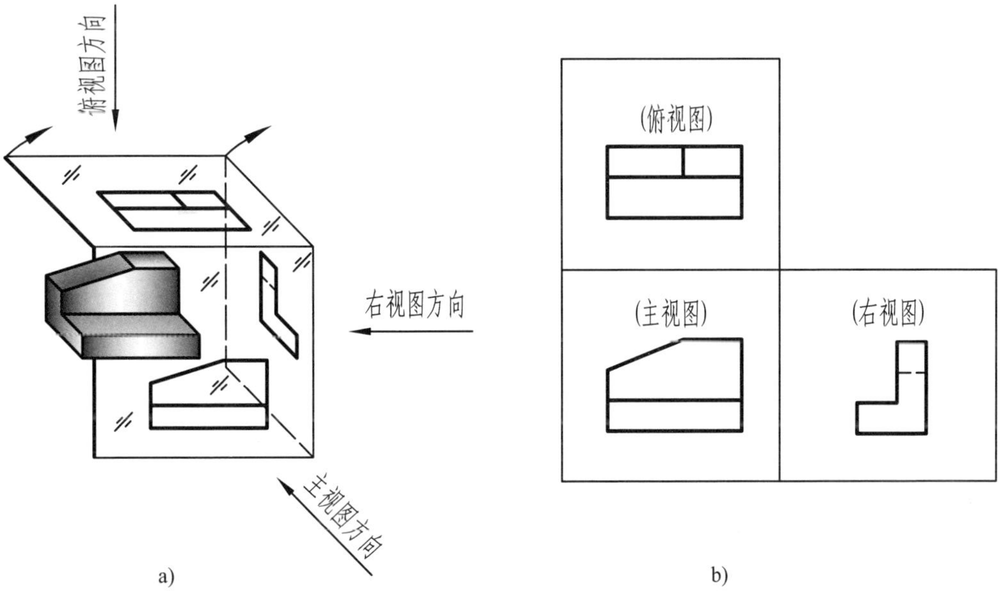

图 5-44　第三角投影的三视图

投影时，投影识别符号常省略。投影识别符号用粗实线和细点画线绘制，如图 5-45 所示。

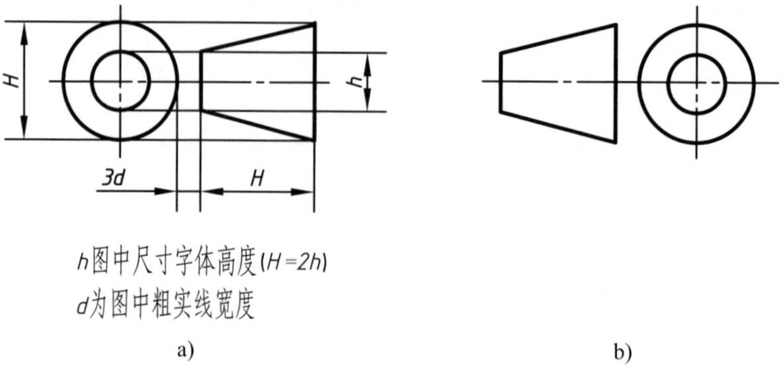

图 5-45 投影识别符号

a）第三角投影 b）第一角投影

第六章 标准件和常用件

在机械制造业，广泛应用螺纹紧固件进行紧固和连接，在机械的传动、支承、减振等方面广泛使用齿轮、轴承、弹簧等机件。这些机件，有的在结构和尺寸方面均已标准化，称为标准件，如螺栓、螺钉、键、销和轴承等，有的部分参数被标准化和系列化，称为常用件，如齿轮、弹簧等。国家标准对这些标准件和常用件的标准化结构要素有统一的规定画法，为确保生产质量、缩短设计和制造时间、降低生产成本奠定了基础。

本章着重介绍标准件和常用件的基本知识、规定画法和标记方法等。

第一节　螺　　纹

一、螺纹的形成

螺纹是按照螺旋线的原理加工制造而成，一平面图形（如三角形、矩形、梯形等）绕一圆柱（圆锥）表面做螺旋运动，形成一圆柱（圆锥）螺旋体，称为螺纹。在外表面上加工的螺纹，称为外螺纹；在内表面上加工的螺纹，称为内螺纹，如图 6-1 所示。

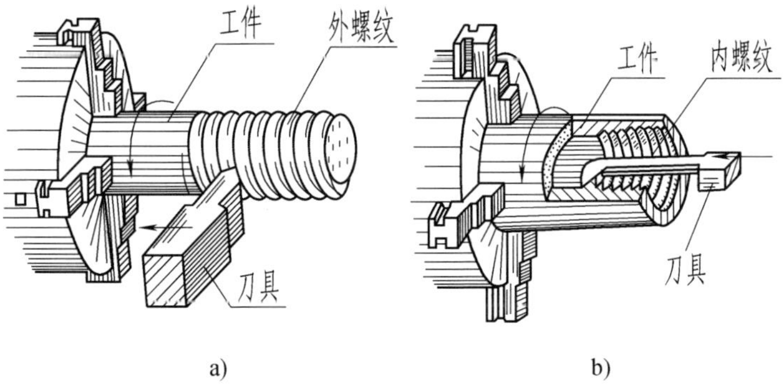

图 6-1　螺纹的加工

a）加工外螺纹　b）加工内螺纹

在加工螺纹的过程中，由于刀具的切入形成了凸起和沟槽两部分，凸起的顶端称为螺纹的牙顶；沟槽的底部称为螺纹的牙底，如图 6-2 所示。

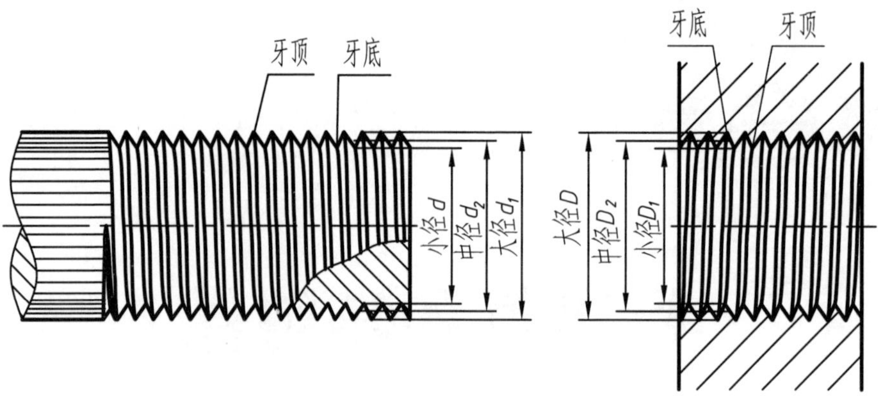

a)　　　b)

图 6-2　外螺纹和内螺纹

a）外螺纹　b）内螺纹

二、螺纹要素

1. 牙型

在通过螺纹轴线的断面上，螺纹的轮廓形状称为牙型。常见的螺纹牙型有三角形、梯形、锯齿形、矩形等，如图 6-3 所示。

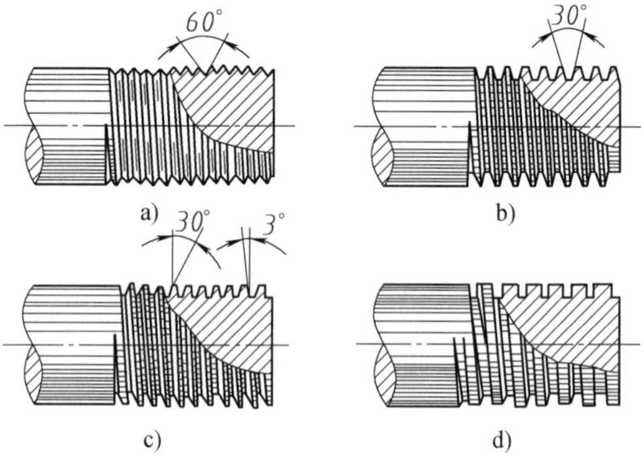

图 6-3　螺纹牙型

a）三角形　b）梯形　c）锯齿形　d）矩形

2. 直径

螺纹的直径包括大径、小径和中径。大径是指与外螺纹牙顶或内螺纹牙底相切的假想圆柱的直径，又称公称直径，外螺纹用 d 表示，内螺纹用 D 表示。小径是指与外螺纹牙底或内螺纹牙顶相切的假想圆柱的直径，外螺纹用 d_1 表示，内螺纹用 D_1 表示。中径是指在大径和小径之间一个假想圆柱的直径，该圆柱素线上牙型的沟槽和凸起宽度相等，外螺纹用 d_2 表示，内螺纹用 D_2 表示，如图 6-2 所示。

3. 线数 n

在同一圆柱面上切削螺纹的条数称为线数，用 n 表示。沿一条螺旋线形成的螺纹称为单线螺纹，沿两条或两条以上，并在轴向等距分布的螺旋线形成的螺纹为多线螺纹。图 6-4 为单线（$n=1$）和多线（$n \geqslant 2$）螺纹。

4. 螺距 P 和导程 P_h

相邻两牙在中径线上对应两点间的轴向距离称为螺距；导程为同一螺旋线上相邻两牙在中径线上对应两点间的轴向距离。单线螺纹的螺距等于导程，即 $P=P_h$，如图 6-4a 所示；多线螺纹的螺距等于导程除以线数，即 $P=P_h/n$，如图 6-4b 所示。

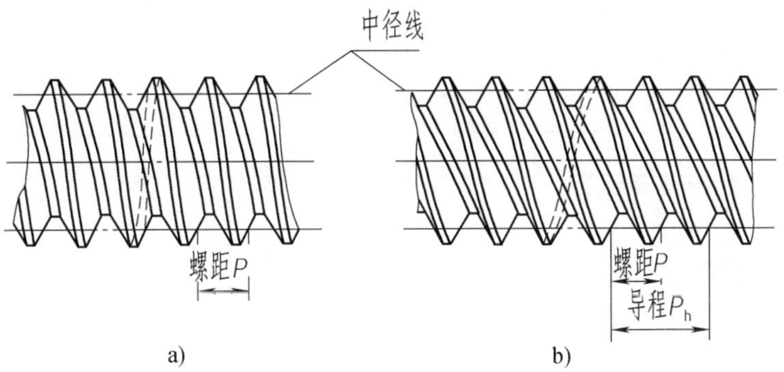

图 6-4 螺纹的线数、螺距和导程
a）单线螺纹 b）双线螺纹

5. 旋向

顺时针方向旋转时沿轴向旋入的螺纹称为右旋螺纹；逆时针方向旋转时沿轴向旋入的螺纹称为左旋螺纹，如图 6-5 所示。

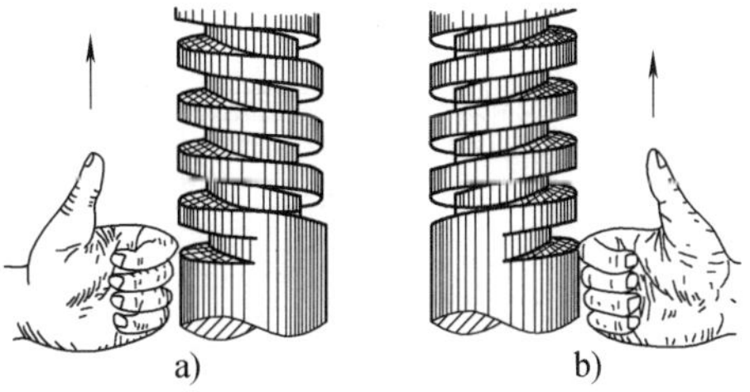

图 6-5 螺纹的旋向
a）左旋 b）右旋

螺纹的牙型、直径、线数、螺距和旋向称为螺纹五要素，只有当内、外螺纹的五要素对应相同时，才能相互旋合在一起。

三、螺纹的分类

国家标准对上述五要素中的牙型、公称直径和螺距做了规定。按照是否符合国家标准来划分，螺纹分为如下三类。

（1）标准螺纹 牙型、直径和螺距都符合标准的螺纹。常用的标准螺纹如下。

1）普通螺纹（M）。普通螺纹分粗牙普通螺纹和细牙普通螺纹，它们的区别是在大径相同的情况下，细牙普通螺纹的螺距比粗牙普通螺纹的螺距小。普通螺纹的牙型为等边三角形（牙型角 60°）。

2）管螺纹。分为 55°非密封管螺纹（G）、55°密封管螺纹（R_1、R_2、R_c 或 R_p）及 60°圆锥管螺纹（NPT）三种。管螺纹多用于管件和薄壁零件的连接，其螺距与牙型均较小。

3）梯形螺纹（Tr）。牙型为等腰梯形，牙型角 30°。

4）锯齿形螺纹（B）。牙型为非对称梯形，牙型角 33°。

（2）非标准螺纹 牙型不符合标准的螺纹，如矩形螺纹。

（3）特殊螺纹 牙型符合标准而大径或螺距不符合标准的螺纹。

根据螺纹的用途，又可把起连接作用的螺纹称为连接螺纹，如普通螺纹、管螺纹。连接螺纹的牙型常用三角形。起传递运动和动力作用的螺纹称为传动螺纹，如梯形、锯齿形和矩形螺纹。

四、螺纹的规定画法

1. 外螺纹的规定画法

在平行于螺纹轴线的视图中，外螺纹的大径和螺纹终止线用粗实线表示，小径用细实线表示并画入倒角之内；在垂直于螺纹轴线的视图中，表示小径的细实线圆只画约 3/4 圈，此时螺纹的倒角圆省略不画，如图 6-6a、b 所示。

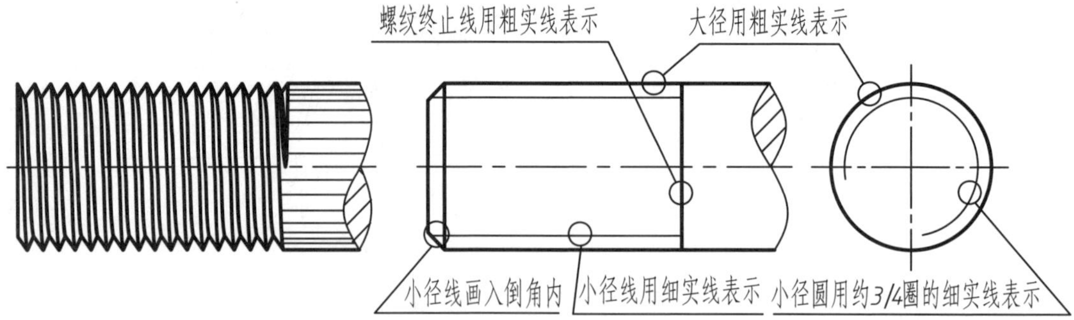

a)

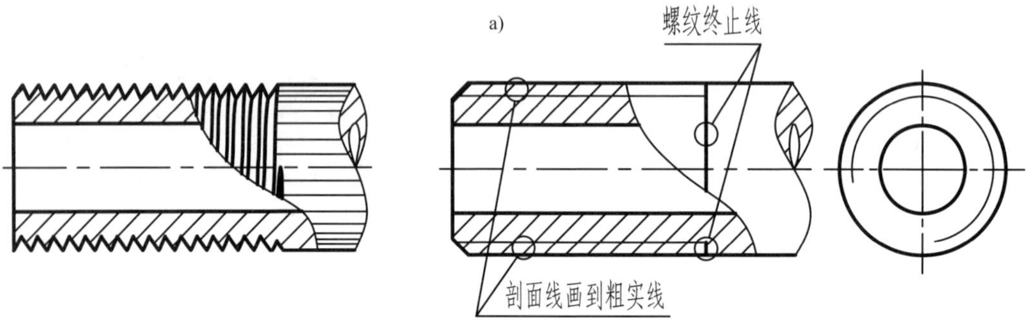

b)

图 6-6　外螺纹的画法

a）端部带有倒角的外螺纹画法　b）外螺纹采用局部剖时的画法

2. 内螺纹的规定画法

在平行于螺纹轴线的剖视图中，大径用细实线，小径和螺纹终止线用粗实线表示，如图 6-7a 所示。加工不通的螺孔时，先钻孔再攻螺纹，钻头端部的圆锥角为 118°。为简化作图，钻头底部的圆锥孔均画成 120°，如图 6-7b 所示。在垂直于螺纹轴线的视图中，表示大径的细实线圆只画约 3/4 圈，此时螺纹的倒角圆省略不画。

3. 内、外螺纹的旋合画法

内、外螺纹旋合后，常用剖视图来表示：其旋合部分应按外螺纹画法表示，其余部分仍按各自的画法表示。画图时应注意，外螺纹大径、小径分别与内螺纹大径、小径对齐，外螺纹若为实心杆件，沿轴线剖切时按不剖绘制，如图 6-8 所示。

五、螺纹的规定标注

螺纹除按照上述规定画法表示外，为了区分不同类型、不同规格的螺纹，需按照国家标准规定，对标准螺纹进行标注。各种螺纹的标注方法如下。

1. 普通螺纹的标注

普通螺纹的完整标记由四部分内容组成：螺纹代号、公差带代号、旋合长度代号及旋向。

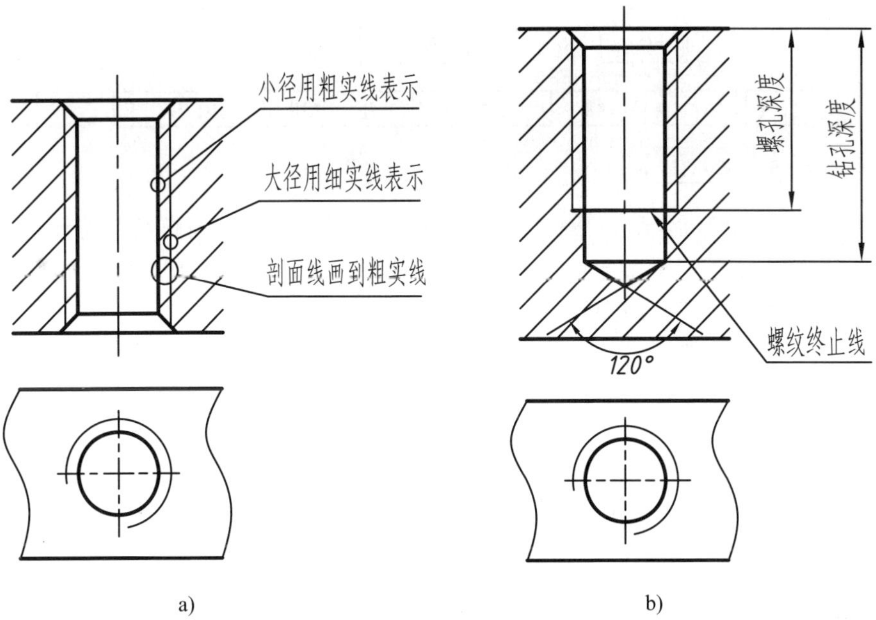

图 6-7　内螺纹的画法

a）通孔的画法　b）不通孔的画法

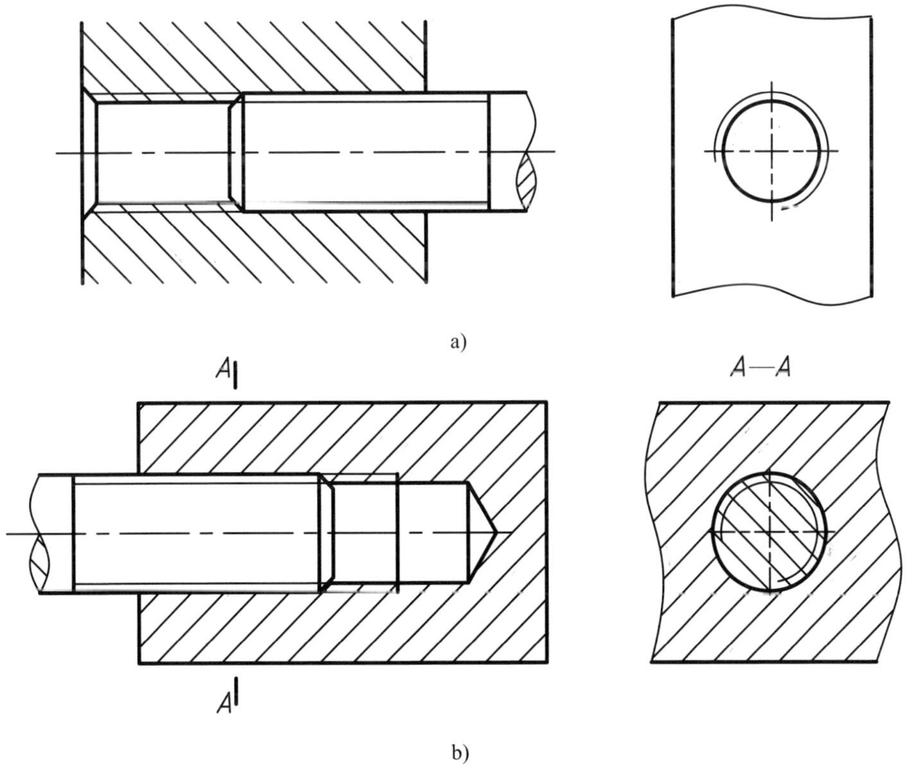

图 6-8　螺纹连接画法

a）通孔旋合的画法　b）不通孔旋合的画法

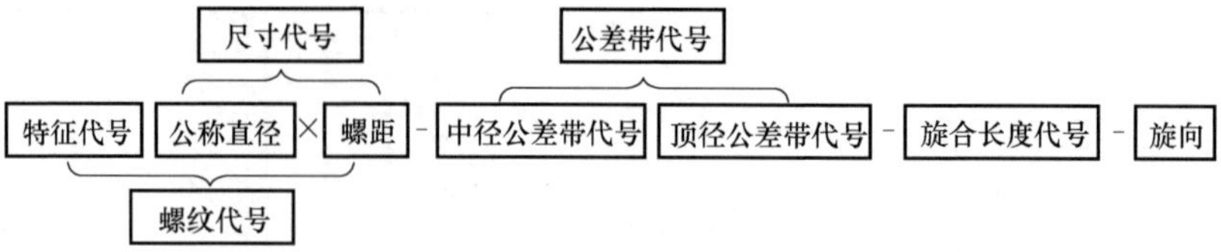

（1）螺纹代号　螺纹代号包括特征代号和尺寸代号，其中普通螺纹的特征代号用“M”表示。粗牙普通螺纹的尺寸代号为公称直径（螺距不标注），如 M20；细牙普通螺纹的尺寸代号为“公称直径×螺距”，如 M20×1.5。

（2）公差带代号　螺纹的公差带代号包括中径公差带代号和顶径公差带代号，它由表示公差等级的数值和公差带位置的字母（内螺纹用大写字母，外螺纹用小写字母）组成，如 6H、5g。

若螺纹中径与顶径公差带代号不同，则分别注出，前者表示中径公差带，后者表示顶径公差带。若中径与顶径公差带代号相同，只标注一个代号。

（3）旋合长度代号　国家标准将螺纹旋合长度分为三种，分别称为短旋合长度、中等旋合长度和长旋合长度，相应代号为 S、N 和 L。若为中等旋合长度，其旋合长度代号可以省略。

（4）旋向　旋向分为左旋和右旋，其中右旋螺纹为常用螺纹，不标注旋向代号，左旋螺纹的旋向代号为“LH”。

例 6-1　粗牙普通螺纹（外螺纹）

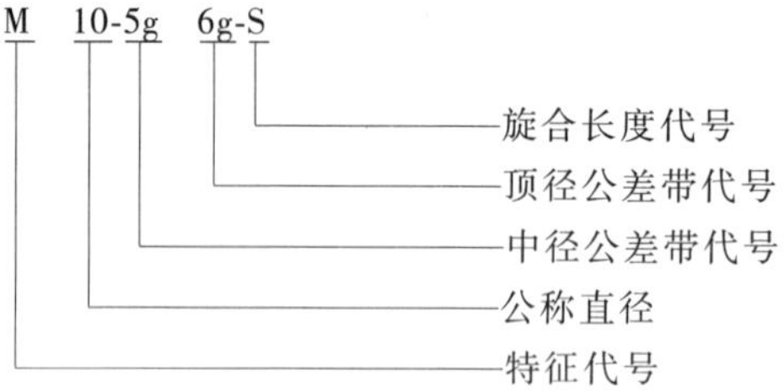

外螺纹的标注如图 6-9 所示。

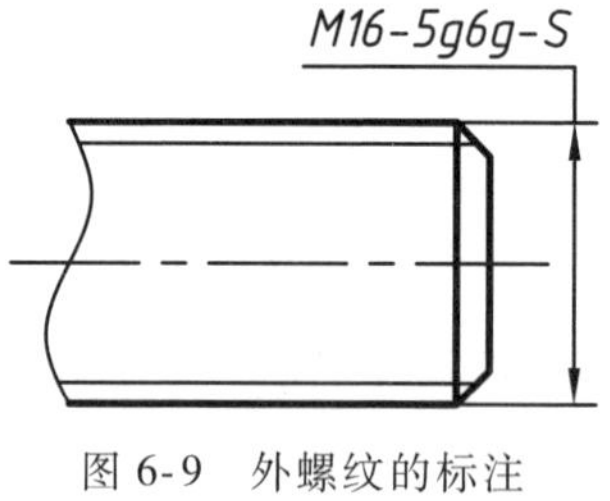

图 6-9　外螺纹的标注

例 6-2　细牙普通螺纹（内螺纹）

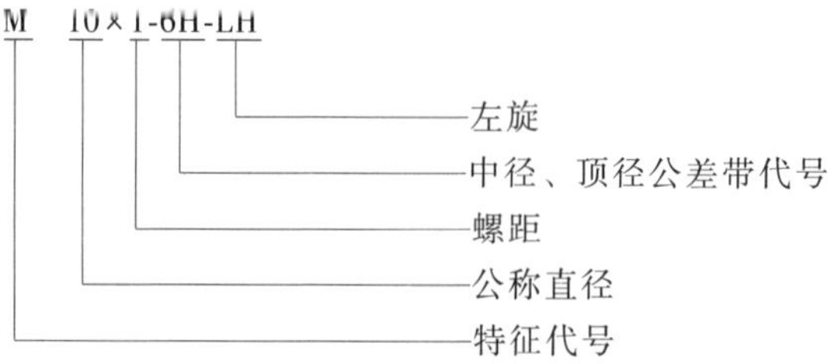

内螺纹的标注如图 6-10 所示。

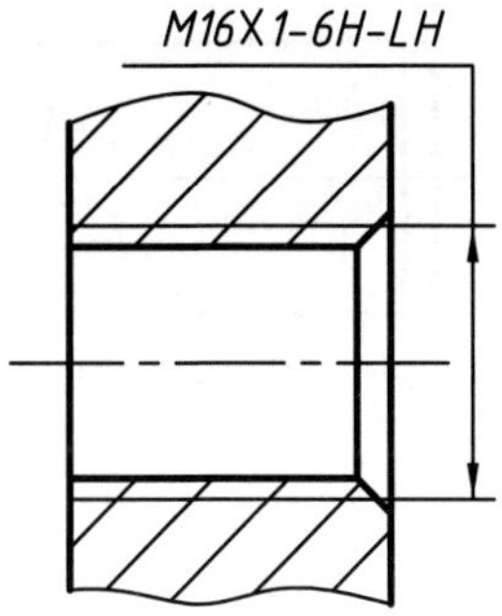

图 6-10 内螺纹的标注

2. 梯形螺纹和锯齿形螺纹的标注

梯形螺纹和锯齿形螺纹的完整标记由螺纹代号、公差带代号及旋合长度代号组成。

单线螺纹：

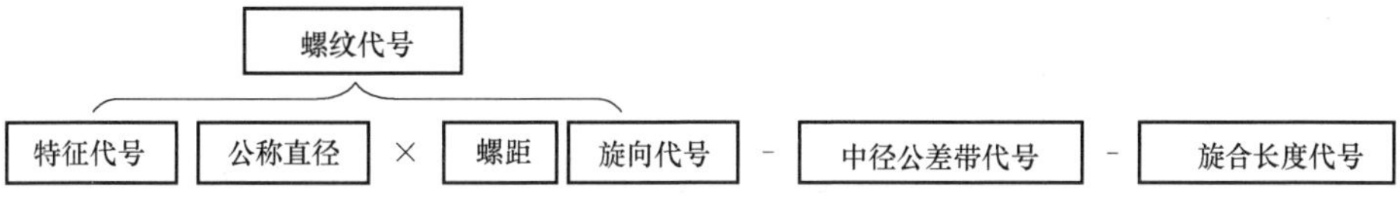

多线螺纹：

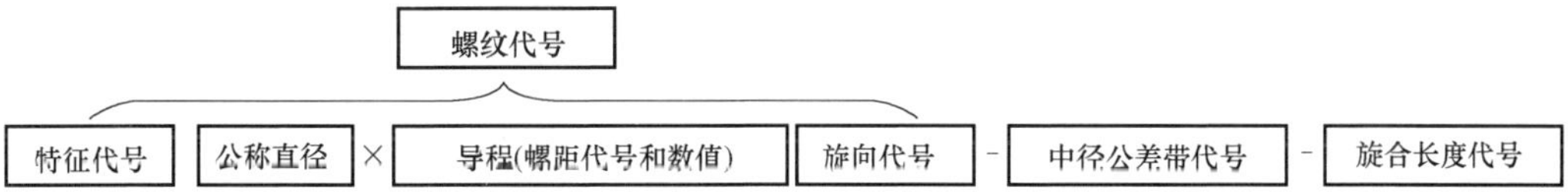

1）梯形螺纹的特征代号为“Tr”，锯齿形螺纹的特征代号为“B”。旋向代号：左旋标注 LH，右旋不标注。

2）梯形螺纹和锯齿形螺纹只标注中径公差带代号。

3）梯形螺纹和锯齿形螺纹的旋合长度分为两组：中等旋合和长旋合，其旋合长度代号分别为 N 和 L，中等旋合可以省略 N。

例 6-3 梯形螺纹（双线、左旋外螺纹）

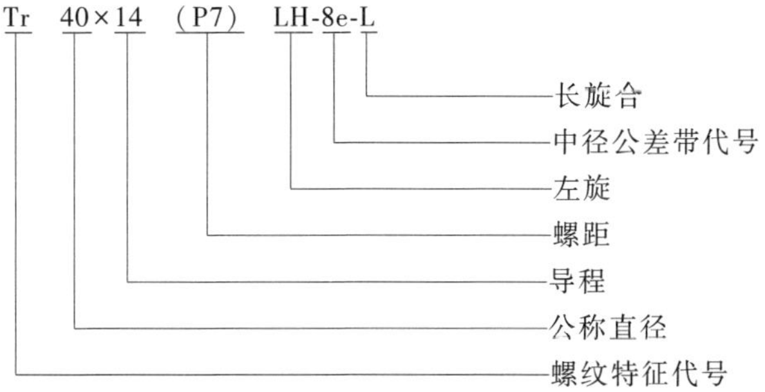

梯形螺纹的标注如图 6-11 所示。

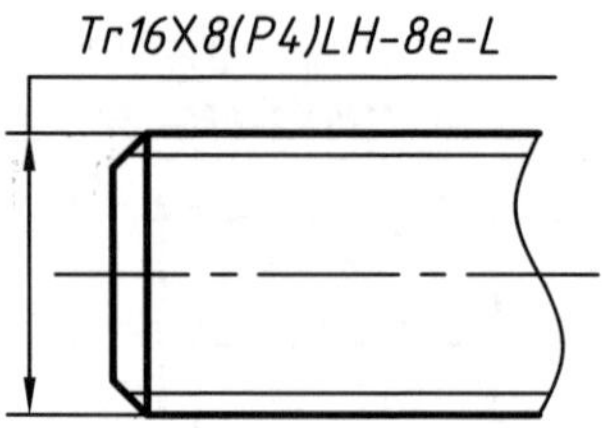

图 6-11　梯形螺纹的标注

例 6-4　锯齿形螺纹

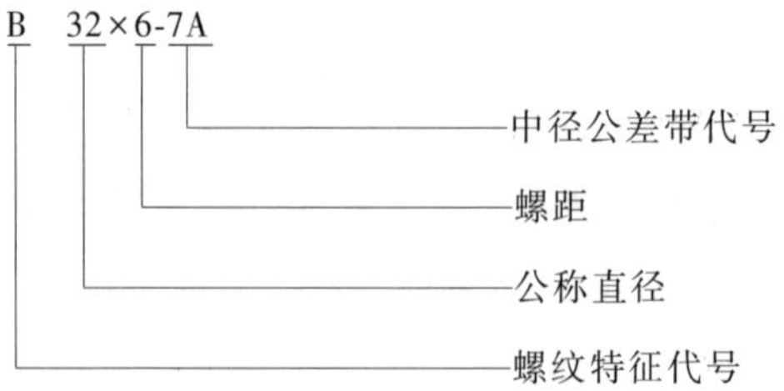

3. 管螺纹的标注

55°非密封管螺纹标记如下。

螺纹特征代号　尺寸代号　公差等级代号 - 旋向代号

55°非密封管螺纹螺纹特征代号为 G。尺寸代号用数字或分数来表示，如 1、2、1/2 等，尺寸代号并非螺纹大径，因此在标注时需用指引线自大径线引出，如图 6-12 所示。公差等级代号分为 A、B 两个等级，对内螺纹不标注公差等级代号。旋向：左旋为 LH，右旋不标注。

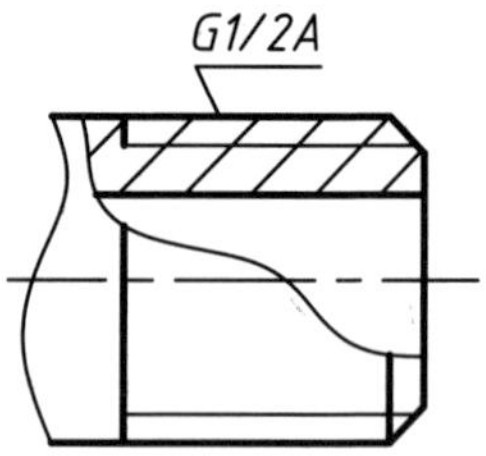

图 6-12　55°非密封管螺纹的标注

55°密封管螺纹标记如下。

螺纹特征代号　尺寸代号 - 旋向代号

55°密封管螺纹的螺纹特征代号分为：圆锥内螺纹的代号为 R_c，圆柱内螺纹的代号为 R_p，圆锥外螺纹的代号为 R；与圆锥内螺纹相配合的圆锥外螺纹代号为 R_2，与圆柱内螺纹相配合的圆锥外螺纹代号为 R_1。

第二节　螺纹紧固件及其连接

在可拆卸连接中，螺纹紧固件连接是工程中应用最广泛的连接方式。因此，需要掌握常用螺纹紧固件的标记、画法。

一、螺纹紧固件及其标记

常用的螺纹紧固件有螺栓、双头螺柱、螺钉、螺母和垫圈等，如图 6-13 所示。常用螺纹紧固件的标记示例见表 6-1。

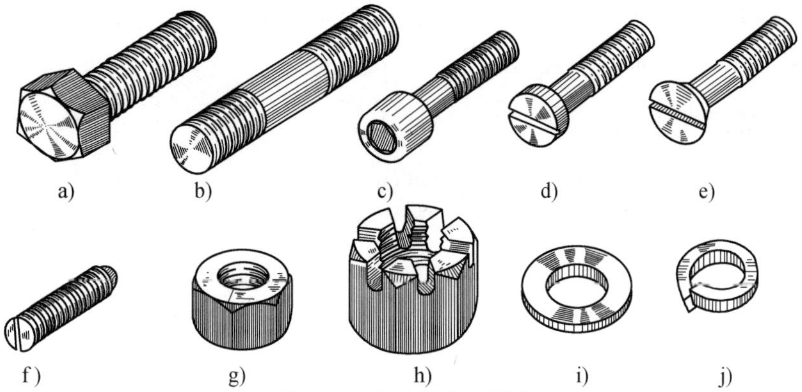

图 6-13　常用螺纹紧固件

表 6-1　常用螺纹紧固件的标记示例

名称及视图	规定标记示例	名称及视图	规定标记示例
六角头螺栓—C 级 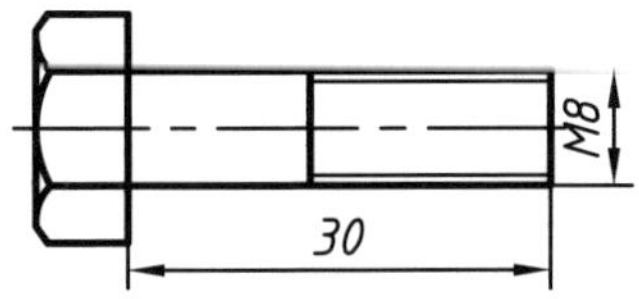 	螺栓 GB/T 5780—2016 M8×30	开槽锥端紧定螺钉 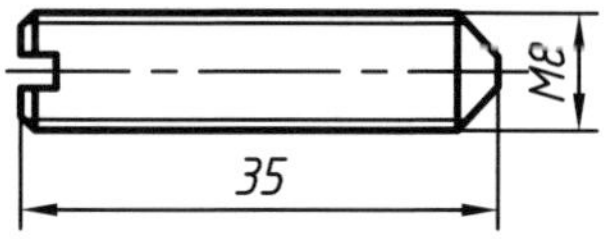 	螺钉 GB/T 71—1985 M8×35
B 型双头螺柱 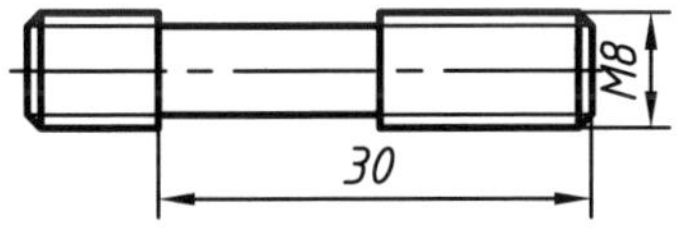 	螺柱 GB 899 M8×30	Ⅰ型六角螺母—C 级 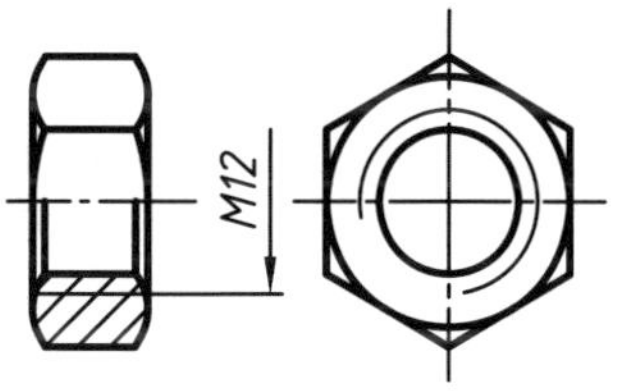 	螺母 GB/T 41—2016 M12
内六角圆柱头螺钉 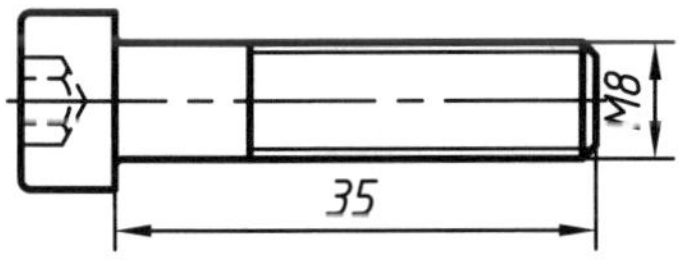 	螺钉 GB/T 70.1—2008 M8×35	Ⅰ型六角开槽螺母—C 级 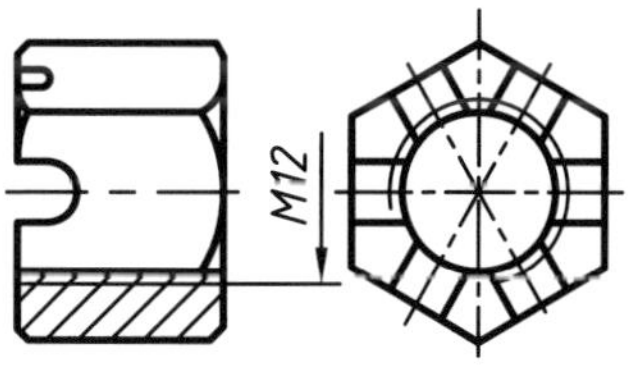 	螺母 GB/T 6179—1986 M12
开槽圆柱头螺钉 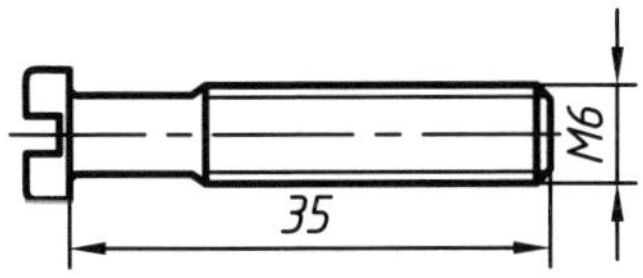 	螺钉 GB/T 65—2016 M6×35	平垫圈—A 级 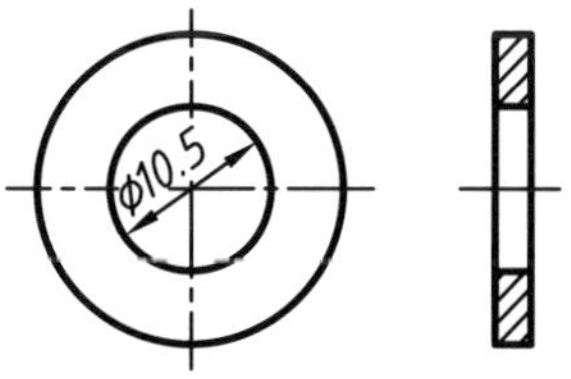 	垫圈 GB/T 97.1—2002 10
开槽沉头螺钉 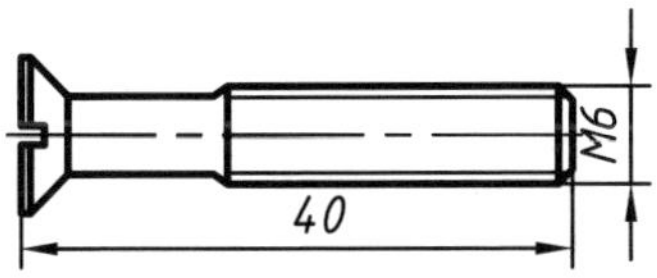 	螺钉 GB/T 68—2016 M6×40	标准型弹簧垫圈 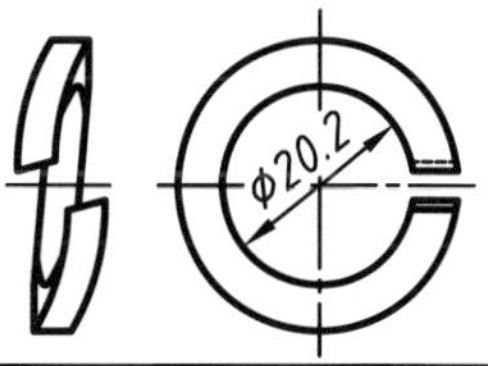 	垫圈 GB 93—1987 20

常用紧固件多为标准件，标准零部件都有其规定画法及标记，可根据标记在相关的标准中查出其结构形式、尺寸和技术要求。

二、螺纹紧固件画法

常用的螺纹紧固件为标准件，根据需要外购即可，因此在设计时不需要单独画出它们的零件图。在画装配图时，为了作图方便，对螺纹紧固件采用比例画法。所谓比例画法，即除了有效长度 l 需要计算、查询有关标准确定外，其他各部分尺寸都按照与公称直径成一定的比例画出。图 6-14 给出了常用螺纹紧固件的比例画法。

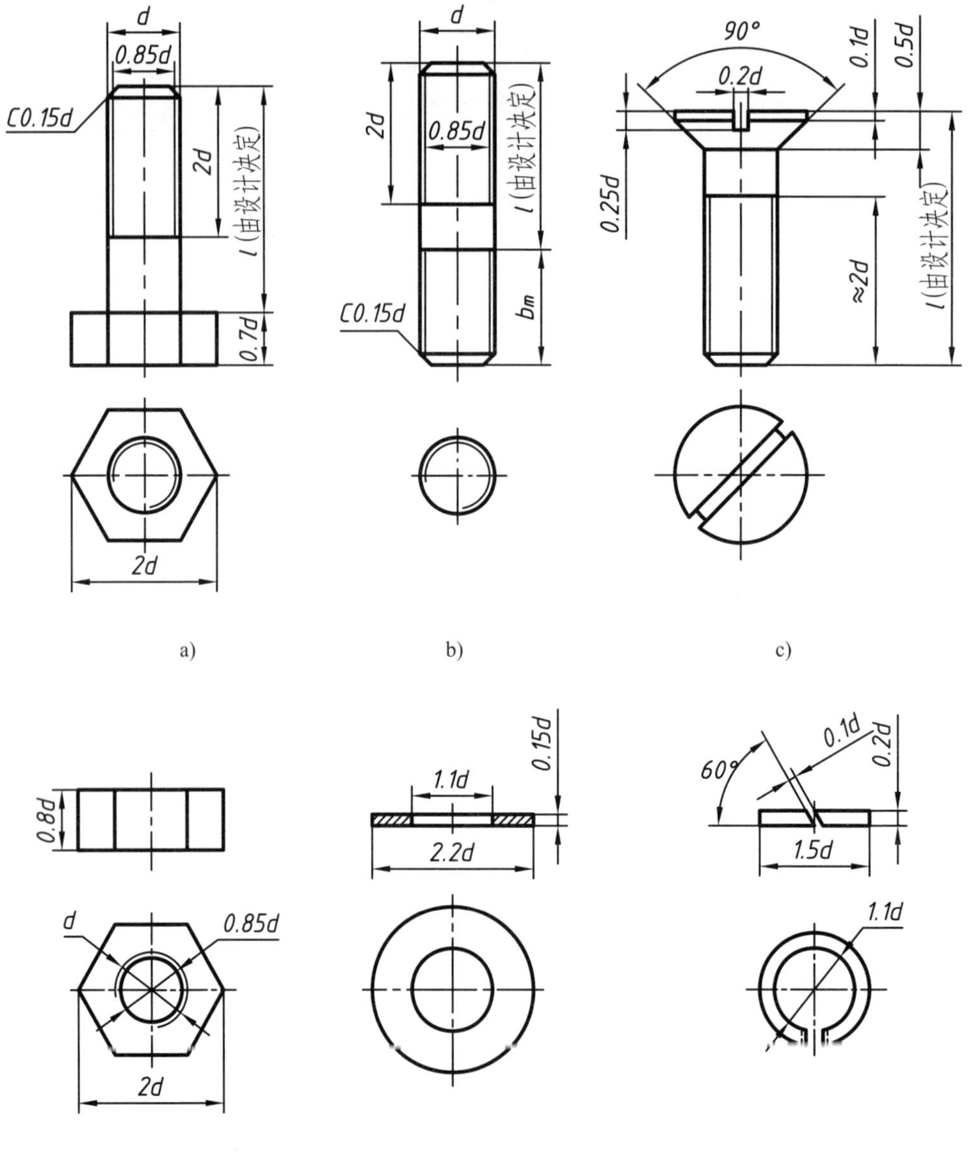

图 6-14　常用螺纹紧固件的比例画法

a）螺栓　b）双头螺柱　c）开槽沉头螺钉　d）螺母　e）垫圈　f）弹簧垫圈

三、螺纹紧固件连接的画法

螺纹紧固件的连接形式通常有螺栓连接、双头螺柱连接和螺钉连接三类。

1. 螺栓连接

螺栓连接常用于连接两个不太厚并允许钻成通孔的零件，如图 6-15 所示。在被连接的两个零件上，预先钻出通孔，通孔的直径 d_0 一般为螺栓公称直径的 1.1 倍，即 $d_0=1.1d$；将螺栓穿过通孔，套上垫圈，并拧紧螺母，即为螺栓连接。

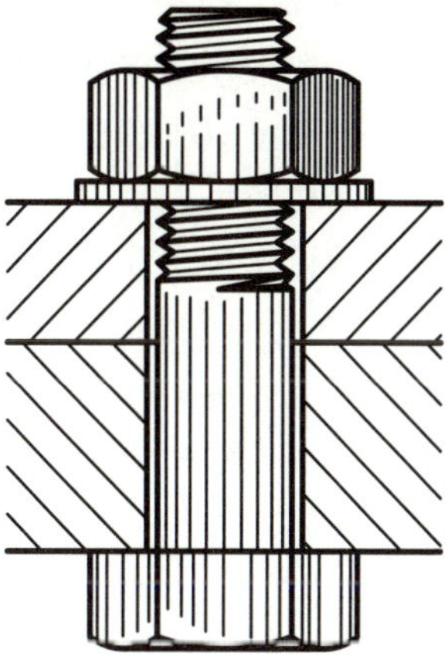

图 6-15 螺栓连接

在绘制螺栓连接图时，螺栓长度 l 应先按下式估算，然后查表来选定标准长度。

$$l=t_1+t_2+h+m+a$$

式中 t_1、t_2——被连接件的厚度（mm）；

h——垫圈的厚度（mm）；

m——螺母的厚度（mm）；

a——螺栓伸出螺母的长度（mm）。

h、m 均为螺栓公称直径 d 的参数，$a\approx(0.3\sim0.4)d$。

螺栓连接的画图步骤如图 6-16 所示。

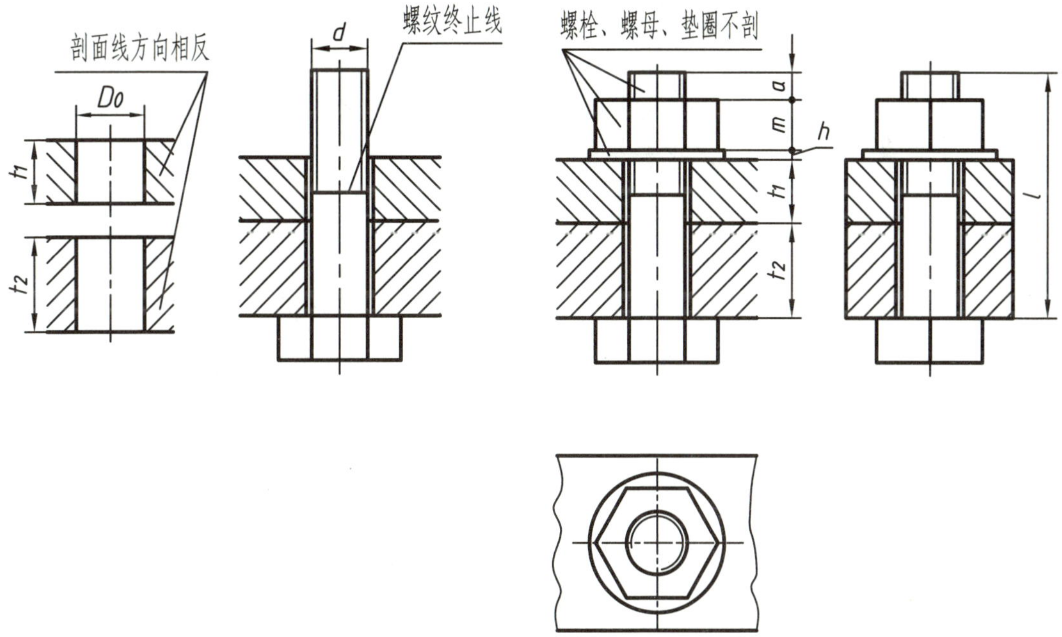

图 6-16 螺栓连接的画图步骤

从图 6-16 中可以看出，画螺栓连接图时，应遵守以下规定。

1）两零件的接触面只画一条轮廓线；螺栓杆与通孔之间留有间隙，需画两条轮廓线。

2）同一零件在各剖视图中，剖面线方向和间隔应相同；而相邻零件的剖面线方向应相反。

3）剖切平面通过螺栓、螺母和垫圈这些标准件轴线时，均按不剖处理，即仍画其外形。

2. 双头螺柱连接

当被连接两零件之一较厚，或者不允许钻成通孔，或者因拆装频繁，又不易采用螺钉连接时，可采用双头螺柱连接，如图 6-17所示。

通常在较厚的零件上预制有不通螺孔，较薄零件预制有通孔。装配时，先将双头螺柱的一端（旋入端）旋入螺孔，然后把通孔由双头螺柱的另一端（紧固端）套入，套上垫圈，旋紧螺母，即为双头螺柱连接。双头螺柱连接图通常采用比例画法，如图 6-18所示。

画双头螺柱装配图时，应注意以下几个问题。

1）双头螺柱的旋入端长度 b_m 取决于机体的材料，见表 6-2。双头螺柱的公称长度 l 是指去掉旋入端长度 b_m 后余下的长度。

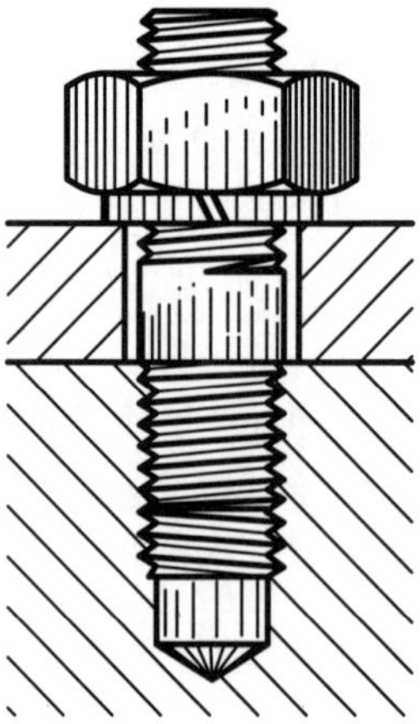

图 6-17 双头螺柱连接

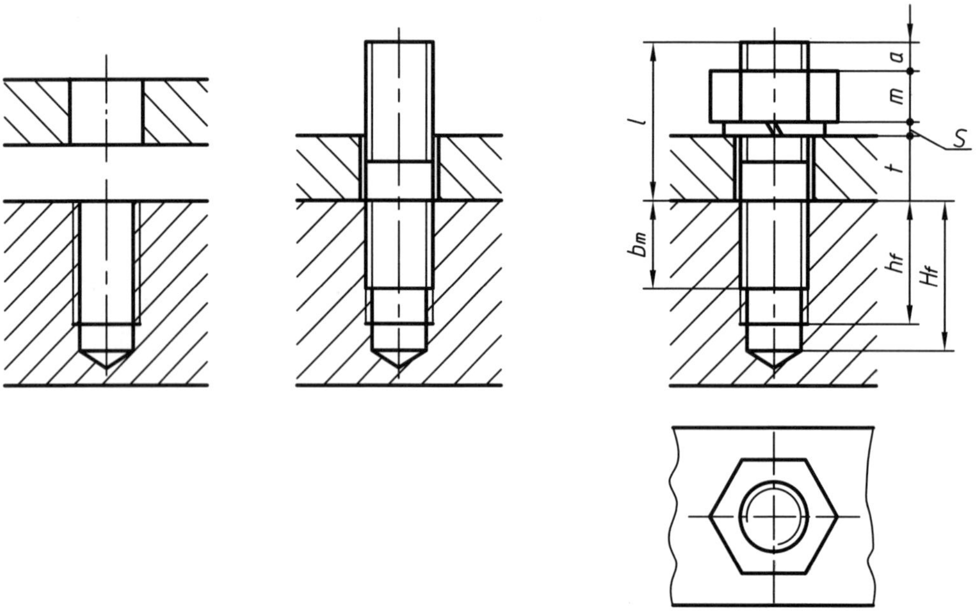

图 6-18 双头螺柱连接的画图步骤

表 6-2 旋入端长度

被旋入零件的材料	旋入端长度 b_m
钢、青铜	$b_m = d$
铸铁	$b_m = 1.25d$ 或 $1.5d$
铝	$b_m = 2d$

2）绘制双头螺柱连接图时，首先应确定公称长度 l 并按下式估算，然后查表选定标准长度值

$$l = t + S + m + a$$

式中 t——具有通孔零件的厚度（mm）；

S——弹簧垫圈厚度，$S=0.2d$（mm）；

m——螺母的厚度，$m=0.8d$（mm）；

a——螺栓伸出螺母的长度，$a\approx(0.3\sim0.4)d$（mm）。

3）机件的钻孔深度 H_f 应大于螺孔深度 h_f，螺孔深度 h_f 应大于旋入端长度 b_m，一般钻孔深度 H_f 按 $b_m+0.8d$ 绘制。

4）旋入端的螺纹终止线应与两被连接件的接触面平齐，表示旋入端已拧紧。

5）双头螺柱连接图中采用弹簧垫圈，应注意槽口方向（自左上至右下），并在主视图和左视图中均画出。

3. 螺钉连接

在较厚零件上加工出不通螺孔，而在另一个零件上加工出通孔，通孔的直径 d_0 一般为螺钉公称直径的 1.1 倍，将螺钉穿过通孔旋入螺孔来连接两个零件，形成螺钉连接，如图 6-19所示。螺钉连接应用很广泛，多用于受力不大又不经常拆装的场合。

螺钉连接与双头螺柱连接有相似之处。对螺钉头部的槽口，规定在与螺钉轴线平行的视图上槽口方向一律按与投影面垂直绘制，而在与螺钉轴线垂直的视图上按与水平线成 45°，并向右倾斜绘制。图 6-20 所示为开槽沉头螺钉连接的画法。

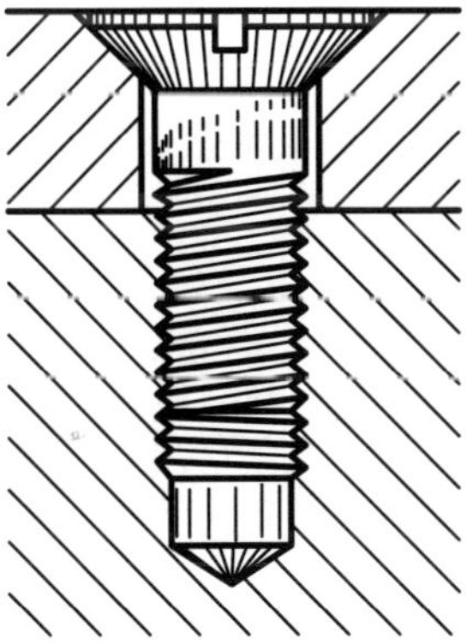

图 6-19　螺钉连接

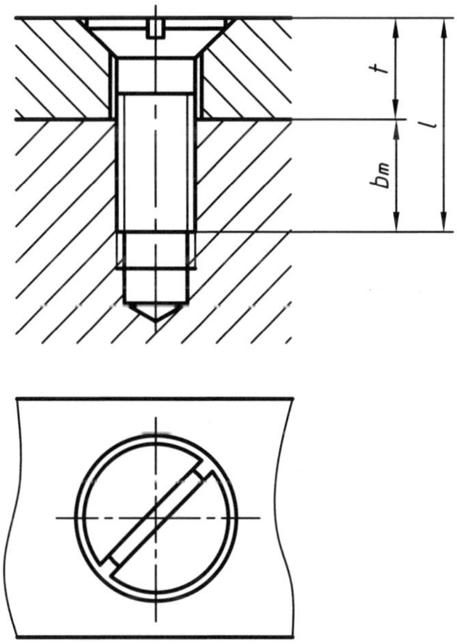

图 6-20　开槽沉头螺钉连接

画螺钉连接图应注意以下几个问题。

1）螺钉旋入端长度 b_m，应根据表 6-2 中被旋入零件的材料决定。螺钉长度 l 的计算如下

$$l=t+b_m$$

式中　t——具有通孔零件的厚度（mm）。

计算后还应在螺钉的长度系列中取标准长度。

2）螺纹终止线应高于两零件的结合面，以保证连接紧固。

3）螺钉杆与通孔间分别有间隙，应画两条轮廓线。

在装配图中，开槽沉头螺钉连接可按图 6-21 简化画出，开槽圆柱头螺钉连接按图 6-22 绘制，内六角沉头螺钉连接画法按图 6-23 绘制。

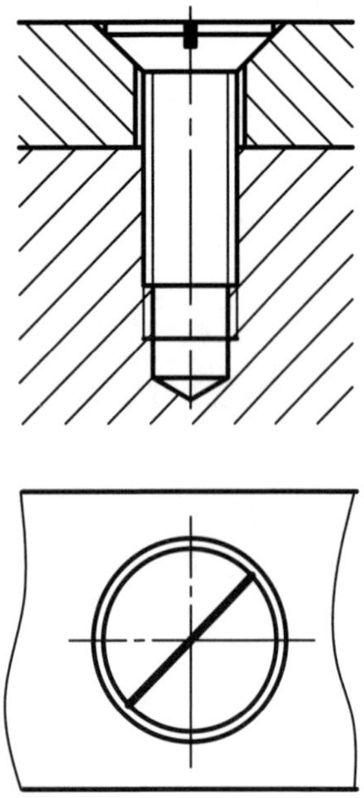

图 6-21　开槽沉头螺钉连接简化画法

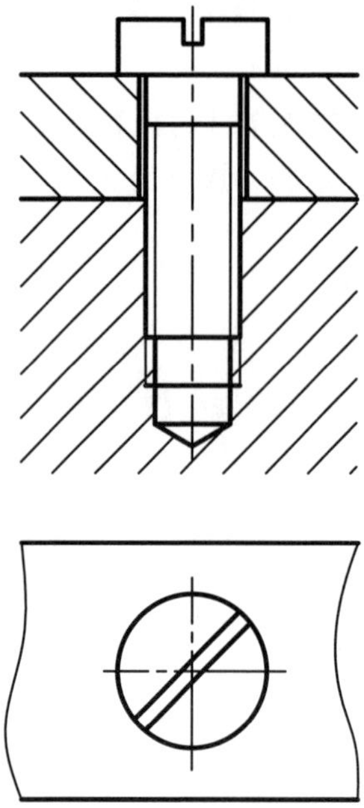

图 6-22　开槽圆柱头螺钉连接

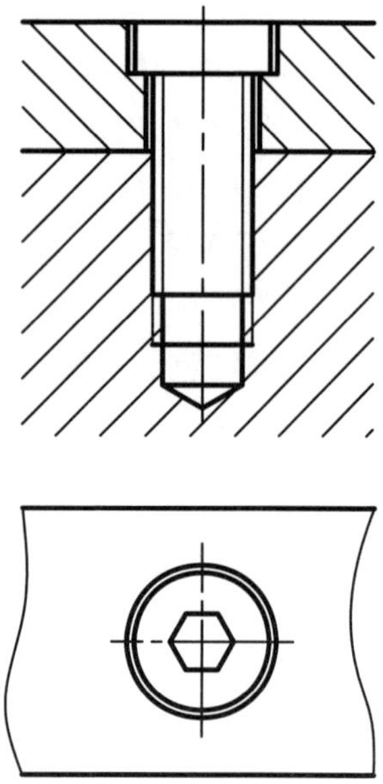

图 6-23　内六角沉头螺钉连接

第三节　齿　　轮

齿轮在机器中是传递动力和运动的常见零件，齿轮传动能够改变运动速度或旋转方向，根据它的用途和传动情况可分为如下三大类（图 6-24）。

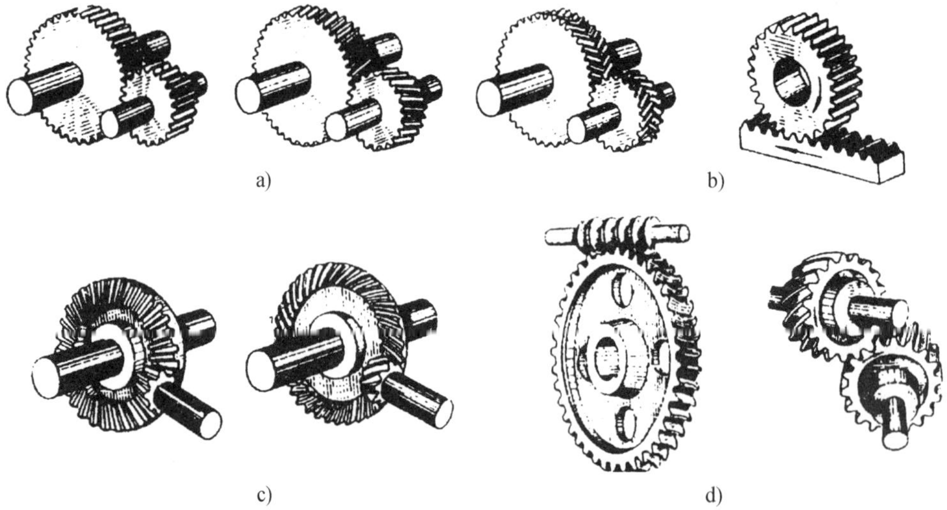

图 6-24　各种类型齿轮

a）平行轴之间的传动　b）变转动为直线运动　c）相交轴之间的传动　d）交错轴之间的传动

（1）圆柱齿轮　用于两平行轴之间的传动。
（2）锥齿轮　用于两相交轴之间的传动。
（3）蜗轮蜗杆　用于两交叉轴之间的传动。

齿轮有标准齿轮和非标准齿轮之分，其中标准齿轮指齿轮轮齿为渐开线齿形。标准齿轮在传动中运动平稳、啮合正确、易于制造和安装。下面介绍标准齿轮的基本知识和规定画法。

一、圆柱齿轮

圆柱齿轮的外形是圆柱，其结构一般由轮体（轮毂、轮辐、轮缘）和轮齿组成，按轮齿的形状分为直齿轮、斜齿轮和人字齿轮三种，如图6-25所示。

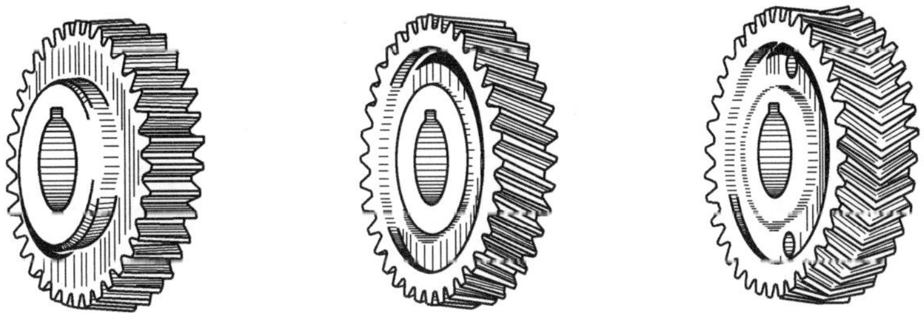

图6-25　三种常见圆柱齿轮
a）直齿轮　b）斜齿轮　c）人字齿轮

直齿圆柱齿轮轮齿是沿轮体外缘均匀地与齿轮轴线平行排列，其轮齿各部分名称和代号如图6-26所示。

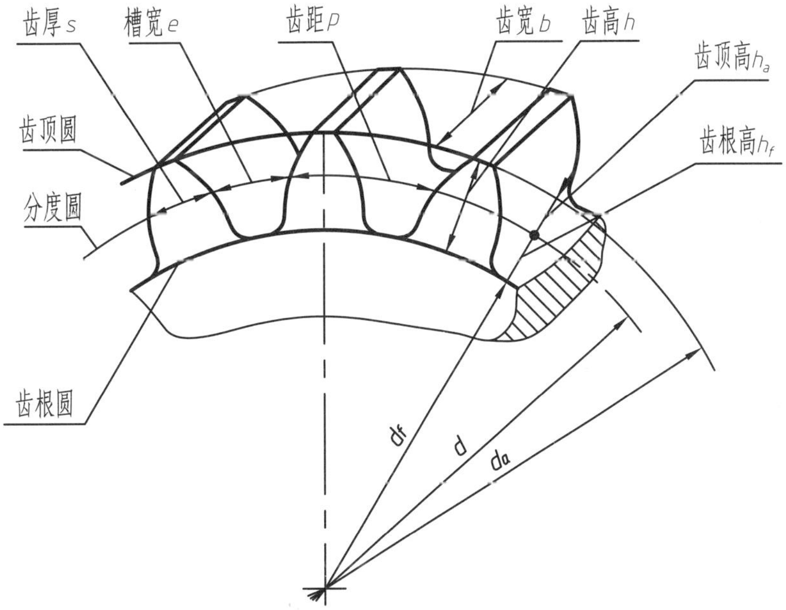

图6-26　直齿圆柱齿轮各部分名称和代号

1. 直齿圆柱齿轮轮齿各部分名称、代号及尺寸关系

（1）齿顶圆　通过轮齿顶部所在的圆称为齿顶圆，其直径称为齿顶圆直径，用d_a

表示。

（2）齿根圆　通过轮齿根部所在的圆称为齿根圆，其直径称为齿根圆直径，用 d_f表示。

（3）分度圆　当标准齿轮轮齿的齿厚与槽宽相等时所在位置的圆称为分度圆，其直径称为分度圆直径，用 d 表示。该分度圆是齿轮在计算和加工时进行计算的基准圆，是一个约定的假想圆。

（4）齿高、齿顶高和齿根高　齿根圆与齿顶圆的径向距离称为齿高，用 h 表示；齿顶圆与分度圆的径向距离称齿顶高，用 h_a 表示；分度圆与齿根圆的径向距离称齿根高，用 h_f 表示。表 6-3 中列出了标准齿轮的齿顶高、齿根高的计算公式。

表 6-3　标准齿轮各部分名称、代号及尺寸计算

基本参数:模数 m　齿数 z			
名称	代号	计算公式	备注
分度圆直径	d	$d=mz$	
齿顶高	h_a	$h_a=m$	
齿根高	h_f	$h_f=1.25m$	
齿高	h	$h=2.25m$	$h=h_a+h_f$
齿顶圆直径	d_a	$d_a=m(z+2)$	$d_a=d+2h_a$
齿根圆直径	d_f	$d_f=m(z-2.5)$	$d_f=d-2h_f$
齿距	p	$p=\pi m$	
中心距	a	$a=m(z_1+z_2)/2$	

（5）齿距、齿厚和槽宽　相邻两轮齿的同侧齿廓之间的分度圆弧长，称为齿距，用 p 表示；同一轮齿的两侧齿廓之间的分度圆弧长，称为齿厚，用 s 表示；相邻两轮齿的两邻侧齿廓之间的分度圆弧长，称为槽宽，用 e 表示。

（6）模数　齿距与圆周率 π 的比值，称为模数，用 m 表示。用 z 表示齿轮的齿数，则分度圆周长 $\pi d=zp$，所以 $d=zp/\pi$，令 $p/\pi=m$，则 $d=mz$。

模数 m 是计算轮齿各部分尺寸的重要参数，模数越大，轮齿越厚，轮齿所能承受的力也就越大。不同模数的齿轮要用不同模数的齿轮刀具加工，为了制造和设计方便，GB/T 1357—2008 规定了模数的标准数值，见表 6-4。

表 6-4　标准模数（GB/T 1357—2008）　　（单位：mm）

1	1.25	1.5	2	2.5	3
4	5	6	8	10	12
16	20	25	32	40	50

（7）啮合角　两个相啮合的齿轮在接触点的公法线与两分度圆的公切线所夹的锐角，称为齿轮的啮合角，用 α 表示，规定标准齿轮取 $\alpha=20°$。两个齿轮啮合需满足模数和压力角相等。

（8）中心距　两啮合圆柱齿轮轴线之间的最短距离称为中心距，用 a 表示。装配准确的标准齿轮，其中心距 $a=d_1/2+d_2/2=m\ (z_1+z_2)/2$。

2. 直齿轮的规定画法

齿轮的轮体部分应按其真实投影绘制，而轮齿部分若按真实投影来画，既麻烦又无必要。GB/T 4459.2—2003 规定了齿轮的画法（图 6-27）。

1）齿顶圆和齿顶线用粗实线绘制。

2）分度圆和分度线用细点画线绘制（分度线应超出轮齿两端面 2~3mm）。

3）在视图中齿根圆和齿根线用细实线绘制，也可省略不画；在剖视图中齿根线用粗实线绘制。

4）在剖视图中，当剖切平面通过齿轮轴线时，轮齿一律按不剖绘制。

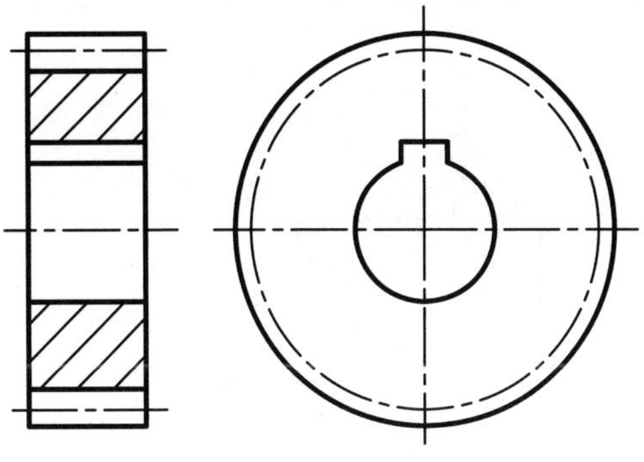

图 6-27 直齿轮的画法

3. 直齿轮的啮合画法

两标准齿轮啮合时，分度圆处于相切的位置。啮合的齿轮除啮合区外，其余部分均按单个齿轮绘制。啮合部分的画法规定如下。

1）在垂直于齿轮轴线的视图（反映为圆的视图）中，两分度圆应相切，齿顶圆均按粗实线绘制，如图 6-28b 中的左视图；在啮合区的齿顶圆也可省略不画，如图 6-28a 中的左视图。齿根圆省略不画。

2）在平行于齿轮轴线的视图（非圆视图）中，当采用剖视且剖切平面通过两齿轮的轴线时（图 6-28b 中的主视图），在啮合区中将一个齿轮的轮齿的齿顶线和齿根线用粗实线绘制，另一个齿轮的轮齿被遮挡的部分用细虚线绘制，细虚线也可省略。

3）当不采用剖视图而采用外形图表示时，如图 6-28a 中的主视图，啮合区的齿顶线不需要画出，分度线用粗实线绘出；非啮合区的分度线仍用细点画线绘制，齿根线均不画。

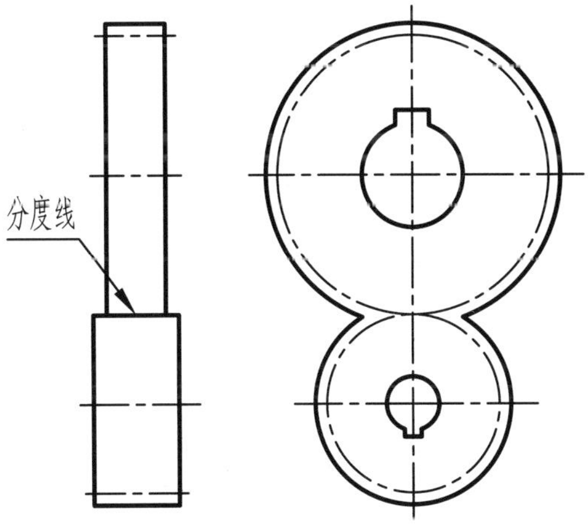

a)

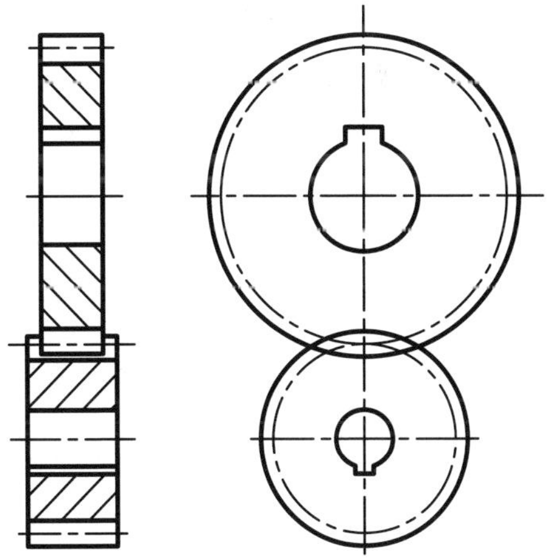

b)

图 6-28 直齿轮啮合画法

图 6-29 为齿轮零件图。对齿轮零件图进行表达时，不仅要表示出齿轮的形状、大小和技术要求，还要标出齿顶圆直径、分度圆直径，齿根圆直径规定不需要标注；并在图样右上角的参数栏中注写制造齿轮所需的基本参数，如模数、齿数、压力角等。

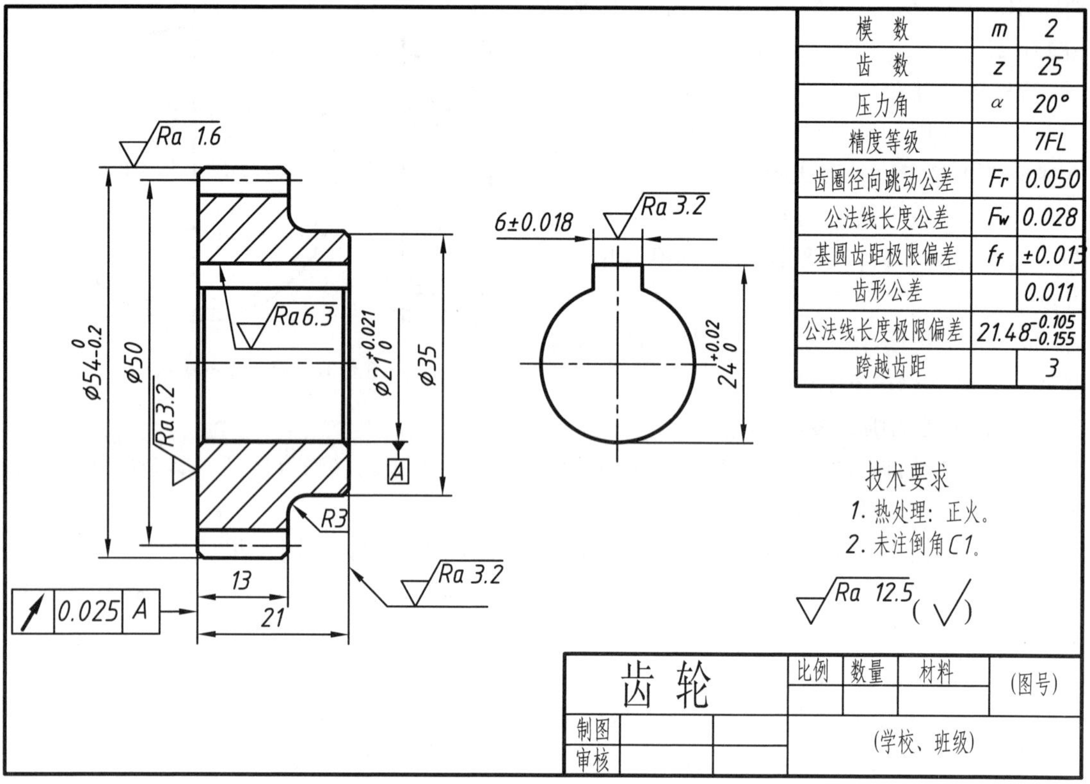

图 6-29　齿轮零件图

二、锥齿轮

分度曲面为圆锥面的齿轮称为锥齿轮，用于传递两相交轴（一般两轴相交成直角）间的回转运动和动力，如图 6-30 所示。锥齿轮分为直齿、斜齿、人字齿等。

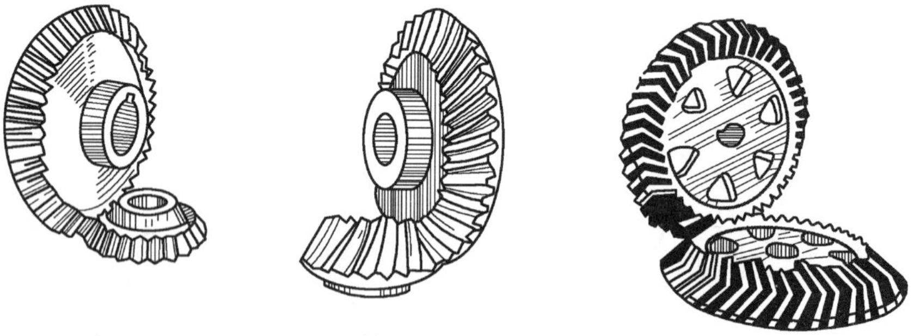

a)　　b)　　c)

图 6-30　锥齿轮

a）直齿　b）弧齿　c）人字齿

1. 直齿锥齿轮各部分名称、代号及尺寸关系

以直齿锥齿轮为例，由于其轮齿是以圆锥素线均匀分布的，越靠近锥顶处，轮齿就越小，因此锥齿轮在齿宽范围内有大端和小端之分。为了设计和制造方便，规定直齿锥齿轮以其大端

模数为标准模数。直齿锥齿轮各部分名称和代号如图 6-31 所示，尺寸计算列于表 6-5 中。

直齿锥齿轮的主体结构由顶锥、分锥、前锥和背锥等组成。直齿锥齿轮的大端齿廓和齿距均在背锥面上获得，背锥素线与分锥素线垂直相交，即交点在分度圆上，背锥面是一个包含分度圆的圆锥面，并被定为直齿锥齿轮的大端端面。

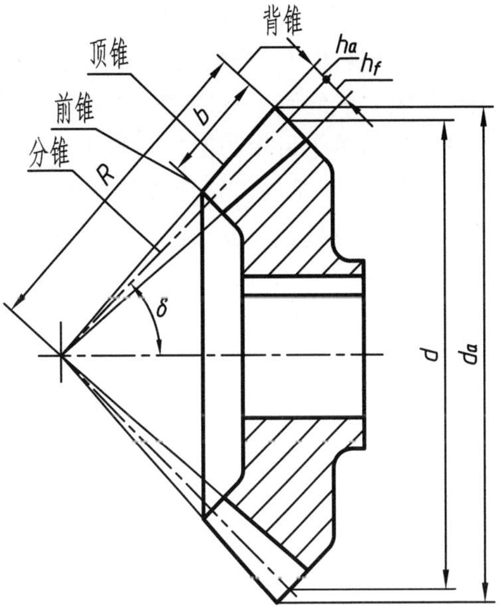

图 6-31 直齿锥齿轮各部分名称和代号

2. 直齿锥齿轮的规定画法

（1）单个直齿锥齿轮的画法

1）在平行于齿轮轴线的视图中，齿顶线用粗实线绘制，分度线用细点画线绘制，如图 6-32a 所示。

2）在剖视图中，当剖切平面通过齿轮轴线时，轮齿按不剖处理。齿顶线和齿根线用粗实线绘制，分度线用细点画线绘制，如图 6-32b所示。在垂直于齿轮轴线视图中，大端齿顶圆用粗实线绘制，分度圆用细点画线绘制，小端只画齿顶圆（粗实线），如图 6-32c 所示。

表 6-5 直齿锥齿轮各部分名称、代号及尺寸计算

基本参数：模数 m 齿数 z 分锥角 δ			
名称	代号	计算公式	备注
分度圆直径	d	$d=mz$	指分锥与背锥的交线圆（分度圆）直径
齿顶高	h_a	$h_a=m$	齿顶圆至分度圆沿背锥素线度量的距离
齿根高	h_f	$h_f=1.2m$	齿根圆至分度圆沿背锥素线度量的距离
齿高	h	$h=h_a+h_f=2.2m$	齿顶圆至齿根圆沿背锥素线度量的距离
齿顶圆直径	d_a	$d_a=m(z+2\cos\delta)$	指顶锥与背锥的交线圆（齿顶圆）直径
锥距	R	$R=d/2\sin\delta=mz/2\sin\delta$	分锥顶点到背锥（沿分锥素线）的距离
齿宽	b	$b\leqslant R/3$	轮齿沿分锥素线度量的宽度
齿距	p	$p=\pi m$	指大端齿距

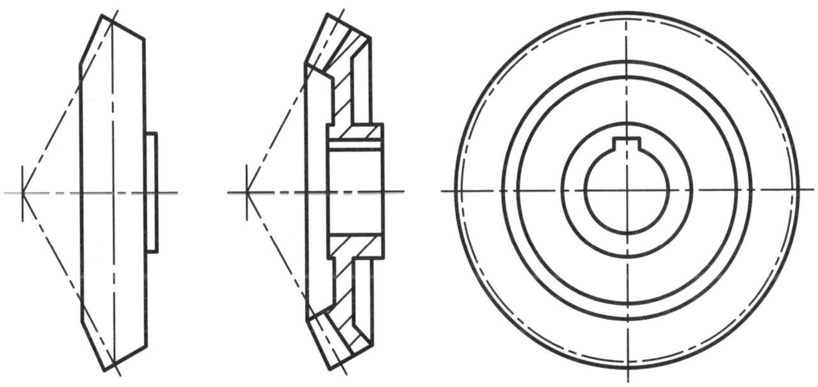
a) b) c)

图 6-32 直齿锥齿轮画法

（2）直齿锥齿轮的啮合画法 标准的直齿锥齿轮啮合画法与圆柱齿轮基本相同。

1）在剖视图中，当剖切平面通过两啮合齿轮的轴线时，啮合区内的两条齿根线和一条齿顶线用粗实线绘制，分度线用细点画线绘制，另一条齿顶线用虚线绘制或省略不画；非啮合区的画法与单个齿轮的剖视图画法相同，如图 6-33 中主视图。

2）在垂直于某一齿轮轴线的视图中，该齿轮的大端分度圆与另一齿轮的分度线相切，除了一个齿轮被另一个齿轮遮挡的部分省略不画外，其余部分均按单个齿轮的画法绘制，如图 6-33 中左视图。

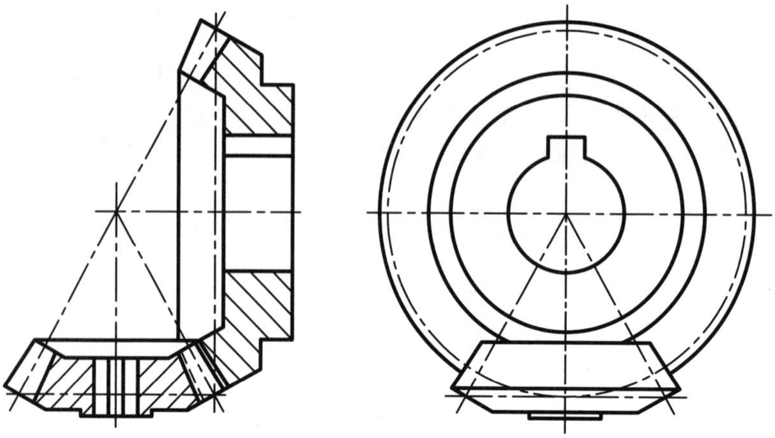

图 6-33 直齿锥齿轮啮合画法

第四节 键 和 销

常用标准件除螺纹紧固件外，还有键、销和滚动轴承等。

一、键及键连接

机器上常用键来连接轴和轴上的零件（如齿轮、带轮等），以传递运动和动力，如图 6-34所示，这种连接称为键连接。

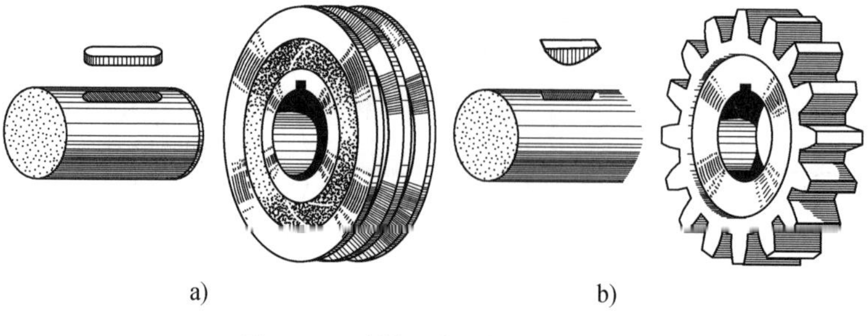

图 6-34 平键、半圆键连接形式

1. 常用键的画法及标记

常用键有普通平键、半圆键和钩头型楔键，它们的形式、标准和标记见表 6-6。

表 6-6 常用键的形式、标准和标注

名称	标准	图例	标记
普通平键	GB/T 1096—2003	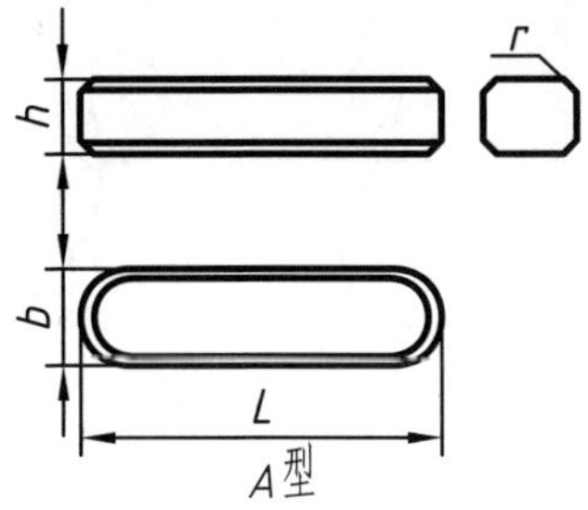	圆头普通平键(A 型) $b=16\text{mm}, h=10\text{mm}, L=100\text{mm}$ 标记:GB/T 1096 键 16×10×100
半圆键	GB/T 1099. 1—2003	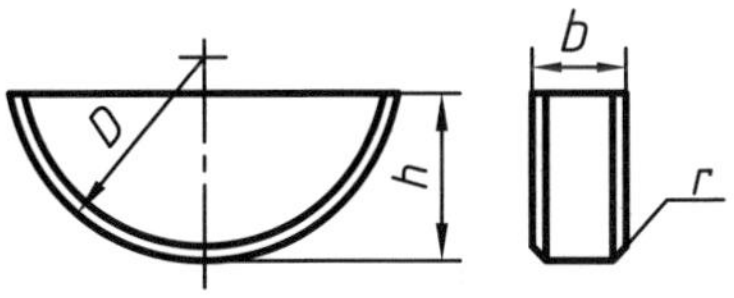	半圆键 $b=6\text{mm}, h=10\text{mm}, D=25\text{mm}$ 标记:GB/T 1099. 1 键 6×10×25
钩头型楔键	GB/T 1565—2003	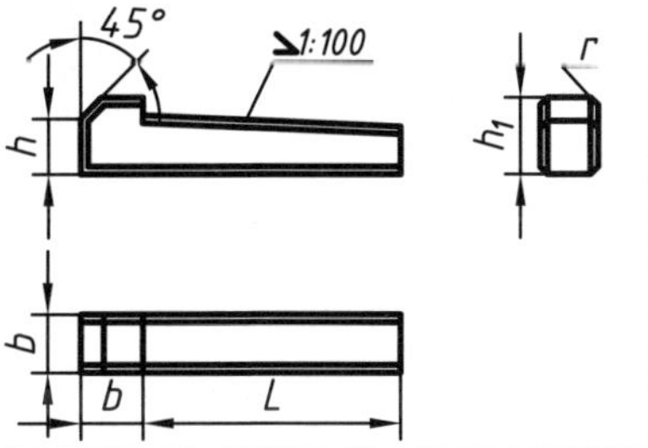	钩头型楔键 $b=16\text{mm}, h=10\text{mm}, L=100\text{mm}$ 标记:GB/T 1565 键 16×100

2. 常用键的连接画法

画键连接时，应已知轴的直径、键的形式和轮毂材料，然后根据轴的直径查阅有关标准，选取键的剖面尺寸 $b \times h$、键的长度和键槽的有关尺寸。

图 6-35 为普通平键连接画法，图 6-36 为半圆键连接画法，图 6-37 为钩头型楔键连接画法。

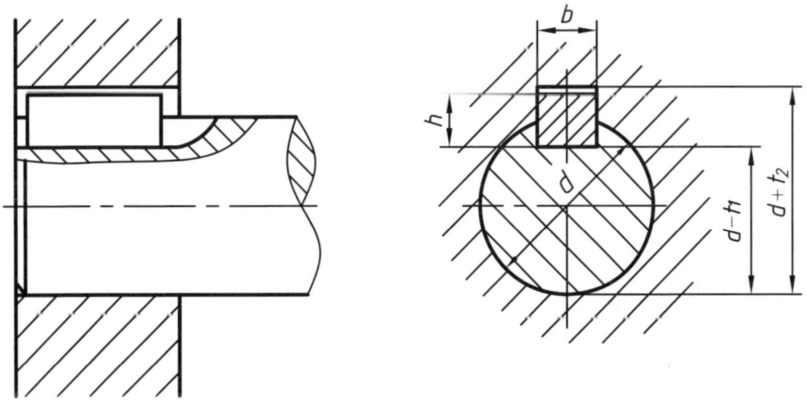

图 6-35 普通平键连接画法

普通平键与半圆键的两侧面是工作面，通过侧面与被连接件接触来传递转矩或定位，因此侧面画一条线。顶面是非工作面，有一定间隙，画两条线。钩头型楔键的顶面有 1∶100 的斜度，装配后楔锥与被连接零件键槽的顶面和底面接触，这与普通平键、半圆键连接是不同的。

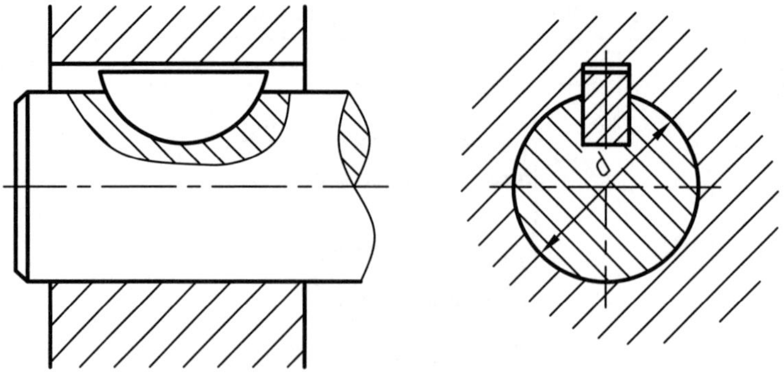

图 6-36　半圆键连接画法

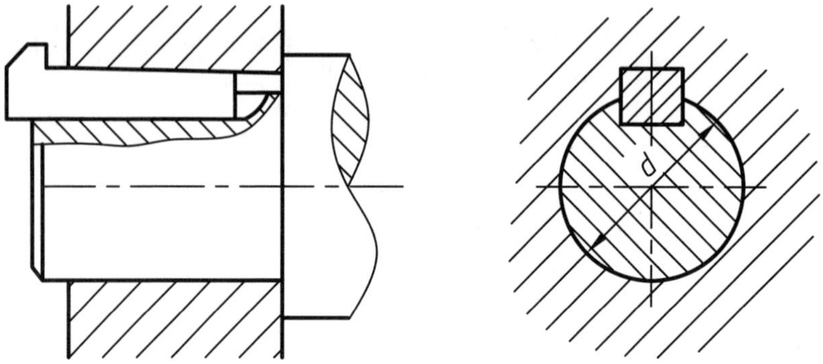

图 6-37　钩头型楔键连接画法

二、销及销连接

销在机器中可起定位和连接作用。常用的销有圆柱销、圆锥销和开口销等。开口销常要与六角开槽螺母配合使用。它穿过螺母上的槽和螺杆上的孔以防螺母松动，用销连接或定位零件上的销孔，为保证精度，一般需一起加工，因此在零件图上注写“ϕ×装配时作”或“与××件配作”。圆锥销公称尺寸是指小端直径。开口销的公称直径是指与其配合的销孔直径。

1. 销的画法及标注

销是标准件，使用时应按有关标准选用。表 6-7 为常用销的画法和标记。

表 6-7　常用销的画法和标记

名称	图　　例	标 记 示 例
圆柱销	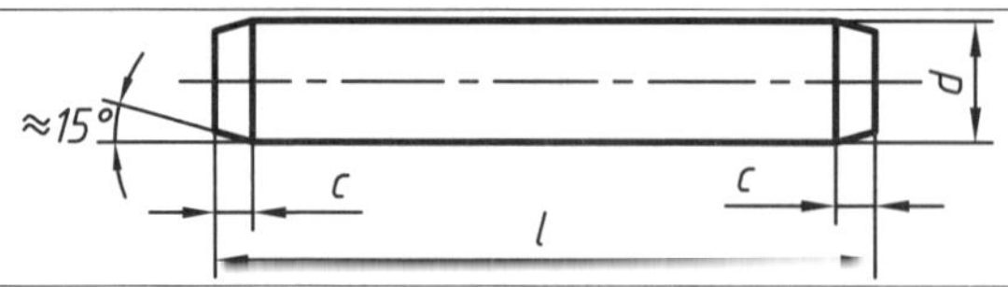	公称直径 d=5mm，长度 l=26mm，材料为 35 钢，热处理硬度 28~38HRC，表面氧化处理的 A 型圆柱销 标记示例：销 GB/T 119.1　5×26
圆锥销	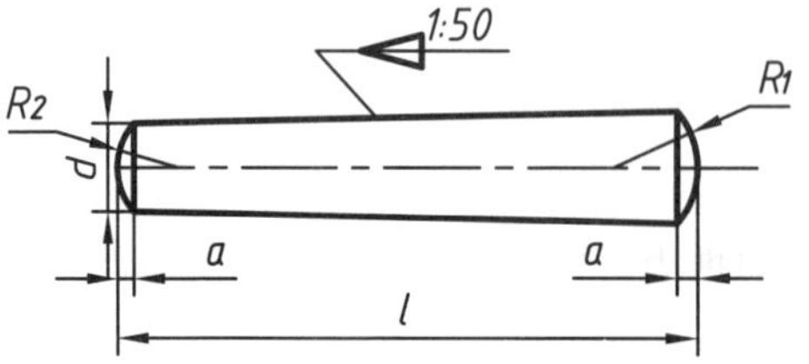	公称直径 d=6mm，长度 L=30mm，材料为 35 钢，热处理硬度 28~38HRC，表面氧化处理的 A 型圆锥销 标记示例：销 GB/T 117　6×30

（续）

名称	图 例	标 记 示 例
开口销	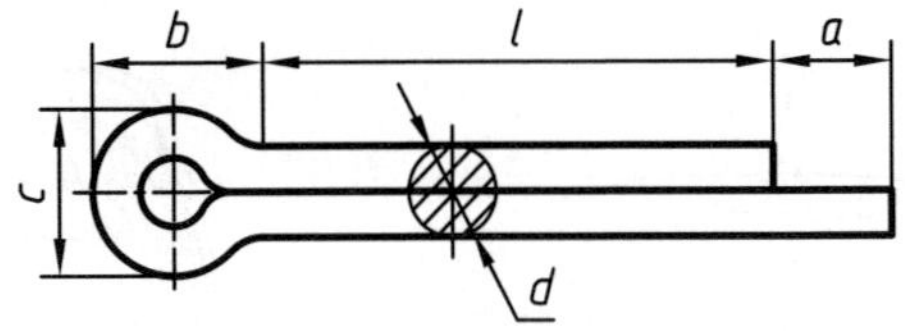	公称直径 $d=4\mathrm{mm}$，长度 $L=26\mathrm{mm}$，材料为低碳钢，不经表面处理的开口销 标记示例：销 GB/T 91 4×26

2. 销连接画法

图 6-38 和图 6-39 分别为圆柱销孔及圆锥销孔的加工方法及其连接画法。

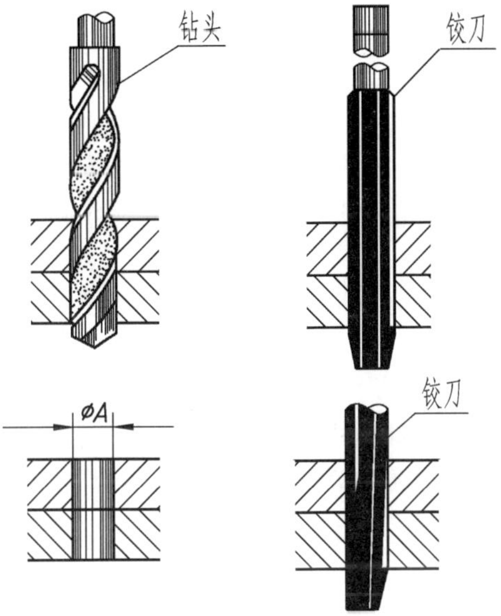

图 6-38 销孔的加工方法

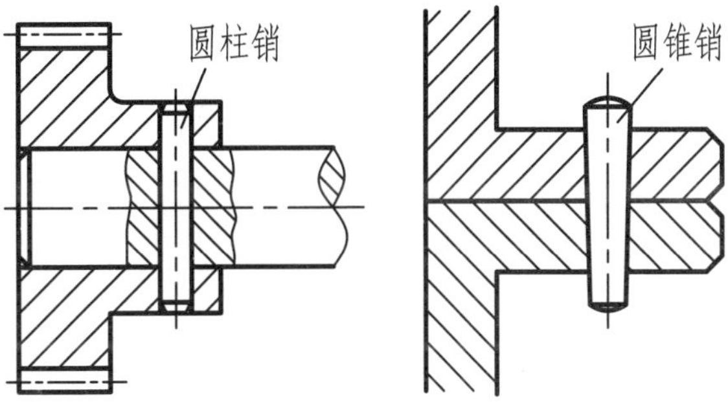

图 6-39 销连接画法

第五节 滚动轴承

滚动轴承是用来支承旋转轴的标准件，本身具有摩擦阻力小、机械损耗少和旋转精度高等优点。

一、滚动轴承的组成及分类

滚动轴承的种类很多，但结构大体相同，通常由内圈（或下圈）、外圈（或上圈）、滚动体和保持架（或称为隔离架）组成，如图 6-40 所示。内圈装在轴颈上，外圈安装于机座的轴承孔内，滚动体被保持架均匀地隔开，可以沿内、外圈的滚道滚动。工作时，通常外圈固定不动而内圈随轴转动。

滚动轴承按其受力方向的不同，分为向心轴承（主要用来承受径向载荷，如深沟球轴承）、推力轴承（只能承受轴向载荷，如推力球轴承）和向心推力轴承（能同时承受径向及轴向载荷，如角接触球轴承、圆锥滚子轴承）三类；按滚动体的形状，分为球轴承和滚子轴承，如图 6-40 所示。

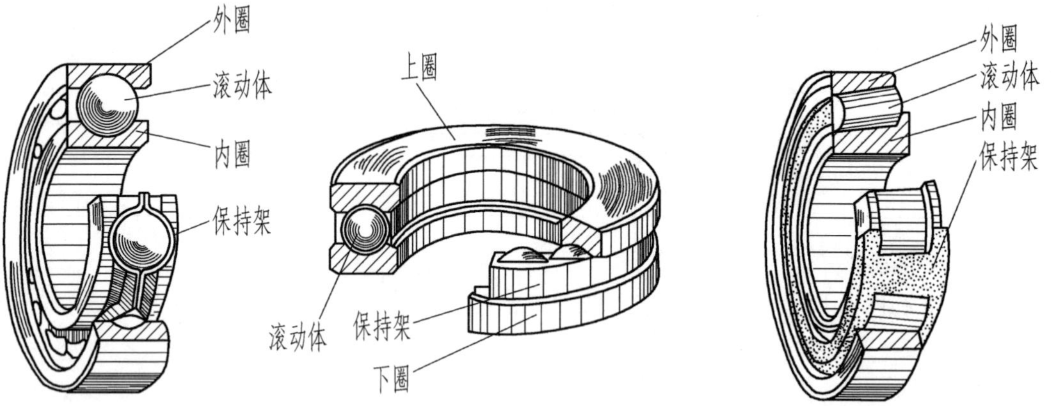

图 6-40　滚动轴承及组成

二、滚动轴承的代号

滚动轴承结构形式、特点、类型和内径尺寸等，均采用代号来表示。轴承的代号由基本代号、前置代号、后置代号三部分组成，其排列顺序如下。

前置代号　基本代号　后置代号

基本代号是轴承代号的基础，前置代号、后置代号是轴承在结构形状、尺寸、公差技术等有改变时所添加的补充代号，前置代号、后置代号的含义可查阅相关标准。下面介绍常用基本代号。

基本代号由轴承类型代号、尺寸系列代号和内径代号构成（尺寸系列代号由轴承的宽或高度系列代号和直径系列代号组合而成）。滚动轴承基本代号见表 6-8 。

表 6-8　滚动轴承基本代号

<table>
<tr><td colspan="2">位数自右至左</td><td>第五(或六)位</td><td>第四位</td><td>第三位</td><td>第一、二位</td></tr>
<tr><td colspan="2">数字或字母代表的意义</td><td>轴承类型</td><td>宽度系列代号</td><td>直径系列代号</td><td>轴承内径 d 的代号</td></tr>
<tr><td rowspan="13">代号</td><td>(0)</td><td>双列角接触球轴承</td><td rowspan="13">系指对同一轴承系列的宽度尺寸系列。分别有 8、0、1、2、3、4、5、6 等宽度尺寸依次递增的宽度系列
推力轴承以高度系列对应于向心轴承的宽度系列，有 7、9、1、2 等高度尺寸依次递增的四个高度系列</td><td rowspan="13">系指对应同一轴承内径的外径尺寸系列。分别有 7、8、9、0、1、2、3、4、5 等外径尺寸依次递增的直径系列</td><td rowspan="13">00 表示 d=10mm
01 表示 d=12mm
02 表示 d=15mm
03 表示 d=17mm
04 以上表示 d=数字×5(内径为 22mm、28mm、32mm 或 ≥500mm 时除外)</td></tr>
<tr><td>1</td><td>调心球轴承</td></tr>
<tr><td>2</td><td>调心滚子轴承</td></tr>
<tr><td>3</td><td>圆锥滚子轴承</td></tr>
<tr><td>4</td><td>双列深沟球轴承</td></tr>
<tr><td>5</td><td>推力球轴承</td></tr>
<tr><td>6</td><td>深沟球轴承</td></tr>
<tr><td>7</td><td>角接触球轴承</td></tr>
<tr><td>8</td><td>推力圆柱滚子轴承</td></tr>
<tr><td>N</td><td>圆柱滚子轴承</td></tr>
<tr><td>NA</td><td>滚针轴承</td></tr>
<tr><td>U</td><td>外球面轴承</td></tr>
<tr><td>QJ</td><td>四点接触球轴承</td></tr>
</table>

基本代号所代表的意义举例如下。

深沟球轴承 6 2 06

- 06——内径代号（d = 30mm）
- 2——尺寸系列代号（02）
- 6——类型代号

规定标记：轴承 6206 GB/T 276—2013

圆锥滚子轴承 3 02 07

- 07——内径代号（d = 35mm）
- 02——尺寸系列代号
- 3——类型代号

规定标记：轴承 30207 GB/T 297—2015

三、滚动轴承的画法

滚动轴承是标准件，不需画零件图。画装配图时，应先根据轴承代号由国家标准查出轴承的外径 D、内径 d、宽度 B 等几个主要尺寸，然后将其他部分的尺寸按主要尺寸的比例关系画出。

滚动轴承的画法见表 6-9。

表 6-9 滚动轴承的画法

名称	规定画法	简化画法	
		特征画法	通用画法
深沟球轴承	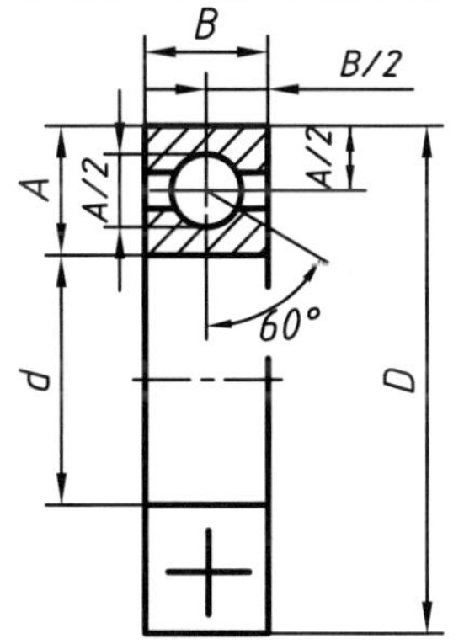	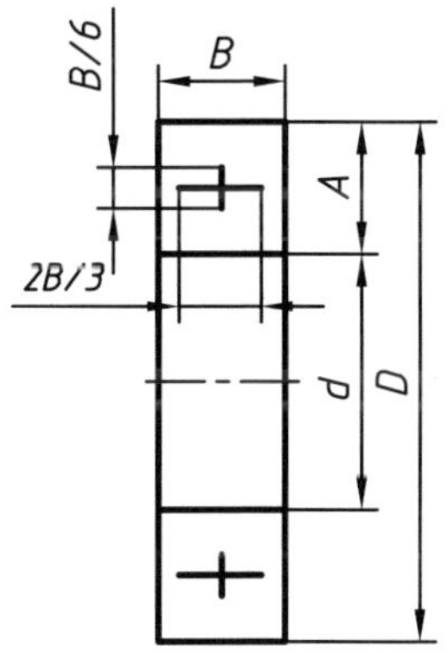	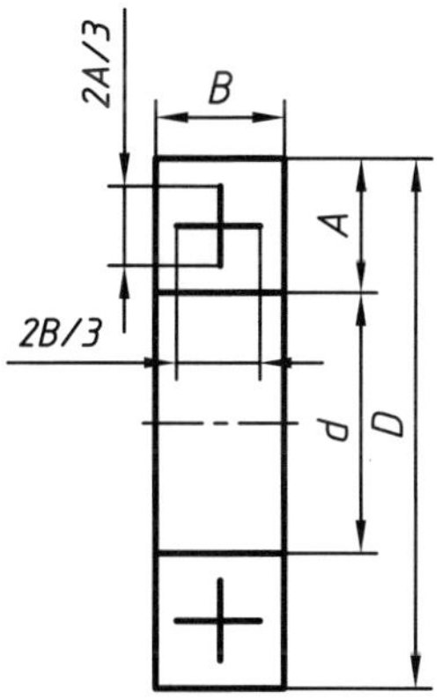 当不需要确切地表示外形轮廓、载荷特性、结构特征时
推力球轴承	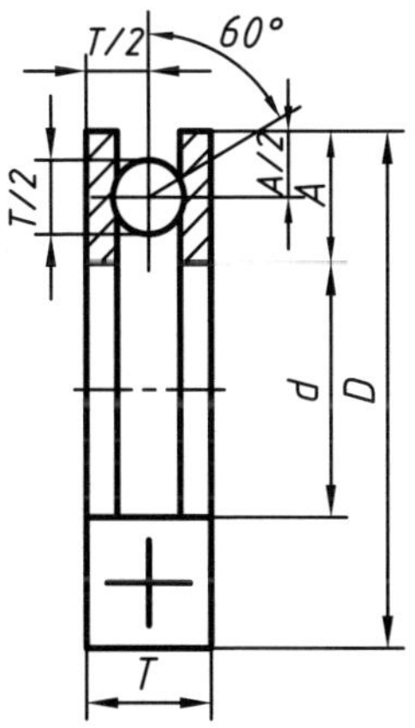	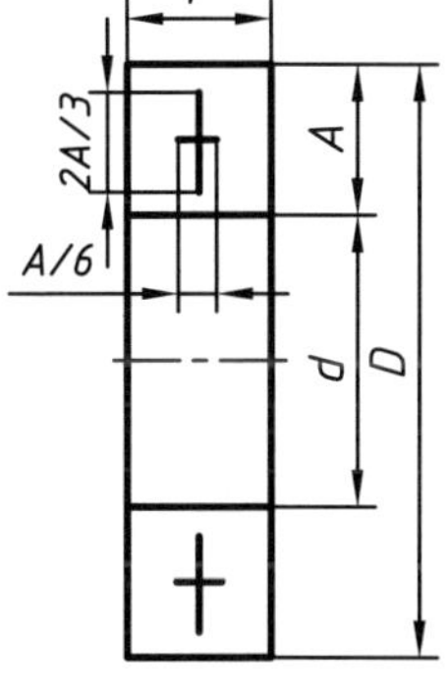	

（续）

名称	规定画法	简化画法	
		特征画法	通用画法
圆锥滚子轴承	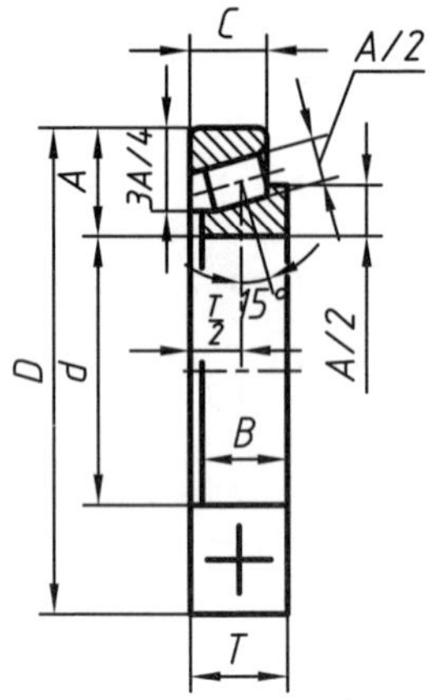	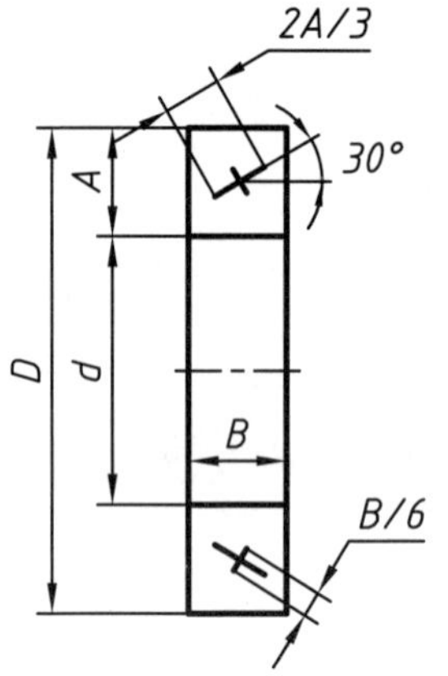	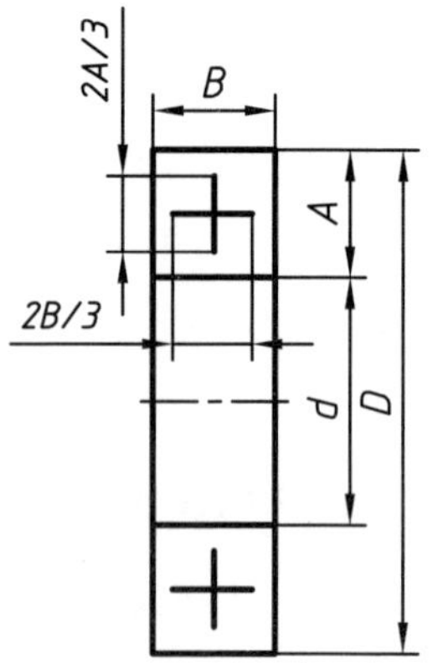 当不需要确切地表示外形轮廓、载荷特性、结构特征时

第六节　弹　　簧

弹簧是机器中常用的零件，具有测力、储能、减振、缓冲、限位及控制运动等作用。弹簧的种类很多，常见的有圆柱螺旋弹簧、片弹簧、板弹簧、涡卷弹簧等，如图 6-41 所示，其中圆柱螺旋弹簧应用最多。

根据国家标准，普通圆柱螺旋弹簧被分为三类：压缩弹簧、拉伸弹簧和扭转弹簧。本节主要介绍普通圆柱螺旋压缩弹簧各部分名称及尺寸计算以及弹簧的画图步骤，需用时可查阅 GB/T 2089—2009。

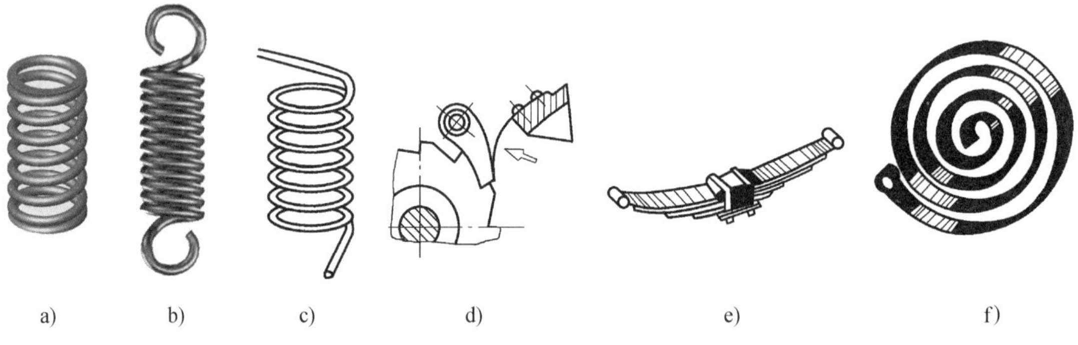

a)　b)　c)　d)　e)　f)

图 6-41　几种常见弹簧

a）圆柱螺旋压缩弹簧　b）圆柱螺旋拉伸弹簧　c）圆柱螺旋扭转弹簧　d）片弹簧　e）板弹簧　f）蜗卷弹簧

一、圆柱螺旋压缩弹簧的各部分名称及尺寸计算

GB/T 1805—2001 规定了弹簧的术语。圆柱螺旋压缩弹簧的各部分名称、代号如图6-42所示。

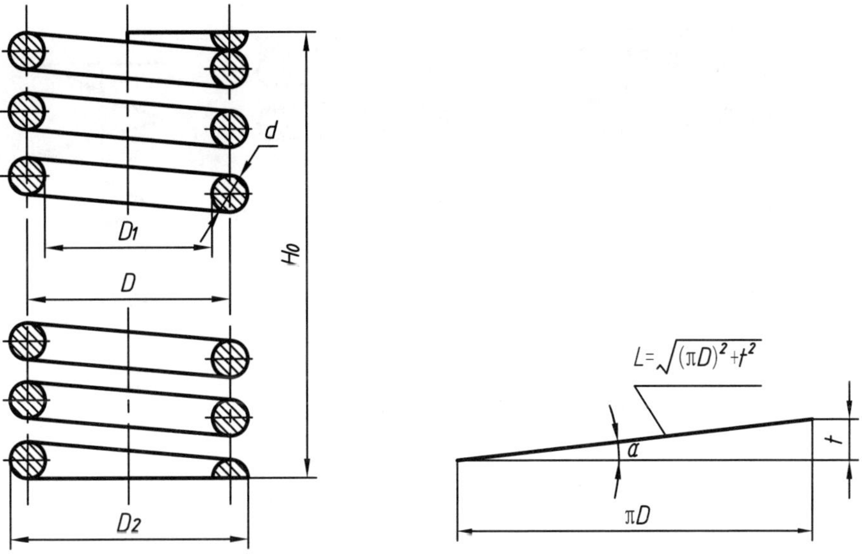

图 6-42　圆柱螺旋压缩弹簧的各部分名称、代号

（1）材料直径 d 或型材的截面尺寸。

（2）节距 t　除支承圈外，相邻两圈对应点沿轴向的距离。

（3）有效圈数 n　除支承圈外，能够保持相等节距的圈数。

（4）支承圈数 n_2　为保持弹簧轴线与支承端面垂直，使压缩弹簧在工作时受力均匀，弹簧两端应并紧、磨平。弹簧两端并紧、磨平的圈数，称为支承圈数。一般 n_2 取 1.5、2 或 2.5。其中以 $n_2=2.5$ 最为常用，此时两端各需并紧半圈，磨平 3/4 圈。

（5）总圈数 n_1　有效圈数与支承圈数之和，即 $n_1=n+n_2$。

（6）自由高度 H_0　弹簧不受外力时的高度

$$H_0=nt+(n_2-0.5)d\begin{cases} n_2=1.5 & H_0=nt-d \\ n_2=2 & H_0=nt+1.5d \\ n_2=2.5 & H_0=nt+2d \end{cases}$$

（7）弹簧中径 D

（8）弹簧内径 D_1　$D_1=D-d$。

（9）弹簧外径 D_2　$D_2=D+d$。

（10）展开长度 L　制造弹簧所需型材的长度 $L=n_1\sqrt{(\pi D)^2+t^2}$ 或 $L=n_1(\pi D/\cos\alpha)$。

（11）螺旋线升角 α　弹簧中径圆柱面上的螺旋线升角 $\alpha=\arctan(t/\pi D)$

二、弹簧的规定画法

1. 单个弹簧的画法

GB/T 4459.4—2003 规定了各种弹簧的视图、剖视图及示意图的画法。图 6-43 所示为圆柱螺旋压缩弹簧的画法。

1）在平行于螺旋弹簧轴线的视图中，各圈的轮廓线应画成直线。

2）有效圈数在 4 圈以上的螺旋弹簧，可在每一端只画 1~2 圈（支承弹簧除外），中间

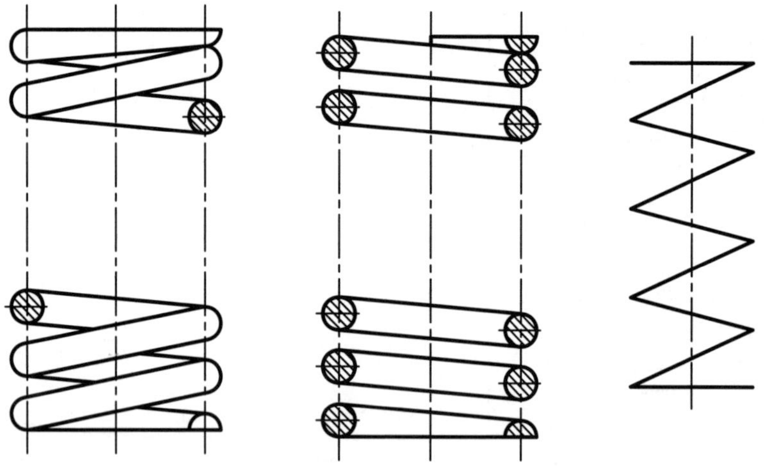

a)　　　b)　　　c)

图 6-43　圆柱螺旋压缩弹簧的画法

a）视图　b）剖视图　c）示意图

只需通过簧丝断面中心的细点画线连起来，且可适当缩短图形的长度。

3）螺旋弹簧均可画为右旋，对必须保证的旋向要求应在技术要求中注明。

4）若要求两端并紧、磨平时，不论支承圈数多少，均可按照图 6-43 绘制。

2. 弹簧在装配图中的表示法

1）在装配图中，弹簧被看作实心物体，因而被弹簧挡住的结构一般不画出，可见部分应从弹簧的外轮廓线或从簧丝剖面的中心线画起，如图 6-44a 所示。

2）在装配图中，材料直径等于或小于 2mm 时，可涂黑表示剖面，且各圈的轮廓线不画，如图 6-44b 所示；也允许用示意图表示，如图 6-44c 所示。

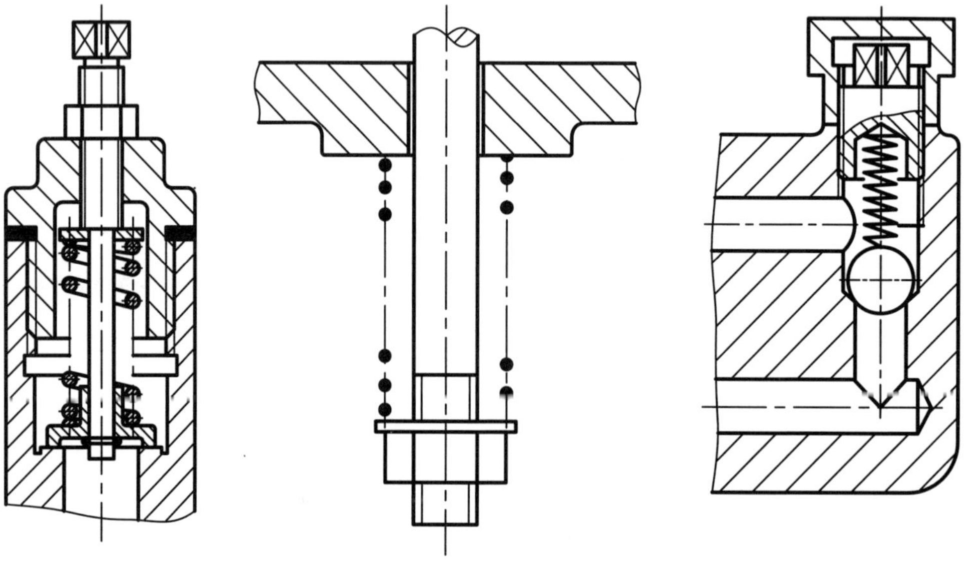

a)　　　b)　　　c)

图 6-44　装配图中的弹簧画法

三、圆柱螺旋压缩弹簧的作图步骤

例 6-5 圆柱螺旋压缩弹簧，$d=6\text{mm}$，$D_1=50\text{mm}$，$t=12.3\text{mm}$，$n=6$，$n_2=2.5$，右旋。首先计算有关尺寸：总圈数 $n_1=8.5$，自由高度 $H_0=85.8\text{mm}$，弹簧中径 $D=44\text{mm}$。作图步骤如图 6-45 所示。

1）根据自由高度 H_0 和弹簧中径 D，画出矩形。

2）根据材料直径 d 和支承圈数 n_2，画出支承圈部分。

3）根据节距 t，画出有效圈部分。

4）按旋向作相应圆的公切线，加粗、画剖面符号，完成全图。

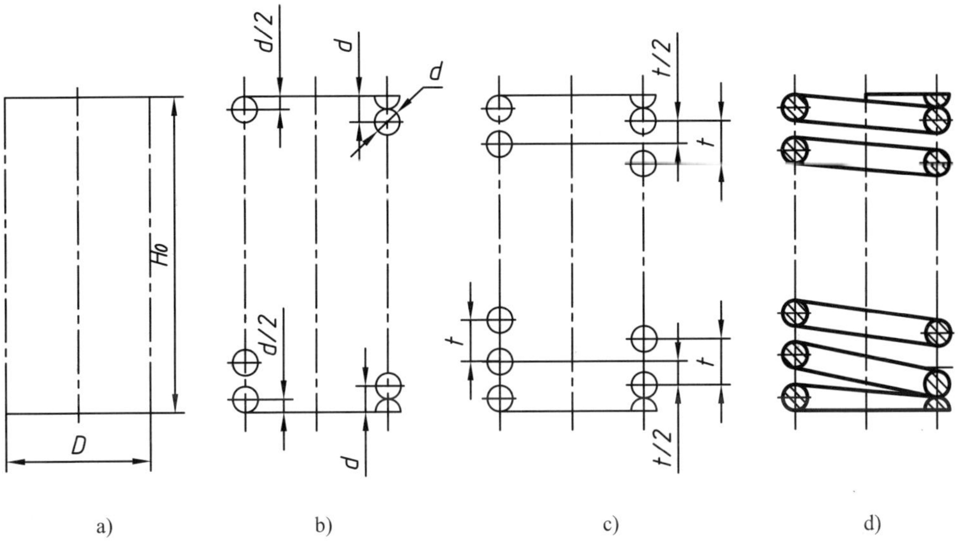

图 6-45 圆柱螺旋压缩弹簧的作图步骤

第七章

零件图

机器或部件都是由一定数量相互联系的零件装配而成的。生产和检验这些零件所依据的图样称为零件图。本章主要讨论零件图的作用和内容、零件图的视图选择、零件图的尺寸标注、零件图上的技术要求、零件的工艺结构、读零件图等内容。

第一节　零件图的作用和内容

一、零件图的作用

在生产过程中，必须根据零件图进行生产准备、加工制造及检验。因此，它是设计和生产部门的重要技术文件之一。从零件的毛坯制造、机械加工工艺路线的制订、毛坯图和工序图的绘制、工夹具和量具的设计到加工检验和技术革新等，都是根据零件图来进行的。零件图在生产过程中的重要性是显而易见的，因此，在绘制零件图时必须认真对待，力求图样正确无误、清晰易懂。

二、零件图的内容

如图 7-1 所示，一张完整的零件图一般应包括以下几项内容。

1. 一组视图

一组正确、完整、清晰的视图，用来表达零件结构形状。

2. 全部尺寸

正确、完整、清晰、合理地标出零件在制造和检验时所需的全部尺寸。

3. 技术要求

注明零件在制造、检验、装配时应达到的技术指标，如表面结构要求、尺寸公差、几何公差、材料的热处理、表面处理要求等。

4. 标题栏

注明零件的名称、材料、数量、比例、图号、设计、制图及审核人的签字、日期等。

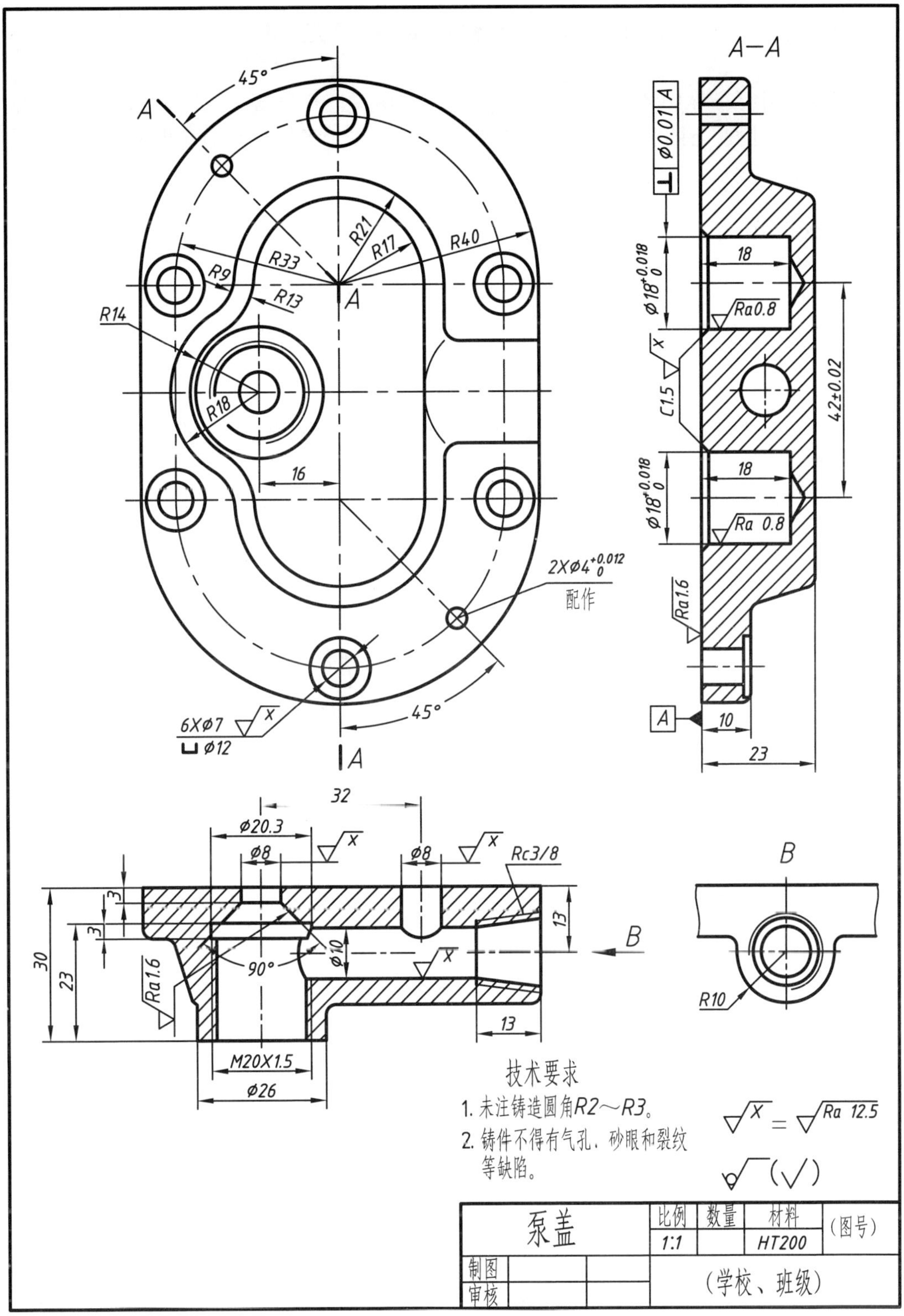

A—A
45°
A
R21
R17
R40
R33
R9
R13
R14
R18
16
2×Φ4$^{+0.012}_{0}$
配作
6×Φ7
⊔ Φ12
Φ0.01 A
Φ18$^{+0.018}_{0}$
18
Ra0.8
Ra 0.8
C1.5
42±0.02
Ra1.6
10
23
32
Φ20.3
Φ8
Rc3/8
3
30
13
90°
Φ10
M20×1.5
Φ26
B
R10
技术要求
1. 未注铸造圆角R2～R3。
2. 铸件不得有气孔、砂眼和裂纹等缺陷。
X = Ra 12.5
(√)
泵盖
比例
数量
材料
(图号)
1:1
HT200
制图
审核
(学校、班级)

图 7-1　泵盖零件图

第二节　零件图的视图选择

绘制零件图应遵循 GB/T 17451—1998《技术制图　图样画法　视图》的规定。根据零件的结构特点选用适当的表达方法，在完整、清晰地表达零件形状的前提下，力求制图简便、看图方便。

一、视图选择

既要把零件的内外结构形状正确、完整、清晰地表达出来，又要做到绘图简便、读图容易，关键是合理地确定零件的表达方案，也就是认真选好主视图和其他必要的视图，并对各视图选用恰当的表达方法。

1. 主视图的选择

主视图是零件图的核心视图，确定主视图需要解决两个问题，即零件的安放位置和主视图的投射方向。

（1）零件的安放位置　零件的安放位置应符合工作位置原则和加工位置原则。

1）工作位置原则。工作位置是指零件在机器或部件中工作时的位置。按工作位置确定主视图，容易想象零件在机器中的工作情况及作用。

2）加工位置原则。按零件加工时主要工序的位置来确定主视图，便于对照图样进行生产。例如轴、套筒等零件，大部分工序在车床或磨床上加工，因此，其主视图应将轴线水平放置，便于加工看图。

（2）主视图的投射方向　主视图的安放位置确定以后，应以反映零件的“形状特征原则”为依据，选择主视图的投射方向，使得主视图能够明显反映出零件的主要结构形状以及各部分结构之间的相对位置。

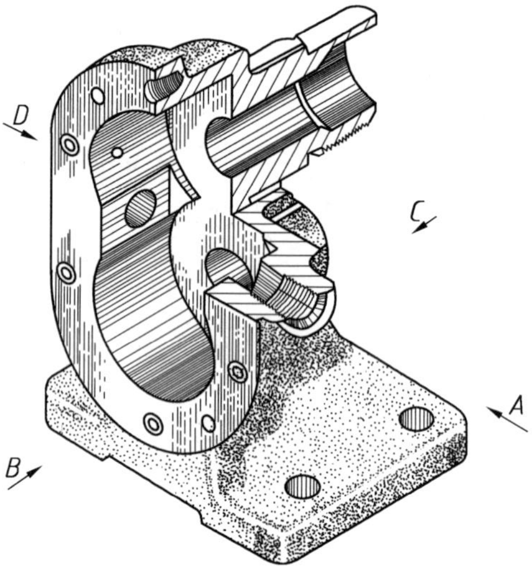

图 7-2　泵体立体图

图 7-2 所示为泵体立体图，该零件按工作位置放置，主视图的投射方向有 *A*、*B*、*C*、*D* 四种方案，每种方案表达的主要内容如图 7-3 所示。

比较四种方案，为使所绘制主视图能较多地反映泵体的形状、主要结构特征以及各部分结构之间的相对位置，同时兼顾其他视图的配置、图纸幅面的合理使用等，以图 7-3a 为优先方案（图 7-3a 优于图 7-3b～d）。

2. 其他视图的选择

（1）关于视图数量　确定视图数量的原则：在零件内、外结构形状表达清楚的前提下，选用的视图数量越少越好，且每个视图都应有明确的表达重点。

（2）关于表达方法　通常用基本视图或在基本视图上采用剖视来表达零件的主要结构形状，用局部视图、斜视图、断面图或局部放大图等方法表达零件的局部形状和次要结构。

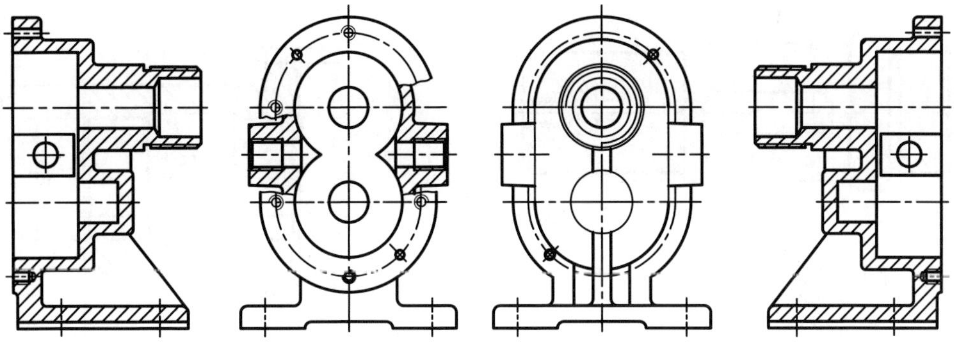

a)　　b)　　c)　　d)

图 7-3　泵体投射方向选择

a) *A* 向　b) *B* 向　c) *C* 向　d) *D* 向

选择表达方法时应注意以下几点。

1）在表达内容相同的情况下，优先选用左视图、俯视图等基本视图。

2）各视图间最好按投影关系配置，以便于看图。

3）为了便于看图和尺寸标注，不宜过多采用虚线表示零件结构，但必要时，可以画出少量虚线。

二、典型零件的视图表达

每个零件在机器或部件中所起的作用各不相同，其结构形状也就多种多样，为了合理地确定零件的表达方案，常用零件根据其结构特点和作用的不同，可分为轴套类、轮盘类、叉架类和壳体类四类典型零件

1. 轴套类零件

轴套类零件多数由同轴线的数段不同直径的同轴回转体组成，如旋转轴、套筒、衬套等零件，如图 7-4 所示。通常它们的轴向尺寸比径向尺寸大，为满足设计、加工和装配等要求，这类零件上常有倒角、圆角、退刀槽、键槽及螺纹等结构。

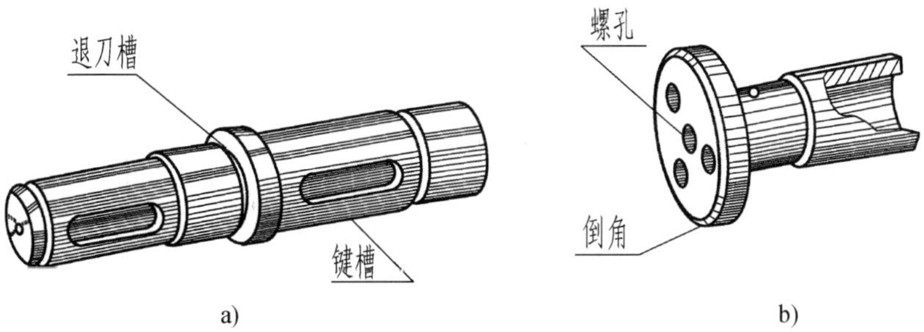

a)　　b)

图 7-4　轴套类零件

a）轴　b）套

轴套类零件在视图表达时，一般按加工位置放置，只需画出一个基本视图即主视图，即可表达零件的主要形状特征，为了便于加工时看图，选择其轴线为侧垂线的位置。采用断面图、局部放大图、局部剖视图等表达轴套零件的局部结构，如图 7-5 所示。

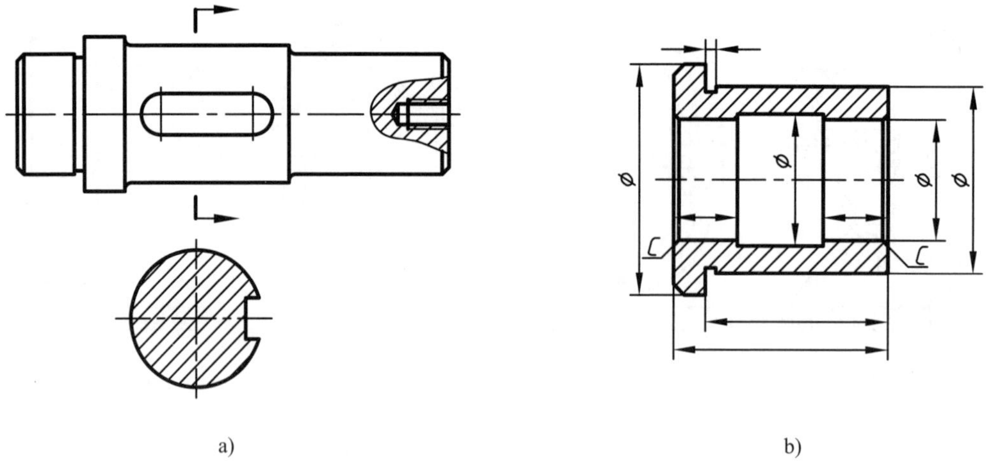

图 7-5　轴套类零件的视图表达

a）轴　b）轴承套

2. 轮盘类零件

轮盘类零件一般包括齿轮、带轮、手轮和各种端盖等，如图 7-6 所示。它们的主体部分多数是同轴线的回转体，与轴套类零件相反，其轴向尺寸小于径向尺寸。轮盘类零件上常具有键槽、轮辐、肋板、凸台、凹坑、沉孔、螺孔等结构。该类零件常有一端面与其他零件接触。

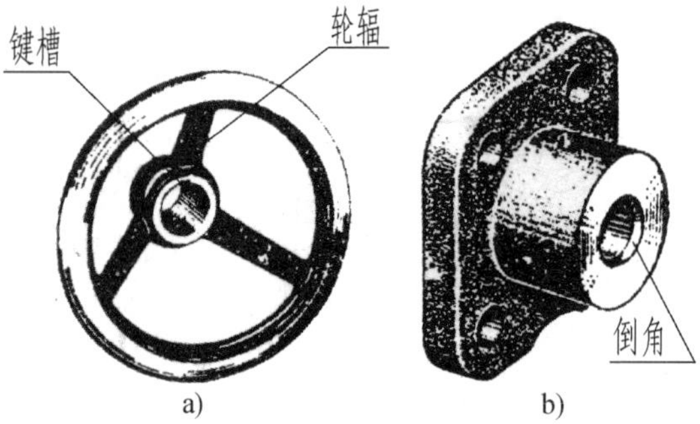

图 7-6　轮盘类零件

a）手轮　b）端盖

轮盘类零件在视图表达时，一般采用两个基本视图，主视图按加工位置原则放置，轴线水平放置，通常采用全剖视图或半剖视图表达内部结构，另一个视图表达外形和其他结构，如孔、肋板、轮辐的相对位置等，如图 7-7 所示。

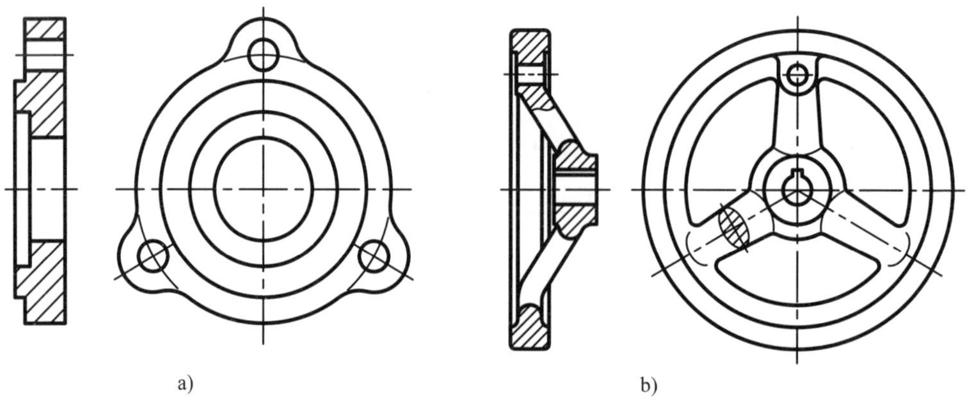

图 7-7　轮盘类零件的视图表达

a）端盖　b）手轮

3. 叉架类零件

机器上的支架、拨叉、摇臂、连杆等都属于叉架类零件，这类零件结构较复杂，一般具有肋、板、杆、筒、座以及铸造圆角、起模斜度、凸台和凹坑等结构，如图 7-8 所示。

叉架类零件在视图表达时，一般需要两个以上的基本视图，常以工作位置确定主视图，表达其主要形状结构。多采用局部视图、斜视图、剖视图、断面图、局部放大图等方法表达局部形状结构，如图 7-9 所示。

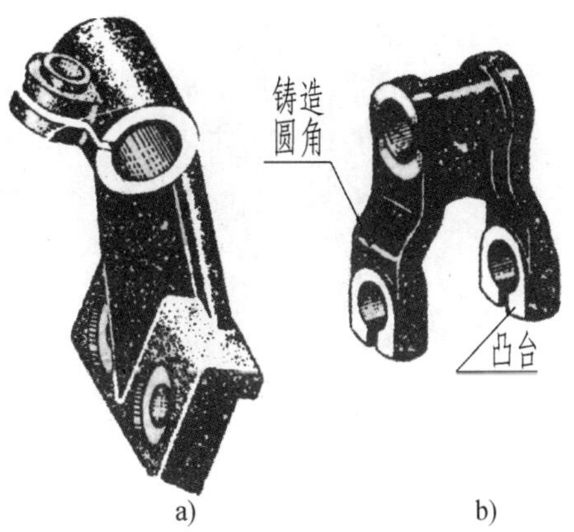

图 7-8　叉架类零件

a）支架　b）弹簧吊架

4. 壳体类零件

壳体类零件包括泵体、阀体以及其他各种用途的箱体、机壳等。它们一般是机器的主体零件，许多其他零件都要装在它的内部或外部，壳体类零件一般起支承、容纳、定位和密封等作用。此类零件结构比较复杂，常有轴承孔、凸台、肋板、安装板、螺孔、安装孔等结构，如图 7-10 所示。

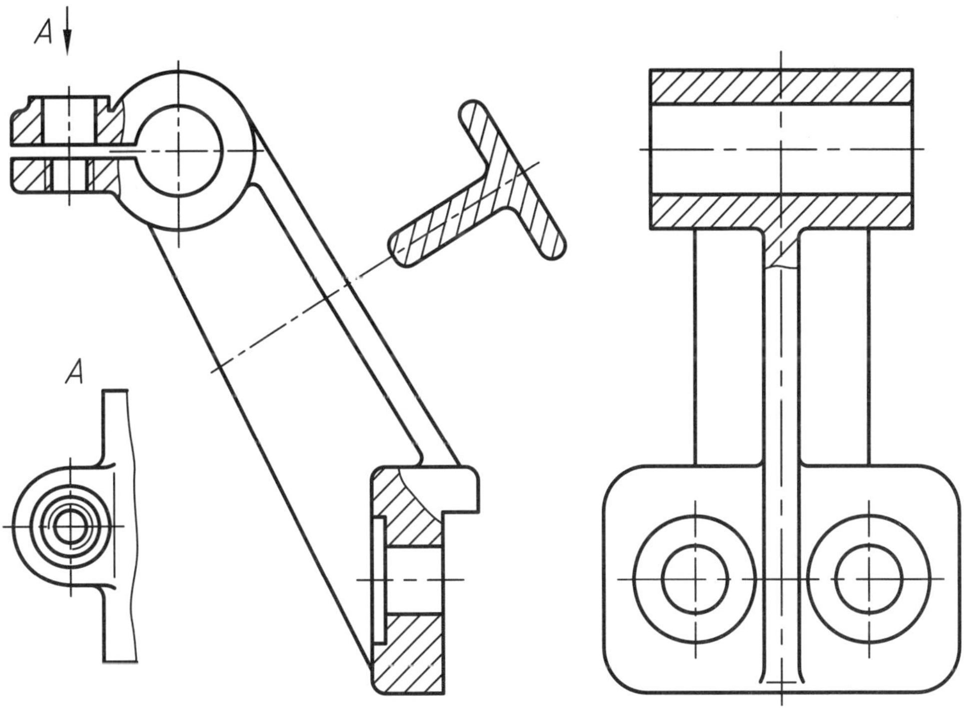

图 7-9　叉架类零件的视图表达

壳体类零件在视图表达时，一般需要三个以上的基本视图，常以工作位置放置，选择形状特征明显的方向作为主视图的投射方向。采用通过主要支承孔轴线的剖视图表达其内部形状结构，局部结构常用局部视图、局部剖视图、断面图等表达。如表达图 7-2 所示泵体时，选用图 7-3a 所示的视图作为主视图，用左视图表达与泵盖连接的螺孔和定位销孔的分布，

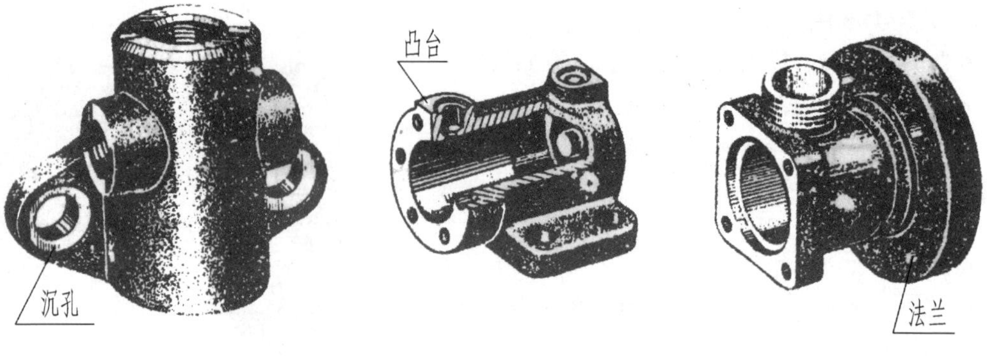

a)　　b)　　c)

图 7-10　壳体类零件

a）泵体　b）液压缸体　c）阀体

以及进、出油口和内腔结构；俯视图用来表达肋板断面、底板形状和安装孔的分布；除了 3 个基本视图外，还用 *C—C* 断面图表达中间肋板的断面形状，如图 7-11 所示。

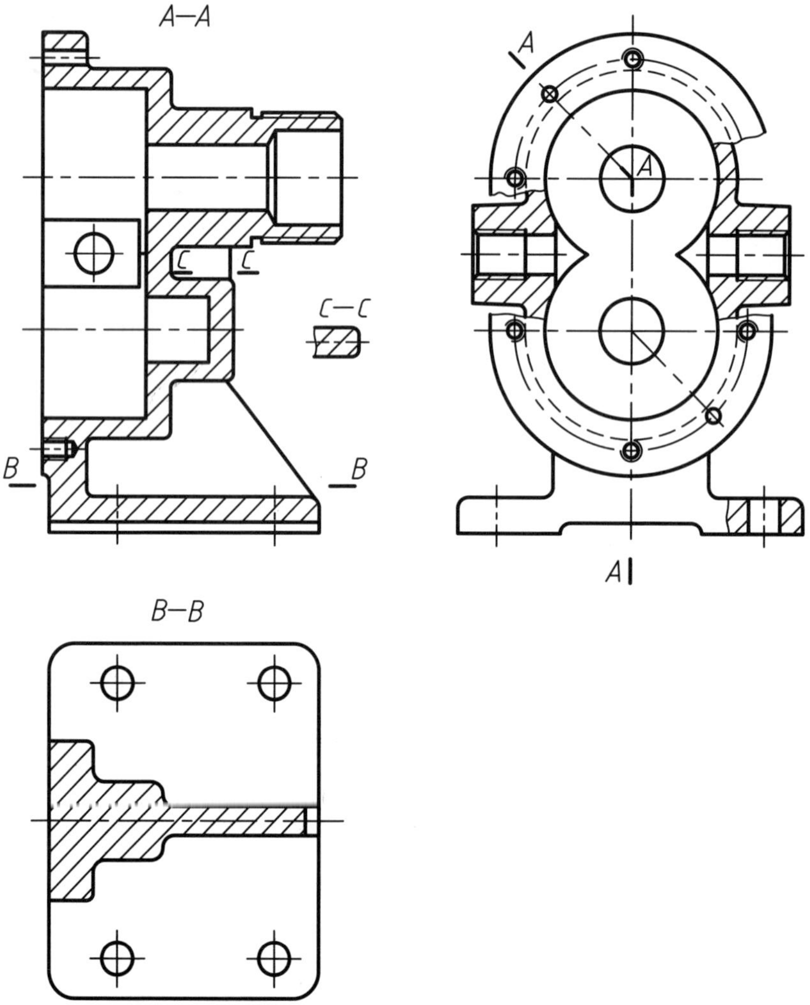

图 7-11　壳体类零件的视图表达

第三节 零件图的尺寸标注

正确、完整、清晰、合理的尺寸，是零件图的主要内容之一。前面有关章节对尺寸标注正确、完整、清晰这三项要求已有论述，本节着重讨论零件图上如何合理地标注尺寸。

一、零件的尺寸基准和尺寸

1. 零件的尺寸基准

在零件上用来确定其他点、线、面位置的那些点、线、面，称为尺寸基准。零件的尺寸基准按用途不同分为设计基准和工艺基准。

1）设计基准。根据设计要求选定的尺寸基准，称为设计基准。设计基准用来确定零件在机器或部件中与其他零件的相对位置。

2）工艺基准。零件在加工、测量和装配时选定的尺寸基准，称为工艺基准。工艺基准用来确定零件各部分之间的相对位置。

每个零件都有长、宽、高三个方向的设计尺寸，在每一个方向上都有一个设计基准，如图 7-12 所示。如果在同一个方向上有两个以上的基准，其中起主要作用的称为主要基准，

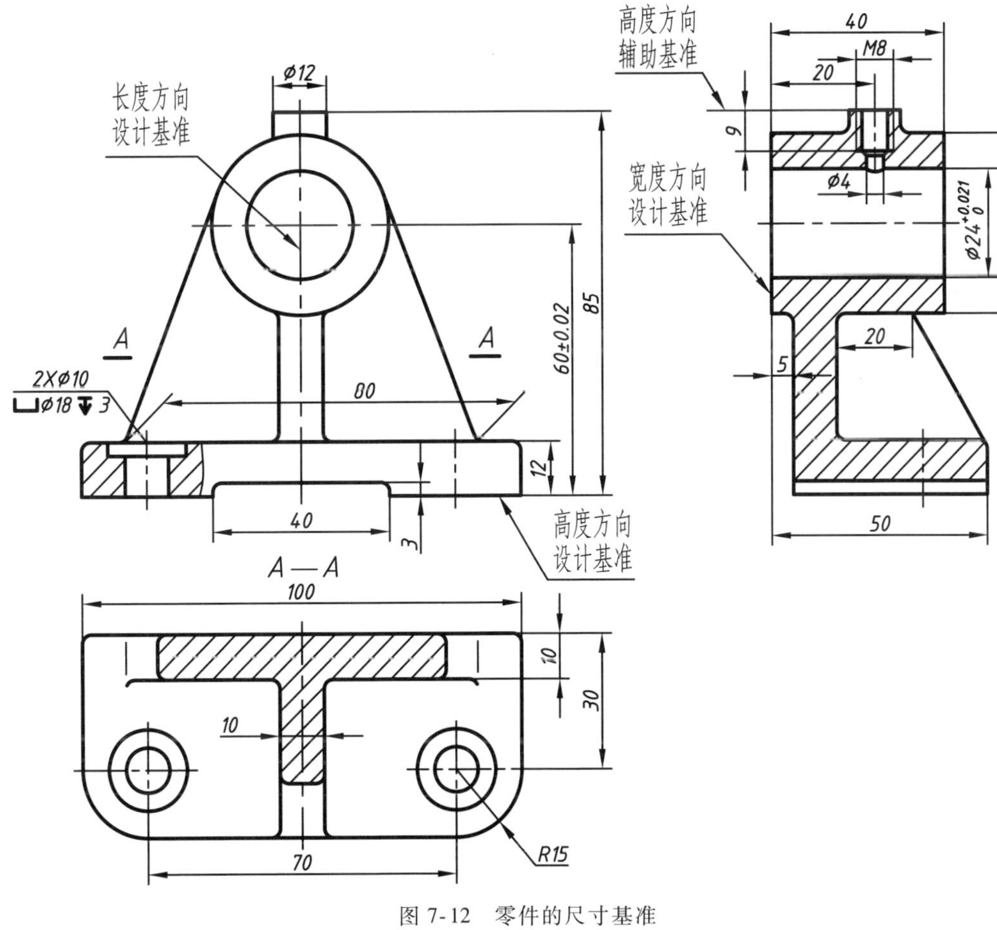

图 7-12 零件的尺寸基准

即设计基准；起辅助作用的基准称为辅助基准，即工艺基准。主要基准和辅助基准之间需要有尺寸联系。

在图 7-12 中，轴承座底面是高度方向上的主要基准（设计基准），是中心高（60±0.02）mm 的尺寸基准；轴承座的顶面是高度方向上的辅助基准（工艺基准），是螺孔深度 9mm 的尺寸基准，高度方向的主要基准和辅助基准之间有联系尺寸 85mm。

在设计工作中，为减少尺寸误差，便于加工和测量，在选择基准时应尽量使设计基准和工艺基准重合。

2. 零件的尺寸

零件的尺寸不仅包括公称尺寸，还包括尺寸公差。按对零件功能的影响，零件的尺寸分为功能尺寸、非功能尺寸和参考尺寸。

（1）功能尺寸　零件上能够影响机器性能、工作精度和互换性的重要尺寸，称为功能尺寸。如图 7-12 中的（60±0.02）mm、$\phi 24^{+0.021}_{0}$mm 等尺寸。

（2）非功能尺寸　不影响产品性能和零件间配合性质的结构尺寸，称为非功能尺寸，非功能尺寸只是用来保证零件的力学性能、满足工艺要求、装饰以及使用要求的尺寸，对其要求并不严格。如图 7-12 中的 ϕ12mm、100mm、R15mm 等尺寸。

（3）参考尺寸　参考尺寸并非零件所必须，而是为了避免生产现场人员计算所提供的尺寸。为了区别于其他尺寸，标注参考尺寸时，其尺寸数字应加圆括号。

二、零件尺寸标注的合理性

合理地标注零件的尺寸，是指标注的尺寸既要满足零件的设计要求，保证零件的使用性能，又要满足零件的加工工艺要求，便于零件的加工、测量和检验。以下简单介绍合理标注零件尺寸应注意的问题。

1. 合理选择尺寸基准

在零件图上标注的每一个尺寸都必须有相应的尺寸基准，零件尺寸标注得是否合理，先决条件就是要正确、合理地选择尺寸基准。

2. 功能尺寸的标注

功能尺寸要直接注出，以保证产品质量，如图 7-13a 所示。而图 7-13b 中所标注的尺

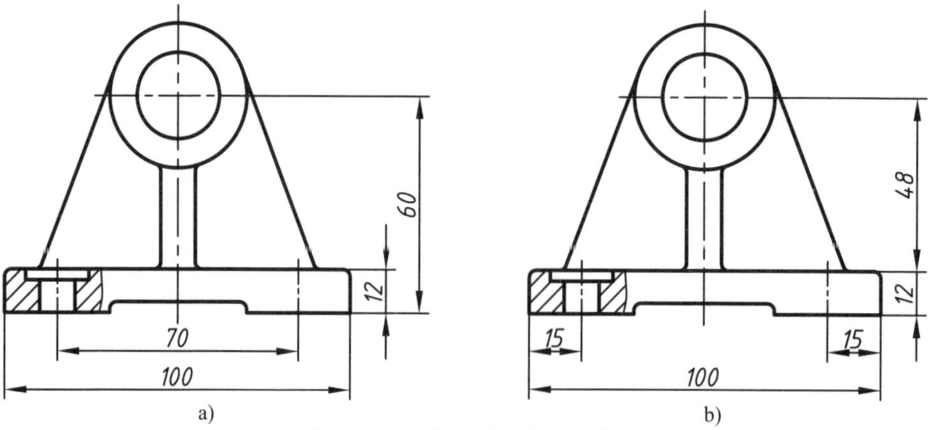

图 7-13　功能尺寸的标注要求

a）合理　b）不合理

寸，就不能保证轴承孔轴线到底面的尺寸精度，也不能保证两个安装孔相对位置的尺寸精度。

3. 不标注封闭的尺寸链

零件在加工过程中，由互相联系的尺寸按一定顺序首尾相接排列而成的封闭尺寸组，称为尺寸链，尺寸链中的每一个尺寸都称为环。其中，在加工过程中最后形成的尺寸，称为封闭环，其余的尺寸称为组成环。在零件图中，尺寸链中的封闭环不标尺寸，当需要注出封闭环尺寸时，应将其注为参考尺寸，如图 7-14 所示。

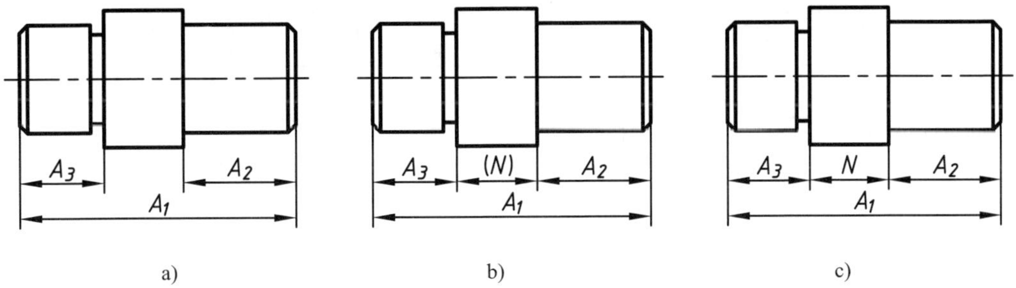

图 7-14 封闭环尺寸不标注

a）合理 b）合理 c）不合理

4. 标注尺寸要考虑测量方便

键槽按图 7-15a 标注，套筒按图 7-15c 标注更便于测量（图 7-15b、d 中尺寸标注不合理）。

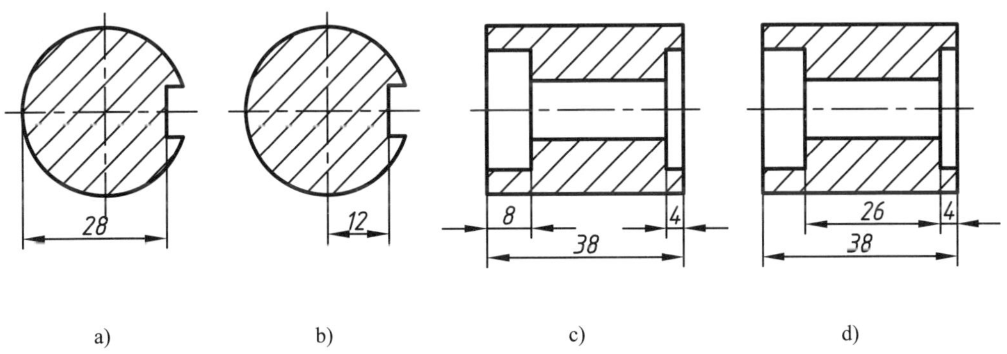

图 7-15 标注尺寸要便于测量

a）合理 b）不合理 c）合理 d）不合理

5. 标注尺寸应尽量符合加工顺序

标注尺寸应符合加工顺序，以利于看图、加工和测量。如图 7-16 中零件的尺寸是按加工顺序标注的。图 7-17 是该零件的加工顺序图。

三、零件上孔的尺寸标注

常见孔的尺寸标注见表 7-1。

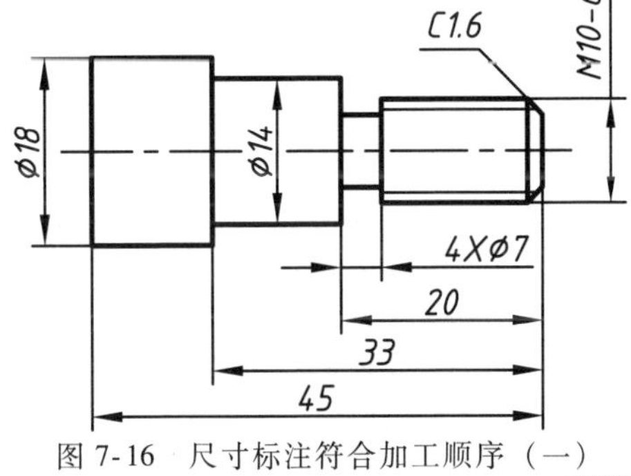

图 7-16 尺寸标注符合加工顺序（一）

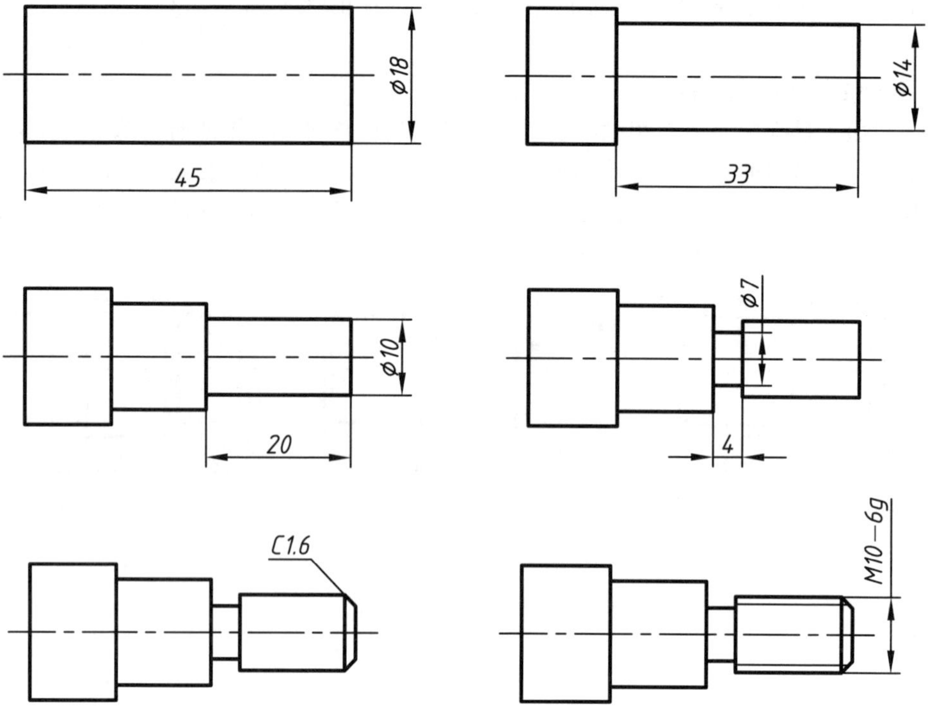

图 7-17　尺寸标注符合加工顺序（二）

表 7-1　常见孔的尺寸标注

类型	旁注法		普通注法	说明
	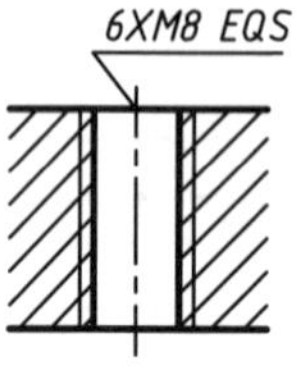		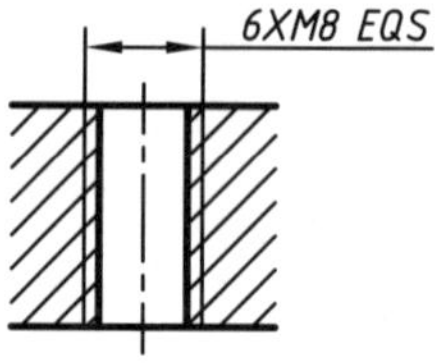	6×M8 EQS 表示 6 个公称直径为 8mm 的螺孔均匀分布
螺孔	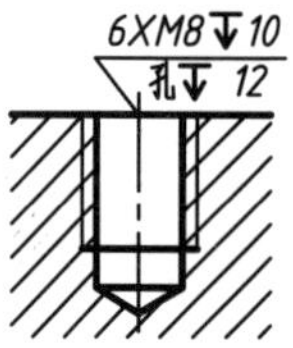	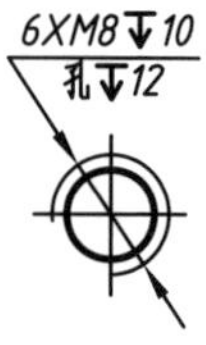	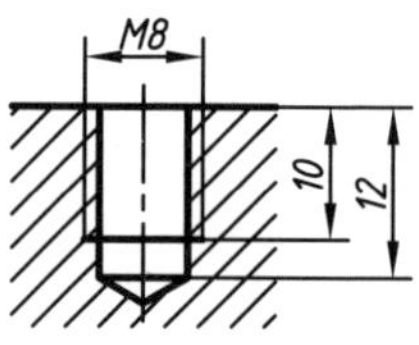	↧表示深度符号 6×M8 ↧ 10 表示 6 个公称直径为 8mm、深度为 10mm 的螺孔 12 表示钻孔深度为 12mm
	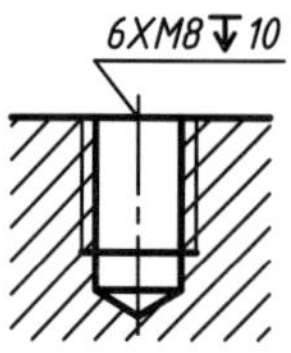		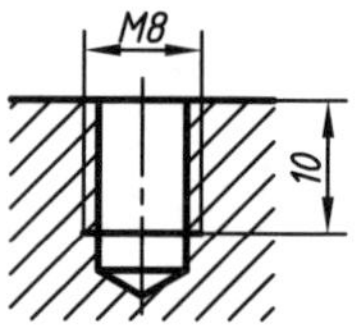	对钻孔深度无一定要求，可不必标注，孔深一般加工到比螺孔稍深即可

续表

<table>
<tr><th>类型</th><th colspan="2">旁注法</th><th>普通注法</th><th>说明</th></tr>
<tr><td rowspan="3">沉孔</td><td>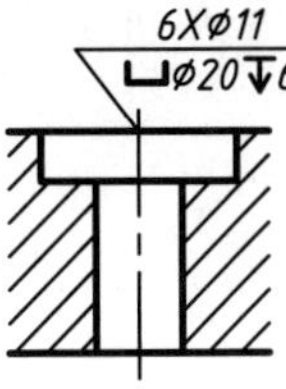</td><td>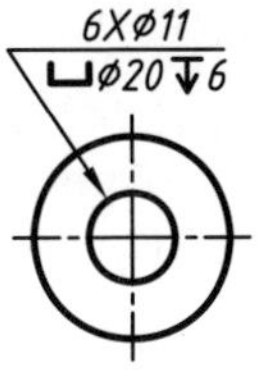</td><td>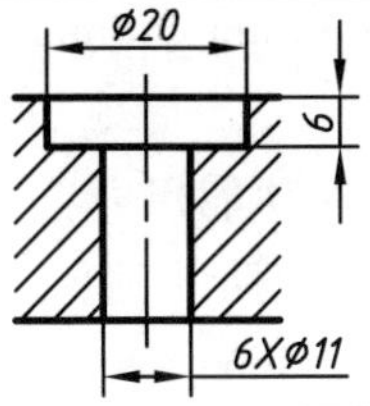</td><td>⌴表示沉孔符号，沉孔的直径 φ20mm 和深度 6mm 均需标出</td></tr>
<tr><td>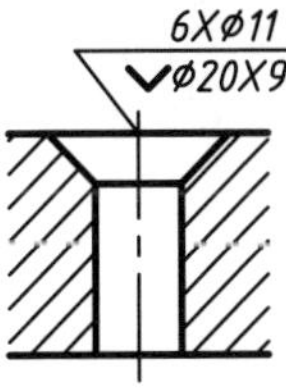</td><td>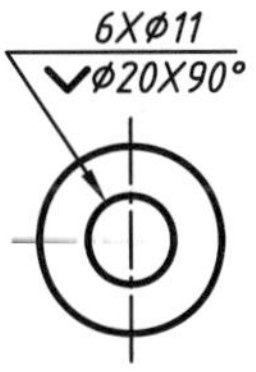</td><td>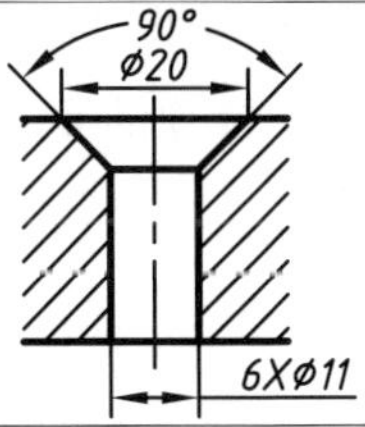</td><td>⌵表示埋头孔符号，埋头孔的直径 φ20mm 及锥角 90°均需标出</td></tr>
<tr><td>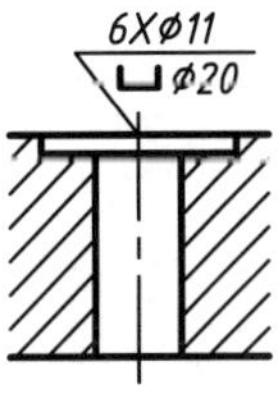</td><td>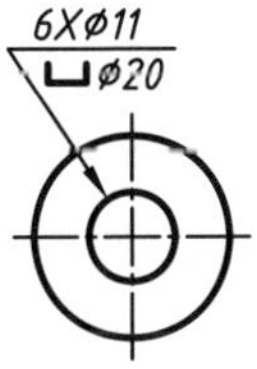</td><td>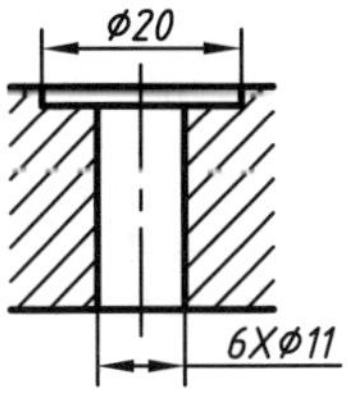</td><td>锪平 φ20mm 的深度不需标出，一般锪平到不出现毛坯面为止</td></tr>
<tr><td>锥销孔</td><td>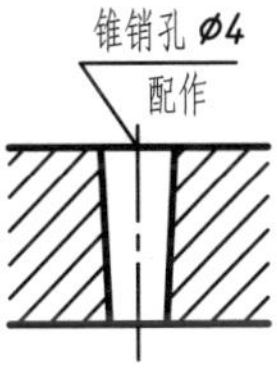</td><td></td><td></td><td>锥销孔都采用旁注法，所注直径是配作的圆锥销的公称直径</td></tr>
</table>

四、零件图上标注尺寸的方法

下面结合图 7-11 所示泵体表达方案，按上述方法、步骤标注尺寸，如图 7-18 所示。

1. 正确选择零件尺寸基准

根据齿轮泵的设计要求，泵体高度方向的主要基准（设计基准）是泵体底面，主动轴的轴线为高度方向辅助基准（工艺基准）。高度方向的基准确定以后，高度方向的尺寸就可以一一注出。

泵体长度方向的主要基准（设计基准）是泵体左端面，而主动轴孔右端面、退刀槽左侧槽面、齿轮孔腔底面、底板左端面等都是长度方向的辅助基准（工艺基准）。确定了这些基准后，长度方向的尺寸就可以一一注出。

泵体宽度方向，以泵体的中心对称平面作为主要基准（设计基准）标注尺寸。

2. 按设计要求标注功能尺寸

功能尺寸从基准直接注出。主动轴的中心高尺寸 98mm、进出油口的高度尺寸 77mm 就是从高度方向主要基准直接注出的，两轴孔中心距（42±0.02）mm 是从高度方向辅助基准注出的。

长度方向的尺寸如 86mm、$30_{-0.084}^{\ 0}$ mm、29mm、15mm、2mm 等都是从长度方向主要基准直接注出的，尺寸 26mm、(3×1.5) mm、19mm 等都是从长度方向辅助基准注出的。

宽度方向的尺寸如 90mm、40mm、44mm、76mm 等都是从宽度方向主要基准直接注出的。

3. 按工艺要求标注非功能尺寸

标注非功能尺寸时，应防止遗漏，避免出现封闭尺寸链。泵体的非功能尺寸有 13mm、37mm、ϕ28mm、78mm、98mm、8mm、ϕ27mm、3mm 等。

4. 检查、核对全部尺寸

按正确、完整、清晰、合理的要求检查零件长、宽、高三个方向的尺寸。

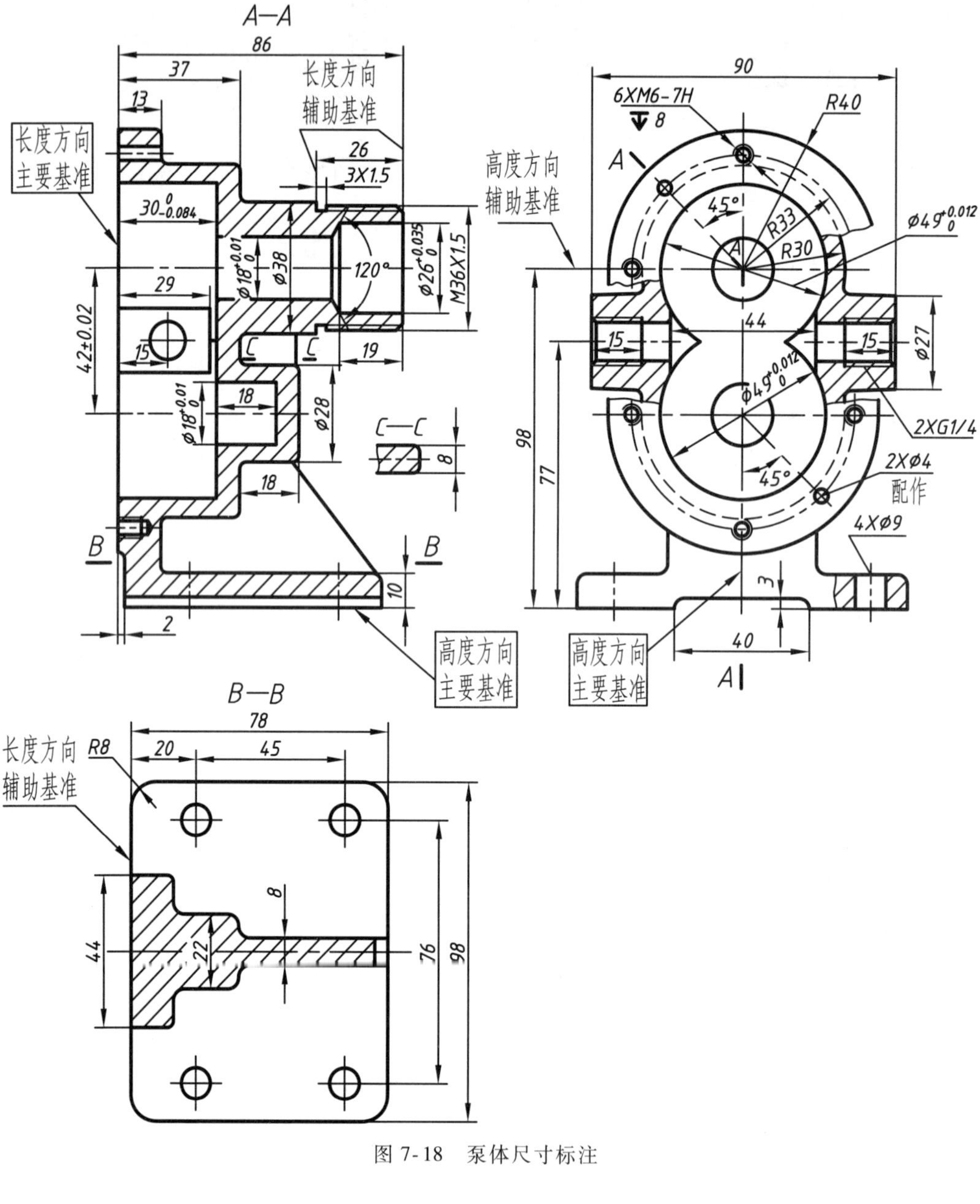

图 7-18　泵体尺寸标注

第四节　零件图上的技术要求

零件图上的技术要求涉及的知识面很广，本节只对表面结构要求、尺寸公差、几何公差做简要介绍。关于金属材料和热处理的一些知识，请读者参考有关资料。

一、零件的表面结构要求

表面结构是指在有限区域上的表面粗糙度、表面纹理度、纹理方向、表面缺陷、表面几何形状等表面特性的总称。表面结构会直接影响机械零件的使用性能和工作寿命，所以国家标准规定在零件图上必须标注出零件各表面的表面结构要求，以明确该表面完工后的状况，从而保证产品质量。

表面结构参数包括粗糙度轮廓参数 R、波纹度轮廓参数 W 和原始轮廓参数 P。机械零件的表面结构要求一般采用粗糙度轮廓参数 R 评定。

国家标准中规定了评定表面粗糙度的各种参数，其中使用最多的有轮廓算数平均偏差 Ra 和轮廓最大高度 Rz 两种。轮廓算数平均偏差 Ra 的参数值有 0.012μm、0.025μm、0.05μm、0.1μm、0.2μm、0.4μm、0.8μm、1.6μm、3.2μm、6.3μm、12.5μm、25μm、50μm、100μm。

1. 表面结构的图形符号

（1）基本图形符号　基本图形符号由两条不等长的与标注表面成60°夹角的直线构成，如图7-19所示。基本图形符号表示对表面有要求，但未指定工艺方法，仅用于简化代号的标注，没有补充说明时不能单独使用。

（2）扩展图形符号

1）在基本图形符号短线上加一短横，如图7-20a所示。表示指定表面是用去除材料的方法获得，如通过车、铣、钻、磨等机械加工获得的表面。

2）在基本图形符号上加一个圆圈，如图7-20b所示。表示指定表面是用不去除材料的方法获得，如通过铸、锻、冲压变形等加工方法获得的表面。

（3）完整图形符号　当要求标注表面结构特征的补充信息时，应在基本图形符号或扩展图形符号的长边上加一横线，构成表面结构的完整图形符号，如图7-21所示。

图7-19　基本图形符号

a)　b)

图7-20　扩展图形符号

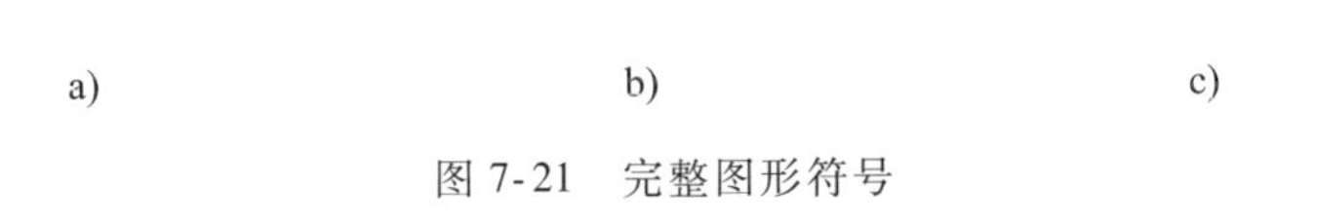

a)　b)　c)

图7-21　完整图形符号

a）允许任何工艺　b）去除材料　c）不去除材料

2. 表面结构的完整标注

表面结构的完整标注包括完整图形符号与表面结构要求，其中表面结构要求包括参数代号（如 *Ra*、*Rz*、*Wz*）和参数值，并且在参数代号和参数值之间应插入空格，如图 7-22 所示。

必要时应在规定的位置标注补充要求，补充要求包括传输带、取样长度、加工工艺、表面纹理及方向、加工余量等，具体位置可查阅国家标准。

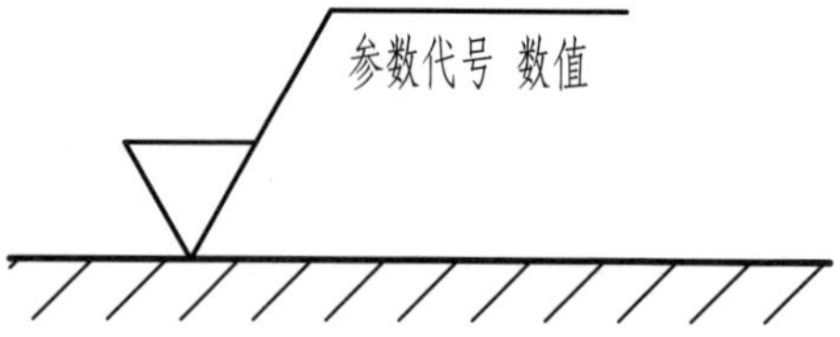

图 7-22　表面结构的完整标注

3. 表面结构要求在零件图上的注法

表面结构要求对每一表面一般只标注一次，并尽可能注在相应的尺寸及其公差的同一视图上。除非另有说明，图样上所标注的表面结构要求是对完工零件表面的要求。

1）表面结构的注写和读取方向与尺寸的注写和读取方向一致，如图 7-23 所示。

2）表面结构要求可标注在轮廓线上，其符号应从材料外指向并接触表面。必要时，表面结构符号也可用带箭头的指引线引出标注，如图 7-24 所示。

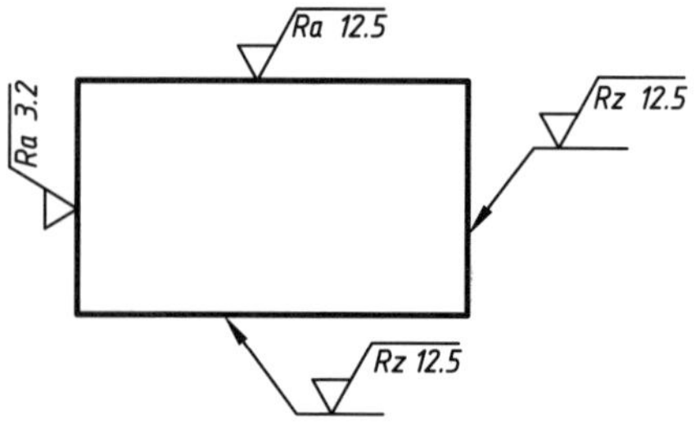

图 7-23　表面结构要求的注写要求（一）

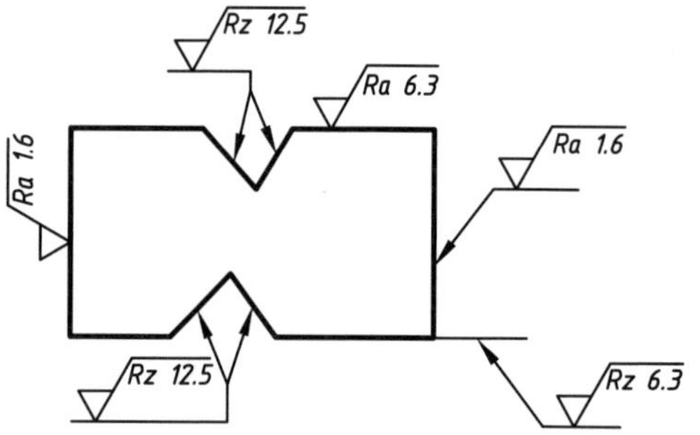

图 7-24　表面结构要求的注写要求（二）

3）相同表面结构要求的简化注法。如果在工件的多数表面有相同的表面结构要求，则其表面结构要求可统一标注在图样的标题栏附近。此时，表面结构要求的符号后面应有在圆括号内给出无任何其他标注的基本符号，如图 7-25 所示。

4）多个表面有共同表面结构要求的注法。如果零件的多数表面具有相同的表面结构要求，或者图纸空间有限时，可以采用简化标注。

① 用带字母的完整图形符号的简化标注。用带字母的完整图形符号，以等式的形式在图形或标题栏附近对有相同的表面结构要求的表面进行简化标注，如图 7-26 所示。

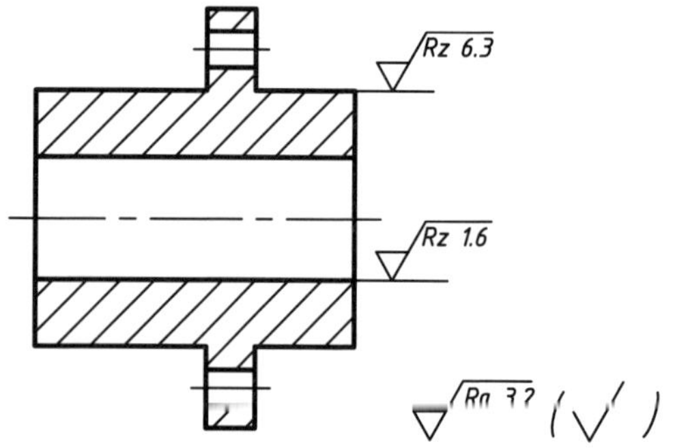

图 7-25　大多数表面有相同表面结构要求的注法

② 用基本图形符号和扩展图形符号的简化标注。可用表面结构的基本图形符号或扩展图形符号，以等式的形式给出对多个表面共同的表面结构要求，如图 7-27 所示。

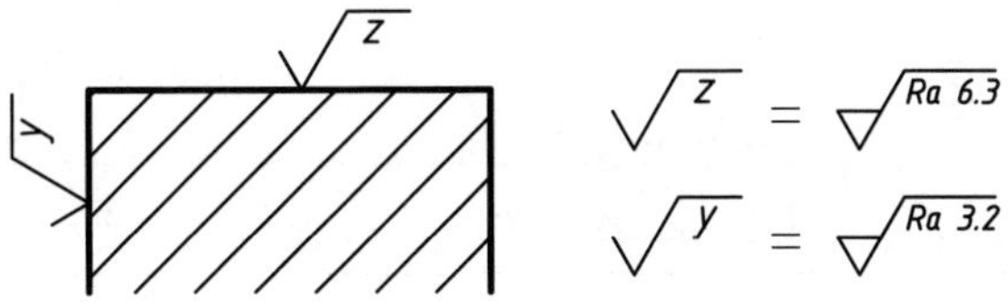

图 7-26 多个表面有共同表面结构要求的简化注法（一）

图 7-27 多个表面有共同表面结构要求的简化注法（二）

二、尺寸公差

批量生产的规格相同的零件，不经挑选和修配，装配后就能完全满足使用要求的这种性能，称为零件的互换性。

要保证零件具有互换性，首先就必须控制零件的尺寸。但实际生产中，零件的尺寸不可能达到一个绝对理想的固定数值，因此，在满足工作要求的条件下，对零件的尺寸规定出一个允许变动的范围，这一允许的尺寸变动量就称为尺寸公差。

1. 有关公差的术语及定义

（1）公称尺寸　由图样规范确定的理想形状要素的尺寸。

（2）极限尺寸　尺寸要素允许的尺寸的两个极端。其中尺寸要素允许的最大尺寸称为上极限尺寸；尺寸要素允许的最小尺寸称为下极限尺寸。

（3）尺寸偏差　某一尺寸减其公称尺寸所得的代数差。尺寸偏差又简称偏差，偏差可以为正值、负值或零。

（4）极限偏差　极限偏差包括上极限偏差和下极限偏差。上极限尺寸减去公称尺寸所得的代数差称为上极限偏差；下极限尺寸减去公称尺寸所得的代数差称为下极限偏差。

孔的上极限偏差代号为 ES，轴的上极限偏差代号为 es。孔的下极限偏差代号为 EI，轴的下极限偏差代号为 ei。

（5）尺寸公差　尺寸公差简称公差，是上极限尺寸减去下极限尺寸之差，或者是上极限偏差减去下极限偏差之差。

2. 公差带图

在公差带图中，表示公称尺寸的一条水平基准线称为零线，在零线左端分别标上“+”、“0”和“-”号；在零线下方画上带单箭头的尺寸线，并标注公称尺寸数值，由代表上、下极限偏差的两条直线所限定的带状区域称为尺寸公差带，简称公差带，如图7-28所示。

（1）公差带的大小　公差带的大小由“标准公差”确定。公差带的大小是指公差带图中矩形区域的高度，矩形的长度无实际意义。国家标准将标准公差划分为 IT01、IT0、IT1、IT2、…、IT17、IT18 共 20 个等级，其中 IT01 精度最高，IT18 精度最低。

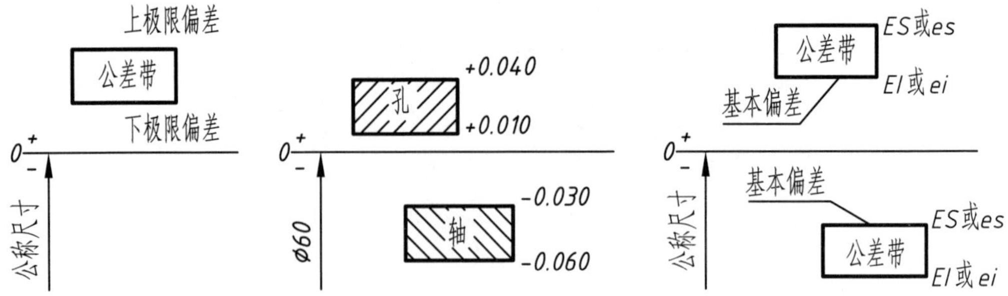

图 7-28　公差带图

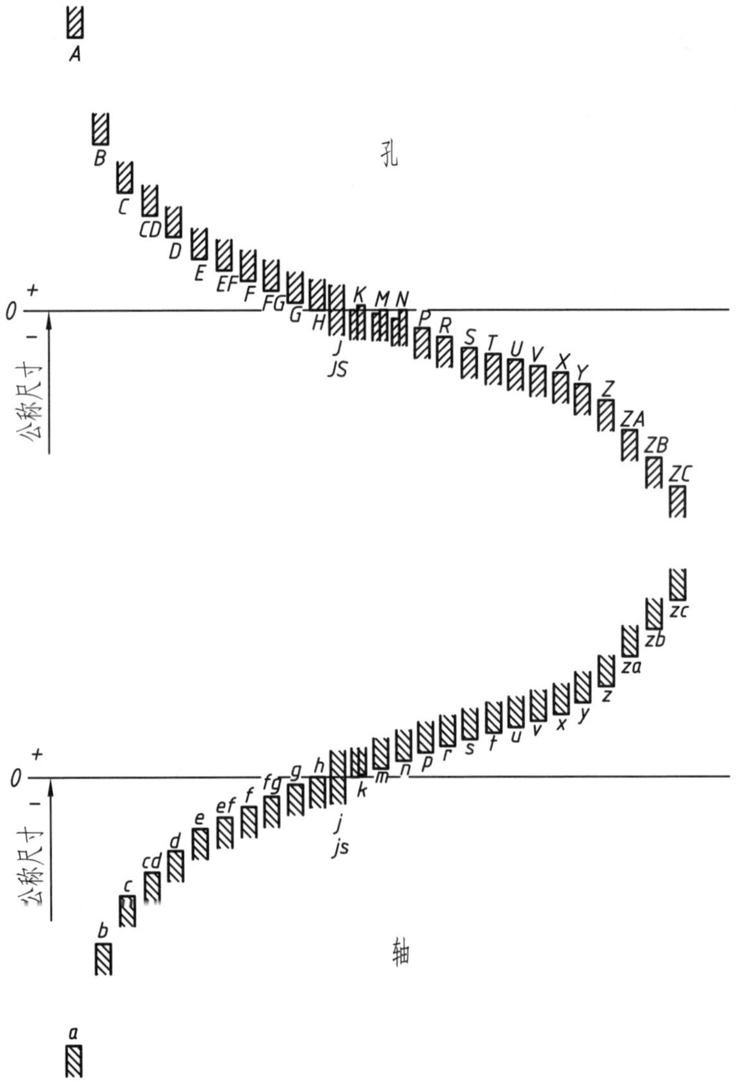

图 7-29　基本偏差

（2）公差带的位置　是指公差带图中矩形区域相对于零线的位置。一般为靠近零线的那个极限偏差，这个极限偏差称为基本偏差。

公差带的位置由基本偏差确定，用不同的字母或字母组合作为代号来表示，轴（小写字母）和孔（大写字母）的基本偏差代号各有 28 个，如图 7-29 所示。

3. 公差带代号

公差带代号由基本偏差代号（字母）和标准公差代号（等级数字）并列一起组成。例如：H8、F8、K7、P6 等为孔的公差带代号；h8、f8、k7、p6 等为轴的公差带代号。标注时公差带代号写于公称尺寸数字之后，如 ϕ30 H8mm、ϕ60 k7mm 等。

公差带代号通过查表，可以写成极限偏差的形式。例如 ϕ30 f7mm 可写成 $\phi30_{-0.041}^{-0.020}$ mm。上极限偏差与下极限偏差绝对值相同时，写成 $\phi(40\pm0.08)$mm、(50 ± 0.31)mm 的形式。

4. 尺寸公差在零件图中的注法

1）标注公称尺寸和公差带代号，如图 7-30a 所示。

2）标注公称尺寸和极限偏差，如图 7-30b 所示。

3）标注公称尺寸、公差带代号和极限偏差，极限偏差加圆括号，如图 7-30c 所示。

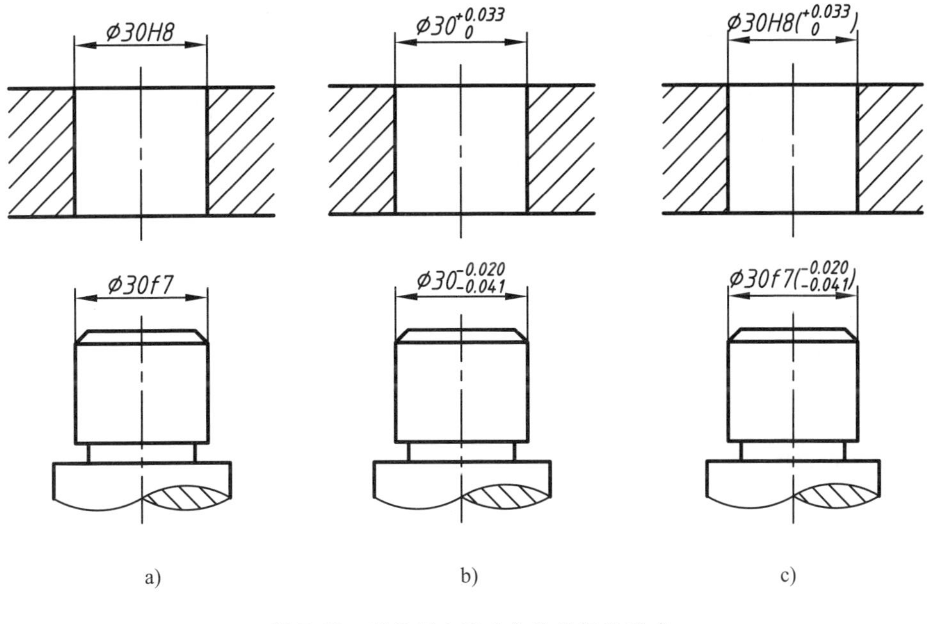

图 7-30　零件图中尺寸公差的标注形式

5. 配合

（1）配合　公称尺寸相同、相互结合的孔和轴公差带之间的关系称为配合。孔的尺寸减去相配合轴的尺寸，所得代数差为正时称为间隙，为负时称为过盈。根据配合的松紧程度，配合性质分为如下三类。

1）间隙配合。孔的公差带完全在轴的公差带之上，如图 7-31a 所示。

2）过盈配合。孔的公差带完全在轴的公差带之下，如图 7-31b 所示。

3）过渡配合。孔的公差带与轴的公差带相互交叠，如图 7-31c 所示。

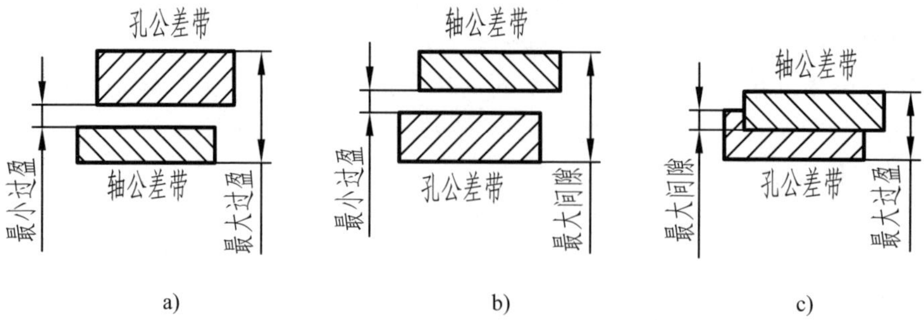

图 7-31　配合的种类

a）间隙配合　b）过盈配合　c）过渡配合

（2）配合注法　配合尺寸是表示两零件间配合性质的尺寸，在装配图上必须标注。标注配合尺寸时，在公称尺寸数字的右边注明配合代号，配合代号写成分数形式，分子位置注孔的公差带代号，分母位置注轴的公差带代号，如图 7-32 所示。

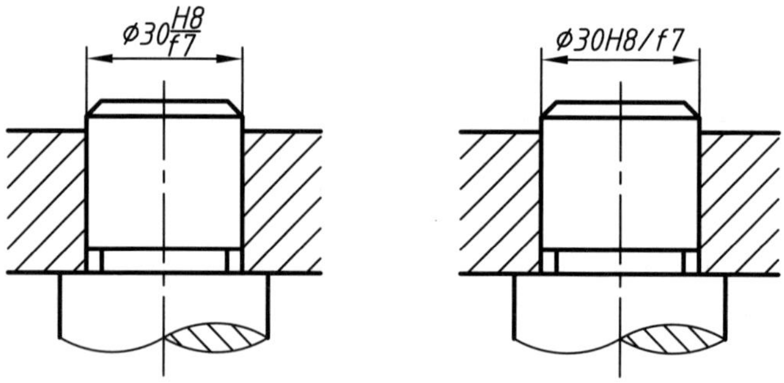

图 7-32　配合尺寸的标注形式

三、几何公差

在零件加工中，不仅会存在尺寸的误差，还会使零件各种几何要素的形状、方向和相互位置等产生误差。因此，对于精度要求较高的零件，在图样上必须规定出这类误差的允许范围，即几何公差。

几何公差的公差类型、几何特征、符号见表 7-2。

1. 被测要素和基准要素

要素是指零件上特定的部位，如点、线、面。给出了几何公差要求的要素，称为被测要素；用来确定被测要素方向、位置的要素，称为基准要素。

2. 公差框格

几何公差应标注在矩形框格内，框格由两格或多格组成，框格自左至右填写，第一格填写几何公差特征符号，第二格填写公差数值及有关符号，第三格及其后填写基准字母及附加符号，如图 7-33 所示。

表 7-2 几何公差的公差类型、几何特征、符号

公差类型	几何特征	符号	有无基准
形状公差	直线度	⏤	无
	平面度	⏥	无
	圆度	○	无
	圆柱度	⌭	无
	线轮廓度	⌒	无
	面轮廓度	⌓	无
方向公差	平行度	∥	有
	垂直度	⊥	有
	倾斜度	∠	有
	线轮廓度	⌒	有
	面轮廓度	⌓	有
位置公差	位置度	⌖	有或无
	同心度（用于中心点）	◎	有
	同轴度（用于轴线）	◎	有
	对称度	⌯	有
	线轮廓度	⌒	有
	面轮廓度	⌓	有
跳动公差	圆跳动	↗	有
	全跳动	⌰	有

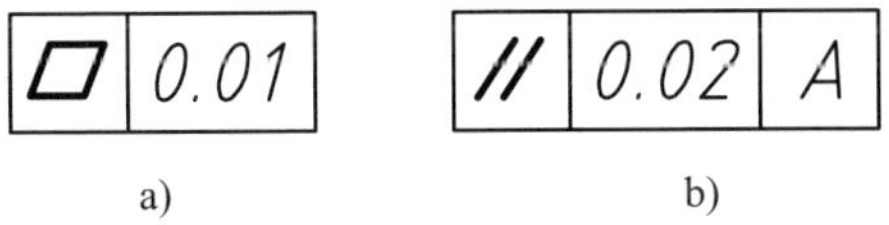

图 7-33 公差框格

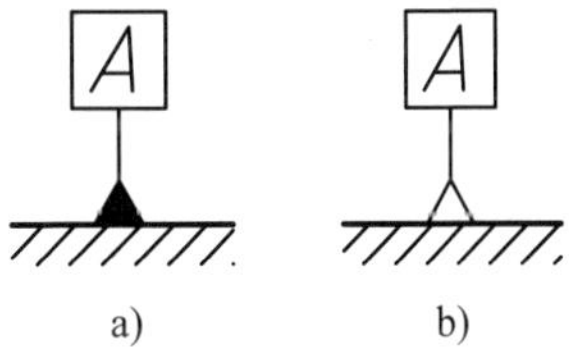

图 7-34 基准符号

3. 基准符号

基准符号由基准方格、细实线和一个涂黑或空白的基准三角形组成。基准字母（大写）标注在基准方格内，如图 7-34 所示。

4. 几何公差的标注

标注几何公差时，用带箭头的指引线（细实线）将被测要素与公差框格的一端相连。当几何公差有基准要素时，需标注基准符号。指引线箭头和基准符号的位置应按下面要求标注。

1）当被测要素为轴线或中心平面时，指引线箭头应与该要素的尺寸线对齐。同样，当基准要素为轴线或中心平面时，基准符号也应与尺寸线对齐，如图 7-35 所示。

2）当被测要素为轮廓线或表面时，指引线箭头应指在该要素的轮廓线或其延长线上，并与尺寸线明显错开，如图 7-36a 所示。

同样，当基准要素为轮廓线或表面时，基准符号应标注在该要素的轮廓线、表面或其延长线上，基准符号要与尺寸线明显错开，如图 7-36b 所示。

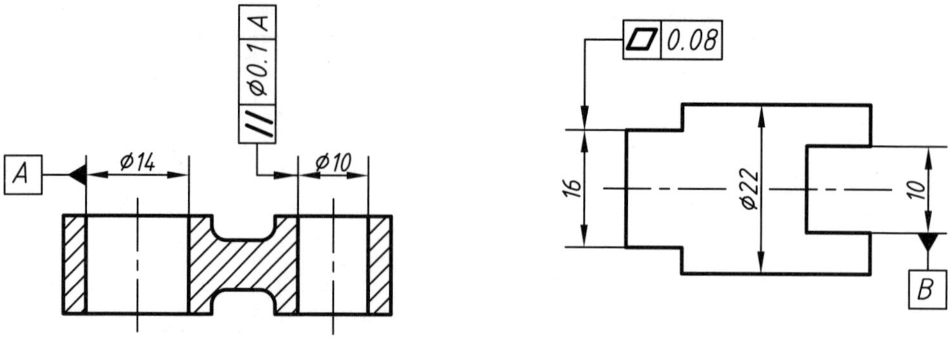

a)　　　　b)

图 7-35　几何公差的标注（一）

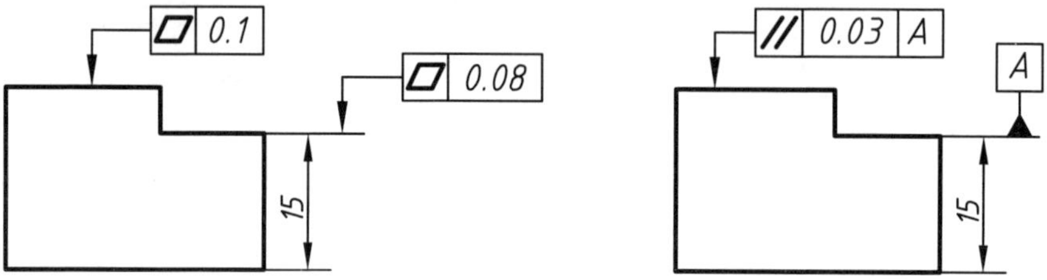

a)　　　　b)

图 7-36　几何公差的标注（二）

第五节　零件上常见的工艺结构

一、铸造工艺对零件结构的要求

1. 起模斜度

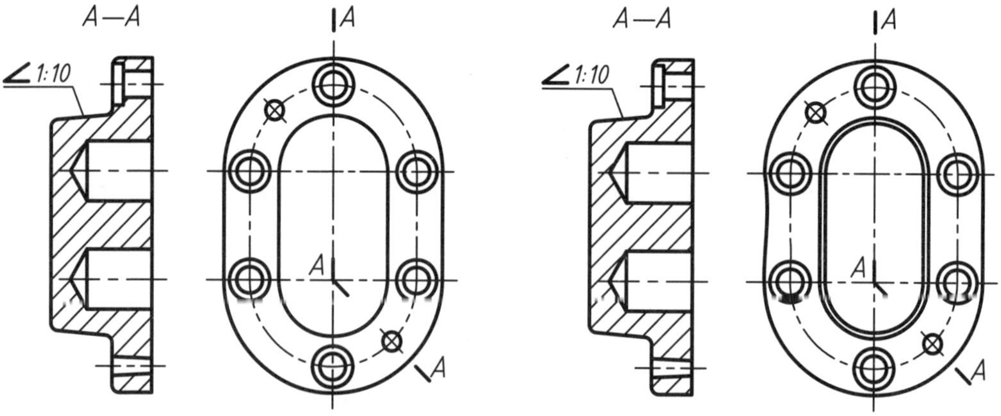

a)　　　　b)

图 7-37　起模斜度的画法

a）只画斜度小端　b）按投影关系画出斜度

造型时为了起模方便，在铸件的内、外壁上沿起模方向常设计出一定的斜度，称为起模斜度。

若起模斜度较小，图中可不画出，但应在技术要求中加以注明。若起模斜度较大，则应在一个视图中画出，其他视图可只按其小端画出，如图 7-37a 所示，也可按投影关系画出，如图 7-37b 所示。

2. 铸造圆角

根据铸造工艺要求，在铸件各表面相交的转角处，都应做成圆角，如图 7-38 所示。铸造圆角可防止铸件浇注时转角处的落砂现象，避免金属冷却时在铸件两表面的尖角处产生裂纹和缩孔。在零件图中，当各圆角半径相同时，可在技术要求中注出。

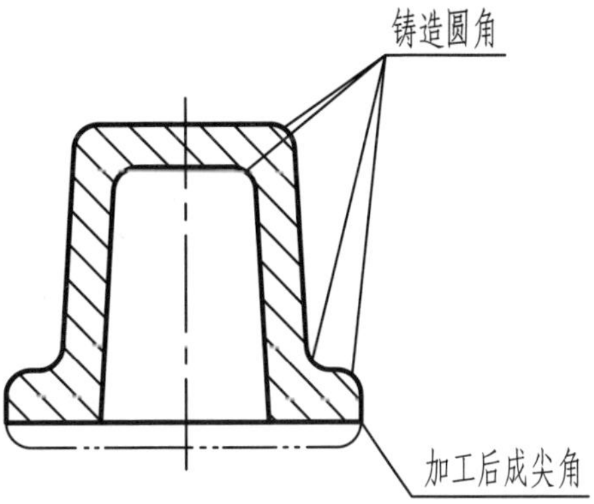

图 7-38　铸造圆角

由于存在铸造圆角，铸件表面在圆角处的交线就不太明显，为了便于看图，区别不同形体的表面，示意性地画出这条消失了的交线，称为过渡线。过渡线用细实线绘制，且不宜与轮廓线相连，如图 7-39 所示。

3. 铸件壁厚

为保证铸件的铸造质量，避免因冷却速度不同产生缩孔或裂纹，应使铸件壁厚均匀或逐渐变化，避免突然改变壁厚和局部肥大现象，如图 7-40 所示。

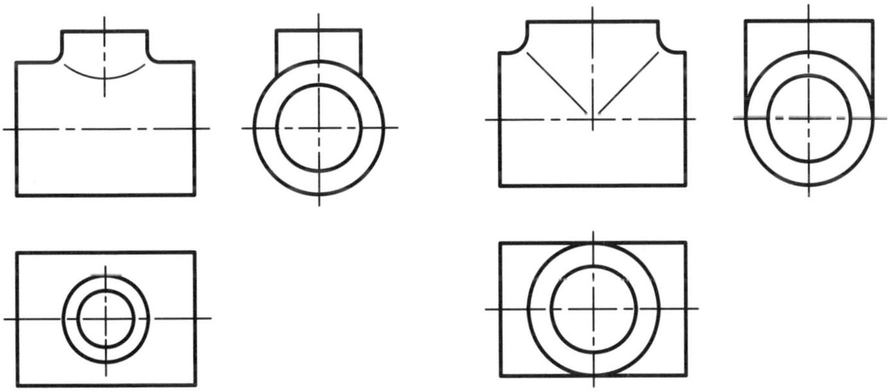

a)　　b)

图 7-39　过渡线

二、机械加工工艺对零件结构的要求

1. 倒角

为了便于装配和操作安全，在轴和孔的端部加工出一小段圆锥面，称为倒角。在倒角标注时 C 表示 45°倒角，如图 7-41a、b 所示，非 45°倒角标注形式如图 7-41c、d 所示。倒角宽度数值与轴或孔的公称尺寸有关。

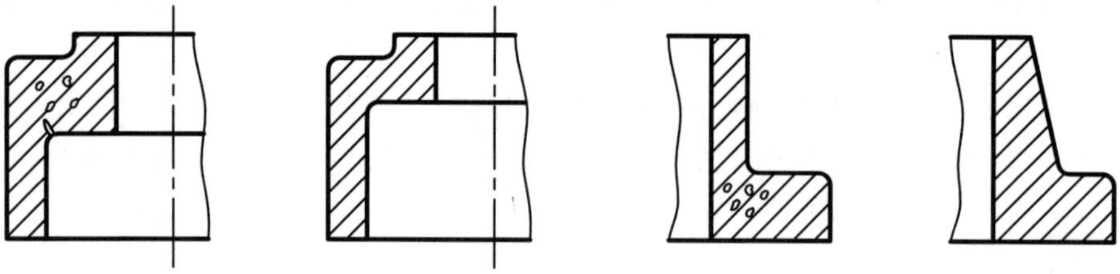

a)　　b)　　c)　　d)

图 7-40　铸件壁厚应均匀

a）不合理　b）合理　c）不合理　d）合理

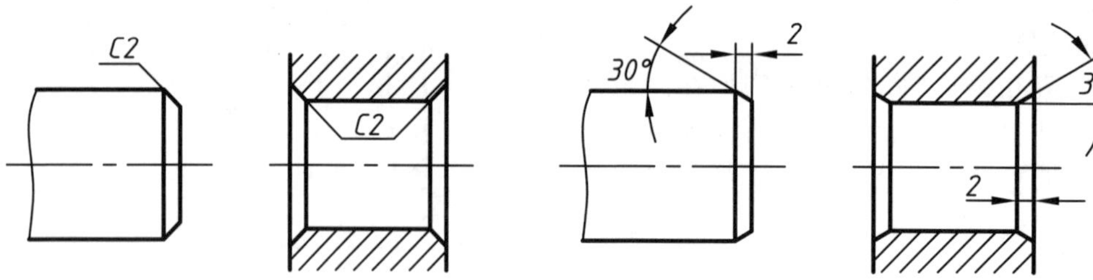

a)　　b)　　c)　　d)

图 7-41　倒角的标注形式

2. 圆角

为避免由于应力集中而产生裂纹，在轴肩处往往加工成圆角过渡的形式，如图 7-42 所示。圆角半径已标准化。

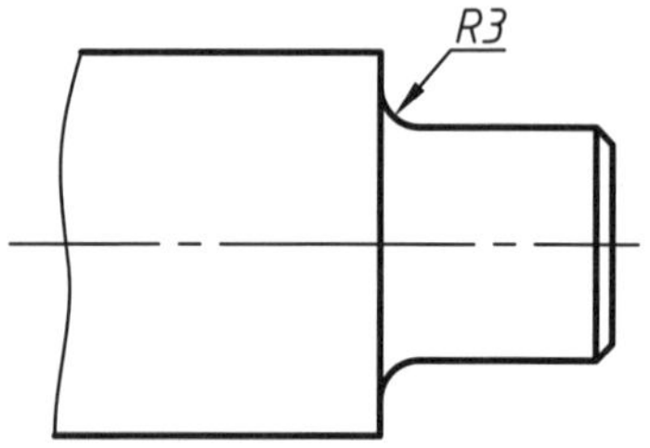

图 7-42　圆角的标注

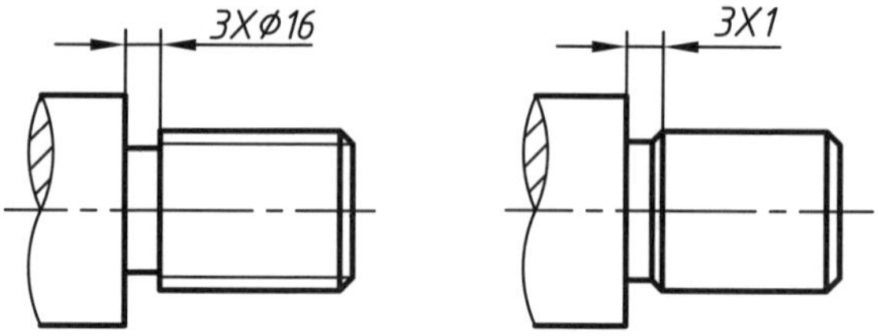

a)　　b)

图 7-43　退刀槽、越程槽的尺寸标注

a）退刀槽　b）越程槽

3. 退刀槽和越程槽

在机械加工中，在外圆或内孔表面上，为车刀车削方便而沿圆周方向开的槽，称为退刀槽；为砂轮磨削方便而沿圆周方向开的槽，称为越程槽。

退刀槽和越程槽的尺寸标注一般按“槽宽×直径”或“槽宽×槽深”的形式标注，如图 7-43 所示。越程槽已标准化。

4. 钻孔结构

设计钻孔结构时，要避免在斜面上钻孔，以防止钻头因受力不匀而折断。常见的钻孔结构如图 7-44 所示。

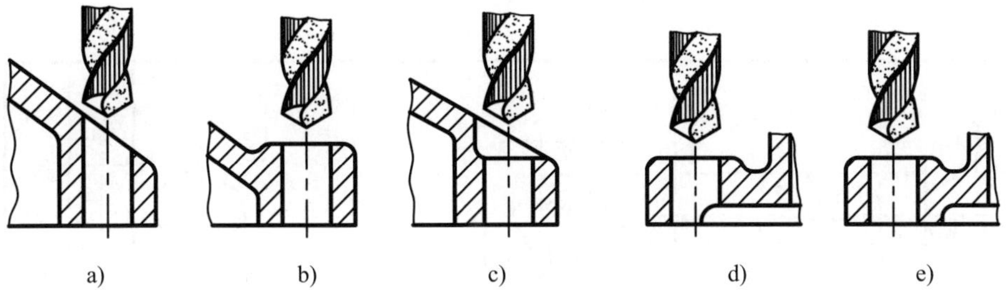

图 7-44 钻孔的结构设计

a) 不好 b) 好 c) 好 d) 不好 e) 好

5. 凸台、沉孔、凹槽和凹腔

为了减少加工面积、保证零件间良好接触，常在毛坯的表面制成凸台、沉孔或凹槽结构，对于较长的孔，可以设计成凹腔结构，如图 7-45 所示。

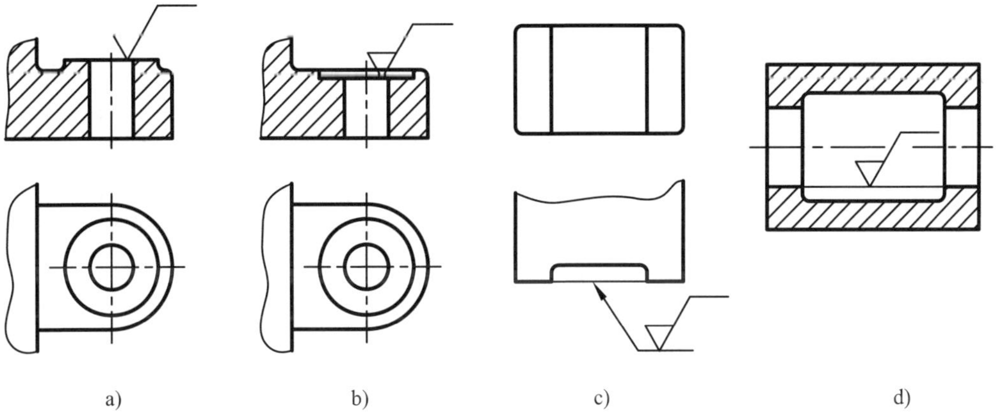

图 7-45 减少加工面积的工艺结构

a) 凸台 b) 沉孔 c) 凹槽 d) 凹腔

第六节 读零件图

读零件图，就是能根据零件图想出零件的结构形状，了解零件的尺寸和技术要求等。

一、读零件图的方法和步骤

现以图 7-46 所示的蜗轮箱零件图为例，说明读零件图的方法和步骤。

1. 看标题栏

从标题栏中了解零件的名称、材料、比例等。

2. 分析表达方案、想象零件形状

分析表达方案时，首先确认主视图，再明确配置了几个基本视图、剖视图、断面图以及各视图间的投影关系。

图中选用了两个基本视图（主视图采用 *A*—*A* 半剖视图，左视图采用全剖视图）和三个局部视图（*B* 向、*C* 向、*D* 向）。

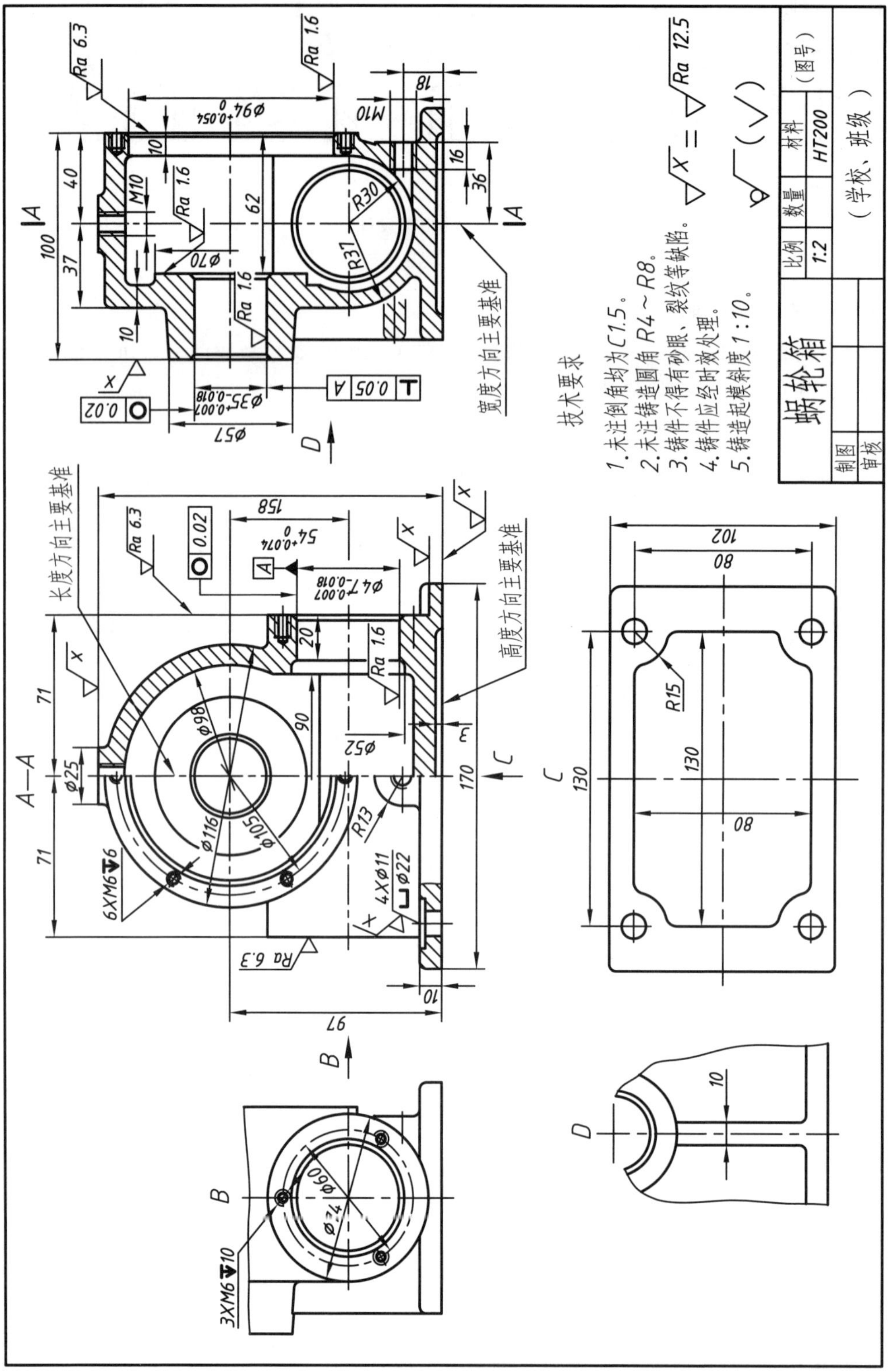
A—A
B
C
D
技术要求
1. 未注倒角均为C1.5。
2. 未注铸造圆角R4～R8。
3. 铸件不得有砂眼、裂纹等缺陷。
4. 铸件应经时效处理。
5. 铸造起模斜度1:10。
长度方向主要基准
高度方向主要基准
宽度方向主要基准
蜗轮箱
比例 1:2
数量
材料 HT200
(图号)
制图
审核
(学校、班级)
Ra 12.5
Ra 6.3
Ra 1.6
3XM6▼10
6XM6▼6
4XΦ11 ⌴Φ22

图7-46　蜗轮箱零件图

进行形体分析及线面分析，可知该零件由三部分组成。上部为带有圆柱形空腔的大圆柱（空腔内容纳蜗轮），中部是与大圆柱轴线垂直交叉的带空腔的小圆柱（空腔内容纳蜗杆），下部是安装底板。该零件的基本形状如图 7-47a 所示。

从主视图表达零件的外形部分对照左视图，可以弄清大圆柱端面螺孔的分布；从主视图的剖视部分对照左视图，可弄清容纳蜗轮、蜗杆的空腔结构以及蜗轮轴、蜗杆轴的轴承孔的结构。由 *B* 向局部视图可看出蜗杆轴承孔的分布情况；由 *C* 向局部视图可看出底板的结构形状及安装孔的位置；由 *D* 向局部视图可看出蜗轮轴承孔与肋板的结合情况；其余部分的结构，如轴承孔和前面端盖孔均有倒角、底部放油孔及顶部的螺孔均有凸台等。最后综合起来想出蜗轮箱的结构形状，如图 7-47b 所示。

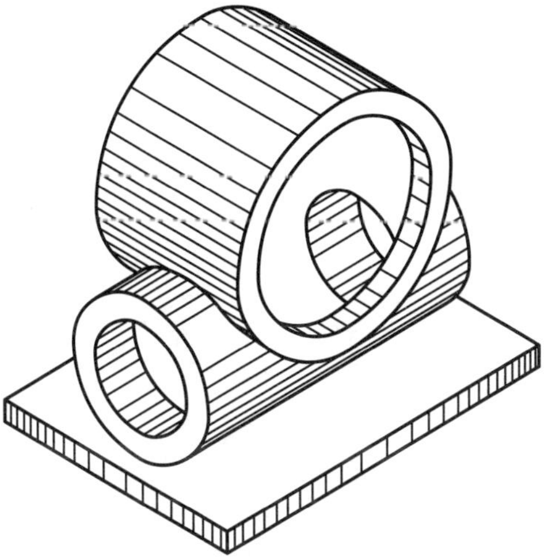

a)

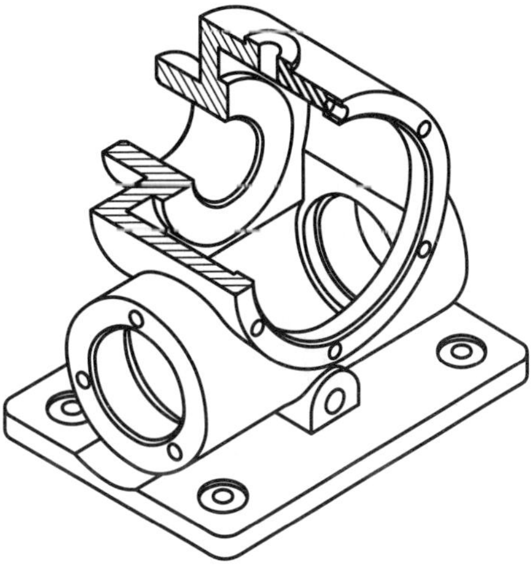

b)

图 7-47 蜗轮箱的形体分析

3. 分析尺寸

分析尺寸时，应先找出尺寸基准及功能尺寸，再了解哪些是加工面，哪些是非加工面以及它们之间的尺寸联系。

蜗轮箱长、宽、高三个方向的主要基准如图 7-46 所示。

功能尺寸有：蜗轮、蜗杆的中心距 $54^{+0.074}_{0}$mm，蜗轮孔中心高 97mm，轴承孔尺寸 $\phi47^{+0.007}_{-0.018}$mm、$\phi35^{+0.007}_{-0.018}$mm，内止口 $\phi94^{+0.054}_{0}$mm，以及螺纹尺寸 6×M6↧6、3×M6↧10，安装尺寸 80mm、130mm 等。

非功能尺寸较多，可按形体分析法逐一找出，这里不再赘述。

4. 分析技术要求

对尺寸公差、几何公差、表面粗糙度、材料的热处理等技术要求，应逐项进行分析，从而加深对零件的了解。

如图 7-46 中几何公差 | ○ | 0.02 | 的要求：被测要素轴承孔 $\phi47^{+0.007}_{-0.018}$mm 和 $\phi35^{+0.007}_{-0.018}$mm 的圆度公差都是 0.02mm；几何公差 | ⊥ | 0.05 | *A* | 的要求：被测要素轴承孔 $\phi35^{+0.007}_{-0.018}$mm 的轴线与基准要素轴承孔 $\phi47^{+0.007}_{-0.018}$mm 轴线的垂直度公差为 0.05mm。

图 7-46 中表面粗糙度的要求：有配合要求的轴承孔和端盖孔要求较高为 *Ra* 1.6μm，端面为 *Ra* 6.3μm，底面、凸台顶面及孔均采用 *Ra* 12.5μm，其余为不加工表面。

通过以上分析，就能对蜗轮箱有比较全面的了解和认识，达到读懂零件图的目的。

二、读零件图举例

图 7-48 所示为端盖零件图。端盖起支承、轴向定位及密封的作用。通过标题栏可知端盖 HT150 制成，绘图比例 1∶1。

这类零件通常在车床上加工，故将其轴线侧垂放置画主视图，并辅以左视图，其中主视图采用全剖视图，表达内部各腔体的结构以及端盖上的螺孔和沉孔的结构，特别注意的是正上方的锥管螺孔 Rc1/4 和与其连通的光孔 $\phi10$ 的结构。左视图采用视图以表达外部形状，可清楚地表达端盖上均布的六个沉孔及三个螺孔。

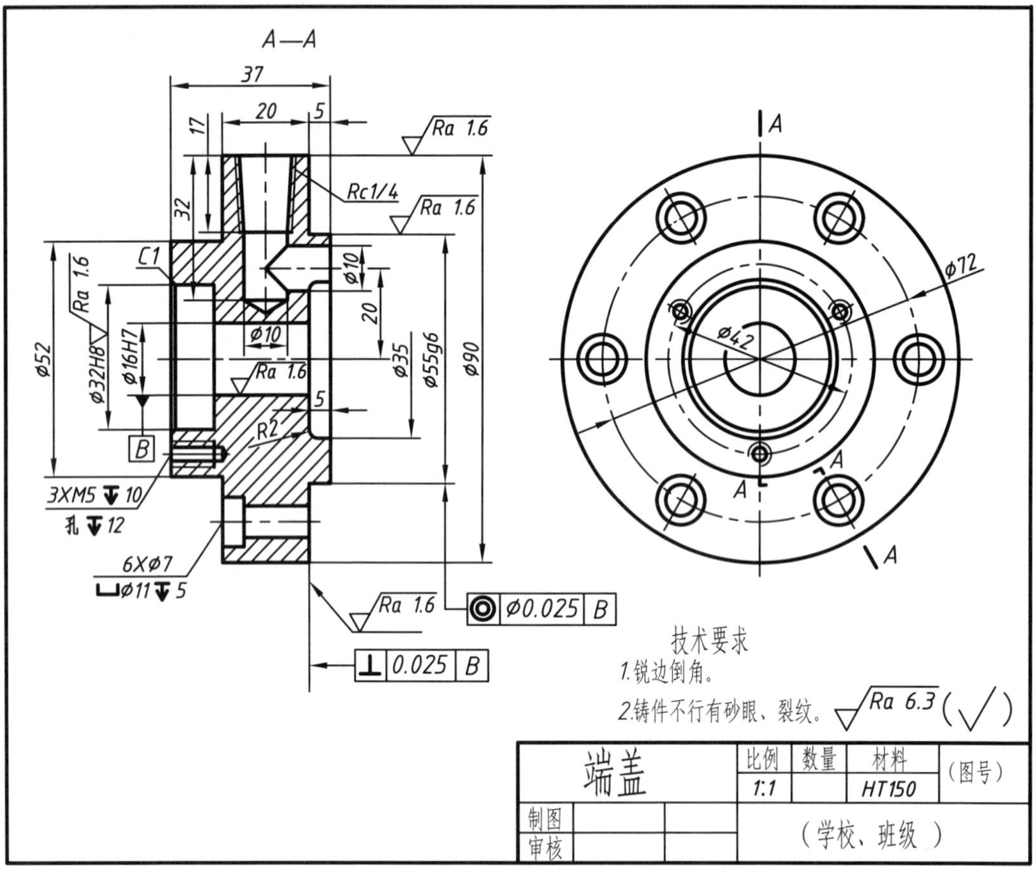

图 7-48　端盖零件图

从视图分析看，端盖从外部到内部由直径不同的圆柱面组成。由于主体是回转体，所以在高度、宽度方向的尺寸基准（即径向基准）是由 $\phi16$H7 的轴线确定的。长度方向主要基准（即轴向基准）是 $\phi90$mm 圆柱面的右端面，$\phi55$g6 圆柱右端面为辅助基准，两者间有联系尺寸 5mm。

图中 $\phi16$H7、$\phi55$g6、$\phi32$H8 尺寸精度要求较高，其他定形、定位尺寸读者可按形体分析法逐个进行分析。

表面粗糙度要求较高的表面是 ϕ32H8 和 ϕ16H7 内表面以及 ϕ55g6 外表面等，其 *Ra* 的值均为 1.6μm。除了 ϕ35mm 内表面不要求机械加工外，其余表面 *Ra* 的值均为 6.3μm。几何公差有两个，一个是 | ◎ | ϕ0.025 | *B* |，表示圆柱 ϕ55g6 的轴线与圆柱孔 ϕ16H7 的轴线的同轴度公差值为 ϕ0.025mm；另一个是 | ⊥ | 0.025 | *B* |，表示 ϕ90mm 圆柱的右端面对于圆柱孔 ϕ16H7 轴线的垂直度的公差值为 0.025mm。读图时还应注意图中有关文字说明的技术要求内容。

将上述读图的内容综合起来，可以大体了解端盖的结构形状、尺寸大小、制造要求等，这样就对端盖有了全面的认识，达到了读图要求。

通过上例的分析，可以了解和体会读零件图的基本方法和步骤。读零件图是一项实践性和专业性很强的工作，只有通过大量的读图练习，方能逐步提高读图的速度和准确性。

第八章

装配图

本章介绍装配图的内容、画法、装配工艺结构、读装配图和由装配图拆画零件图等。

第一节　装配图的作用和内容

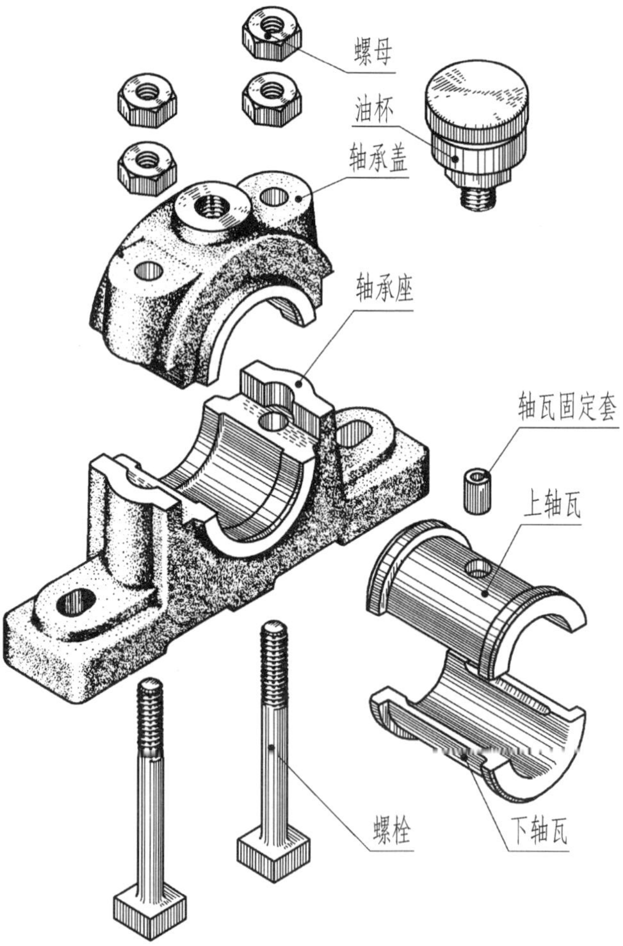

图 8-1　滑动轴承的轴测分解图

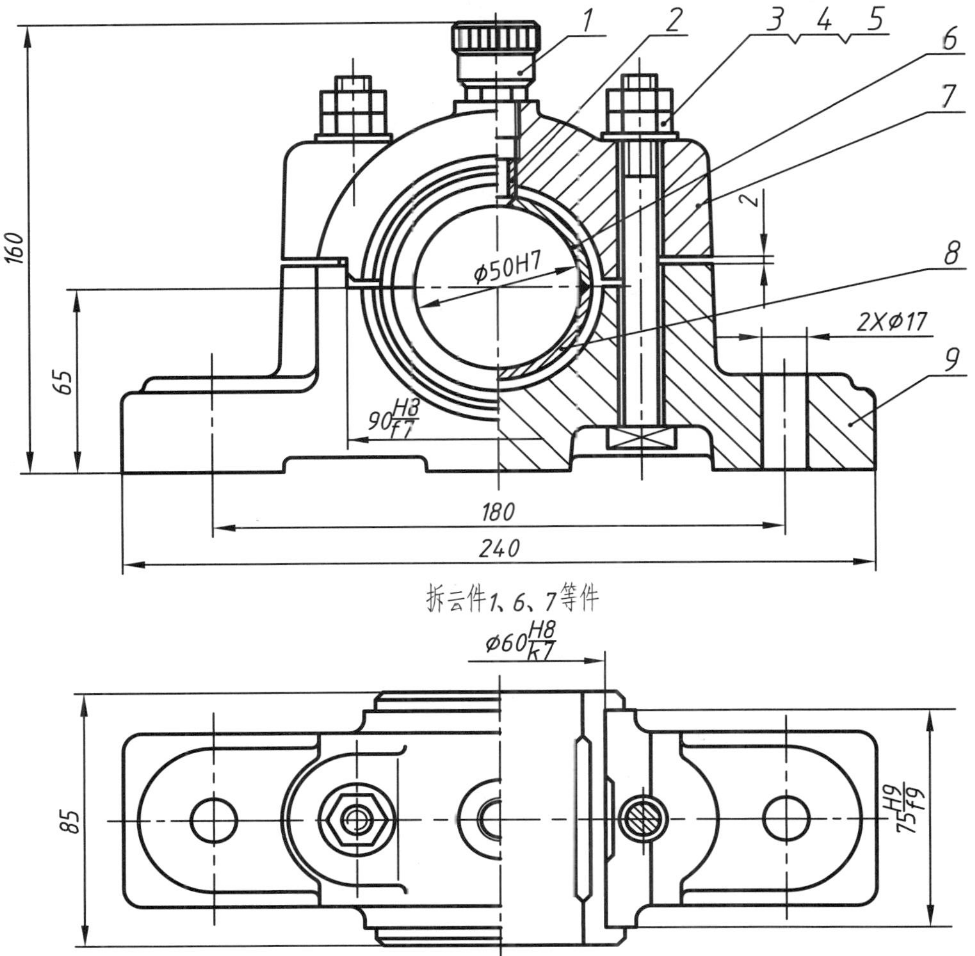

技术要求

上、下轴瓦与轴承盖、轴承座间保持良好接触。

序号	名称	数量	材料	备注
9	轴承座	1	HT150	
8	下轴瓦	1	ZCuAl10Fe3	
7	轴承盖	1	HT150	
6	上轴瓦	1	ZCuAl10Fe3	
5	螺栓 M12X30	2		GB/T5782
4	垫圈 12	2		GB/T 97.1
3	螺母 M12	4		GB/T 41
2	轴瓦固定套	1	Q235A	
1	油杯 B12	1		GB/T 1154

滑动轴承		比例	重量	共 1 张	
		1:1		第 1 张	
制图			(学校、班级)		
审核					

图 8-2 滑动轴承装配图

一台比较复杂的机器，是由许多零部件装配而成的。图 8-1 是滑动轴承的轴测分解图，图 8-2 是滑动轴承装配图，表达了各个零件的结构形状和零件间的相对位置关系。

一、装配图的作用

机器或部件都是由若干零件按一定的装配关系装配而成的。表达机器或部件结构形状、工作原理、零件间的装配关系和技术要求的图样称为装配图。在设计过程中一般要先绘制机器或部件的装配图，然后再根据装配图画出零件图。在生产过程中，则先根据零件图制造出零件，再根据装配图把零件装配成部件或机器。因此，装配图是制订装配工艺规程，进行装配、检验、安装及维修的技术文件，也是表达设计思想、指导生产和进行技术交流的重要技术文件。

二、装配图的内容

图 8-2 是滑动轴承的装配图。从图中看出，一张完整的装配图应具有以下内容。

（1）一组视图　用恰当的表达方法正确、完整、清晰地表达机器或部件的工作原理、零件间的装配关系、连接方式、传动线路及主要零件的结构形状等。

（2）必要的尺寸　标注出反映机器或部件性能、规格、装配、安装、检验所必需的尺寸。

（3）技术要求　用文字或符号说明机器或部件在装配、调试、检验、使用等方面的要求。

（4）零部件序号、明细栏和标题栏　根据生产组织和管理工作的需要，在装配图上对每一零部件都要按一定格式编写序号，并填写明细栏和标题栏。

第二节　装配图的表达方法

装配图以表达机器或部件的装配结构、工作原理和零件间的装配关系为中心，并不要求把每个零件的各部分结构均完整地表达出来。前面介绍的零件图的表达方法同样适用于装配图，但由于表达的侧重点不同，国家标准《机械制图》对装配图还做出了专门的表达方法。

一、规定画法

1）两相邻零件的接触面和配合面只画一条轮廓线；但非接触面，即使间隙很小，也须画出两条轮廓线，如图 8-3 所示。

2）剖视图中，两个或两个以上金属零件相邻时，剖面线的倾斜方向应相反，或者方向一致而间隔不等。但是同一装配图中的同一零件的剖面线应方向相同、间隔相等。当剖面厚度小于 2mm 时，可以将剖面涂黑代替剖面线，如图 8-3 所示。

3）剖视图中，对一些标准件（如螺栓、螺母、键、销等）以及轴、连杆、球等实心零件，若按纵向剖切，当剖切平面通过其轴线或对称面时，按不剖绘制，否则仍应画出剖面线。如图 8-2 中件 3 螺母、4 垫圈、5 螺栓都按不剖绘制，若这些零件上有需表达的结构时，可采用局部剖视图表示。

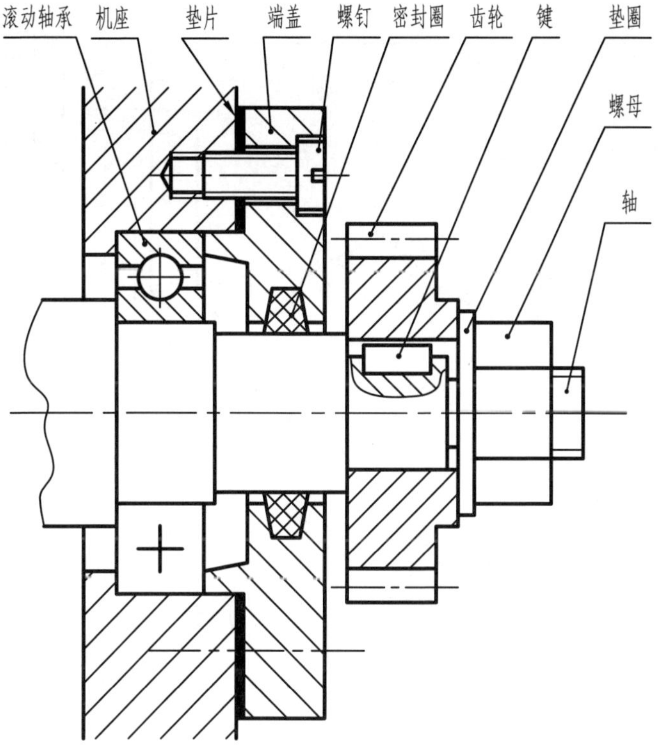

图 8-3 规定画法

二、特殊画法

1. 拆卸画法

在装配图中，当某些零件遮住了所要表达的某些结构和装配关系时，可假想将其拆去，只画出所要表达的部分。此时，在该视图上方注明“拆去件××等”字样，如图 8-2 中的俯视图。

2. 沿结合面剖切画法

为了使装配体的某些内部结构表达得更清楚，可假想沿某些零件的结合面剖切，此时在零件结合面上不画剖面线，如图 8-4 中的左视图是沿泵体与泵盖的结合面剖切后画出的。

3. 单独表达某个零件

在装配图中，当某个零件的形状未表达清楚而又影响对装配关系的理解时，可单独画出该零件的视图，但必须在所画视图上方注出该零件的视图名称，在相应的视图附近用箭头指明投射方向并标注相同字母，如图 8-5 中的件 7*B*—*B*。

4. 假想画法

1）为了表示运动零件的运动轨迹和极限位置，可在一个极限位置上画出该零件，在另一个极限位置上用双点画线画出其轮廓。

2）为了表示与本部件有装配关系但又不属于本部件的其他相邻零部件时，可用双点画线画出相邻零部件的轮廓。

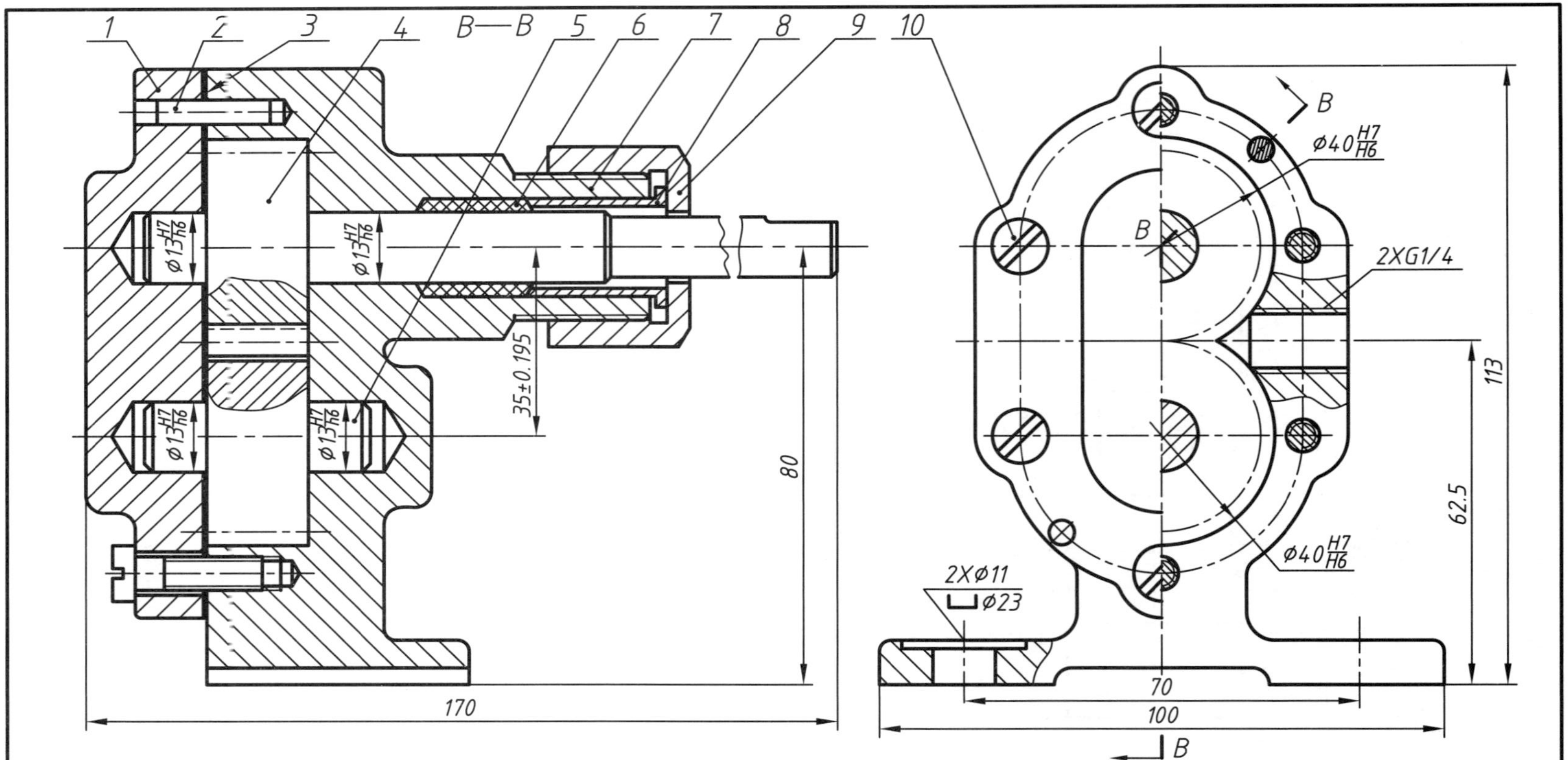

技术要求

1.齿轮安装后，月手转动齿轮轴时，应旋转灵活。
2 齿轮泵在进行泊压试验时，所有密封装置处不得漏油。

					3	垫片	尺量	工业用纸	
10	螺钉 M6X20	6		GB/T65	2	销 5X20	2		GB/T 119.1
9	压盖螺母	1	Q235A		1	泵盖	1	HT200	
8	填料压盖	1	Q235A		序号	名称	数量	材料	备注
7	泵体	1	HT200		齿轮泵		比例	重量	共 1 张
6	填料	1	毛毡				1:1		第 1 张
5	从动齿轮轴	1	45		制图	(日期)	(学校、班级)		
4	主动齿轮轴	1	45		审核	(日期)			

图 8-4　齿轮泵装配图

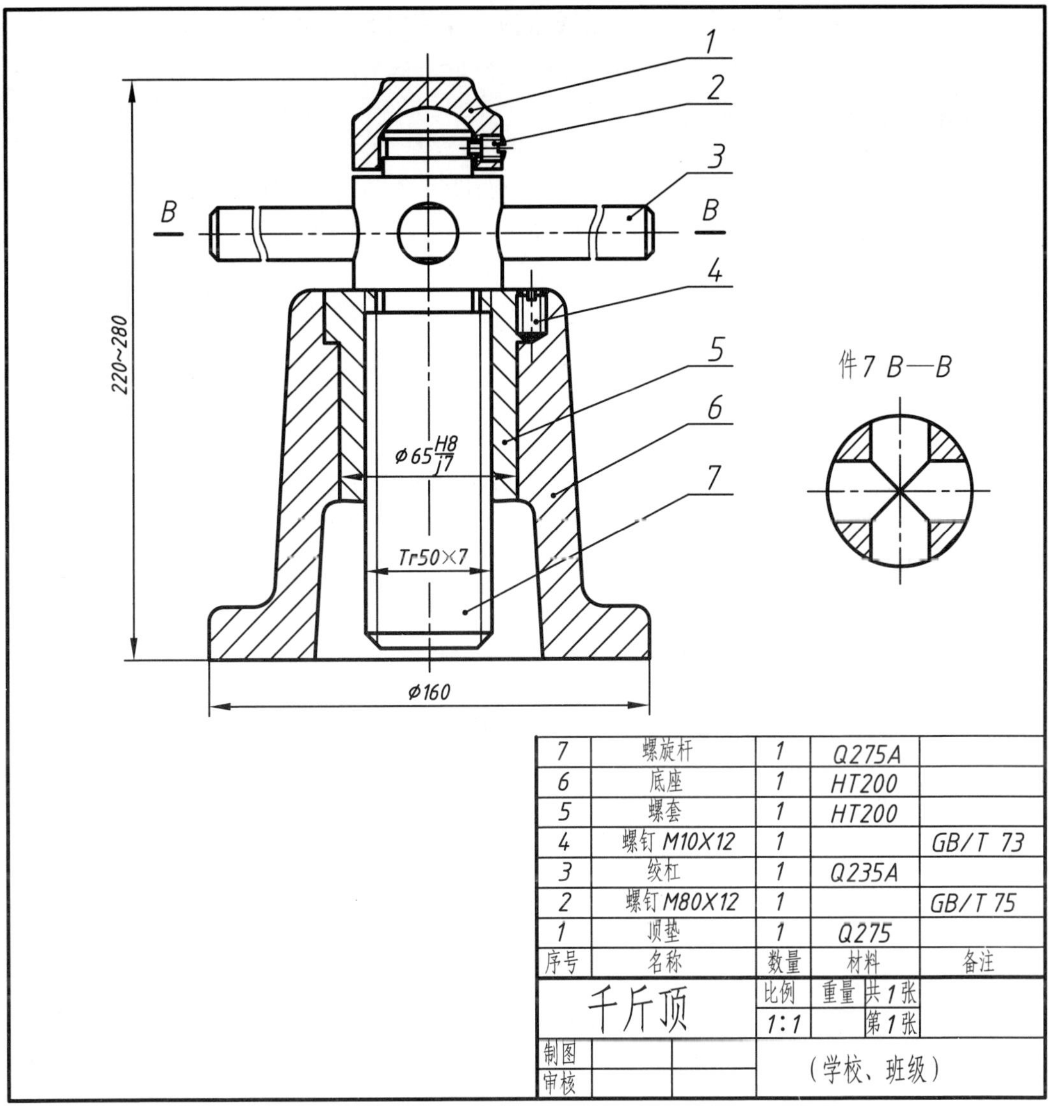

序号	名称	数量	材料	备注
7	螺旋杆	1	Q275A	
6	底座	1	HT200	
5	螺套	1	HT200	
4	螺钉 M10X12	1		GB/T 73
3	绞杠	1	Q235A	
2	螺钉 M80X12	1		GB/T 75
1	顶垫	1	Q275	

千斤顶	比例	重量	共1张	
	1:1		第1张	
制图			(学校、班级)	
审核				

图 8-5 千斤顶装配图

5. 夸大画法

装配图中的薄片零件、细丝零件、微小间隙、较小的斜度和锥度等，为表达清楚允许该部分夸大画出，如图 8-3 中垫片夸大画法。

三、简化画法

1）装配图中零件的工艺结构，如圆角、倒角、退刀槽、凸台、凹坑等允许省略不画；对于标准件（如滚动轴承、螺栓等）可采用简化或示意画法，如图 8-3 所示。

2）装配图中，对于结构相同、重复出现的零件组如螺纹紧固件等，允许只画一处，其余用点画线表示其中心位置，如图 8-3 所示。

第三节　装配图的尺寸和技术要求

一、装配图的尺寸标注

装配图与零件图不同，不必标出每个零件的全部尺寸，而只需标出与装配体的装配、检验、安装或调试等有关的尺寸。装配图中的尺寸可分为以下几类。

1. 外形尺寸

外形尺寸表示机器或部件的总长、总宽、总高，是机器或部件包装、运输以及厂房设计时需要考虑的尺寸，如图 8-4 中的总长 170mm、总宽 100mm、总高 113mm 均是外形尺寸。

2. 性能（规格）尺寸

性能（规格）尺寸是表示机器或部件的性能或规格的尺寸。它作为设计的一个重要数据在画图前就已确定，也是了解和使用该机器或部件的主要依据，如图 8-4 中齿轮泵管口直径 G1/4，表明了管路的通径。

3. 装配尺寸

装配尺寸是表达机器或部件各零件间装配关系的尺寸，通常有以下两种。

（1）配合尺寸　确定两零件配合性质的尺寸，如图 8-4 中的 ϕ13H7/h6。

（2）相对位置尺寸　需要保证的两零件或部件间重要的相对位置尺寸，主要包括两传动轴间的中心距、主要轴线到基准面的定位尺寸等，如图 8-4 中的（35±0.195）mm 和 62.5mm。

4. 安装尺寸

安装尺寸是机器或部件安装在地基上或其他设备时所需要的尺寸，如图 8-4 中的 70mm，2×ϕ11mm。

5. 其他重要尺寸

其他重要尺寸是在设计过程中经过计算确定或选定的尺寸，但又未包括在以上几类尺寸中，这种尺寸在拆画零件图时不能改变。例如运动零件的极限位置尺寸和主体零件的重要尺寸等，如图 8-5 中的 ϕ160mm。

特别指出，装配图中有些尺寸兼有几种含义，而每张装配图中并不一定都具有以上几种尺寸。因此，在标注装配图尺寸时要视具体情况酌情而定。

二、装配图的技术要求

机器或部件在装配、调试、检验、使用和维修时要注意的事项称为技术要求，可用文字或符号注写在装配图上。极限与配合、几何公差以符号标注在图样上，其他的一般用文字书写在标题栏附近的空白处，也可另编技术文件附上。

第四节　装配图中零部件序号、明细栏和标题栏

为了便于读图和生产管理，必须对装配图中所有的零部件编写序号，并在标题栏上方画

出明细栏，填写零件的相关内容。这样有利于读图时对应查阅，并根据明细栏做好生产准备。

一、零部件序号

1. 一般规定

1）每个零件都要编号，相同的零件一般只编注一次。

2）同一标准件，如油杯、滚动轴承等，在装配图上只编一个序号。

3）明细栏中的序号应与装配图中的零部件序号一致。

2. 零部件序号的编排方法

零部件序号包括三项内容：圆点、指引线、序号数字。编排时可按以下步骤进行：

（1）画圆点和指引线

1）指引线应从所指部分的可见轮廓内用细实线引出，并在末端画一圆点，如图 8-6 所示。若所指部分为很薄的零件或涂黑的剖面不便画圆点时，可在指引线的末端画出箭头，指向该部分轮廓。

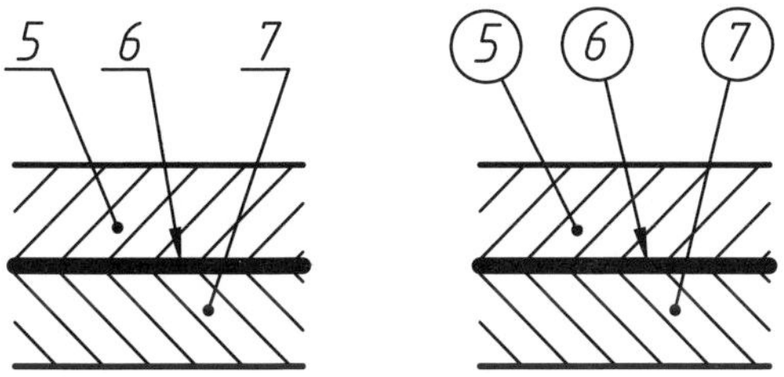

图 8-6　序号的编排

图 8-7　指引线可转折一次

2）当指引线通过剖面线区域时，指引线不能与剖面线平行，如图 8-6 所示。指引线不能相互交叉，必要时可以画成折线，但只可转折一次，如图 8-7 所示。

3）一组紧固件或装配关系清楚的零件组，可用一条公共指引线，如图 8-8 所示。

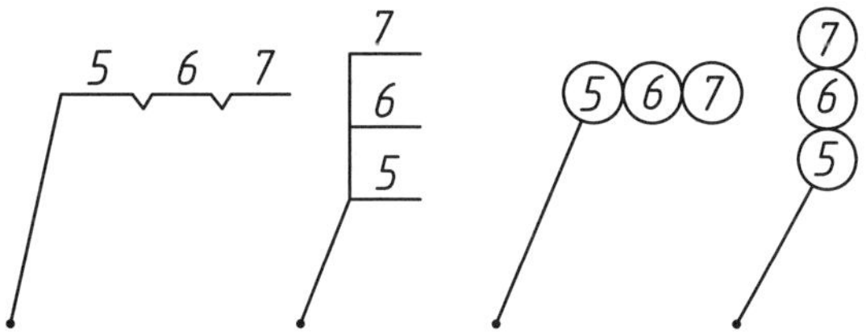

图 8-8　零件组的编号形式

（2）注写序号数字　序号应沿水平或垂直方向顺时针或逆时针方向整齐、有序排列，序号高应比图中尺寸数字的高度大一号或两号，如图 8-2 所示。序号数字的编写常用以下两种方法，但同一装配图中编注序号的形式应一致，如图 8-6 所示。

1）在指引线的另一端用细实线画一水平线段，将序号书写在水平线上。

2）在指引线的另一端用细实线画一个圆，将序号写在圆内。

二、明细栏

明细栏应接在标题栏的上方画出，是装配图中全部零件的详细目录，其内容一般由序号、名称、数量、材料、备注等组成，格式可按 GB/T 10609.2—2009 的规定绘制，也可按实际需要设置内容。学生作业可采用图 8-9 所示格式。

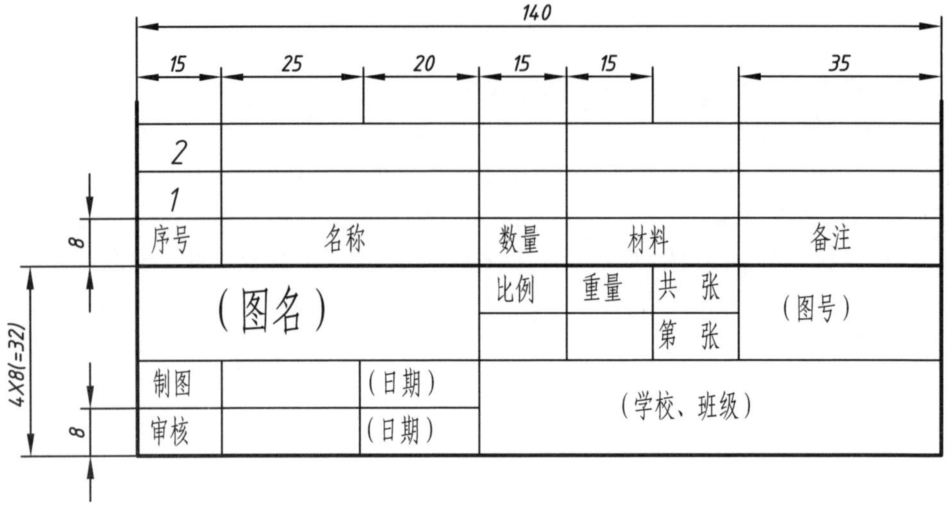

图 8-9 明细栏和标题栏

填写明细栏时按零部件序号自下而上依次书写，不得间断或交错。当标题栏上方没有足够位置时，可在标题栏左方自下而上延续，如图 8-4 所示。

第五节 机器上常见装配结构

为了保证装配质量，达到机器或部件的性能要求以及拆卸、安装方便，除了根据设计要求考虑零件的结构外，还应根据装配工艺的要求考虑装配结构的合理性。

一、零件的接触面结构

（1）两个零件接触面的数量　两零件接触时，在同一方向上一般只有一对面接触，这样既保证了两零件良好的接触，又降低了加工要求，如图 8-10 所示。

（2）轴与孔的装配结构　轴与孔装配时，应将孔端倒角或将轴肩根部切槽，以保证轴肩端面与孔的端面接触良好，如图 8-11 所示。

（3）螺纹连接件接触面结构　在螺栓等紧固件的连接中，为保证接触面的良好接触，常对被连接件有接触要求的凸台或沉孔毛坯处进行机械加工，如图 8-12 所示。

二、便于装拆的结构

为了便于拆装，应考虑螺栓、螺钉等的装拆空间及扳手活动空间，如图 8-13、图 8-14所示。为保证便于装拆和旋紧，必须在箱壁上增加手孔或改用螺柱等结构，如图 8-15 所示。

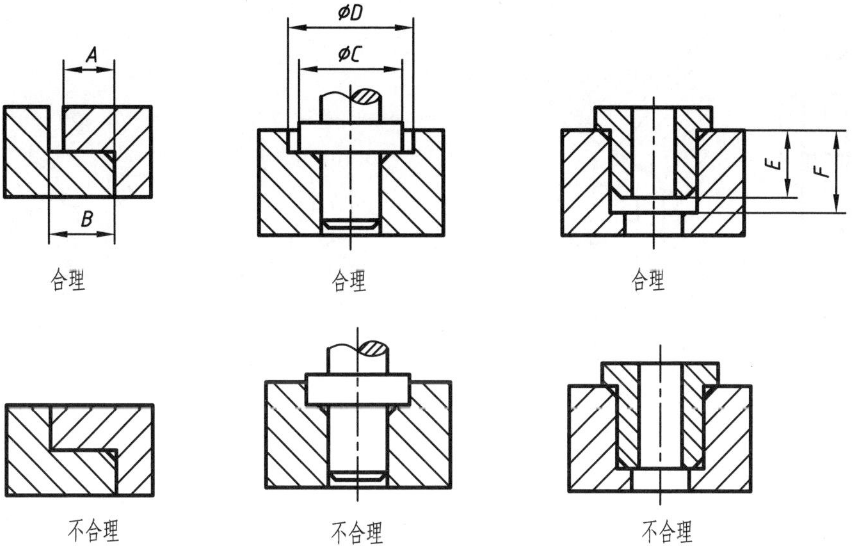

图 8 10 接触面的画法

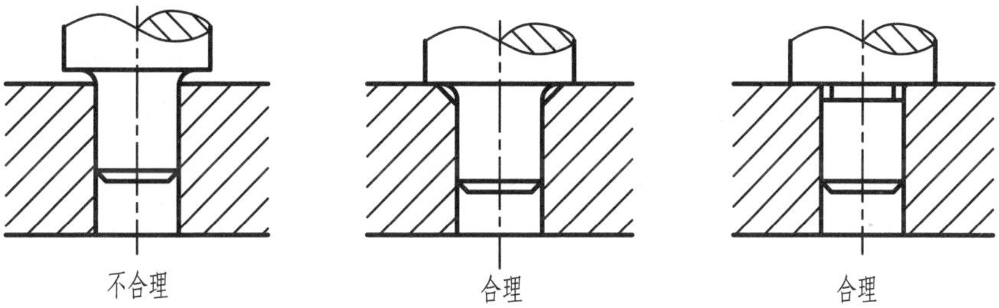

图 8-11 轴与孔的装配结构

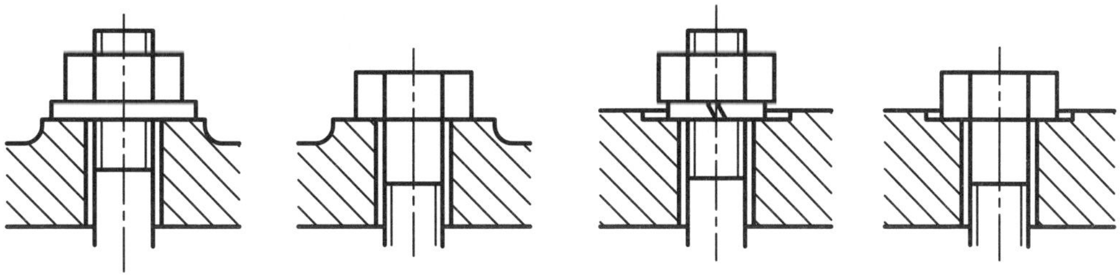

图 8-12 紧固件与被连接件接触面的结构

三、常用螺纹连接的防松结构

机器运转时，由于受到振动或冲击，螺纹连接件可能松动，严重时会造成事故，因此在结构上应该考虑螺纹连接的防松问题。常见的防松结构有双螺母和弹簧垫圈。

（1）双螺母 依靠两螺母在拧紧后螺母之间产生的轴向力，使内外螺纹间的摩擦力增大而达到防松的目的，如图 8-16a 所示。

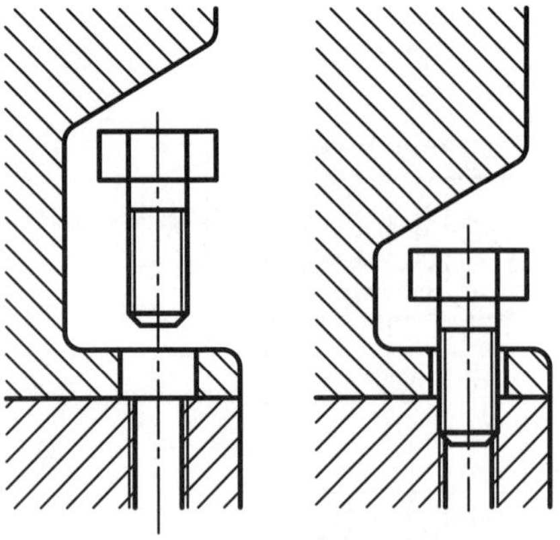

合理 不合理

图 8-13 装拆空间

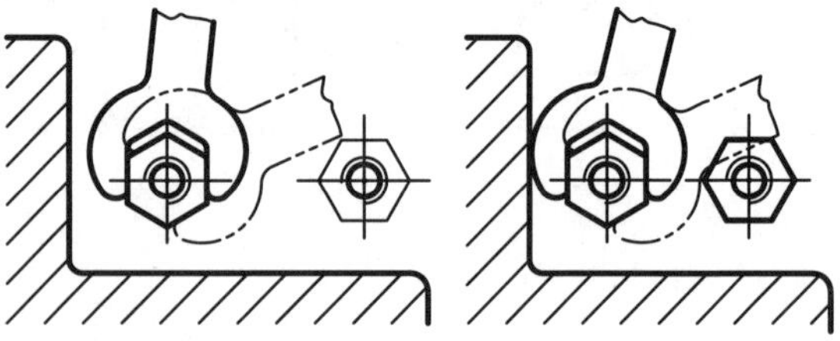

合理 不合理

图 8-14 扳手活动空间

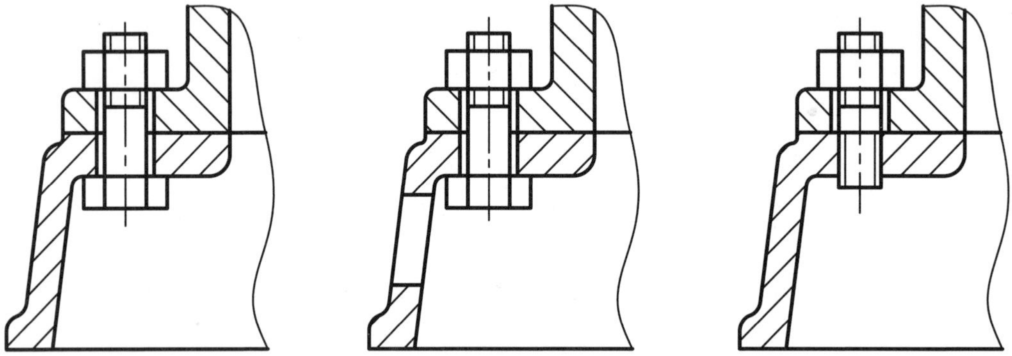

不合理 合理 合理

图 8-15 便于装拆和旋紧结构

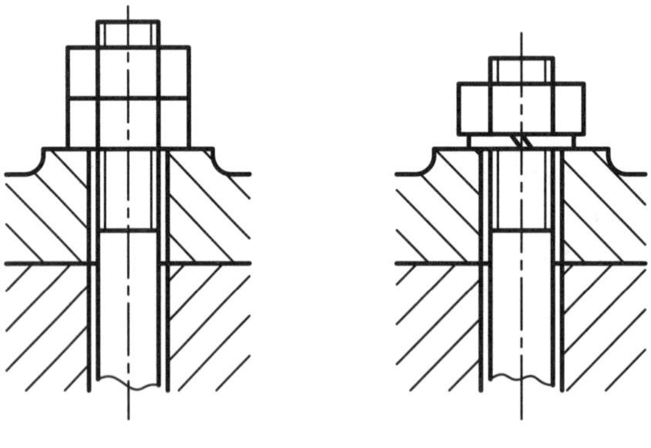

a) b)

图 8-16 常见螺纹连接的防松结构

a）用双螺母防松 b）用弹簧垫圈防松

（2）弹簧垫圈 当拧紧螺母后，弹簧垫圈受压、变平，依靠此变形力，使内外螺纹间的摩擦力增大，弹簧垫圈开口的刀刃阻止螺母的转动，防止了螺母松脱，如图 8-16b 所示。

第六节 由零件图画装配图

现以机用虎钳为例，说明画装配图的方法和步骤。图 8-17 为该机用虎钳轴测分解图，图 8-18 为机用虎钳各零件的零件图。

一、了解部件的装配关系和工作原理

画装配图前应依次阅读零件图，弄清各零件的结构形状，并结合有关资料了解机器或部件的用途、工作原理、零件间的装配关系、结构特征等。

机用虎钳是一种用于夹紧工件的、以便于机械加工的夹具。工作时，旋转螺杆，使方螺母带动活动钳块左右移动，实现工件的夹紧或松开。

二、确定表达方案

在分析、了解机器或部件的基础上，运用装配图的各种表达方法，确定机器或部件的表达方

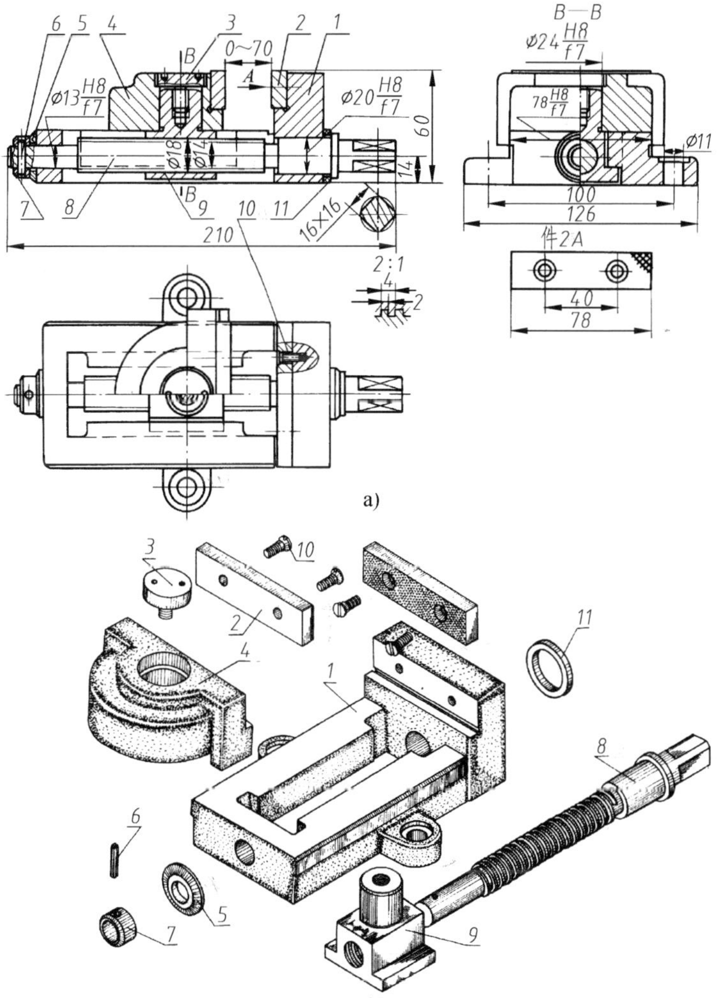

图 8-17 机用虎钳轴测分解图

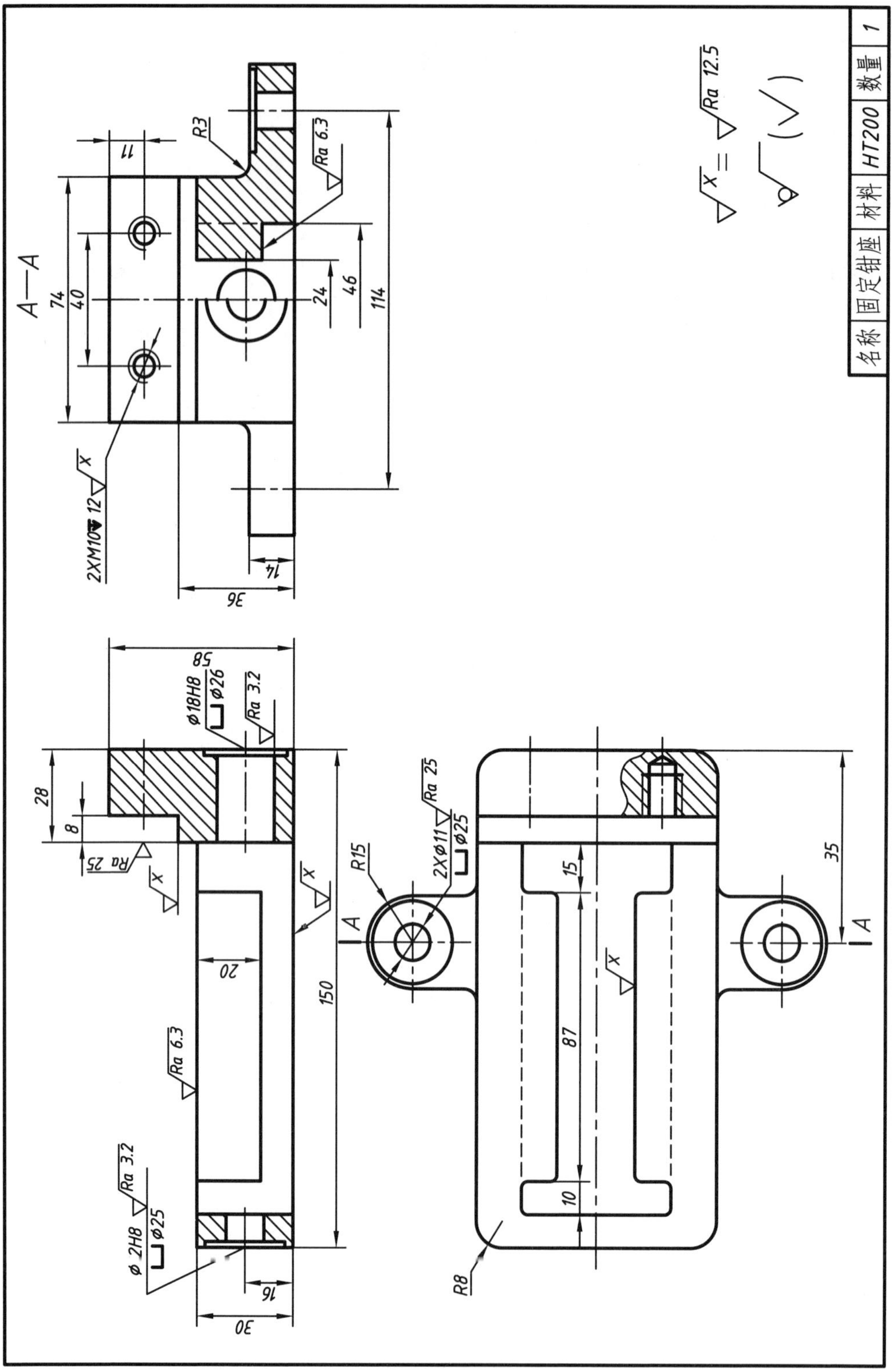

a)

图 8-18　机用虎钳各零件的零件图

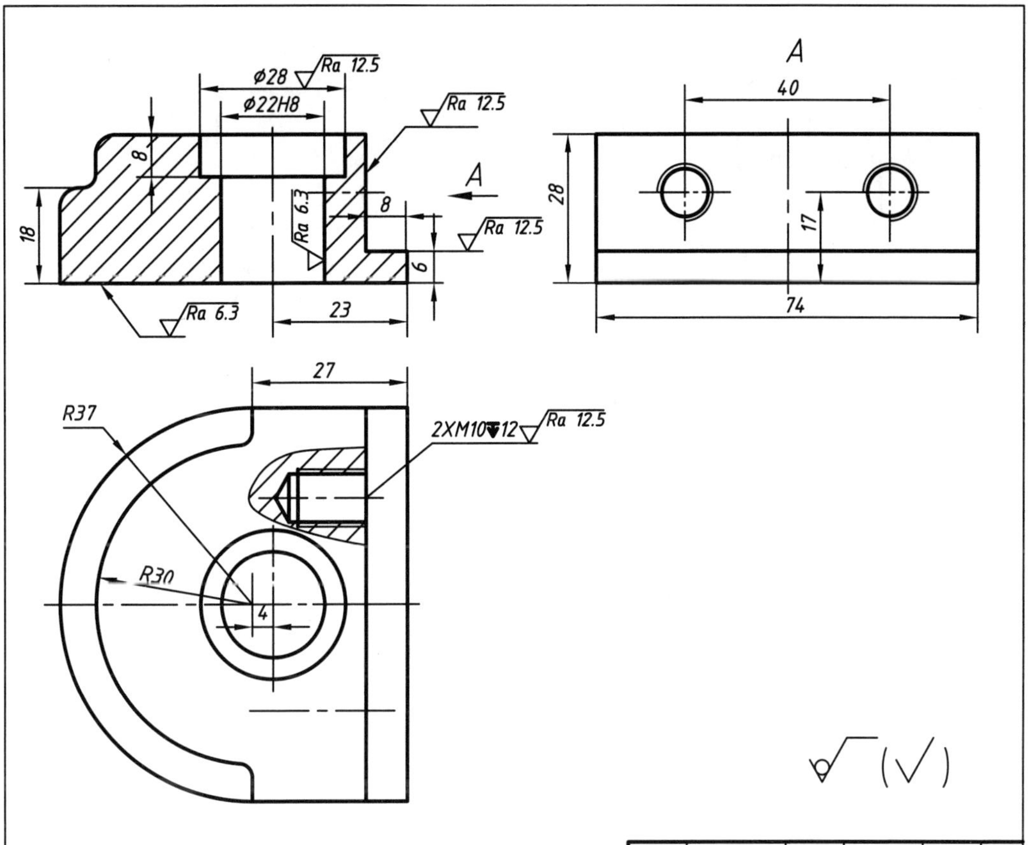

名称	活动钳块	材料	HT200	数量	1

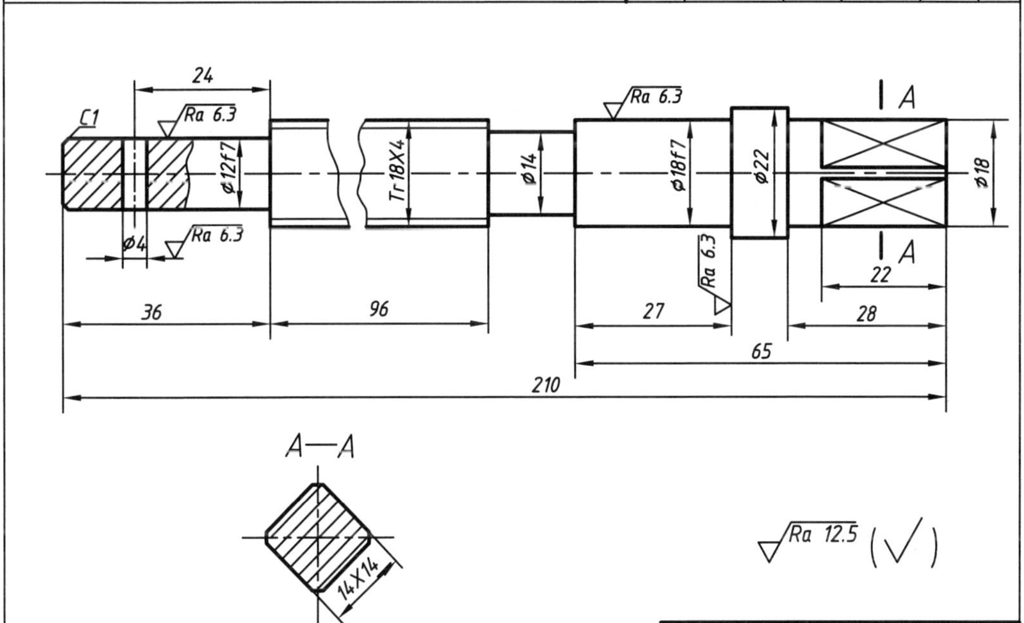

名称	螺杆	材料	45	数量	1

b)

图 8-18 机用虎钳各零件的零件图（续一）

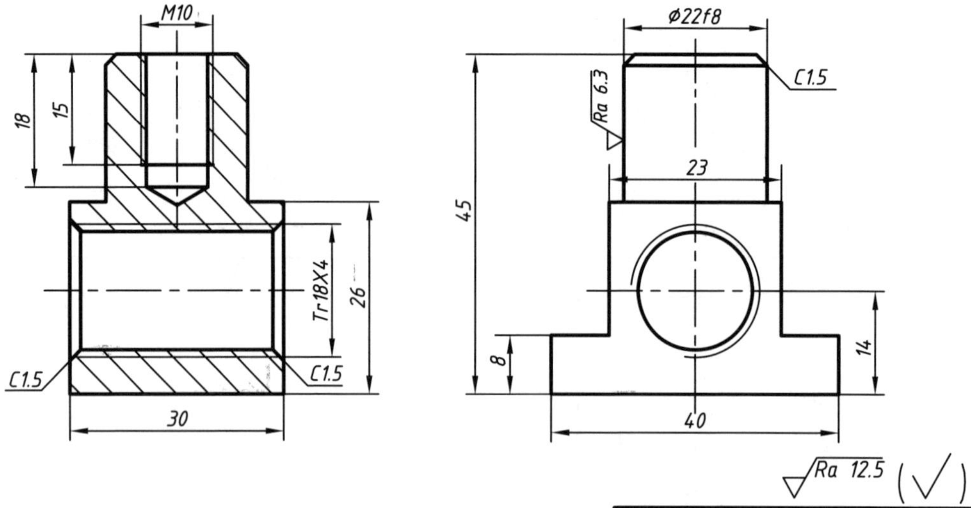

名称	方螺母	材料	Q275	数量	1

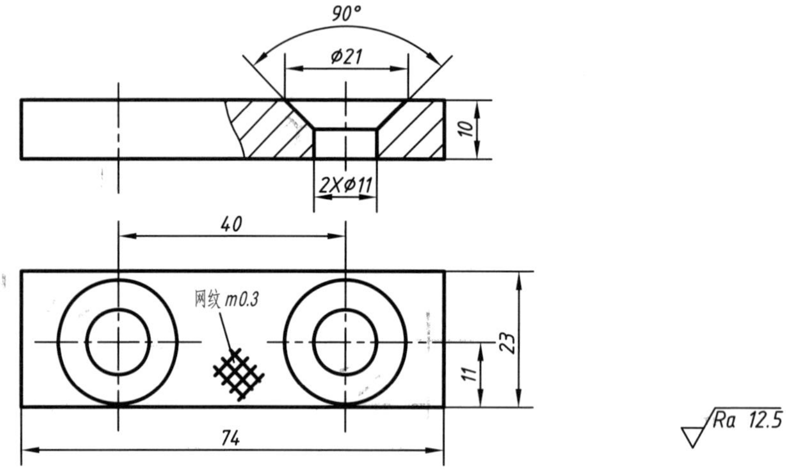

名称	护口板	材料	45	数量	2

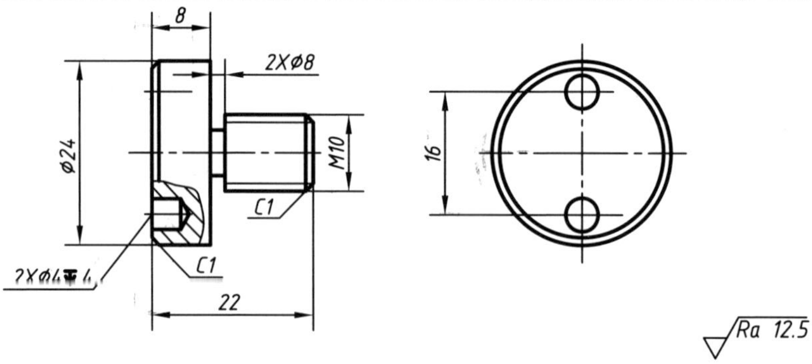

名称	螺钉	材料	Q235	数量	1

c)

图 8-18 机用虎钳各零件的零件图（续二）

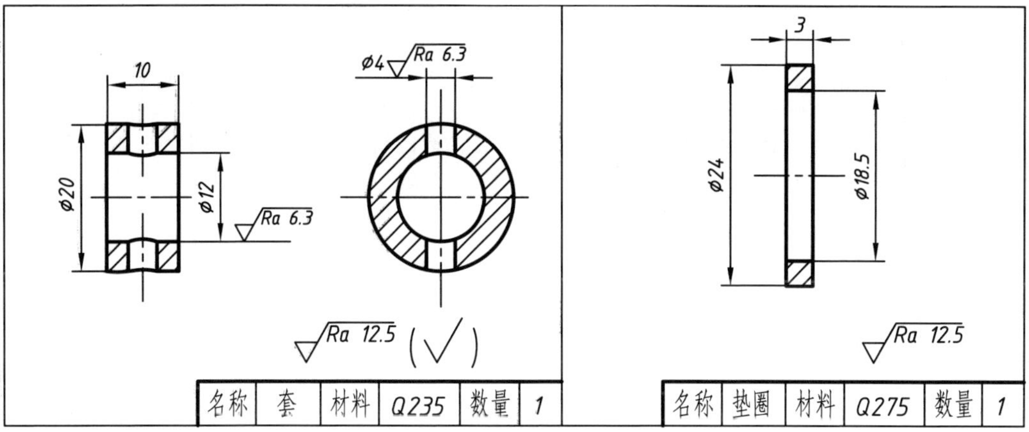

d)

图 8-18　机用虎钳各零件的零件图（续三）

法，完整、清晰地表达机器或部件的工作原理、各种零件间的装配关系及主要零件的结构形状。

1. 主视图的选择

一般以机器或部件的工作位置作为主视图的安放位置，选择能够较多地表达机器或部件的工作原理、装配关系及主要零件结构形状特征的方向作为主视图的投射方向。

表达机用虎钳时，主视图按工作位置（轴线水平）放置，螺杆的伸出端在右侧作为主视图投射方向，并采用过螺杆轴线的剖切平面剖切画全剖视图。这样，主视图同时表达出了装配干线上零件间的装配关系和机用虎钳的工作原理。

2. 其他视图的选择

主视图确定后，选择其他视图用来补充主视图没有清楚而又必须表达的内容。应注意：每个视图应有明确的表达重点，避免重复。

机用虎钳左视图采用过活动钳块中心剖切画半剖视图，既能进一步表达方螺母与活动钳块和固定钳座的连接关系，又清楚地反映出活动钳块和钳座的外部形状。俯视图可以完整地反映机用虎钳的外部形状，另选用局部剖视图来表达固定钳座与护口板的螺钉连接关系。

三、画装配图的方法和步骤

1）合理布局、画出作图基准线。根据确定的表达方案和机器或部件的大小及结构复杂程度，确定适当的比例和图幅，画出图框、标题栏和明细栏，然后画出各视图的作图基准线（如对称中心线、主要轴线和主要零件的基准面等），如图 8-19a 所示。

2）画底稿。画图的基本原则是“先主后次”，即先画主要零件及主要结构，再画次要零件及某些细小结构。一般先从主视图入手，几个视图相互配合进行。画图时可采用由内向外画，即从主要装配干线开始，逐步向外延伸；也可以采用由外向内画，先画外部零件，再将内部零件逐个画出。但具体问题具体分析，应根据实际情况灵活运用。如图 8-19b 所示，先绘制出主体结构的轮廓，再画其他次要零件、细部结构及各种连接件等。

3）检查、加粗、完成全图。检查底稿后，绘制剖面线，各类线型按照规定加粗，如图 8-19c 所示。

4）标注尺寸、编写零部件序号、填写明细栏、技术要求及标题栏，如图 8-19d 所示。

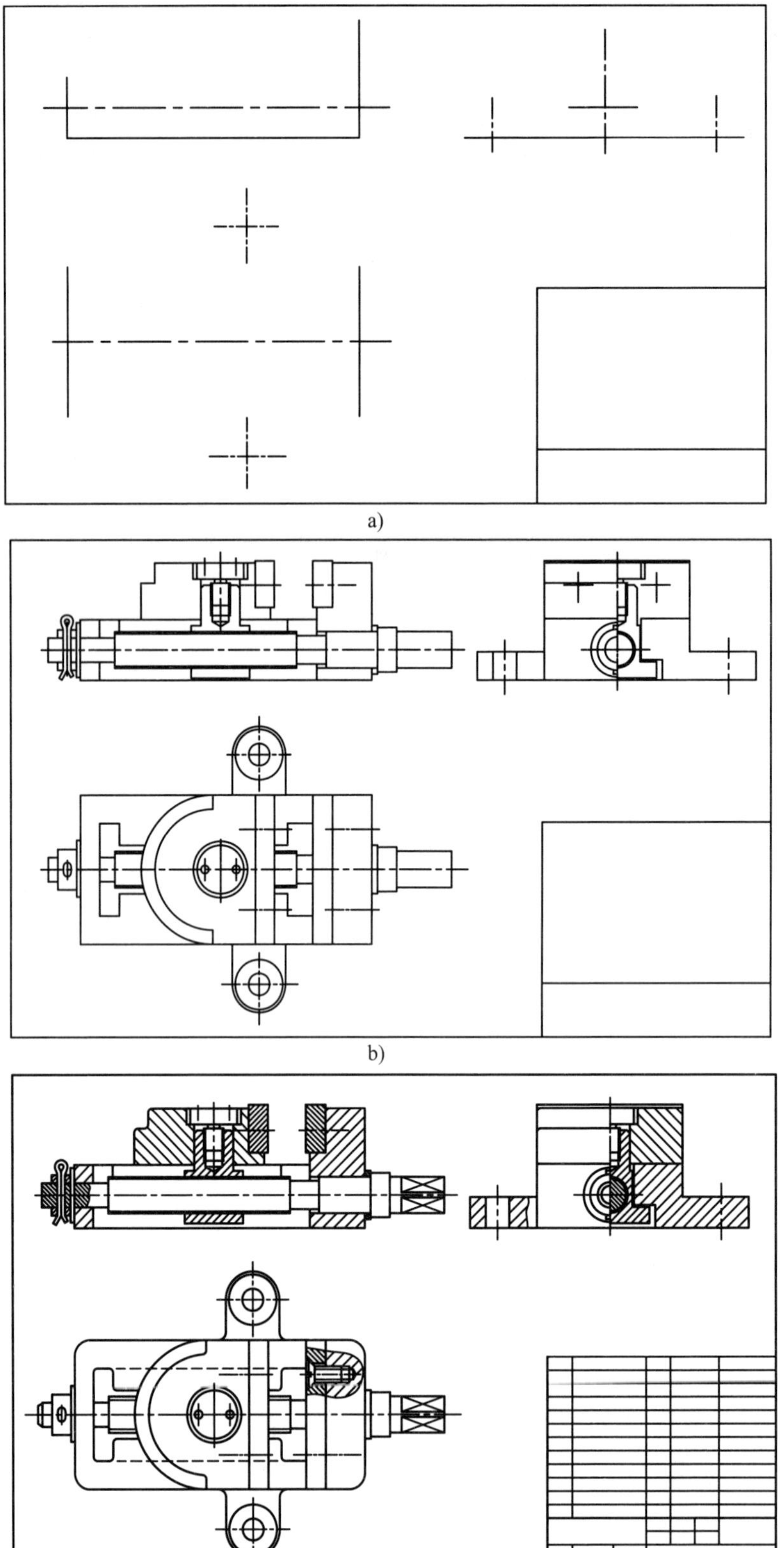

图 8-19　机用虎钳装配图的作图步骤

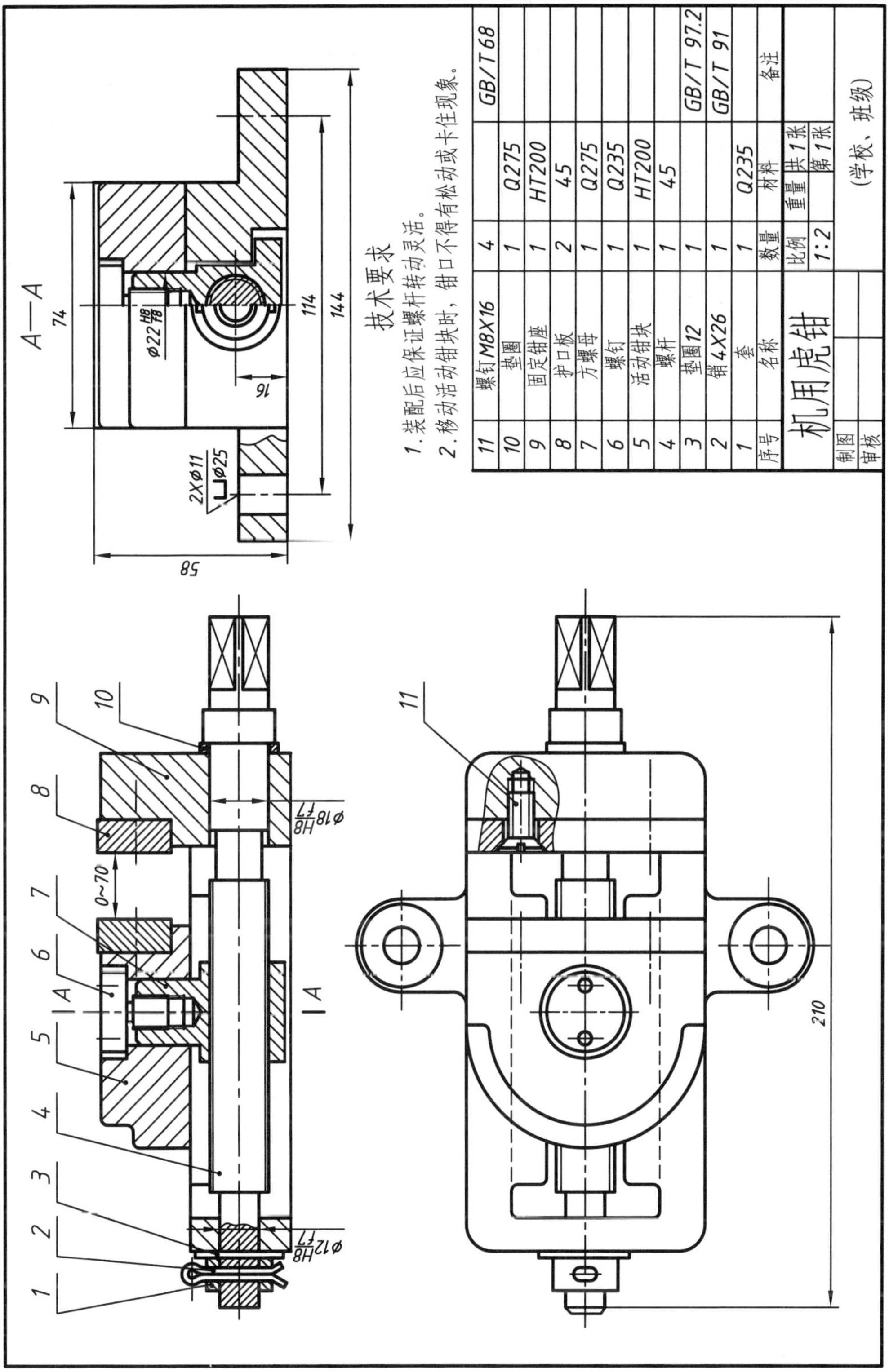

d)

图 8-19　机用虎钳装配图的作图步骤（续）

第七节　读装配图和由装配图拆画零件图

一、读装配图

在设计、制造、安装、维修机器设备以及进行技术交流时，都需要阅读装配图。工程技术人员均应掌握阅读装配图及由装配图拆画零件图的方法。

1. 读装配图的基本要求

1）了解机器或部件的名称、性能、用途、构造及工作原理。

2）了解各零件之间的连接方式、装配关系及装拆顺序。

3）弄清各零件的主要结构形状并分析其作用。

4）了解其他系统（如润滑系统、防漏系统等）的原理及构造。

2. 读装配图的方法和步骤

现以图 8-4 所示齿轮泵装配图为例，说明读装配图的方法和步骤。

（1）概括了解　由标题栏及有关资料，了解该机器或部件的名称、用途、工作原理；由零件序号、明细栏及视图了解各零件的名称、材料、数量及在机器或部件上的位置。

由图 8-4 中的标题栏可知，该部件为齿轮泵，由 10 种零件组成，其中有 2 种标准件。整个部件的体积较小，重量轻，结构比较简单。齿轮泵是用来输送润滑油的一个部件，工作时，靠一对齿轮的啮合传动，啮合区两侧封闭液体周期性变化引起压力变化，从而完成吸油和压油动作。图 8-20 所示为齿轮泵工作原理。

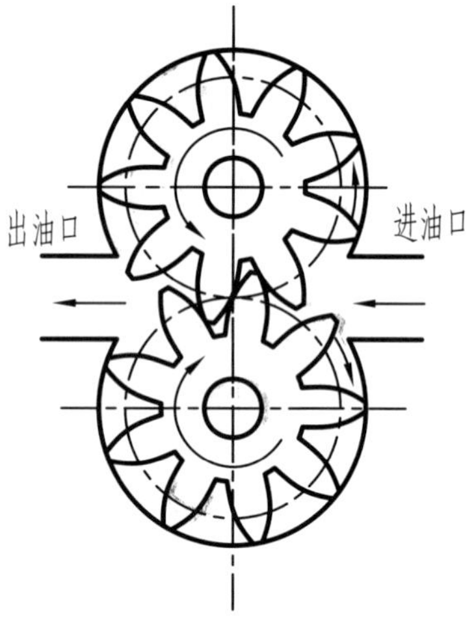

图 8-20　齿轮泵工作原理

（2）分析视图　弄清视图的名称、表达重点以及各视图间的关系。

图 8-4 所示齿轮泵装配图有两个基本视图。主视图按工作位置画出，采用了两个相交的剖切平面画出的全剖视图，表达了装配干线上各零件间的装配关系。左视图采用了沿泵盖和泵体结合面剖切绘制的半剖视图，并在吸、压油口处采用了局部剖视图，左视图清楚地表达了齿轮泵的外形，齿轮的啮合情况，吸、压油口结构以及齿轮泵吸、压油的工作原理。

（3）分析零件间的装配关系　借助零件的序号、不同的剖面线方向和间隔，把每个零件的视图从装配图中划分出来，然后对照投影关系想象出它们各自的结构形状。在此基础上，根据图中各零件的相对位置关系，弄清它们之间的装配关系。

齿轮泵的主要零件是泵体、泵盖、主动齿轮轴和从动齿轮轴。泵体内腔容纳一对齿轮，将齿轮轴装入泵体后，左侧由泵盖、右侧靠泵体支承这一对齿轮轴的旋转运动。泵体和泵盖用螺钉连接、销定位。为了防止漏油，泵体与泵盖间用垫片密封，而主动齿轮轴伸出端则采用填料密封。

在分析装配关系的基础上，从主视图入手，根据投影关系和各零件的剖面线方向、间隔，利用投影关系分别找出各零件的轮廓，进而弄清各零件的结构形状。

（4）分析尺寸和技术要求　分析装配图上所标注的尺寸，进一步了解机器或部件的规格、零件间的配合要求及机器或部件安装情况等。

图 8-4 中，2×G1/4 为规格尺寸，ϕ40H7/h6、ϕ13H7/h6、(35±0.195)mm 为装配尺寸，2×ϕ11mm 和 70mm 为安装尺寸，170mm、100mm、113mm 是外形尺寸。

（5）归纳总结，看懂全图　在了解了装配体的工作原理、看懂零件图的基础之上，进一步分析零件的装拆顺序，结合尺寸、技术要求等进行全面归纳、总结，形成一个完整的概念，达到看懂装配图的目的。

二、由装配图拆画零件图

由装配图拆画零件图，简称拆图。拆图是设计工作的重要环节，也是检验是否读懂装配图的有效方法。现以图 8-4 中的泵盖为例，说明拆画零件图的方法和步骤。

（1）确定零件形状　在装配图中，有些零件的局部结构并不一定被完全表达，在拆画零件图时，应根据零件的功用加以补充、完善。而零件的工艺结构（如倒角、圆角、退刀槽等）往往被省略，拆画零件图时应将这些结构补全并标准化。

由图 8-4 中的明细栏可知，泵盖的序号是 1，在主视图中找到件 1，再根据投影关系和同一零件在各视图的剖面线方向和间隔一致的特征，把泵盖从主、左视图中分离出来，如图 8-21 所示。由于左视图采用半剖视图，因此应把它补充完整。

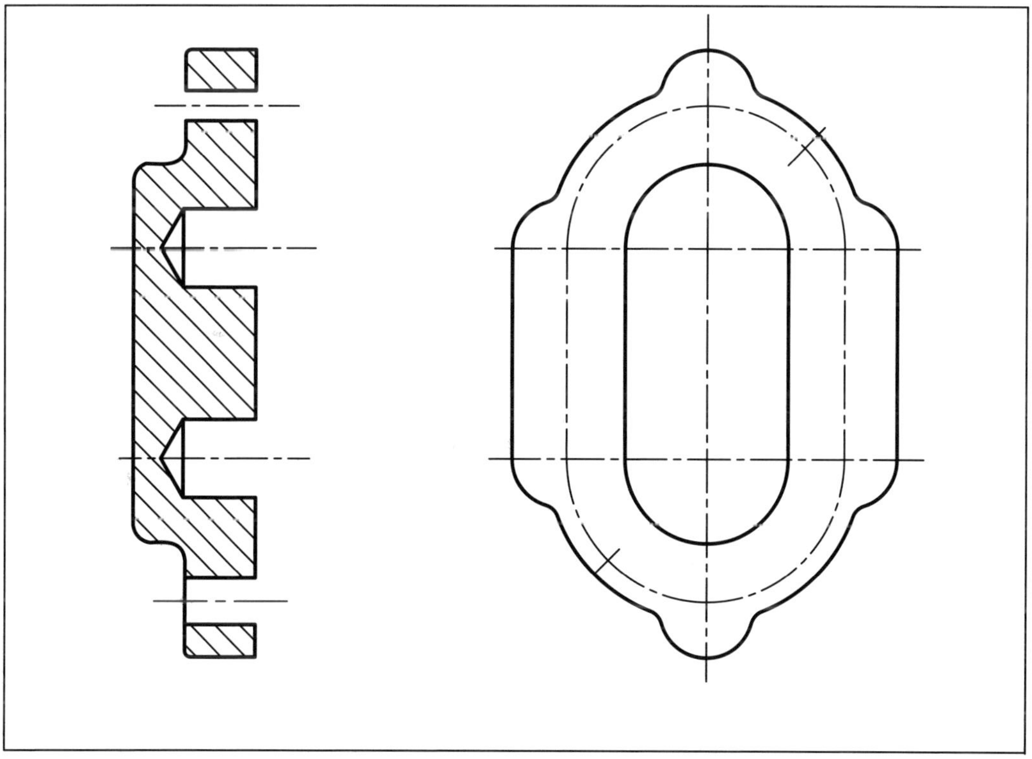

图 8-21　分离泵盖轮廓

（2）确定表达方案 装配图的表达方案对表达其中某个零件的结构形状来说不一定很恰当。因此，在拆画零件图时不能完全按装配图的视图表达方案简单照抄，应根据零件的结构形状和零件图的视图选择原则重新确定。

根据泵盖的结构形状，按其工作位置放置，表达方案与装配图一致，如图 8-22 所示。

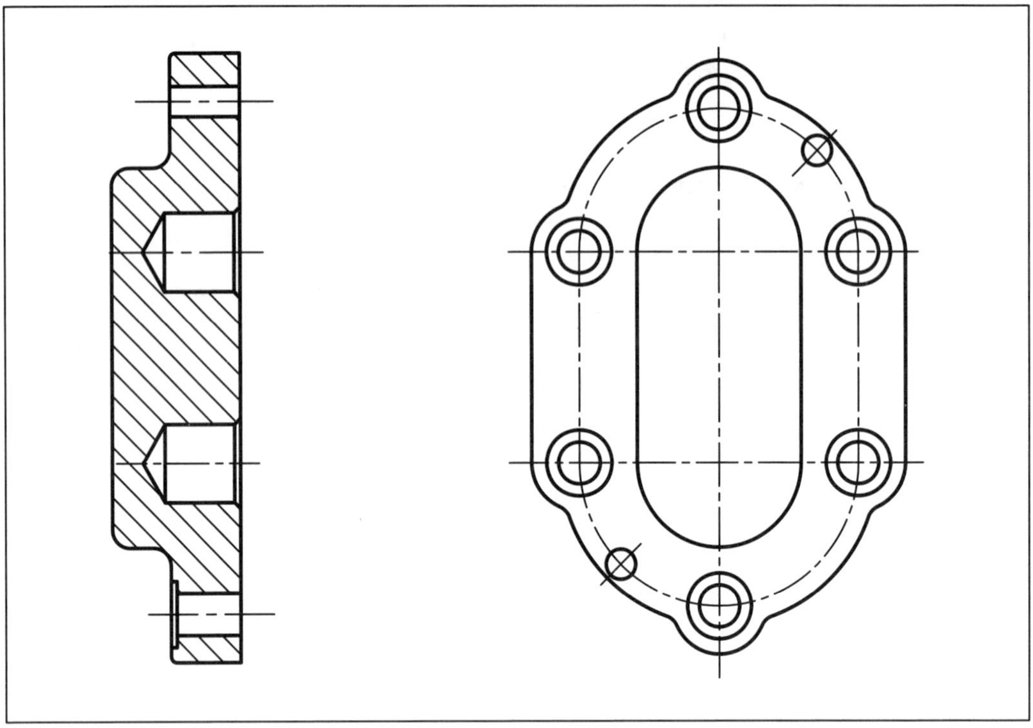

图 8-22 泵盖表达方案

（3）确定零件的尺寸 装配图中已注出的尺寸不能随意改动，在零件图上应直接注出。在装配图上未标注的零件尺寸，一般可按比例在图形上直接量取，并尽量取整数。对于标准结构，应从有关标准中查得。

（4）零件图上的技术要求 零件图上的技术要求是保证加工质量的重要内容，应根据零件的作用与相关零件的装配关系和工艺结构等方面的要求来确定。例如配合尺寸的精度一般比非配合尺寸的精度高一些；重要表面的表面结构参数值应比非重要表面的表面结构参数值小一些；耐磨性要求较高的表面一般需要热处理等，必要时可参考同类产品图样，采用类比的方法确定。

（5）填写标题栏 零件图标题栏中的零件名称、材料、数量、图号等要与装配图明细栏中所注内容一致。图 8-23 为泵盖零件图。

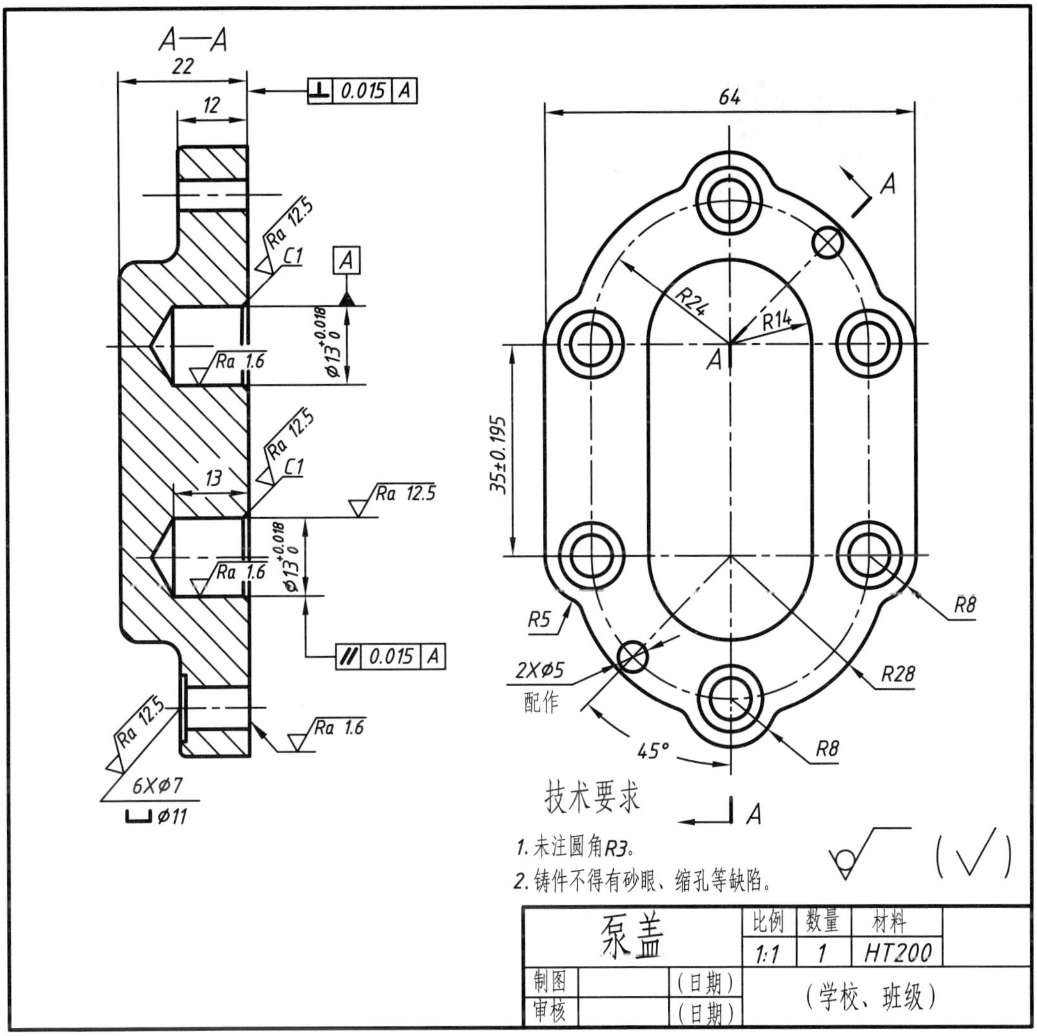

A—A
22
12
⊥ 0.015 A
Ra 12.5
C1
A
Ra 1.6
$\phi 13^{+0.018}_{0}$
13
Ra 12.5
C1
Ra 12.5
$\phi 13^{+0.018}_{0}$
Ra 1.6
// 0.015 A
Ra 12.5
Ra 1.6
6Xϕ7
⊔ ϕ11
64
A
R24
R14
A
35±0.195
R5
R8
2Xϕ5
配作
R28
45°
R8
A
技术要求
1. 未注圆角R3。
2. 铸件不得有砂眼、缩孔等缺陷。
(√)
泵盖
比例
数量
材料
1:1
1
HT200
制图
(日期)
审核
(日期)
(学校、班级)

图 8-23 泵盖零件图

第九章

计算机辅助绘图

由美国 Autodesk 公司开发的 AutoCAD 是目前最流行的计算机绘图工具软件，它具有完善的图形绘制和强大的图形编辑功能，易学易用，现在广泛应用于机械、建筑、造船、电子、水利、航空航天、轻纺等众多领域，并取得了丰硕的成果和巨大的经济效益。

AutoCAD 自 1982 年推出以来，版本不断升级，本章主要介绍 AutoCAD 2014 中文版二维图形绘制的基本方法，包括绘图环境设置、绘图、编辑、文本和尺寸标注等基本操作。

第一节　AutoCAD 2014 的基础知识

一、AutoCAD 2014 的启动和退出

1. AutoCAD 2014 的启动

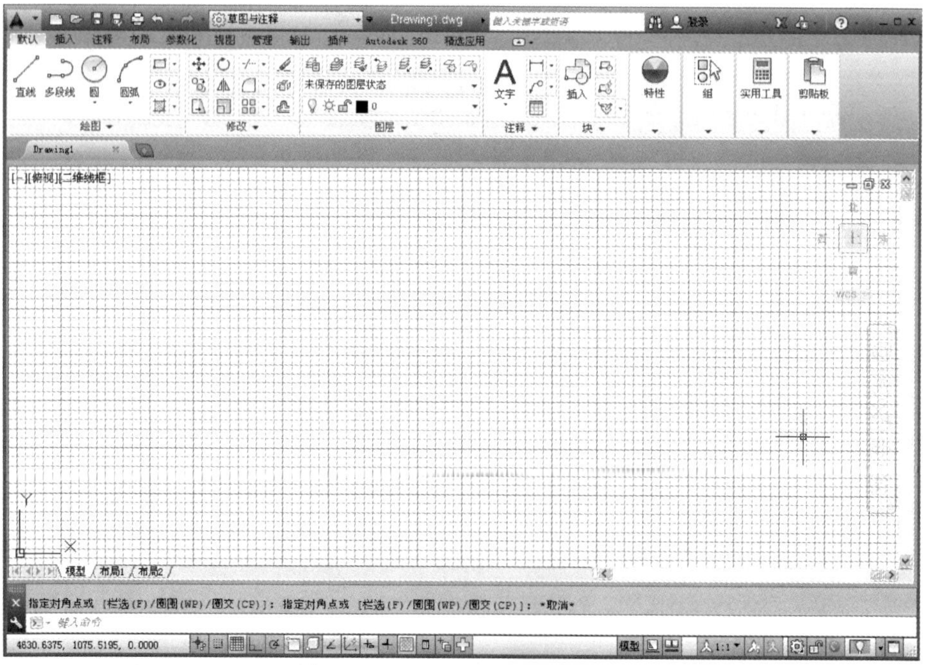

图 9-1　AutoCAD 2014 用户界面

AutoCAD 2014 安装完成以后，会在操作系统的桌面上自动创建一个 AutoCAD 2014 快捷方式图标，双击该图标即可启动 AutoCAD 2014，进入用户界面，如图 9-1 所示。

2. 退出 AutoCAD 2014

直接单击 AutoCAD 2014 主窗口右上角的“关闭”按钮，即可退出。

二、AutoCAD 2014 的工作界面

AutoCAD 2014 中文版的界面主要包括标题栏、菜单栏、工具栏、绘图窗口、命令行窗口、状态栏和工具选项板等内容。

1. 工作空间

AutoCAD 2014 的界面是通过工作空间来组织的，工作空间是由分组组织的菜单、工具栏、选项板和功能区控制面板组成的集合。使用工作空间时，会显示与任务相关的菜单栏、工具栏和选项板，AutoCAD 2014 安装后，会生成“草图与注释”“三维基础”“三维建模”“AutoCAD 经典”4 个预设的工作空间。

通过单击屏幕右下方状态栏上的“切换工作空间”按钮，或者单击“工作空间”下拉列表 AutoCAD 经典 可切换不同的工作空间，不同工作空间的界面有所不同。图 9-2 所示为 AutoCAD 2014 经典用户界面，其风格形式与旧版本基本一致。

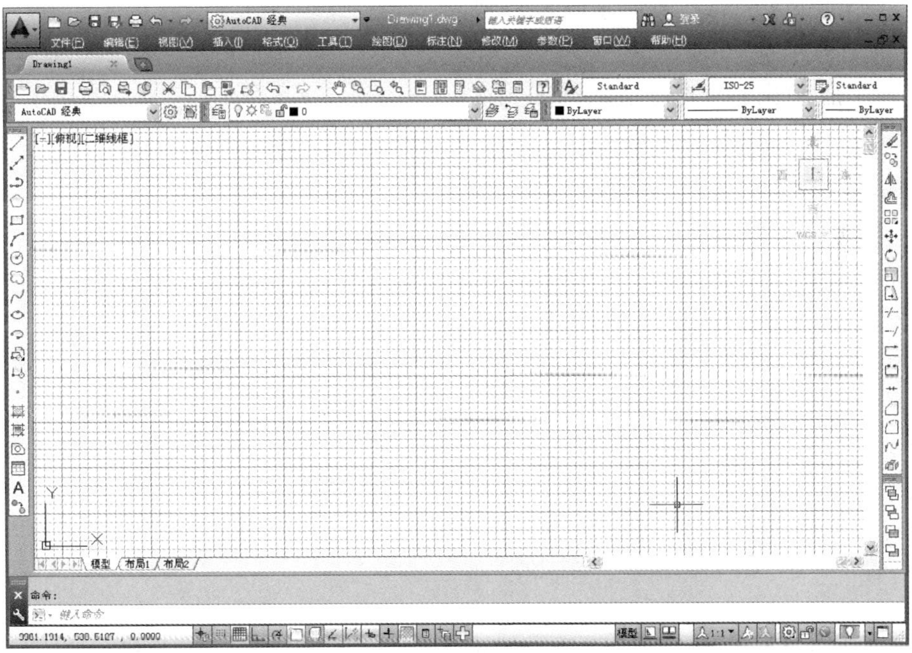

图 9-2 AutoCAD 2014 经典用户界面

2. 标题栏

标题栏在大多数的 Windows 应用程序里面都有，AutoCAD 2014 的标题栏在用户界面的顶部，标题栏中主要有应用程序图标、快速访问工具栏、工作空间 AutoCAD 经典 、当前文件名称 Autodesk AutoCAD 2014 Drawing1.dwg 、关于 AutoCAD 在线

服务及帮助

和窗口调节图标。

3. **菜单栏**

在“AutoCAD 经典”工作空间状态下，AutoCAD 2014 的菜单栏有 12 个下拉菜单，如图 9-3 所示。

图 9-3　下拉菜单栏

当单击某个菜单栏标题时，会在标题下方出现下拉菜单列表，要选择某个菜单项，需先将光标移到该菜单项上面，当菜单醒目显示后单击。菜单项若为暗灰色时，表示不可用；菜单项后为“...”符号的，单击时会弹出一个对话框；菜单项后为“▶”符号的，单击时会弹出一个子菜单。

4. **工具栏**

工具栏是一组图标型工具的集合，它提供了 AutoCAD 2014 常用命令的快捷方式，是 AutoCAD 2014 重要的操作工具。工具栏的位置和形状可以改变，可以处于固定状态，也可以处于浮动状态。

工具栏图标按钮有提示功能，移动光标到图标按钮上时，在光标指针右下角会弹出提示框，提示该图标所对应的命令以及对命令详细的说明。

要调出工具栏时，单击菜单“工具”→“工具栏”→“AutoCAD”，然后再选中需要的某些工具栏；也可以通过右击任意一个工具栏，弹出快捷菜单，进而选中需要的工具栏。同样操作可以取消已选的工具栏。

为防止用户误操作，单击用户界面右下方的图标，弹出快捷菜单，就可以锁定（或解锁）部分或全部工具栏。

5. **绘图窗口**

绘图窗口是用户的工作平台，就相当于图纸，是绘制、编辑图形的区域。绘图窗口中的十字光标，用于绘制图形和选择对象，绘图窗口的左下角有用户坐标系图标，如图 9-2 所示。

6. **命令行窗口**

命令行窗口位于绘图窗口的下方，是用户输入命令和显示命令提示信息的区域，如图 9-2 所示。在绘图时，用户要多注意命令行的各种提示，以便准确、快速绘图。

单击命令行窗口的关闭按钮，可以随时隐藏命令行窗口，或者单击“工具”下拉菜单的“命令行”菜单，也可隐藏或打开命令行窗口。

7. **状态栏**

状态栏位于 AutoCAD 2014 界面的底部，左端显示十字光标的 X、Y、Z 的坐标值，中间是 10 个辅助绘图工具按钮，这些按钮可以用图标形式显示，如图 9-4a 所示；也可以通过单

a)　　b)

图 9-4　状态栏的显示

a）图标显示　b）文本显示

击右键，在弹出的快捷菜单中进行选择切换成文本显示形式，如图 9-4b 所示。右端是状态栏托盘。

三、AutoCAD 2014 的命令调用方式

1. 键盘输入

当命令行窗口出现“命令”时，可以通过键盘输入命令然后按<Enter>键即可。输入的命令可以是全称也可以是简称，且不区分大小写。如果直接按<Enter>键或按空格键，将重复执行上一个命令。

2. 菜单输入

用鼠标左键单击下拉菜单中的菜单选项，可以选择相应的命令进行输入操作，同时在命令行窗口也会显示相应的命令和操作提示。

3. 工具栏输入

工具栏的图标按钮代表一些常用命令，使用它可以方便、快捷地调用命令，用鼠标左键单击工具栏中的图标，系统则执行相应的命令，同样在命令行窗口也会显示相应的命令和操作提示。

四、AutoCAD 2014 数据输入方式

1. 点的输入

（1）用鼠标输入点　用鼠标在绘图区域内直接单击左键，该操纵也称拾取点。

（2）用键盘输入点　用键盘在命令行输入点的坐标，坐标分量之间要用逗号分隔。常用的坐标有直角坐标和极坐标两种。

直角坐标有两种输入方式：X，Y（点的绝对坐标值，如 50，80）和@ X，Y（相对坐标值，表示相对于上一点的坐标值）。

极坐标也有两种输入方式：距离<角度，其中距离是点到坐标原点的长度，角度是该点到原点连线与 X 轴正向的夹角，如 25<45；@ 距离<角度，表示相对于上一点的极坐标，如 @ 35<60。

2. 数值的输入

对于高度、长度、宽度、半径和直径等长度数值，可通过键盘在命令行窗口输入。

3. 角度值的输入

角度值的输入有两种方式，一种是在命令行用键盘输入，另一种是在绘图窗口内点取两点，以第一点到第二点连线与 X 轴的正向夹角定出所需的值。

五、AutoCAD 2014 图形的显示控制

在机械图样的绘制过程中，经常需要对所绘制的图形进行放缩、平移和重生成等显示控制操作。显示控制工具栏包括：“实时平移”图标按钮、“实时放缩”图标按钮、“窗口放缩”图标按钮和“放缩上一个”图标按钮。

1. 实时平移

单击“实时平移”图标后，在绘图窗口中光标变成手型形状，表示进入实时平移状态。

拖动手型光标，图形就随着光标移动，当移动到合适位置后，松开鼠标即可。直接按住鼠标的滚轮键拖动鼠标，也可以进行上述操作。

2. 实时放缩

实时放缩操作可以放大或缩小图形的视觉范围大小，而图形的实际大小是保持不变的。单击“实时放缩”图标后，在绘图窗口中光标变成放大镜形状，表示进入实时放缩状态，拖动放大镜光标，图形就随着光标移动实现放大或缩小。当放缩到合适位置后，松开鼠标即可。直接滚动鼠标的滚轮键，也可以进行上述操作。

3. 窗口放缩

窗口放缩项操作是准确放大用窗口选取的某一局部位置图形。

4. 放缩上一个

放缩上一个操作是针对“窗口放缩”的，单击该图标，会返回“窗口放缩”前一个状态。

5. 重生成

单击菜单栏的“视图”→“重生成”或“全部重生成”，系统将刷新当前绘图窗口的所有图形对象，使得原来显示不光滑的图线变得光滑。

六、AutoCAD 2014 精确绘图方式

在实际绘图过程中，常常需要准确地定位，精确地进行图形绘制、图形编辑、尺寸标注等，AutoCAD 2014 为用户提供了多种绘图辅助工具，如栅格、捕捉、对象捕捉、极轴追踪和正交等。

单击菜单“工具”→“绘图设置”，或者右击状态栏上的“栅格”或“捕捉”图标按钮，再单击“设置...”也会进入“草图设置”对话框，如图 9-5 所示。

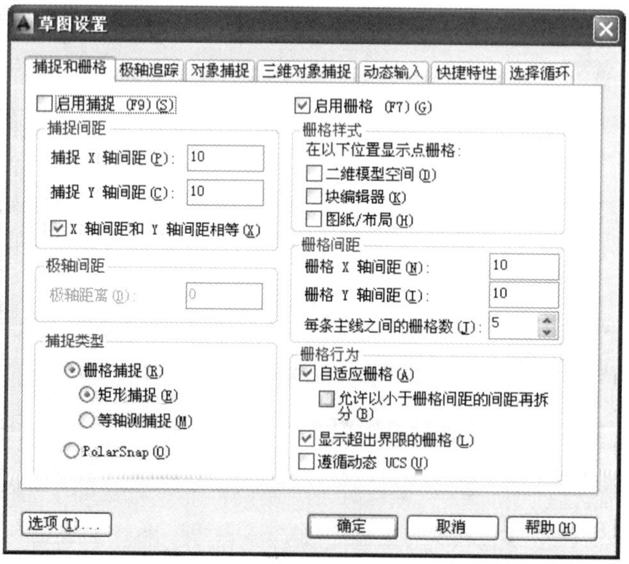

图 9-5 “草图设置”对话框

“草图设置”对话框有“捕捉和栅格”“极轴追踪”“对象捕捉”“三维对象捕捉”“动态输入”“快捷特性”“选择循环”六个选项卡，根据绘图需要，就可以选择相应的选项卡

进行设置，从而进行精确绘图。

单击状态栏中的图标可打开或关闭正交模式，正交模式用于将图形限制在水平或垂直的方向上移动。

七、约束

AutoCAD 2014 工作空间为“AutoCAD 经典”状态时，约束操作命令集成在“参数”菜单中，有两种常用的约束类型。

1. 几何约束

几何约束确定二维几何对象之间或对象上每个点之间的关系，如图 9-6a 所示。

2. 标注约束

标注约束和相关的指定值能控制二维几何对象或对象上点之间的距离或角度，还可以通过变量和方程约束几何图形，如图 9-6b 所示。

a) b)

图 9-6 约束类型

a）几何约束 b）标注约束

第二节 AutoCAD 2014 绘图环境的设置

机械制图国家标准对图样的幅面、格式、线型等内容做出了具体的要求，所以进行绘图环境设置，是绘图前的准备工作，可以减少后面绘图时的重复劳动，提高绘图效率。

一、设置显示精度和绘图窗口背景

1. 设置显示精度

单击菜单“工具”→“选项”，在弹出的“选项”对话框中选中“显示”选项卡，如图 9-7 所示，在“显示精度”选项区中，改变各项的数值大小，就可以改变图形的显示精度。

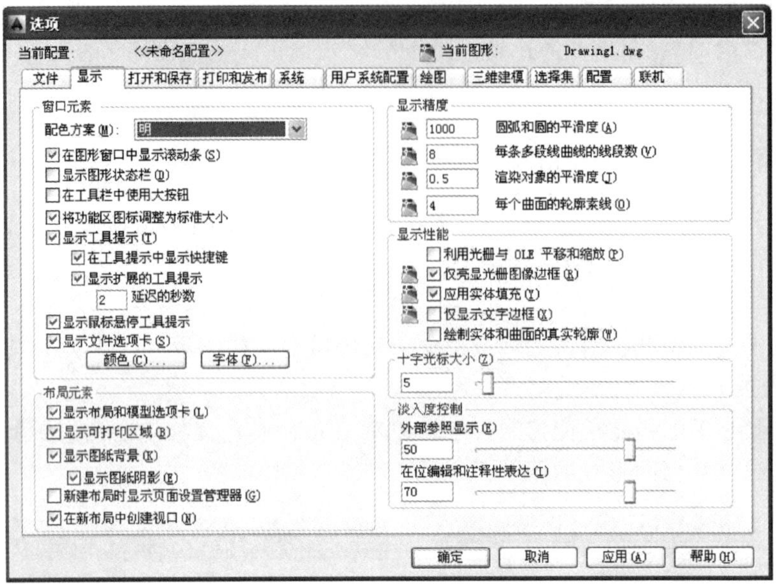

图 9-7 “显示”选项卡

2. 设置绘图窗口背景

如图 9-7 所示，在“显示”选项卡中，单击“窗口元素”功能区的 颜色(C)... 按钮，弹出“图形窗口颜色”对话框，如图 9-8 所示，展开“颜色”下拉列表，选择“白”色，然后单击“应用并关闭”按钮，返回“选项”对话框，再单击“确定”按钮退出设置，绘图窗口的背景就为白色。

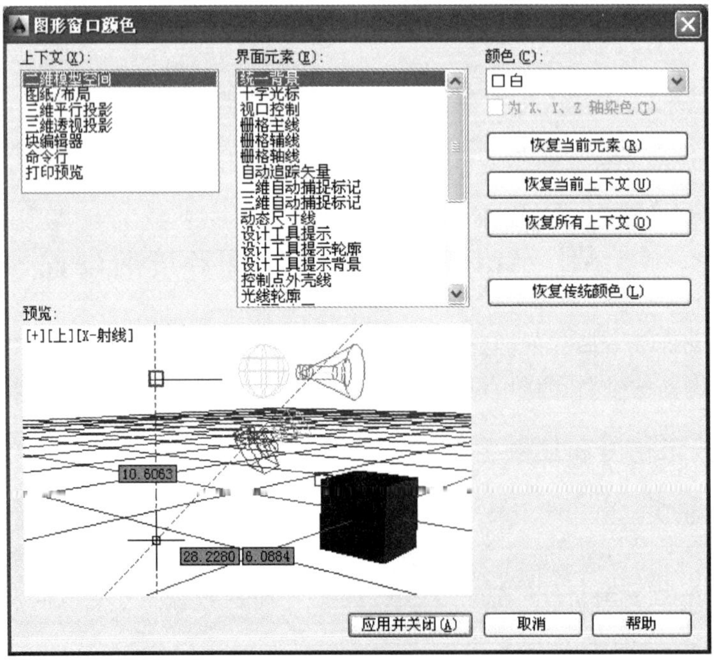

图 9-8 “图形窗口颜色”对话框

二、设置图形界限

国家标准对图样幅面大小有严格的规定，绘图者应根据图形的大小和复杂程度选择合适的图样幅面。单击菜单“格式”→“图形界限”选项执行该命令，也可以在命令行直接输入 LIMITS 执行该命令。然后根据命令行提示，完成图限设置。

三、设置图层

AutoCAD 的图层功能是其一大特色，可将这些图层想象成一张张透明的薄纸，在不同的图层上可以放置不同的实体，如不同的线型、颜色等内容，最后将它们对齐、叠加在一起，就形成一张完整的图纸。

1. 图层的设置

下面以定义“中心线”图层来熟悉图层的设置。

1）单击菜单“格式”→“图层”，或者单击图层工具栏上的“图层特性管理器”图标，弹出“图层特性管理器”对话框。单击对话框中“新建图层”图标按钮，系统将自动创建名为“图层 1”、颜色为“白色”、线型为“Continuous”的新图层，如图 9-9 所示。

图 9-9 图层特性管理器

2）单击图层名称“图层 1”，在中文状态下输入汉字“中心线”，按<Enter>键结束，完成图层名称设置。

3）单击“白色”选项，弹出“选择颜色”对话框，选择需要的颜色，在此选择红色，然后单击“确定”完成颜色设置，如图 9-10 所示。

4）单击“Continuous”选项，弹出“选择线型”对话框，如图 9-11 所示，再单击 加载(L)... 按钮，弹出“加载或重载线型”对话框，如图 9-12 所示，在该对话框选中 CENTER 线型后，单击“确定”按钮，返回“选择线型”对话框，在“已加载的线型”列表中出现了 CENTER 线型，如图 9-13 所示。选中该线型单击“确定”按钮，就完成了线型设置。

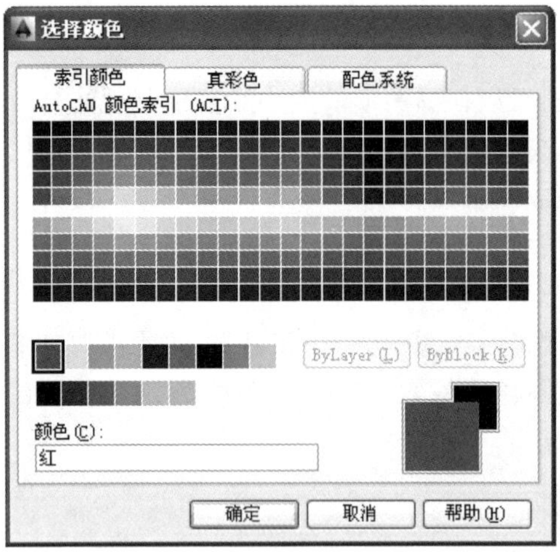

图 9-10 “选择颜色”对话框

图 9-11 “选择线型”对话框

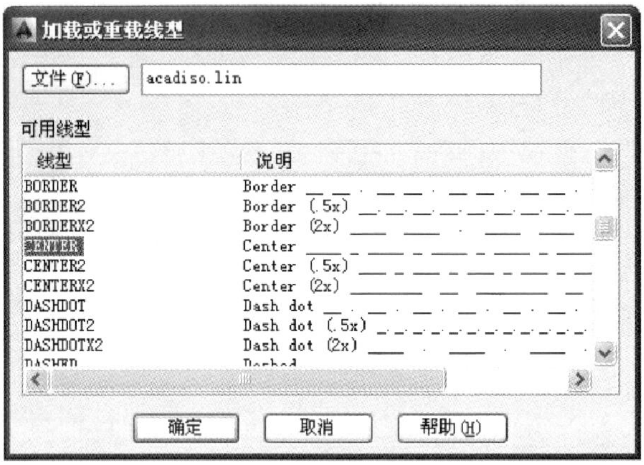

图 9-12 “加载或重载线型”对话框

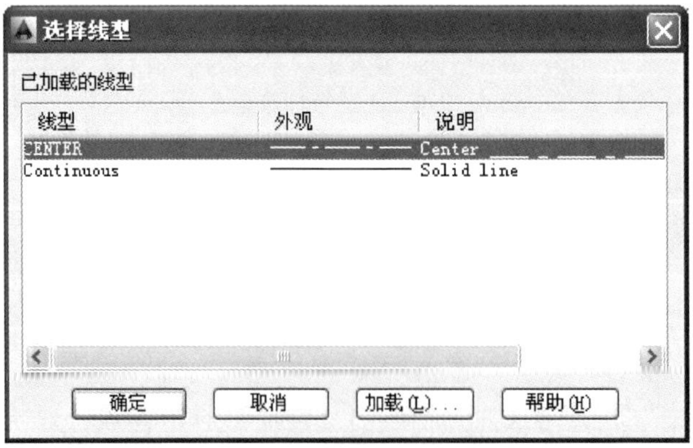

图 9-13 加载线型后的“选择线型”对话框

5）单击线宽下的“默认”选项，在弹出的“线宽”对话框中选择 0.3mm，完成线宽设置。

经过上述操作就完成了名称为“中心线”，颜色为“红色”，线型为“CENTER”，线宽为 0.3mm 的“中心线”图层设置，如图 9-14 所示。

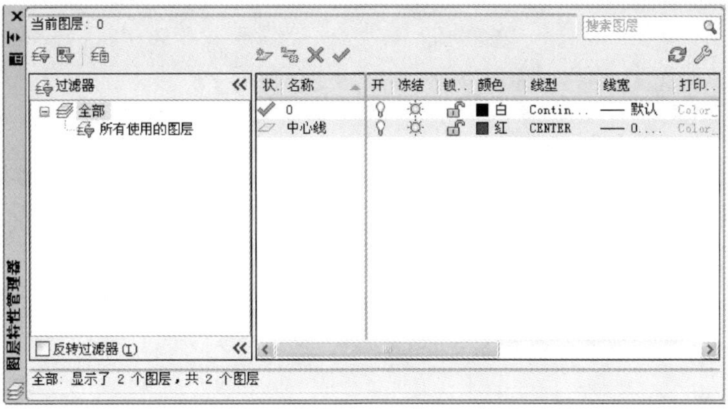

图 9-14　设置中心线图层

2. 图层的状态

（1）开/关状态　开/关状态由灯泡状图标来标记，通过单击灯泡图标可以打开或关闭图层。在开的状态下，灯泡颜色为亮黄色，则在该图层上的图形可以在绘图窗口显示，也可以打印输出；在关的状态下，灯泡颜色为灰暗色，则在该图层上的图形在绘图窗口不能显示，也不能打印输出。

（2）冻结/解冻　已冻结的图层显示为雪花图标，此时该图层上的图形在绘图窗口不能显示，也不能打印输出。解冻后的图层显示为太阳图标，此时该图层上的图形在绘图窗口能被显示，也可以打印输出。

（3）锁定/解锁　图层锁定后该图层不能修改编辑，但仍可以显示，也可以将对象捕捉应用在被锁定图层上的对象。解锁后才能重新修改编辑。

第三节　AutoCAD 2014 绘图和编辑

一、AutoCAD 2014 的绘图命令

在工程图样中，不论是零件图还是装配图，都是由一些常用图形构成的，而这些常用图形都是由基本元素组成的，如直线、圆、圆弧等，要在 AutoCAD 2014 中正确、快速地完成常用图形的绘制，就要用到绘图命令。

对于初学者，使用“绘图”工具栏便于记忆、简单快捷，“绘图”工具栏如图 9-15 所示。本节主要介绍一些常用的基本绘图命令。

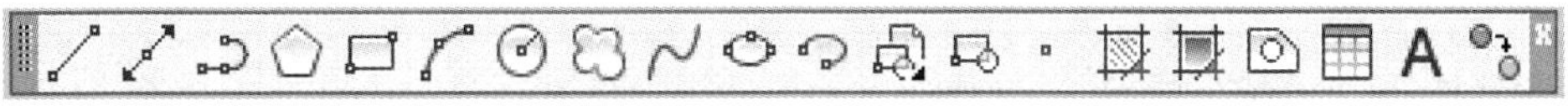

图 9-15　“绘图”工具栏

1. 绘制直线

（1）作用　绘制一段直线（LINE）或连续的折线，但折线的每一段都是独立的对象。

（2）命令调用 在“绘图”工具栏单击按钮，或者在命令行输入命令 LINE。

（3）命令及提示

命令：LINE

指定第一点：

指定下一点或［放弃（U）］：

指定下一点或［闭合（C）/放弃（U）］：

（4）命令说明 直线绘制命令的终止可以输入 U+<Enter>键，也可直接按空格键和<Enter>键。输入 C+<Enter>键，会把最后一点和第一点连接起来形成闭合的多边形。

2. 绘制圆

（1）作用 按指定方式绘制指定大小的圆（CIRCLE）。

（2）命令调用 在绘图工具栏单击按钮，或者在命令行输入命令 CIRCLE。

（3）命令及提示

命令：CIRCLE

指定圆的圆心或［三点（3P）/两点（2P）/相切、相切、半径（T）］：

指定圆的半径或［直径（D）］：

（4）命令说明 绘制圆的方式有 6 种之多，默认的是用圆心和半径方式画圆，这是最常用的画圆方式。

3. 绘制圆弧

（1）作用 按指定方式绘制圆弧（ARC）。

（2）命令调用 在绘图工具栏单击按钮，或者在命令行输入命令 ARC。

（3）命令及提示

命令：ARC

指定圆的圆心或［三点（3P）/两点（2P）/切点、切点、半径（T）］：

指定圆弧的起点或［圆心（C）］：

指定圆弧的第二个点或［圆心（C）/端点（E）］：

指定圆弧的端点：

（4）命令说明 绘制圆弧的方式有 11 种，默认的是通过圆弧上的三点来绘制圆弧。

4. 绘制多线段

（1）作用 多线段（PLINE）是用来绘制连续的、依次首尾相连的、可具有不同宽度的直线或圆弧，并将其作为单一实体对象使用。

（2）命令调用 在绘图工具栏单击按钮，或者在命令行输入命令 PLINE。

（3）命令及提示

命令：PLINE

指定起点：

当前线宽为 0.0000

指定下一个点或［圆弧（A）/半宽（H）/长度（L）/放弃（U）/宽度（W）］：

（4）命令说明 在选项“圆弧（A）/半宽（H）/长度（L）/放弃（U）/宽度（W）”中选择不同的选项，可以进行不同的操作，得到不同的图形。

5. 图案填充

（1）作用 图案填充（BHATCH）是对某些区域填入剖面线或其他图案，来表达物体的相应特征。

（2）命令调用 在绘图工具栏单击按钮，或者在命令行输入命令 BHATCH（BH 或 H）。

（3）命令及提示 执行图案填充命令后，系统弹出“图案填充和渐变色”对话框，如图 9-16 所示，在此对话框中可以对填充图案的各项内容进行设定。

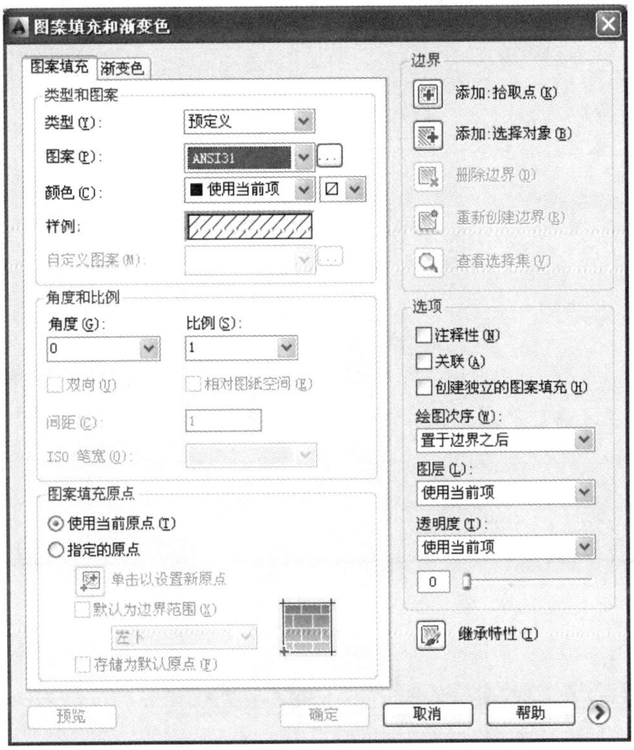

图 9-16 “图案填充和渐变色”对话框

（4）命令说明 进行填充时，如果图形边界没有闭合，AutoCAD 2014 会在开口处用红色圆圈做出标记，同时出现对话框给出相应的解决办法，如图 9-17 所示。此时单击“关闭”按钮，然后按下<Esc>键返回图案填充对话框，单击对话框右下角展开按钮，如图

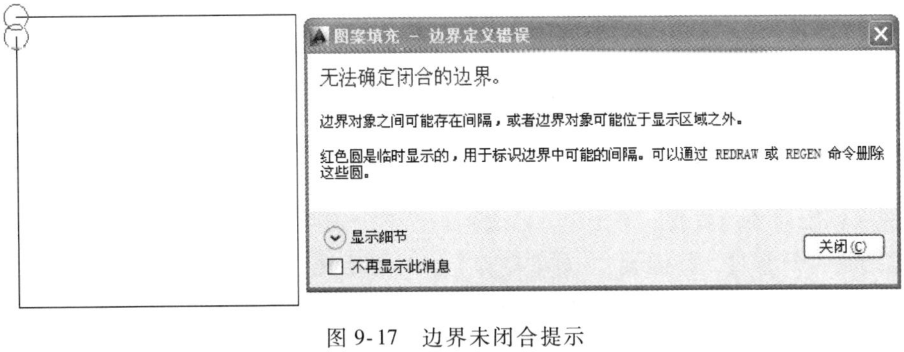

图 9-17 边界未闭合提示

9-18 所示，在“允许的间隙”的选项“公差”中，用合适大小的数值（小于“5000”），在重新填充时，弹出“图案填充-开放边界警告”对话框，如图 9-19a 所示，选择“继续填充此区域”，则 AutoCAD 2014 会生成一个开放边界的填充，如图 9-19b 所示。

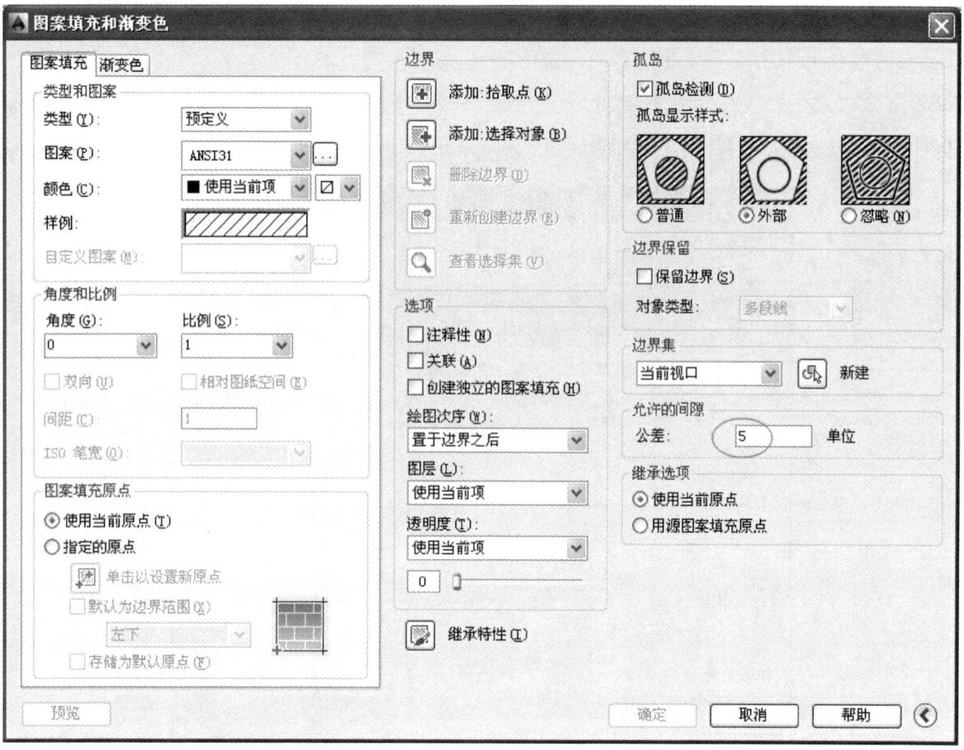

图 9-18　公差修改

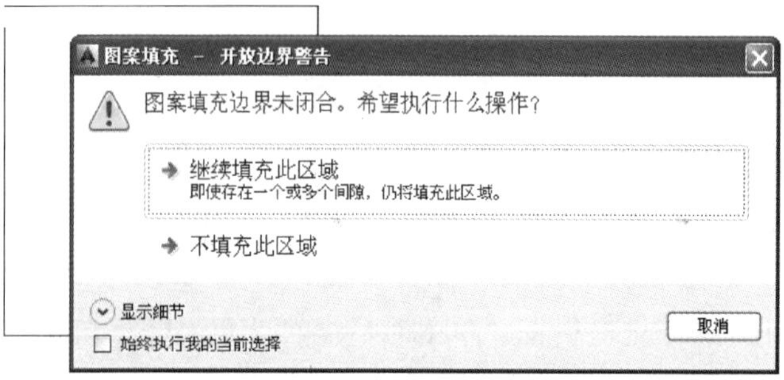

a)

b)

图 9-19　开放边界的填充

二、AutoCAD 2014 的编辑命令

1. 选择编辑对象的方式

在进行编辑操作时，都需要“选择对象”。例如要选择图线、图形、尺寸、文字等对象，这些对象称为实体。选择对象的方式有很多种，常用的有以下两种。

（1）直接点取方式　在系统命令提示“选择对象”时，光标变为“□”形状，称为拾取框，将拾取框移到要选定的对象上后单击鼠标左键，对象变为虚线表示被选中，这是一种默认的选择方式。

（2）窗口方式　在系统命令提示“选择对象”时，按左键拖动光标，可生成一个矩形窗口，在拖动光标时，如果是从上左到右下，那么只有完全被窗口包含的对象才能被选中；如果是从右下到左上，那么窗口内的对象以及与窗口相交的对象都会被选中。

2. 图形编辑命令

在用绘图命令绘制图形时，不可避免地要对所绘图形进行各种修改，对图形的修改称为图形编辑。而 AutoCAD 绘图的特点之一就是能做到“边画图、边修改”。

实现图形编辑命令的方式很多，为了快捷、简单，较多情况下使用“修改”工具栏，如图 9-20 所示。编辑命令从左到右依次为：删除、复制、镜像、偏移、阵列、移动、旋转、缩放、拉伸、修剪、延伸、打断于点、打断、合并、倒角、圆角、光顺曲线和分解。合理使用这些绘图命令会大大提高绘图效率和质量。

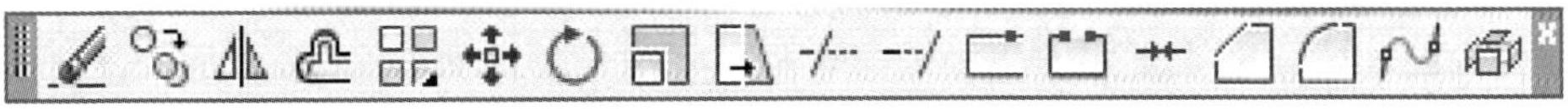

图 9-20 “修改”工具栏

第四节　AutoCAD 2014 文字和尺寸标注

一、文字

在工程图样中常用文字来表达非图形信息，如书写技术要求、填写标题栏等。文字标注是图样上必不可少的内容。AutoCAD 2014 中的文字有两类，一类是单行文字，用于较短的文字输入，另一类是多行文字，用于带有段落的内容输入。

文字标注可使用文字工具栏，如图 9-21 所示，选择其上图标按钮，可以快速对文字内容进行相关操作。

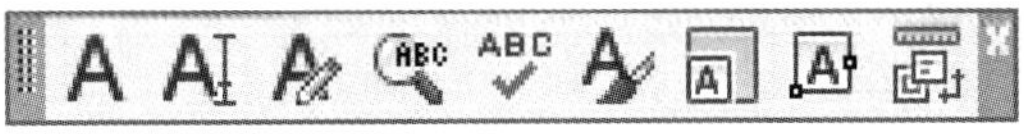

图 9-21 文字工具栏

1. 设置文字样式

在 AutoCAD 2014 中输入的文字，总有一定的风格、高度、宽度和斜度等，这些内容称为文字样式。在标注文字前，应先进行文字样式设置。

AutoCAD 2014 提供了符合国家制图标准的中文字体：gbcbic. shx。另外，当中、英文混排时，为使标注的中、英文字高协调，AutoCAD 2014 还提供了对应的、符合国家制图标准的英文字体：gbenor. shx（用于标注正体）和 gbeitc. shx（用于标注斜体）。

按照国家标准，在 AutoCAD 2014 中设置文字样式的操作步骤如下。

1）在命令状态下，单击菜单“格式”→“文字样式”，系统弹出“文字样式”对话框，如图 9-22 所示。

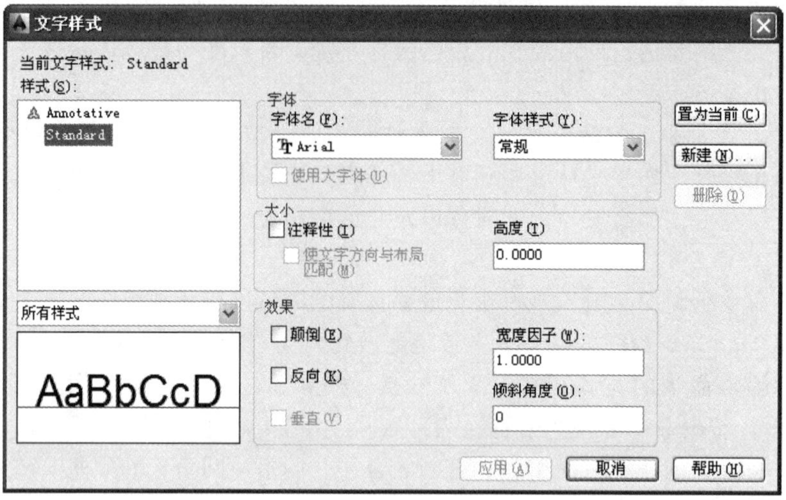

图 9-22　“文字样式”对话框

2）在对话框中单击 新建(N)... 按钮，弹出“新建文字样式”对话框，如图 9-23 所示，在“样式名”文本框内输入名称“国标”，单击“确定”按钮，返回“文字样式”对话框。

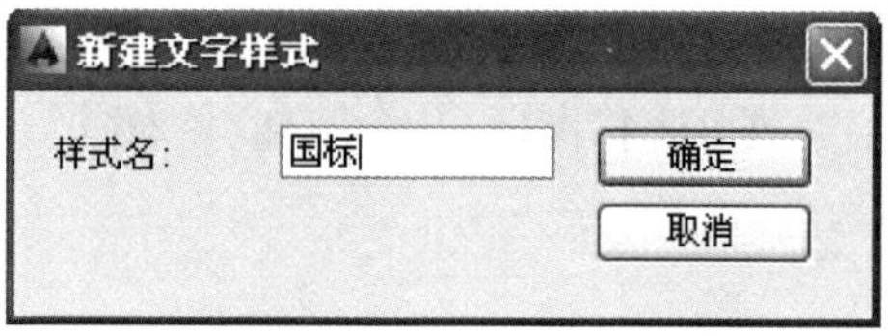

图 9-23　“新建文字样式”对话框

3）切换到英文输入状态，在对话框“字体”下拉列表框中选择 gbeitc. shx，再选中“使用大字体”选项后，原来的“字体样式”变为“大字体”，在其下拉列表中选择 gbcbig. shx 选项，其他选项不用改变，如图 9-24 所示。

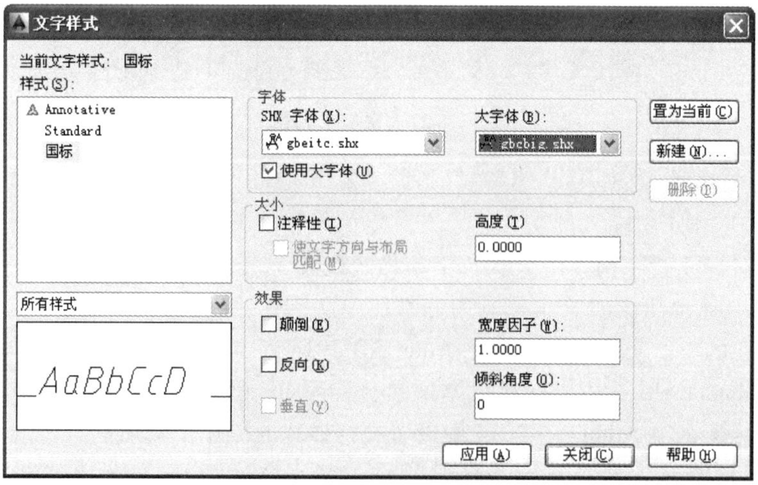

图 9-24　设置文字样式

4）单击“应用（A）”按钮，完成新文字样式设置，再单击“关闭（C）”按钮，关闭对话框，设置结束。

2. 文字标注

（1）单行文字　单行文字命令主要用于创建单行文字，在该命令下输入一行文字后，直接按<Enter>键，会自动换行，这样就能输入多行文字，但每一行是一个独立的对象。

单行文字命令调用可以通过单击菜单“绘图”→“文字”→“单行文字”，或者单击工具栏上的“单行文字”按钮AI，或者在命令行输入DT命令。按<Esc>键即可退出命令。

如果在输入文字后，在屏幕上不能显示，则是由于文字字体不合适，应进行文字样式设置。

在工程图样中，有些常用特殊符号不能直接从键盘输入，应按其规定格式输入。例如：%%C标注直径“ϕ”，%%P标注正负号“±”，%%D标注角度符号“°”，%%O打开或关闭文字上划线功能，%%U打开或关闭文字下划线功能。

（2）多行文字　多行文字就是在指定的矩形区域内输入段落文字，布满指定矩形宽度后换行，可以在垂直方向无限延伸。

多行文字命令调用可以通过单击菜单“绘图”→“文字”→“多行文字”，或者单击工具栏上的“单行文字”按钮A，或者在命令行输入MT命令。退出本命令时，把光标移动到文字输入的矩形区域之外单击左键即可。

运行多行文字输入命令后，由鼠标拖动形成文本矩形区域，确定后出现“多行文字编辑器”对话框，如图9-25所示，其上面是“文字格式”栏，下面是多行文字编辑器“标尺”和文字输入框。

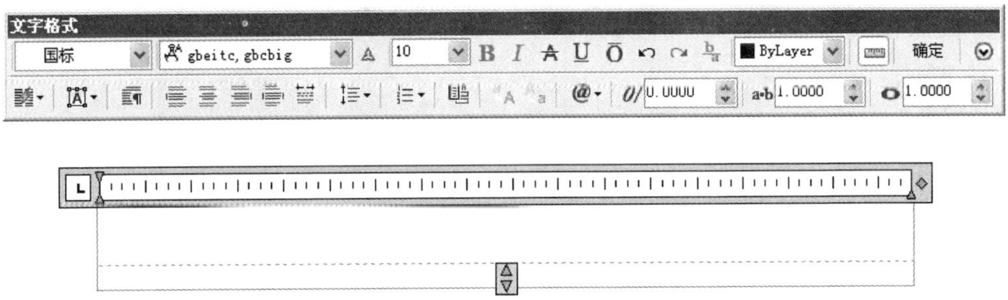

图9-25 “多行文字编辑器”对话框

“文字格式”栏中的各项内容可以进行输入文字的各项操作，其中“堆叠”按钮的应用非常重要，它有以下作用。

1）使用“/”标记。选中“/”前后的内容后单击按钮，使“/”前后内容叠成分数形式。

2）使用“^”标记。选中“^”和其前面的数字后，单击按钮，可转化为上角标，把“^”和其后面的数字选中后，单击，可转化为下角标；同时选中“^”前后的数字后单击，可转化为上下角标，此项多用于极限偏差的标注。

3）使用“#”标记。选中含有“#”的字符串后单击按钮，堆叠后用“/”把“#”

前后的内容分开。

“文字输入框”中可以进行多行文字的输入，如图 9-26 所示。

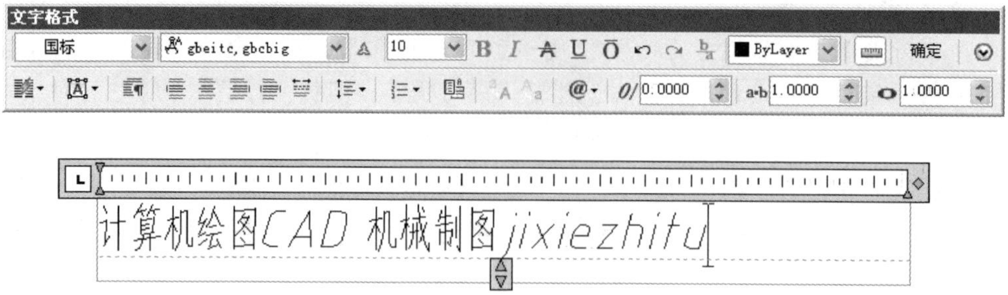

图 9-26 多行文字输入

二、尺寸

1. 设置尺寸标注样式

单击菜单“格式”→“标注样式”，系统弹出“标注样式管理器”对话框，如图 9-27 所示。“标注样式管理器”对话框用于管理尺寸标注样式，控制尺寸线、标注文字、尺寸界线、箭头的外观形式和方式。

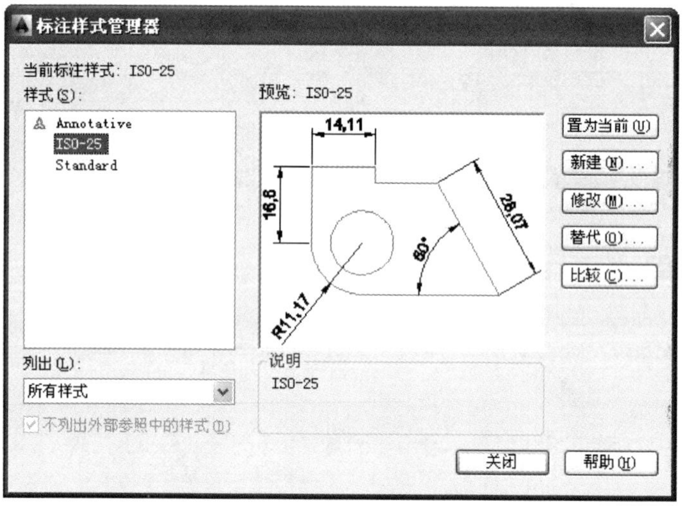

图 9-27 “标注样式管理器”对话框

用户也可以在此进行新建或修改尺寸标注样式、替代某种样式、比较两种样式、重命名或删除某一样式、把新创建的样式设为当前使用样式等操作。下面介绍如何新建标注样式。

单击图 9-27 中的“新建”按钮，弹出“创建新标注样式”对话框，如图 9-28 所示，它包括下列选项。

（1）新样式名 用于输入新的样式名称。

（2）基础样式 新样式在某一种基础样式的基础上进行修改而成。

（3）用于 指定新建标注样式的适用范围。

（4）继续 完成前面设置后，单击该按钮，系统将弹出“新建标注样式”对话框，从

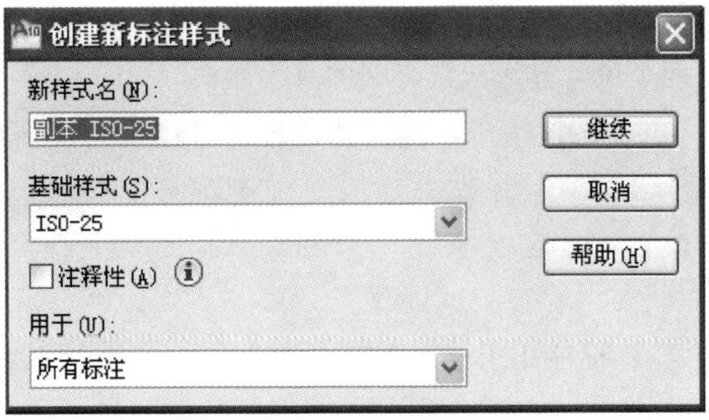

图 9-28 “创建新标注样式”对话框

而进一步定义新标注样式的特性，如图 9-29 所示。“新建标注样式”对话框包括下列选项卡。

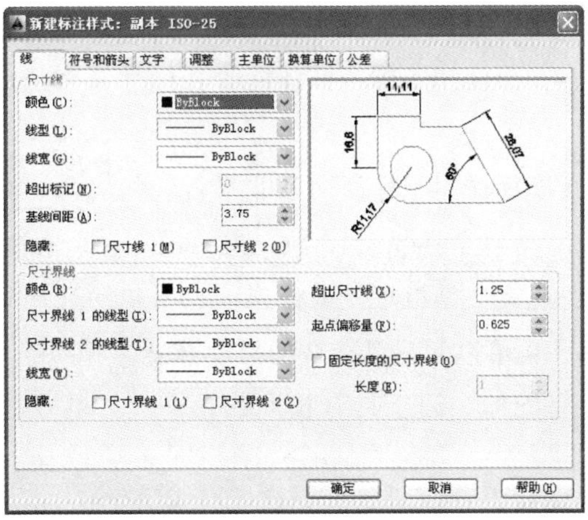

图 9-29 “新建标注样式”对话框

1）线。用于设置尺寸标注的尺寸线、尺寸界线的格式。

2）符号和箭头。用于设置箭头和圆心标记的格式和位置。

3）文字。用于设置尺寸标注文字的外观和位置。

4）调整。用于设置尺寸标注文字和尺寸线的管理规则。

5）主单位。用于设置主单位的表达方式和精度。

6）换算单位。用于设置尺寸标注换算单位的格式和精度。

7）公差。用于设置尺寸标注公差的格式。

2. 尺寸标注

完成标注样式设置后，就可以进行尺寸标注。图 9-30 所示为“标注”工具栏。尺寸标注的形式和方法有很多种，在这里只介绍常用图标按钮的含义。

（1）线性标注 线性标注用于标注水平尺寸、垂直尺寸和以指定角度旋转的尺寸。

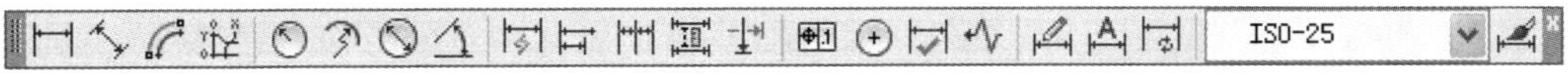

图 9-30 “标注”工具栏

（2）对齐标注 对齐标注用于标注一个有一定倾斜角度、不平行于 X 轴或 Y 轴的对象。对齐标注是标注的两个尺寸界线起点之间的真实距离。

（3）弧长标注 弧长标注用于标注圆弧线段的长度。为区别弧长标注和线性标注，在默认情况下，弧长标注会显示一个圆弧符号。圆弧符号可以显示标注在尺寸文字的前方或上方，在“标注样式”对话框中“符号和箭头”选项卡的“弧长符号”栏进行设置。

（4）坐标标注 坐标标注用于标注图形中任意点的 X 或 Y 坐标值，所以标注都相对于一个基准点。

（5）半径标注 半径标注用于标注圆或圆弧的半径尺寸，尺寸数字前带有字母 R，R 表示半径标注。

（6）折弯标注 折弯标注用于大半径尺寸标注，当圆弧的圆心位于图纸外而不能显示其实际位置时，采用折弯标注，即指定替代圆心的位置，尺寸线折弯标注半径。

（7）直径标注 直径标注用于圆或圆弧的直径尺寸，直径尺寸数字前带有直径符号“ϕ”。

（8）角度标注 角度标注用于标注两条非平行线的夹角、圆弧的角度及三点所确定的角度。

（9）快速标注 快速标注是指只要进行连续、简单的选择对象，就可给多个对象一次性进行连续的尺寸标注，也可以编辑已存在的尺寸布置。

（10）基线标注 基线标注用于具有相同的第一尺寸界线起点，且尺寸线互相平行的几个尺寸的标注。

（11）连续标注 连续标注是指把前一尺寸的第二尺寸界线作为下一个标注尺寸的第一尺寸界线，并且所有尺寸线在同一直线上。

（12）等距标注 等距标注用于调整线性标注或角度标注之间的间距，平行尺寸线的间距将设为相等。

（13）折断标注 折断标注用于在标注或延伸线与其他对象交叉处折断或恢复标注和延伸线，折断标注可以添加到线性标注、角度标注和坐标标注等。

（14）公差标注 公差标注用于标注零件图中的几何公差。

三、引出说明

在绘图过程中，常常需要一些说明或解释，并用指引线将其同被说明的部位连接起来。使用多重引线就可以实现这一目的。

1. 多重引线样式管理器

多重引线一般由箭头、指引线、水平基线和文字组成。在使用多重引线时要先设置多重引线样式。单击菜单“格式”→“多重引线样式”，弹出“多重引线样式管理器”对话框，即可进行设置，如图 9-31 所示。

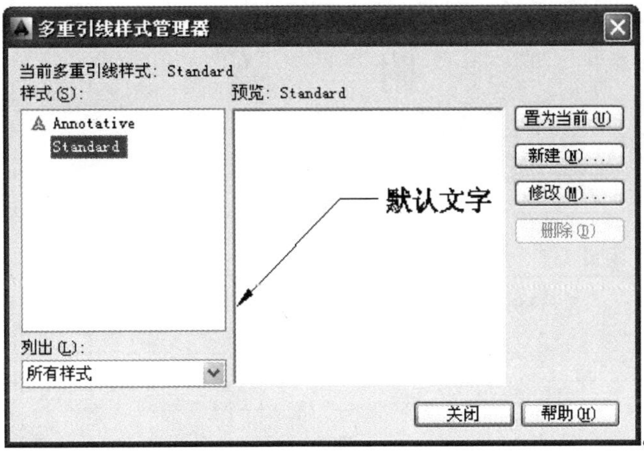

图 9-31 “多重引线样式管理器”对话框

2. 多重引线标注

完成多重引线样式设置后，就可以进行多重引线标注了。图 9-32 所示为“多重引线”工具栏。图标按钮有多重引线图标、添加引线图标、删除引线图标、多重引线对齐图标和多重引线合并图标等。

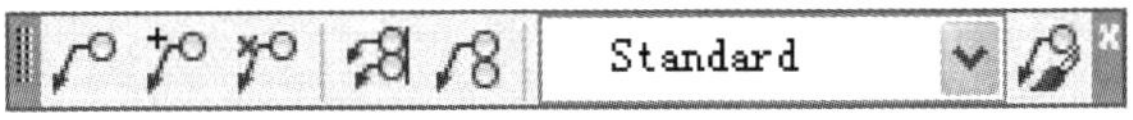

图 9-32 “多重引线”工具栏

附　　录

一、螺纹

附表 1-1　普通螺纹　直径与螺距系列（GB/T 193—2003）　　（单位：mm）

公称直径 D、d			螺距 P		公称直径 D、d			螺距 P	
第一系列	第二系列	第三系列	粗牙	细牙	第一系列	第二系列	第三系列	粗牙	细牙
1	1.1		0.25	0.2		52		5	4,3,2,1.5
1.2							55		
	1.4		0.3		56			5.5	
1.6	1.8		0.35				58		
2			0.4	0.25		60		5.5	
	2.2		0.45				62		
2.5				0.35	64			6	
3			0.5				65,75		
	3.5		0.6			68		6	
4			0.7	0.5			70		6,4,3,2,1.5
	4.5		0.75		72				
5			0.8						
		5.5				76			
6	7		1	0.75			78		2
8			1.25	1,0.75	80				6,4,3,2,1.5
		9	1.25				82		2
10			1.5	1.25,1,0.75	90	85			6,4,3,2
		11	1.5	1,0.75	100	95			
12			1.75	1.5,1.25,1	110	105			
	14		2	1.25[a],1		115			
		15		1.5,1		120	135,145		
16			2	1.5,1	125	130			8,6,4,3,2
		17		1.5,1	140	150			
20	18		2.5	2,1.5,1			155,165,175,185		6,4,3
	22				160	170			8,6,4,3
24			3	2,1.5,1	180				8,6,4,3
		25				190			
		26		1.5	200				
	27		3	2,1.5,1			195,205,215,225,235,245		6,4,3
		28				210			8,6,4,3
30			3.5	(3),2,1.5,1	220				8,6,4,3
		32		2,1.5			230		
	33		3.5	(3),2,1.5		240			
		35[b]		1.5	250				
36			4	3,2,1.5			255,265		6,4
		38		1.5		260			8,6,4
	39		4	3,2,1.5			270		
		40					275,285,295		6,4
42	45		4.5	4,3,2,1.5	280				8,6,4
48			5				290		
		50		3,2,1.5		300			

注：1. 优先选用第一系列，第三系列尽可能不用。
2. 括号内的尺寸尽可能不用。
a 仅用于发动机的火花塞。
b 仅用于滚动轴承的锁紧螺母。

附表 1-2　普通螺纹的基本牙型和基本尺寸

（根据 GB/T 192—2003，GB/T 196—2003）

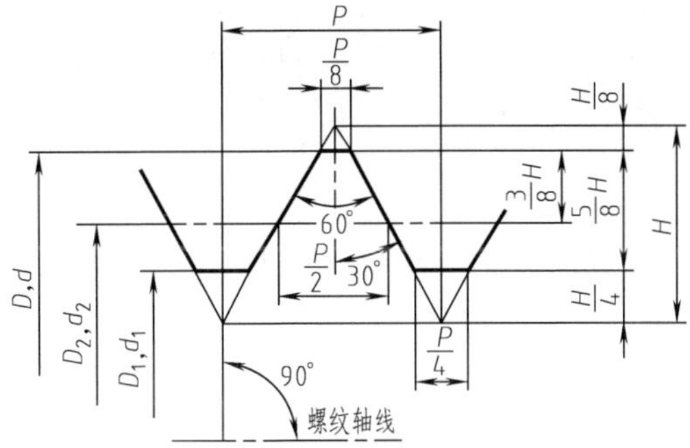

D——内螺纹大径

d——外螺纹大径

D_2——内螺纹中径

d_2——外螺纹中径

D_1——内螺纹小径

d_1——外螺纹小径

P——螺距

H——原始三角形高度

$$H=\frac{\sqrt{3}}{2}P=0.866P$$

$$\frac{5}{8}H=0.541P$$

$$\frac{3}{8}H=0.325P$$

$$\frac{1}{4}H=0.217P$$

$$\frac{1}{8}H=0.108P$$

$$D_2=D-2\times\frac{3}{8}H$$

$$d_2=d-2\times\frac{3}{8}H$$

$$D_1=D-2\times\frac{5}{8}H$$

$$d_1=d-2\times\frac{5}{8}H$$

（单位：mm）

公称直径 D 或 d	螺距 P	中径 D_2 或 d_2	小径 D_1 或 d_1
1	0.25	0.838	0.729
	0.2	0.870	0.783
1.2	0.25	1.038	0.929
	0.2	1.070	0.983
1.6	0.35	1.373	1.221
	0.2	1.470	1.383
2	0.4	1.740	1.567
	0.25	1.838	1.729
2.5	0.45	2.208	2.013
	0.35	2.273	2.121
3	0.5	2.675	2.459
	0.35	2.773	2.621
4	0.7	3.545	3.242
	0.5	3.675	3.459
5	0.8	4.480	4.134
	0.5	4.675	4.459
6	1	5.350	4.917
	0.75	5.513	5.188
8	1.25	7.188	6.647
	1	7.350	6.917
	0.75	7.513	7.188
10	1.5	9.026	8.376
	1.25	9.188	8.647
	1	9.350	8.917
	0.75	9.513	9.188
12	1.75	10.863	10.106
	1.5	11.026	10.376
	1.25	11.138	10.647
	1	11.350	10.917
16	2	14.701	13.835
	1.5	15.026	14.376
	1	15.350	14.917
20	2.5	13.376	17.294
	2	18.701	17.835
	1.5	19.026	18.376
	1	19.350	18.917
24	3	22.051	20.752
	2	22.701	21.835
	1.5	23.026	22.376
	1	23.350	22.917

（续）

公称直径 D 或 d	螺距 P	中径 D_2 或 d_2	小径 D_1 或 d_1
30	3.5	27.727	26.211
	2	28.701	27.835
	1.5	29.026	28.376
	1	29.350	28.917
36	4	33.402	31.670
	3	34.051	32.752
	2	34.701	33.835
	1.5	35.026	34.376
42	4.5	39.077	37.129
	3	40.051	38.752
	2	40.701	39.835
	1.5	41.026	40.376
48	5	44.752	42.587
	3	46.051	44.752
	2	46.701	45.835
	1.5	47.026	46.376
56	5.5	52.428	50.046
	4	53.402	51.670
	3	54.051	52.752
	2	54.701	53.835
	1.5	55.026	54.376
64	6	60.103	57.505
	4	61.402	59.670
	3	62.051	60.752
	2	62.701	61.835
	1.5	63.026	62.376
72	6	68.103	65.505
	4	69.402	67.670
	3	70.051	68.752
	2	70.701	69.835
	1.5	71.026	70.376
80	6	76.103	73.505
	4	77.402	75.670
	3	78.051	76.752
	2	78.701	77.835
	1.5	79.026	78.376

公称直径 D 或 d	螺距 P	中径 D_2 或 d_2	小径 D_1 或 d_1
90	6	86.103	83.505
	4	87.402	85.670
	3	88.051	86.752
	2	88.701	87.835
100	6	96.103	93.505
	4	97.402	95.670
	3	98.051	96.752
	2	98.701	97.835
110	6	106.103	103.505
	4	107.402	105.670
	3	108.051	106.752
	2	108.701	107.835
125	6	121.103	118.505
	4	122.402	120.670
	3	132.051	121.752
	2	123.701	122.835
140	6	136.103	133.505
	4	137.402	135.670
	3	138.051	136.752
	2	138.701	137.835
160	6	156.103	153.550
	4	157.402	155.670
	3	158.051	156.752
180	6	176.103	173.505
	4	177.402	175.670
	3	178.051	176.752
200	6	196.103	193.505
	4	197.402	195.670
	3	198.051	196.752

注：1. 本表只选入公称直径第一尺寸系列。

2. 表中黑体字为粗牙普通螺纹。

3. 螺纹的旋合长度分为短、中等和长旋合长度三组，其相应的代号为 S、N 和 L。

4. 螺纹公差带按短、中、长三组旋合长度分为精密、中等、粗糙三种精度。

精密：用于精密螺纹，当要求配合性质变动较小时采用。

中等：一般用途。

粗糙：对精度要求不高或制造比较困难时采用。

5. 内螺纹选用公差带：S-4H，5H；N-4H，5H，6H，7H；L-5H，6H，7H。

外螺纹选用公差带：N-6e，6f，6g，8g，4h，6h。

内、外螺纹的选用公差带可以任意组合，完工后的零件最好组合成$\frac{H}{g}$、$\frac{H}{h}$或$\frac{G}{h}$的配合。

附表 1-3 梯形螺纹（GB/T 5796.3—2005）

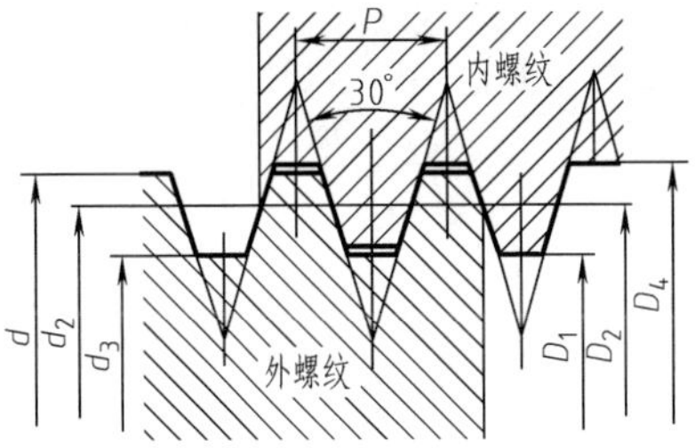

标记示例：
中径公差带为 7H 的内螺纹
Tr40×70-7H
中径公差带为 7e 的双线、左旋外螺纹
Tr40×14(P7)LH-7e

公称直径 d 第一系列	公称直径 d 第二系列	螺距 P	中径 $d_2=D_2$	大径 D_4	小径 d_3	小径 D_1
8		1.5	7.25	8.30	6.20	6.50
	9	1.5	8.25	9.30	7.20	7.50
		2	8.00	9.50	6.50	7.00
10		1.5	9.25	10.30	8.20	8.50
		2	9.00	30.50	7.50	8.00
	11	2	10.00	11.50	8.50	9.00
		3	9.50	11.50	7.50	8.00
12		2	11.00	12.50	9.50	10.00
		3	10.50	12.50	8.50	9.00
	14	2	13.00	14.50	11.50	12.00
		3	12.50	14.50	10.50	11.00
16		2	15.00	16.50	13.50	14.00
		4	14.00	16.50	11.50	12.00
	18	2	17.00	18.50	15.50	16.00
		4	16.00	18.50	13.50	14.00
20		2	19.00	20.50	17.50	18.00
		4	18.00	20.50	15.50	16.00
	22	3	20.50	22.50	18.50	19.00
		5	19.50	22.50	16.50	17.00
		8	18.00	23.00	13.00	14.00
24		3	22.50	24.50	20.50	21.00
		5	21.50	24.50	18.50	19.00
		8	20.00	25.00	15.00	16.00
	26	3	24.50	26.50	22.50	23.00
		5	23.50	26.50	20.50	21.00
		8	22.00	27.00	17.00	18.00
28		3	26.50	28.50	24.50	25.00
		5	25.50	28.50	22.50	23.00
		8	24.00	29.00	19.00	20.00
	30	3	28.50	30.50	26.50	27.00
		6	27.00	31.00	23.00	24.00
		10	25.00	31.00	19.00	20.00
32		3	30.50	32.50	28.50	29.00
		6	29.00	33.00	25.00	26.00
		10	27.00	33.00	21.00	22.00
	34	3	32.50	34.50	30.50	31.00
		6	31.00	35.00	27.00	28.00
		10	29.00	35.00	23.00	24.00
36		3	34.50	36.50	32.50	33.00
		6	33.00	37.0	29.00	30.00
		10	31.00	37.00	25.00	26.00
	38	3	36.50	38.50	34.50	35.00
		7	34.50	39.00	30.00	31.00
		10	33.00	39.00	27.00	28.00
40		3	38.50	40.50	36.50	37.00
		7	36.50	41.00	32.00	33.00
		10	35.00	41.00	29.00	30.00

注：D 为内螺纹，d 为外螺纹。

附表 1-4　55°非螺纹密封管螺纹（摘自 GB/T 7307—2001）

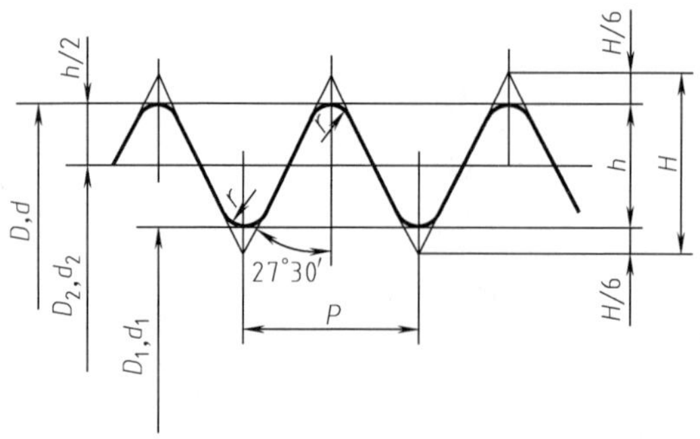

$P=\frac{25.4}{n}$

$H=0.960491P$

标记示例：

内螺纹 G1$\frac{1}{2}$

A 级外螺纹 G1$\frac{1}{2}$A

B 级外螺纹 G1$\frac{1}{2}$B

左旋 G1$\frac{1}{2}$B-LH

（单位：mm）

螺纹名称	每 25.4mm 中的螺纹牙数 n	螺距 P	螺纹直径	
			大径 D,d	小径 D_1,d_1
1/8	28	0.907	9.728	8.566
1/4	19	1.337	13.157	11.445
3/8	19	1.337	16.662	14.950
1/2	14	1.814	20.955	18.631
5/8	14	1.814	22.911	20.587
3/4	14	1.814	26.441	24.117
7/8	14	1.814	30.201	27.877
1	11	2.309	33.249	30.291
1⅛	11	2.309	37.897	34.939
1¼	11	2.309	41.910	38.952
1½	11	2.309	47.803	44.845
1¾	11	2.309	53.746	50.788
2	11	2.309	59.614	56.656
2¼	11	2.309	65.710	62.752
2½	11	2.309	75.184	72.226
2¾	11	2.309	81.534	78.576
3	11	2.309	87.884	84.926

二、螺纹紧固件

附表 2-1 六角头螺栓—C 级（GB/T 5780—2000）
全螺纹—C 级（GB/T 5781—2000）

标记示例：

螺纹规格 d=M12、公称长度 l=80mm，C 级

螺栓 GB/T 5780 M12×80

螺栓 GB/T 5781 M12×80

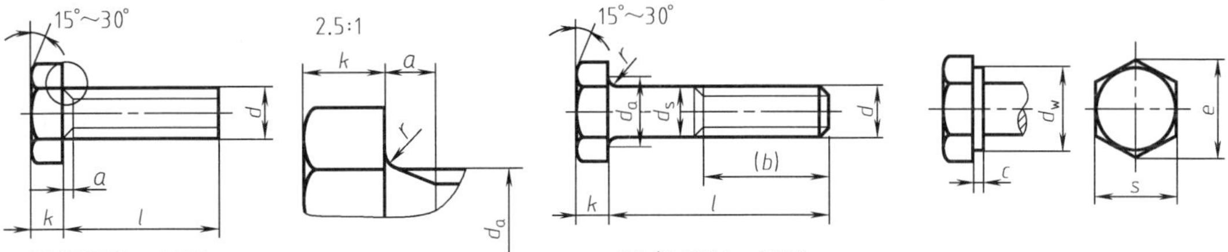

GB/T 5781—2000　　GB/T 5780—2000

（单位：mm）

螺纹规格 d		M5	M6	M8	M10	M12	（M14）	M16	（M18）	M20	（M22）	M24	（M27）
b 参考	l≤125	16	18	22	26	30	34	38	42	40	50	54	60
	125<l≤200	—	—	28	32	36	40	44	48	52	56	60	66
	l>200	—	—	—	—	—	53	57	61	65	69	73	79
c max		0.5		0.6				0.8					
d_a max		6	7.2	10.2	12.2	14.7	16.7	18.7	21.2	24.4	26.4	28.4	32.4
d_s max		5.48	6.48	8.58	10.58	12.7	14.7	16.7	187	20.8	22.84	24.84	27.84
d_w min		6.74	8.74	11.47	14.47	16.47	19.95	22	24.85	27.7	31.35	33.25	38
a max		3.2	4	5	6	7	6	8	7.5	10	7.5	12	9
e min		8.63	10.89	14.2	17.59	19.85	22.78	26.17	29.50	32.95	37.20	39.55	45.2
k 公称		3.5	4	5.3	6.4	7.5	8.8	10	11.5	12.5	14	15	17
r min		0.2	0.25	0.4	0.4	0.6	0.6	0.6	0.6	0.8	1	0.8	1
s max		8	10	13	16	18	21	24	27	30	34	36	41

（续）

螺纹规格 *d*		M5	M6	M8	M10	M12	（M14）	M16	（M18）	M20	（M22）	M24	（M27）
l 范围	GB/T 5780—2000	25～50	30～60	35～80	40～100	45～120	60～140	55～160	80～180	65～200	90～220	80～240	100～260
	GB/T 5781—2000	10～50	12～60	16～80	20～100	25～120	30～140	35～160	35～180	40～200	15～220	50～240	55～280
螺纹规格 *d*		M30	（M33）	M36	（M39）	M42	（M45）	M48	（M52）	M56	（M60）	M64	
b 参考	*l*＝125	66	72	78	84	—	—	—	—	—	—	—	
	125<*l*≤200	72	78	84	90	96	102	108	116	124	132	140	
	l>200	85	91	97	103	109	115	121	129	137	145	153	
c　max					1								
d_a　max		35.4	38.4	42.4	45.4	48.6	52.6	56.6	62.6	67	71	75	
d_s　max		30.84	34	37	40	43	46	49	53.2	57.2	61.2	65.2	
d_W　max		42.75	46.55	51.11	55.86	59.95	64.7	69.45	74.2	78.66	83.41	88.16	
a　max		14	10.5	16	12	13.5	13.5	15	15	16.5	16.5	18	
e　max		50.85	55.37	60.79	66.44	72.02	76.95	82.6	88.25	93.56	99.21	104.86	
k　公称		18.7	21	22.5	25	26	28	30	33	35	38	40	
r　min		1	1	1	1	1.2	1.2	1.6	1.6	2	2	2	
s　max		46	50	55	60	65	70	75	80	85	90	95	
l 范围	GB/T 5780—2000	90～300	130～320	110～300	150～400	160～420	180～440	180～480	200～500	220～500	240～500	260～600	
	GB/T 5781—2000	60～300	65～360	70～360	80～400	80～420	90～440	90～480	100～500	110～500	120～500	120～500	
l 系列		10、12、16、20～50(5进位)、(55)、60、(65)、70～160(10进位)、180、220、240、260、280、300、320、340、360、380、400、420、440、460、480、500											

注：尽可能不采用括号内的规格，C级为产品等级。

附表 2-2 双头螺柱

双头螺柱$b_m=d$（GB/T 897—1988）；$b_m=1.25d$（GB/T 898—1988）；

$b_m=1.5d$（GB/T 899—1988）；$b_m=2d$（GB/T 900—1988）

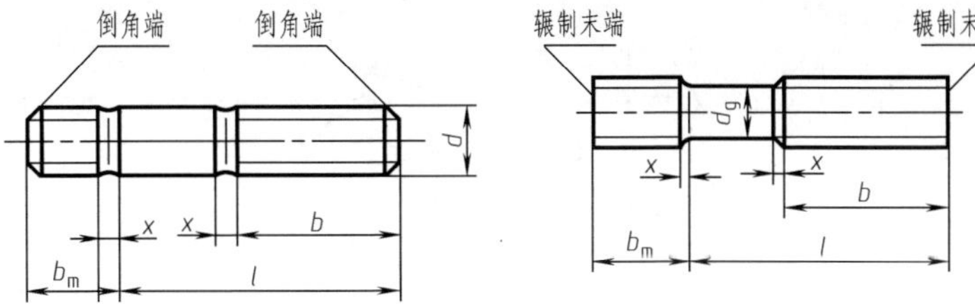

标记示例：

1. 两端均为粗牙普通螺纹，$d=10$mm、$l=50$mm、性能等级为 4.8 级、不经表面处理、B 型、$b_m=d$ 的双头螺柱：

   螺柱 GB/T 897 M10×50

2. 旋入机体一端为粗牙普通螺纹，旋螺母一端为螺距 $P=1$mm 的细牙普通螺纹，$d=10$mm、$l=50$mm，性能等级为 4.8 级，不经表面处理、A 级、$b_m=d$ 的双头螺柱：

   螺柱 GB/T 897 AM10-M10×1×50

3. 旋入机体一端为过渡配合螺纹的第一种配合，旋螺母一端为粗牙普通螺纹，$d=10$mm、$l=50$mm、性能等级为 8.8 级、镀锌钝化、B 型 $b_m=d$ 的双头螺柱：

   螺柱 GB/T 897 GM10-M10×50-8.8-Zn · D

（单位：mm）

螺纹规格 d	b_m				l/b
	GB/T 897—1988	GB/T 898—1988	GB/T 899—1988	GB/T 900—1988	
M2			3	4	(12~16)/6,(18~25)/10
M2.5			3.5	5	(14~18)/8,(20~30)/11
M3			4.5	6	(16~20)/6,(22~40)/12
M4			6	8	(16~22)/8,(25~40)/14
M5	5	6	8	10	(16~22)/10,(25~50)/16
M6	6	8	10	12	(18~22)/10,(25~30)/14,(32~75)/18
M8	8	10	12	16	(18~22)/12,(25~30)/16,(32~90)/22
M10	10	12	15	20	(25~28)/14,(30~38)/16,(40~120)/30,130/32
M12	12	15	18	24	(25~30)/16,(32~40)/20,(45~120)/30,(130~180)/36
(M14)	14	18	21	28	(30~35)/18,(38~45)/25,(50~120)/34,(130~180)/40
M16	16	20	24	32	(30~38)/20,(40~55)/30,(60~120)/38,(130~200)/44
(M18)	18	22	27	36	(35~40)/22,(45~60)/35,(65~120)/42,(130~200)/48
M20	20	25	30	40	(35~40)/25,(45~65)/38,(70~120)/46,(130~200)/52
(M22)	22	28	33	44	(40~45)/30,(50~70)/40,(75~120)/50,(130~200)/56
M24	24	30	36	48	(45~50)/30,(50~75)/45,(80~120)/54,(130~200)/60
(M27)	27	35	40	54	(50~60)/35,(65~85)/50,(90~120)/60,(130~200)/66
M30	30	38	45	60	(60~65)/40,(70~90)/50,(55~120)/66,(130~200)/72,(210~250)/85
M36	36	45	54	72	(65~72)/45,(80~110)/60,120/78,(130~200)/84,(210~300)/97
M42	42	52	63	84	(70~80)/50,(85~110)/70,120/90,(130~200)/96,(210~300)/109
M48	48	60	72	96	(80~90)/62,(95~110)/86,120/102,(130~260)/108,(210~300)/121
l 系列	12,(14),16,(18),20,(22),25,(28),30,(32),35,(38),40,45,50,55,60,65,70,75,80,85,90,95,100,110,120,130,140,150,160,170,180,190,200,210,220,230,240,250,260,280,300				

注：1. $b_m=d$ 一般用于旋入机体为钢的场合；$b_m=(1.25\sim1.5)d$ 一般用于旋入机体为铸铁的场合；$b_m=2d$ 一般用于旋入机体为铝的场合。

2. 不带括号的为优先系列，仅 GB/T 898—1988 有优先系列。

3. b 不包括螺尾。

4. $d_g\approx$螺纹中径。

5. $x_{max}=1.5P$（螺距）。

附表 2-3　1 型六角螺母——C 级（GB/T 41—2000）

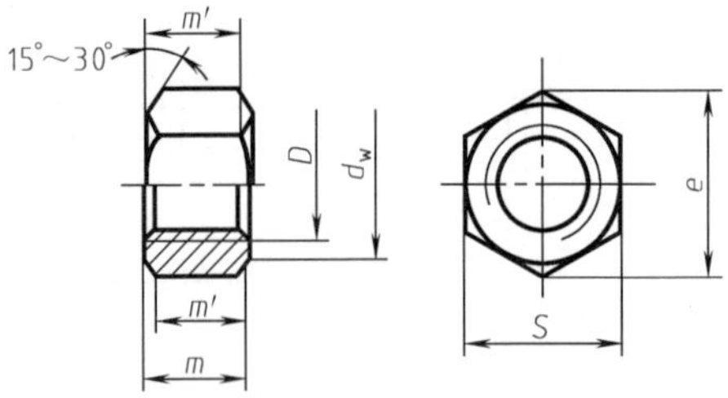

标记示例

螺纹规格 D=M12，性能等级为 5 级，不经表面处理。

C 级的 1 型六角螺母的标记示例：螺母　GB/T 41　M12

（单位：mm）

螺纹规格 D		M5	M6	M8	M10	M12	M16	M20	M24	M30	M36	
d_w min		6.9	8.7	11.5	14.5	16.5	22	27.7	33.2	42.7	51.1	商品规格
e min		8.63	10.89	14.20	17.59	19.85	26.17	32.95	39.55	50.85	60.79	
m	max	5.6	6.1	7.9	9.5	12.2	15.9	18.7	22.3	26.4	31.5	
	min	4.4	4.9	6.4	8	10.4	14.1	16.6	20.2	24.3	29.4	
m'_{min}		3.5	3.9	5.1	6.4	8.3	11.3	13.3	16.2	19.5	23.5	
S	max	8	10	13	16	18	24	30	36	46	55	
	min	7.64	9.64	12.57	15.57	17.57	23.16	29.16	35	45	53.8	

螺纹规格 D		M42	M48	M56	M64	
d_w min		60.6	69.4	78.7	88.2	通用规格
e min		72.02	82.6	93.56	104.86	
m	max	34.9	38.9	45.9	52.4	
	min	32.4	36.4	43.4	49.1	
m'_{min}		25.9	29.1	34.7	39.3	
S	max	65	75	85	95	
	min	63.8	73.1	82.8	92.8	

附表 2-4　螺钉

开槽圆柱头螺钉（GB/T 65—2000）、开槽盘头螺钉（GB/T 67—2000）、开槽沉头螺钉（GB/T 68—2000）、开槽半沉头螺钉（GB/T 69—2000）

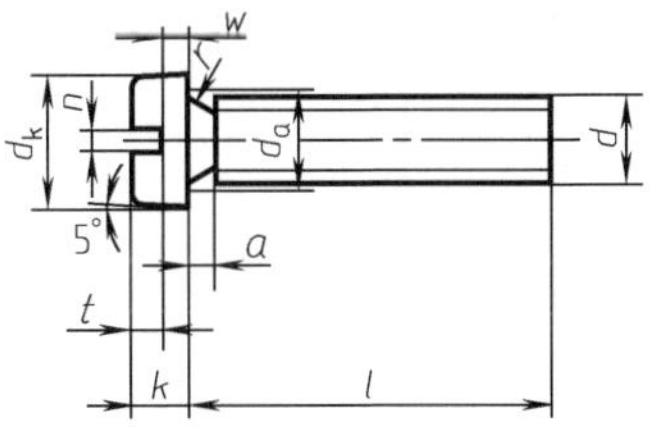

GB/T 65—2000

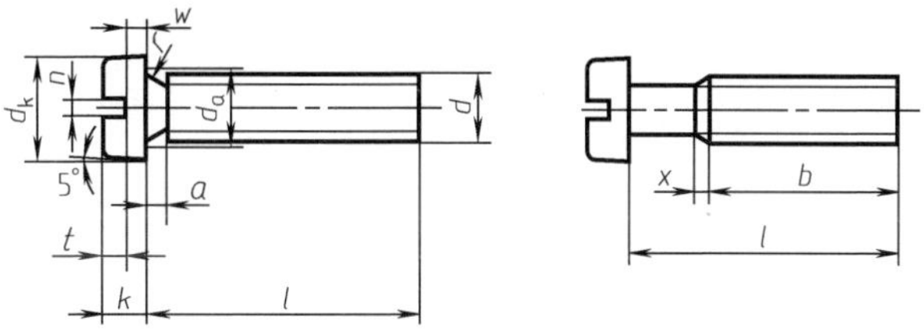

GB/T 67—2000

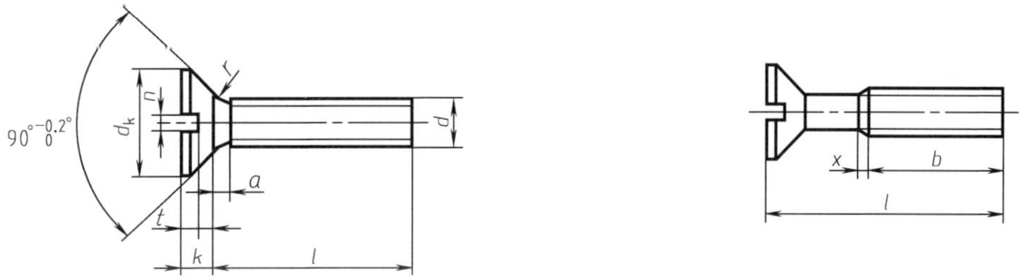

GB/T 68—2000

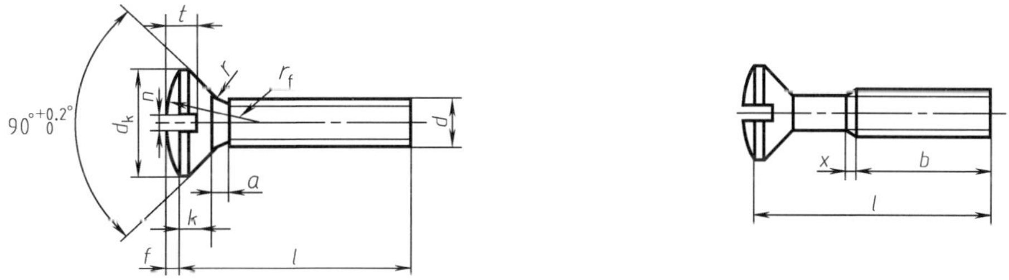

GB/T 69—2000

无螺纹部分杆径≈中径或=螺纹大径

标记示例：

螺纹规格 d=M5，公称长度 l=20mm 的开槽圆柱头螺钉

螺钉　GB/T 65　M5×20

螺纹规格 d=M5，公称长度 l=20mm 的开槽盘头螺钉

螺钉　GB/T 67　M5×20

螺纹规格 d=M5，公称长度 l=20mm 的开槽沉头螺钉

螺钉　GB/T 68　M5×20

螺纹规格 d=M5，公称长度 l=20mm 的开槽半沉头螺钉

螺钉　GB/T 69　M5×20

（续）

（单位：mm）

螺纹规格 d		M1.6	M2	M2.5	M3	M4	M5	M6	M8	M10
p		0.35	0.4	0.45	0.5	0.7	0.8	1	1.25	1.5
a_{max}		0.7	0.8	0.9	1	1.4	1.6	2	2.5	3
b_{min}		25				38				
n 公称		0.4	0.5	0.6	0.8	1.2		1.6	2	2.5
d_{amax}		2.1	2.6	3.1	3.6	4.7	5.7	6.8	9.2	11.2
x_{max}		0.9	1	1.1	1.25	1.75	2	2.5	3.2	3.8
GB/T 65—2000	d_{kmax}	3	3.8	4.5	5.5	7	8.5	10	13	16
	k_{max}	1.10	1.4	1.8	2	2.6	3.3	3.9	5	6
	t_{min}	0.45	0.6	0.7	0.85	1.1	1.3	1.6	2	2.4
	r_{min}	0.1				0.2		0.25	0.4	
	l 范围	2~16	3~20	3~25	4~30	5~40	6~50	8~60	10~80	12~80
	全螺纹时最大长度	30				40				
GB/T 67—2000	d_{kmax}	3.2	4	6	5.6	8	9.5	12	16	20
	k_{max}	1	1.3	1.5	1.8	2.4	3	3.6	4.8	6
	l_{min}	0.35	0.5	0.6	0.7	1	1.2	1.4	1.9	2.4
	r_{min}	0.1				0.2		0.25	0.4	
	l 范围	2~16	2.5~20	3~25	4~30	5~40	6~50	8~60	10~80	12~80
	全螺纹时最大长度	30				40				
GB/T 68—2000 GB/T 69—2000	d_{kmax}	3	3.8	4.7	5.5	8.4	9.3	11.3	15.8	18.3
	k_{max}	1	1.2	1.5	1.65	2.7	2.7	3.3	4.65	5
	t_{min} GB/T 68—2000	0.32	0.4	0.5	0.6	1	1.1	1.2	1.8	2
	t_{min} GB/T 69—2000	0.64	0.8	1	1.2	1.6	2	2.4	3.2	3.8
	r_{max}	0.4	0.5	0.6	0.8	1	1.3	1.5	2	2.5
	f	0.4	0.5	0.6	0.7	1	1.2	1.4	2	2.3
	l 范围	2.5~16	3~20	4~25	5~30	6~40	8~50	8~60	10~80	12~80
	全螺纹时最大长度	30				45				
l 系列（公称）		2、2.5、3、4、5、6、8、10、12、(14)、16、20、25、30、35、40、45、50、(55)、60、(65)、70、(75)、80								

注：1. b 不包括螺尾。

2. 括号内规格尽可能不采用。

附表 2-5　平垫圈

平垫圈—A 级　　　　平垫圈　倒角型—A 级

GB/T 97.1—2002　　　　GB/T 97.2—2002

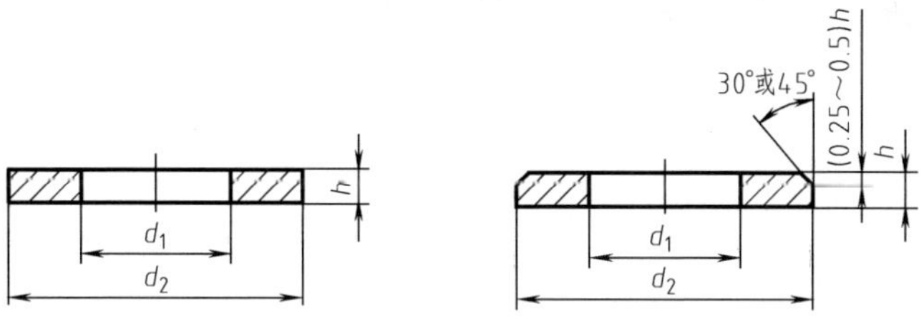

标记示例：

标准系列、公称规格 8mm，由钢制造的硬度等级为 200HV 级，不经表面处理、产品等级为 A 级的平垫圈：

垫圈　GB/T 97.1　8

标准系列、公称规格 8mm，由钢制造的硬度等级为 200HV 级，不经表面处理、产品等级为 A 级的倒角型平垫圈：

垫圈　GB/T 97.2　8

（单位：mm）

公称规格（螺纹大径 d）	内径 d_1		外径 d_2		厚度 h		
	公称（min）	max	公称（max）	min	公称	max	min
5	5.3	5.48	10	9.64	1	1.1	0.9
6	6.4	6.62	12	11.57	1.6	1.8	1.4
8	8.4	8.62	16	15.57	1.6	1.8	1.4
10	10.5	10.77	20	19.48	2	2.2	1.8
12	13	13.27	24	23.48	2.5	2.7	2.3
16	17	17.27	30	29.48	3	3.3	2.7
20	21	21.33	37	36.38	3	3.3	2.7
24	25	25.33	44	43.38	4	4.3	3.7
30	31	31.39	56	55.26	4	4.3	3.7
36	37	37.62	66	64.8	5	5.6	4.4

注：表中摘录的均为优选尺寸。

附表 2-6　标准型弹簧垫圈（GB/T 93—1987）、轻型弹簧垫圈（GB/T 859—1987）

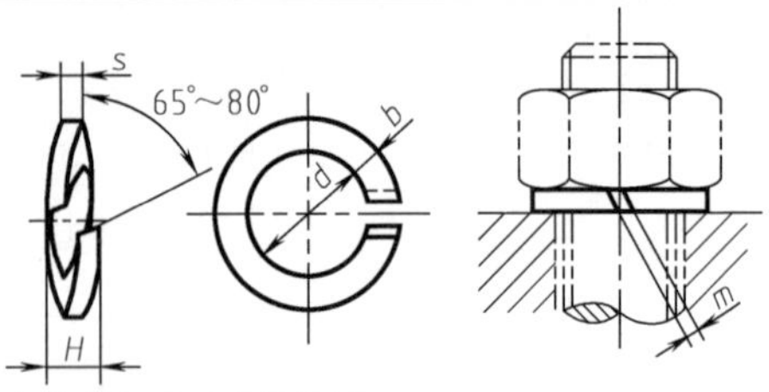

标记示例：
规格 16mm、材料为 65Mn、表面氧化的标准型弹簧垫圈；
垫圈　GB/T 93　16

（单位：mm）

规格（螺纹大径）	d	GB/T 93—1987		GB/T 859—1987		
		$s=b$	$0<m\leqslant$	S	b	$0<m\leqslant$
2	2.1	0.5	0.25	0.5	0.8	
2.5	2.6	0.65	0.33	0.6	0.8	
3	3.1	0.8	0.4	0.8	1	0.3
4	4.1	1.1	0.50	0.8	1.2	0.4
5	5.1	1.3	0.65	1	1.2	0.55
6	6.2	1.6	0.8	1.2′	1.6	0.65
8	8.2	2.1	1.05	1.6	2	0.8
10	10.2	2.6	1.3	2	2.5	1
12	12.3	3.1	1.55	2.5	3.5	1.25
(14)	14.3	3.6	1.8	3	4	1.5
16	16.3	4.1	2.05	3.2	4.5	1.6
(18)	18.3	4.5	2.25	3.5	5	1.8
20	20.5	5	2.5	4	5.5	2
(22)	22.5	5.5	2.75	4.5	6	2.25
24	24.5	6	3	4.8	6.5	2.5
(27)	27.5	6.8	3.4	5.5	7	2.75
30	30.5	7.5	3.75	6	8	3
36	36.6	9	4.5			
42	42.6	10.5	5.25			
48	49	12	6			

三、键和销

附表 3-1　平键

平键　键槽的剖面尺寸（GB/T 1095—2003）

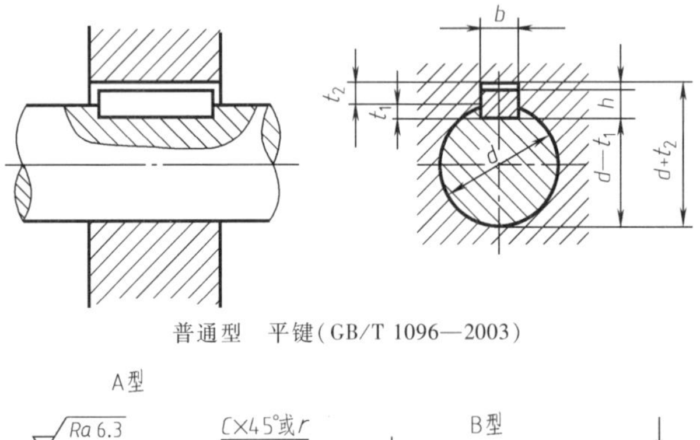

普通型　平键（GB/T 1096—2003）

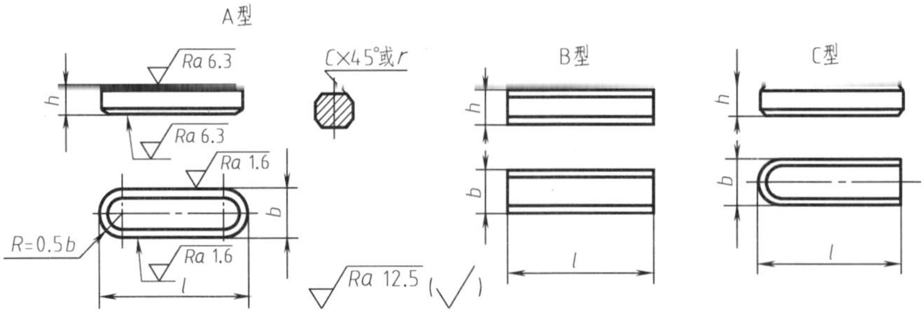

（续）

标记示例：

圆头普通平键（A）型，$b=18\text{mm}$，$h=11\text{mm}$，$l=100\text{mm}$ 的标记：

GB/T 1096　键 18×11×100

方头普通平键（B）型，$b=18\text{mm}$，$h=11\text{mm}$，$l=100\text{mm}$ 的标记：

GB/T 1096　键 B18×11×100

单圆头普通平键（C）型，$b=18\text{mm}$，$h=11\text{mm}$，$l=100\text{mm}$ 的标记：

GB/T 1096　键 C18×11×100

轴	键尺寸	键槽											
公称直径 d	$b \times h$	宽度 b						深度				半径 r	
		基本尺寸	极限偏差					轴 t_1		毂 t_2			
			正常连接		紧密连接	松连接		基本尺寸	极限偏差	基本尺寸	极限偏差		
			轴 N9	毂 JS9	轴和毂 P9	轴 H9	毂 D10					min	max
自 6~8	2×2	2	-0.004 -0.029	±0.0125	-0.006 -0.031	+0.025 0	+0.060 +0.020	1.2	+0.1 0	1.0	+0.1 0	0.08	0.16
>8~10	3×3	2						1.8		1.4			
>10~12	4×4	4	0 -0.030	±0.015	-0.012 -0.042	+0.030 0	+0.078 +0.030	2.5		1.8			
>12~17	5×5	5						3.0		2.3		0.16	0.25
>17~22	6×6	6						3.5		2.8			
>22~30	8×7	8	0 -0.036	±0.018	-0.015 -0.051	+0.036 0	+0.098 +0.040	4.0	+0.2 0	3.3	+0.2 0		
>30~38	10×8	10						5.0		3.3		0.25	0.40
>38~44	12×8	12	0 -0.043	±0.0215	-0.018 -0.061	+0.043 0	+0.120 +0.050	5.0		3.3			
>44~50	14×9	14						5.5		3.8			
>50~58	16×10	16						6.0		4.3			
>58~65	18×11	18						7.0		4.4			
>65~75	20×12	20	0 -0.052	±0.026	-0.022 -0.074	+0.052 0	+0.149 +0.065	7.5		4.9		0.40	0.60
>75~85	22×14	22						9.0		5.4			
>85~95	25×14	25						9.0		5.4			
>95~110	28×16	28						10.0		6.4			
>110~130	32×18	32	0 -0.062	±0.031	-0.026 -0.088	+0.062 0	+0.180 +0.080	11.0		7.4		0.70	1.00
>130~150	36×20	36						12.0		8.4			
>150~170	40×22	40						13.0		9.4			
>170~200	45×25	45						15.0		10.4			
>200~230	50×28	50						17.0		11.4			

注：1. 为了便于确定键、键槽的尺寸，摘录时，仍按 GB/T 1095—1979 的标准，把轴的公称直径 d 的有关尺寸与键尺寸一一对应列出，以供选择用。

2. 键长 l 的系列为：6，8，10，12，14，16，20，22，25，28，32，36，40，45，50，56，63，70，80，90，100，110，125，140，160，…。

3. 键的材料常用 45 钢。

附表 3-2　半　圆　键

键和键槽的剖面尺寸(GB/T 1098—2003)

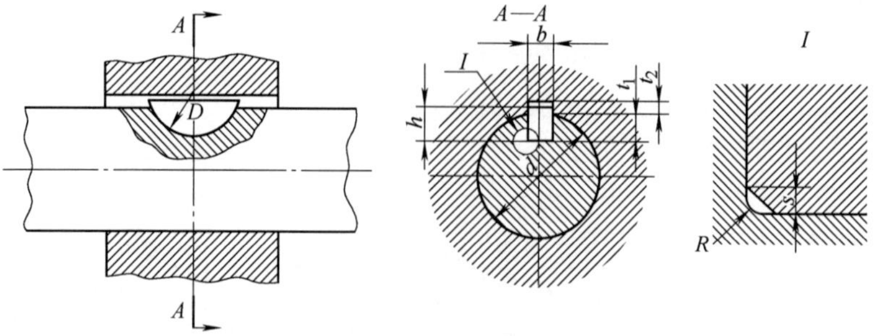

型式尺寸(GB/T 1099—2003)

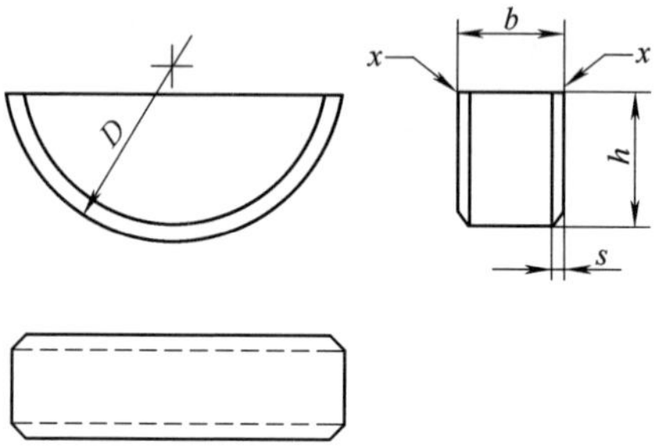

标记示例:

半圆键 $b=6$mm,$h=10$mm,$d_1=25$mm:

GB/T 1099—2003　键 6×10×25

(单位:mm)

键尺寸 $b\times h\times D$	键槽											
	宽度 b						深度				半径 R	
	基本尺寸	极限偏差					轴 t_1		毂 t_2			
		正常联接		紧密联接	松联接		基本尺寸	极限偏差	基本尺寸	极限偏差		
		轴 N9	毂 JS9	轴和毂 P9	轴 H9	毂 D10					max	min
1×1.4×4 1×1.1×4	1						1.0		0.6			
1.5×2.6×7 1.5×2.1×7	1.5						2.0		0.8			
2×2.6×7 2×2.1×7	2						1.8	+0.1 0	1.0			
2×3.7×10 2×3×10	2	-0.004 -0.029	±0.0125	-0.006 -0.031	+0.025 0	+0.060 +0.020	2.9		1.0	+0.1 0	0.16	0.08
2.5×3.7×10 2.5×3×10	2.5						2.7		1.2			
3×5×13 3×4×13	3						3.8	+0.2 0	1.4			
3×6.5×16 3×5.2×16	3						5.3		1.4			

（续）

<table>
<tr><th rowspan="4">键尺寸
$b\times h\times D$</th><th colspan="12">键　　槽</th></tr>
<tr><th colspan="6">宽度 b</th><th colspan="4">深　　度</th><th colspan="2" rowspan="2">半径 R</th></tr>
<tr><th rowspan="2">基本尺寸</th><th colspan="5">极 限 偏 差</th><th colspan="2">轴 t_1</th><th colspan="2">毂 t_2</th></tr>
<tr><th>正常联接 轴 N9</th><th>正常联接 毂 JS9</th><th>紧密联接 轴和毂 P9</th><th>松联接 轴 H9</th><th>松联接 毂 D10</th><th>基本尺寸</th><th>极限偏差</th><th>基本尺寸</th><th>极限偏差</th><th>max</th><th>min</th></tr>
<tr><td>4×6.5×16
4×5.2×16</td><td>4</td><td rowspan="7">0
-0.030</td><td rowspan="7">+0.015</td><td rowspan="7">-0.012
-0.042</td><td rowspan="7">+0.030
0</td><td rowspan="7">+0.078
+0.030</td><td>5.0</td><td rowspan="4">+0.2
0</td><td>1.8</td><td rowspan="6">+0.1
0</td><td rowspan="7">0.25</td><td rowspan="7">0.16</td></tr>
<tr><td>4×7.5×19
4×6×19</td><td>4</td><td>6.0</td><td>1.8</td></tr>
<tr><td>5×6.5×16
5×5.2×19</td><td>5</td><td>4.5</td><td>2.3</td></tr>
<tr><td>5×7.5×19
5×6×19</td><td>5</td><td>5.5</td><td>2.3</td></tr>
<tr><td>5×9×22
5×7.2×22</td><td>5</td><td>7.0</td><td rowspan="5">+0.3
0</td><td>2.3</td></tr>
<tr><td>6×9×22
6×7.2×22</td><td>6</td><td>6.5</td><td>2.8</td></tr>
<tr><td>6×10×25
6×8×25</td><td>6</td><td>7.5</td><td>2.8</td><td rowspan="3">+0.2
0</td></tr>
<tr><td>8×11×28
8×8.8×28</td><td>8</td><td rowspan="2">0
-0.036</td><td rowspan="2">±0.018</td><td rowspan="2">-0.015
-0.051</td><td rowspan="2">+0.036
0</td><td rowspan="2">+0.098
+0.040</td><td>8.0</td><td>3.3</td><td rowspan="2">0.40</td><td rowspan="2">0.25</td></tr>
<tr><td>10×13×32
10×10.4×32</td><td>10</td><td>10</td><td>3.3</td></tr>
</table>

注：1. 在工作图中，轴槽深用 t_1 或（$d-t_1$）标注；轮毂槽深用 t_2 或（$d+t_2$）标注。

2. 材料为 45 钢。

附表 3-3　圆柱销（GB/T 119.1—2000）——不淬硬钢和奥氏体不锈钢

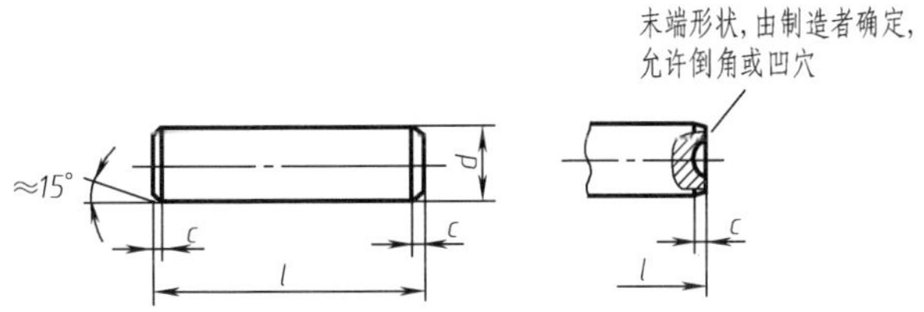

标记示例

公称直径 $d=6$、公差为 m6、公称长度 $l=30$、材料为钢、不经淬火、不经表面处理的圆柱销的标记：

销　GB/T 119.1　6 m6×30

（单位：mm）

（续）

公称直径 d(m6/h8)	0.6	0.8	1	1.2	1.5	2	2.5	3	4	5
$c\approx$	0.12	0.16	0.20	0.25	0.30	0.35	0.40	0.50	0.63	0.80
l(商品规格范围公称长度)	2~6	2~8	4~10	4~12	4~16	6~20	6~24	8~30	8~40	10~50
公称直径 d(m6/h8)	6	8	10	12	16	20	25	30	40	50
$c\approx$	1.2	1.6	2.0	2.5	3.0	3.5	4.0	5.0	6.3	8.0
l(商品规格范围公称长度)	12~60	14~80	18~95	22~140	26~180	35~200	50~200	60~200	80~200	95~200
l 系列	2,3,4,5,6,8,10,12,14,16,18,20,22,24,26,28,30,32,35,40,45,50,55,60,65,70,75,80,85,90,95,100,120,140,160,180,200									

注：1. 材料用钢时硬度要求为 125~245 HV30，用奥氏体不锈钢 Al(GB/T 3098.6）时硬度要求 210~280 HV30。
2. 公差 m6：$Ra\leqslant0.8\mu m$；
公差 h8：$Ra\leqslant1.6\mu m$。

附表 3-4　圆锥销（GB/T 117—2000）

A 型（磨削）　　　　B 型（切削或冷镦）

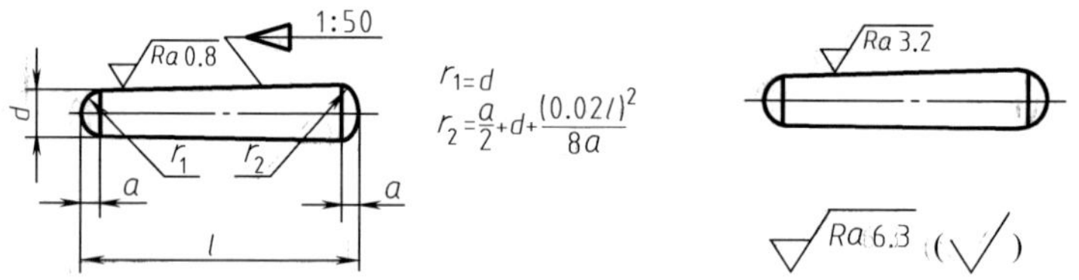

标记示例

公称直径 d=10、长度 l=60、材料为 35 钢、热处理硬度 28~38HRC、表面氧化处理的 A 型圆锥销：
销　GB/T 117　10×60

（单位：mm）

d(公称)	0.6	0.8	1	1.2	1.5	2	2.5	3	4	5
$a\approx$	0.08	0.1	0.12	0.16	0.2	0.25	0.3	0.4	0.5	0.63
l(商品规格范围公称长度)	4~8	5~12	6~16	6~20	8~24	10~35	10~35	12~45	14~55	18~60
d(公称)	6	8	10	12	16	20	25	30	40	50
$a\approx$	0.8	1	1.2	1.6	2	2.5	3	4	5	6.3
l(商品规格范围公称长度)	22~90	22~120	26~160	32~180	40~200	45~200	50~200	55~200	60~200	65~200
l 系列	2,3,4,5,6,8,10,12,14,16,18,20,22,24,26,28,30,32,35,40,45,50,55,60,65,70,75,80,85,90,95,100,120,140,160,180,200									

四、常用的滚动轴承

附表 4-1　深沟球轴承外形尺寸（GB/T 276—2013）

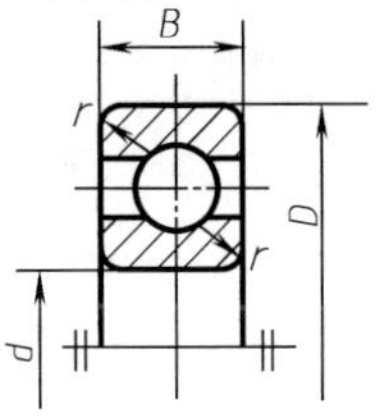

6000型
标准外形

标记示例:滚动轴承　6210　GB/T 276

轴承代号	尺寸/mm				轴承代号	尺寸/mm			
	d	D	B	r_{smin}		d	D	B	r_{smin}
02 系 列					03 系 列				
6200	10	30	9	0.6	6308	40	90	23	1.5
6201	12	32	10	0.6	6309	45	100	25	1.5
6202	15	35	11	0.6	6310	50	110	27	2
6203	17	40	12	0.6	6311	55	120	29	2
6204	20	47	14	1	6312	60	130	31	2.1
6205	25	52	15	1	6313	65	140	33	2.1
6206	30	62	16	1	6314	70	150	35	2.1
6207	35	72	17	1.1	6315	75	160	37	2.1
6208	40	80	18	1.1	6316	80	170	39	2.1
6209	45	85	19	1.1	6317	85	180	41	3
6210	50	90	20	1.1	6318	90	190	43	3
6211	55	100	21	1.5	6319	95	200	45	3
6212	60	110	22	1.5	6320	100	215	47	3
6213	65	120	23	1.5	04 系 列				
6214	70	125	24	1.5	6403	17	62	17	1.1
6215	75	130	25	1.5	6404	20	72	19	1.1
6216	80	140	26	2	6405	25	80	21	1.5
6217	85	150	28	2	6406	30	90	23	1.5
6218	90	160	30	2	6407	35	100	25	1.5
6219	95	170	32	2.1	6408	40	110	27	2
6220	100	180	34	2.1	6409	45	120	29	2
03 系 列					6410	50	130	31	2.1
6300	10	35	11	0.6	6411	55	140	33	2.1
6301	12	37	12	1	6412	60	150	35	2.1
6302	15	42	13	1	6413	65	160	37	2.1
6303	17	47	14	1	6414	70	180	42	3
6304	20	52	15	1.1	6415	75	190	45	3
6305	25	62	17	1.1	6416	80	200	48	3
6306	30	72	19	1.1	6417	85	210	52	4
6307	35	80	21	1.5	6418	90	225	54	4
					6420	100	250	58	4

注：d——轴承公称内径；D——轴承公称外径；B——轴承公称宽度；r——内、外圈公称倒角尺寸；r_{smin}——r 的单向最小尺寸。

附表 4-2　圆锥滚子轴承外形尺寸（GB/T 297—1994）

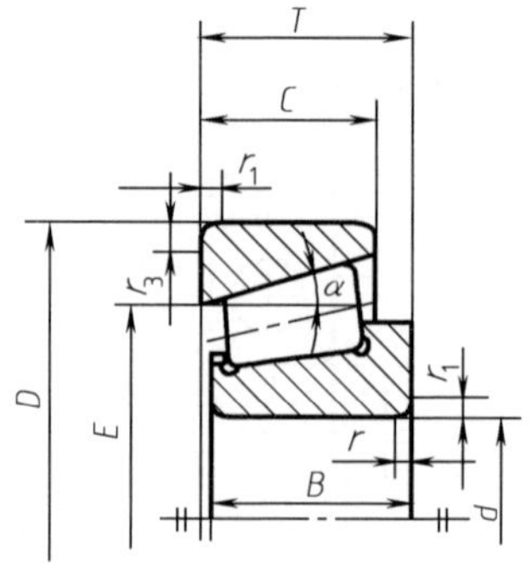

标准外形

标记示例：
滚动轴承　30312　GB/T 297

轴承代号	尺寸/mm							
	d	D	B	C	T	r_1,r_2 min	r_3,r_4 min	α
02 系列								
30203	17	40	12	11	13.25	1	1	12°57′10″
30204	20	47	14	12	15.25	1	1	12°57′10″
30205	25	52	15	13	16.25	1	1	14°02′10″
30206	30	62	16	14	17.25	1	1	14°02′10″
30207	35	72	17	15	18.25	1.5	1.5	14°02′10″
30208	40	80	18	16	19.75	1.5	1.5	14°02′10″
30209	45	85	19	16	20.75	1.5	1.5	15°06′34″
30210	50	90	20	17	21.75	1.5	1.5	15°38′32″
30211	55	100	21	18	22.75	2	1.5	15°06′94″
30212	60	110	22	19	23.75	2	1.5	15°06′34″
30213	65	120	23	20	24.75	2	1.5	15°06′34″
30214	70	125	24	21	26.25	2	1.5	15°38′32″
30215	75	130	25	22	27.25	2	1.5	16°10′20″
30216	80	140	26	22	28.25	2.5	2	15°38′32″
30217	85	150	28	24	30.5	2.5	2	15°38′32″
30218	90	160	30	26	32.5	2.5	2	15°38′32″
30219	95	170	32	27	34.5	3	2.5	15°38′32″
30220	100	180	34	29	37	3	2.5	15°38′32″
03 系列								
30302	15	42	13	11	14.25	1	1	10°45′29″
30303	17	47	14	12	15.25	1	1	10°45′29″
30304	20	52	15	13	16.25	1.5	1.5	11°18′36″
30305	25	62	17	15	18.25	1.5	1.5	11°18′36″
30306	30	72	19	16	20.75	1.5	1.5	11°51′35″
30307	35	80	21	18	22.75	2	1.5	11°51′35″
30308	40	90	23	20	25.25	2	1.5	12°57′10″
30309	45	100	25	22	27.25	2	1.5	12°57′10″
30310	50	110	27	23	29.25	2.5	2	12°57′10″
30311	55	120	29	25	31.5	2.5	2	12°57′10″
30312	60	130	31	26	33.5	3	2.5	12°57′10″
30313	65	140	33	28	36	3	2.5	12°57′10″
30314	70	150	35	30	38	3	2.5	12°57′10″
30315	75	160	37	31	40	3	2.5	12°57′10″
30316	80	170	39	33	42.5	3	2.5	12°57′10″
30317	85	180	41	34	44.5	4	3	12°57′10″
30318	90	190	43	36	46.5	4	3	12°57′10″
30319	95	200	45	38	49.5	4	3	12°57′10″
30320	100	215	47	39	51.5	4	3	12°57′10″

注：表中，d——轴承公称内径；D——轴承公称外径；T——轴承公称宽度；B——内圈公称宽度；C——外圈公称宽度；α——公称接触角；r_1——内圈大端面径向公称倒角尺寸；r_{1min}——r_1 的单向最小尺寸；r_2——内圈大端面轴向公称倒角尺寸；r_{2min}——r_2 的单向最小尺寸；r_3——外圈大端面径向公称倒角尺寸；r_{3min}——r_3 的单向最小尺寸；r_4——外圈大端面轴向公称倒角尺寸；r_{4min}——r_4 的单向最小尺寸。

附表 4-3　推力球轴承（GB/T 301—1995）

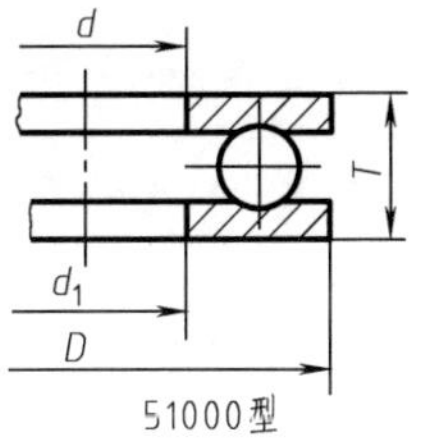

51000型

轴承代号	尺寸/mm			
	d	d_1	D	T
11　系　列				
51100	10	11	24	9
51101	12	13	26	9
51102	15	16	28	9
51103	17	18	30	9
51104	20	21	35	10
51105	25	26	42	11
51106	30	32	47	11
51107	35	37	52	12
51108	40	42	60	13
51109	45	47	65	14
51110	50	52	70	14
51111	55	57	78	16
51112	60	62	85	17
51113	65	67	90	18
51114	70	72	95	18
51115	75	77	100	19
51116	80	82	105	19
51117	85	87	110	19
51118	90	92	120	22
51120	100	102	135	25
12　系　列				
51200	10	12	26	11
51201	12	14	28	11
51202	15	17	32	12
51203	17	19	35	12
51204	20	22	40	14
51205	25	27	47	15
51206	30	32	52	16
51207	35	37	62	18
51208	40	42	68	19
51209	45	47	73	20
51210	50	52	78	22
51211	55	57	90	25
51212	60	62	95	26
51213	65	67	100	27
51214	70	72	105	27
51215	75	77	110	27
51216	80	82	115	28
51217	85	88	125	31
51218	90	93	135	35
51220	100	103	150	38
13　系　列				
51304	20	22	47	18
51305	25	27	52	18
51306	30	32	60	21
51307	35	37	68	24
51308	40	42	78	26
51309	45	47	85	28
51310	50	52	95	31
51311	55	57	105	35
51312	60	62	110	35
51313	65	67	115	36
51314	70	72	125	40
51315	75	77	135	44
51316	80	82	140	44
51317	85	88	150	49
51318	90	93	155	50
51320	100	103	170	55
14　系　列				
51405	25	27	60	24
51406	30	32	70	28
51407	35	37	80	32
51408	40	42	90	36
51409	45	47	100	39
51410	50	52	110	43
51411	55	57	120	48
51412	60	62	130	51
51413	65	67	140	56
51414	70	72	150	60
51415	75	77	160	65
51416	80	82	170	68
51417	85	88	180	72
51418	90	93	190	77
51420	100	103	210	85

五、极限与配合

附表 5-1 标准公差数值（GB/T 1800.1—2009）

公称尺寸/mm		公差等级																			
		IT01	IT0	IT1	IT2	IT3	IT4	IT5	IT6	IT7	IT8	IT9	IT10	IT11	IT12	IT13	IT14	IT15	IT16	IT17	IT18
大于	至	μm													mm						
—	3	0.3	0.5	0.8	1.2	2	3	4	6	10	14	25	40	60	0.10	0.14	0.25	0.40	0.60	1.0	1.4
3	6	0.4	0.6	1	1.5	2.5	4	5	8	12	18	30	48	75	0.12	0.18	0.30	0.48	0.75	1.2	1.8
6	10	0.4	0.6	1	1.5	2.5	4	6	9	15	22	36	58	90	0.15	0.22	0.36	0.58	0.90	1.5	2.2
10	18	0.5	0.8	1.2	2	3	5	8	11	18	27	43	70	110	0.18	0.27	0.43	0.70	1.10	1.8	2.7
18	30	0.6	1	1.5	2.5	4	6	9	13	21	33	52	84	130	0.21	0.33	0.52	0.84	1.30	2.1	3.3
30	50	0.6	1	1.5	2.5	4	7	11	16	25	39	62	100	160	0.25	0.39	0.02	1.00	1.60	2.5	3.9
50	80	0.8	1.2	2	3	5	8	13	29	30	46	74	120	190	0.30	0.46	0.74	1.20	1.90	3.0	4.6
80	120	1	1.5	2.5	4	6	10	15	22	35	54	87	140	220	0.35	0.54	0.87	1.40	2.20	3.5	5.4
120	180	1.2	2	3.5	5	8	13	18	25	40	63	100	160	250	0.40	0.63	1.00	1.60	2.50	4.0	6.3
180	250	2	3	4.5	7	10	14	20	29	46	72	115	185	290	0.46	0.72	1.15	1.85	2.90	4.6	7.2
250	315	2.5	4	6	8	12	16	23	32	52	81	130	210	320	0.52	0.81	1.30	2.10	3.20	5.2	8.1
315	400	3	5	7	9	13	18	25	36	57	89	140	230	360	0.57	0.89	1.40	2.30	3.60	5.7	8.9
400	500	4	6	8	10	15	20	27	40	63	97	155	250	400	0.63	0.97	1.55	2.50	4.00	6.3	9.7
500	630			9	11	16	22	32	44	70	110	175	280	440	0.70	1.10	1.75	2.8	4.4	7.0	11.0
630	800			10	13	18	25	36	50	80	125	200	320	500	0.80	1.25	2.00	3.2	5.0	8.0	12.5
800	1000			11	15	21	28	40	56	90	140	230	360	560	0.90	1.40	2.30	3.6	5.6	9.0	14.0
1000	1250			13	18	24	33	47	66	105	165	260	420	660	1.05	1.65	2.60	4.2	6.6	10.5	16.5
1250	1600			15	21	29	49	55	78	125	195	310	500	780	1.25	1.95	3.10	5.0	7.8	12.5	19.5
1600	2000			18	25	35	46	65	92	150	230	370	600	920	1.50	2.30	3.70	6.0	9.2	15.0	23.0
2000	2500			22	30	41	55	78	110	175	280	440	700	1100	1.75	2.80	4.40	7.0	11.0	17.5	28.0
2500	3150			26	36	50	68	96	135	210	330	540	860	1350	2.10	3.30	5.40	8.6	13.5	21.0	33.0

注：1. 公称尺寸大于 500mm 的 IT1 至 IT5 的标准公差数值为试行的。
2. 公称尺寸小于 1mm 时，无 IT14 至 IT18。

附表 5-2　轴的基本偏差数值（GB/T 1800.3—1998）

基本偏差代号	a	b	c	cd	d	e	ef	f	fg	g	h	js
公差等级	所有等级											
公称尺寸/mm	上偏差/μm											
≤3	-270	-140	-60	-34	-20	-14	-10	-6	-4	-2	0	偏差 = ± $\frac{IT}{2}$
>3～6	-270	-140	-70	-46	-30	-20	-14	-10	-6	-4	0	
>6～10	-280	-150	-80	-56	-40	-25	-18	-13	-8	-5	0	
>10～14	-290	-150	-95	—	-50	-32	—	-16	—	-6	0	
>14～18												
>18～24	-300	-160	-110	—	-65	-40	—	-20	—	-7	0	
>24～30												
>30～40	-310	-170	-120	—	-80	-50	—	-25	—	-9	0	
>40～50	-320	-180	-130									
>50～65	-340	-190	-140	—	-100	-60	—	-30	—	-10	0	
>65～80	-360	-200	-150									
>80～100	-380	-220	-170	—	-120	-72	—	-36	—	-12	0	
>100～120	-410	-240	-180									
>120～140	-460	-260	-200	—	-145	-85	—	-43	—	-14	0	
>140～160	-520	-280	-210									
>160～180	-580	-310	-230									
>180～200	-660	-340	-240	—	-170	-100	—	-50	—	-15	0	
>200～225	-740	-380	-260									
>225～250	-820	-420	-280									
>250～280	-920	-480	-300	—	-190	-110	—	-56	—	-17	0	
>280～315	-1050	-540	-330									
>315～355	-1200	-600	-360	—	-210	-125	—	-62	—	-18	0	
>355～400	-1350	-680	-400									
>400～450	-1500	-760	-440	—	-230	-135	—	-68	—	-20	0	
>450～500	-1650	-840	-480									

（续）

基本偏差代号	j			k		m	n	p	r	s	t	u	v	x	y	z	za	zb	zc
公差等级	5,6	7	8	4~7	≤3 >7	所有等级													
公称尺寸/mm	下偏差/μm																		
≤3 >3~6 >6~10	−2 −2 −2	−4 −4 −5	−6 — —	0 +1 +1	0 0 0	+2 +4 +6	+4 +8 +10	+6 +12 +15	+10 +15 +19	+14 +19 +23	— — —	+18 +23 +28	— — —	+20 +28 +34	— — —	+26 +35 +42	+32 +42 +52	+40 +50 +67	+60 +80 +97
>10~14 >14~18	−3	−6		+1	0	+7	+12	+18	+23	+28	—	+33	— +39	+40 +45	— —	+50 +60	+64 +77	+90 +108	+130 +150
>18~24 >24~30	−4	−8	—	+2	0	+8	+15	+22	+28	+35	— +41	+41 +48	+47 +55	+54 +64	+63 +75	+73 +88	+98 +118	+136 +160	+188 +218
>30~40 >40~50	−5	−10	—	+2	0	+9	+17	+26	+34	+43	+48 +54	+60 +70	+68 +81	+80 +97	+94 +114	+112 +136	+148 +180	+200 +242	+274 +325
>50~65 >65~80	−7	−12	—	+2	0	+1	+20	+32	+41 +43	+53 +59	+66 +75	+87 +102	+102 +120	+122 +146	+144 +174	+172 +210	+226 +274	+300 +360	+405 +480
>80~100 >100~120	−9	−15	—	+3	0	+13	+23	+37	+51 +54	+71 +79	+91 +104	+124 +144	+146 +172	+178 +210	+214 +254	+258 +310	+335 +400	+445 +525	+585 +690
>120~140 >140~160 >160~180	−11	−18	—	+3	0	+15	+27	+43	+63 +65 +68	+92 +100 +108	+122 +134 +146	+170 +190 +210	+202 +228 +252	+248 +280 +310	+300 +340 +380	+365 +415 +465	+470 +535 +600	+620 +700 +780	+800 +900 +1000
>180~200 >200~225 >225~250	−13	−21	—	+4	0	+17	+31	+50	+77 +80 +84	+122 +130 +140	+166 +180 +196	+236 +258 +284	+284 +310 +340	+350 +385 +425	+425 +470 +520	+520 +575 +640	+670 +740 +820	+880 +960 +1050	+1150 +1250 +1350
>250~280 >280~315	−16	−26	—	+4	0	+20	+34	+56	+94 +98	+158 +170	+218 +240	+315 +350	+385 +425	+475 +525	+580 +650	+710 +790	+920 +1000	+1200 +1300	+1550 +1700
>315~355 >355~400	−18	−28	—	+4	0	+21	+37	+62	+108 +114	+190 +208	+268 +294	+390 +435	+475 +530	+590 +660	+730 +820	+900 +1000	+1150 +1300	+1500 +1650	+1900 +2100
>400~450 >450~500	−20	−32	—	+5	0	+23	+40	+68	+126 +132	+232 +252	+330 +360	+490 +540	+595 +660	+740 +820	+920 +1000	+1100 +1250	+1450 +1600	+1850 +2100	+2400 +2600

附表 5-3　孔的基本偏差数值（GB/T 1800.3—1998）

基本偏差代号	A	B	C	CD	D	E	EF	F	FG	G	H	Js	J			K		M		N	
公差等级	所有等级												6	7	8	≤8	>8	≤8	>8	≤8	>8
公称尺寸/mm	下偏差/μm												上偏差/μm								
≤3 >3~6 >6~10	+270 +270 +280	+140 +140 +150	+60 +70 +80	+34 +46 +56	+20 +30 +40	+14 +20 +25	+10 +14 +18	-6 +10 +13	+4 +6 +8	+2 +4 +5	0 0 0	偏差 = $\pm\frac{IT}{2}$	+2 +5 +5	+4 +6 +8	+6 +10 +12	0 -1+Δ -1+Δ	0 — —	-2 -4+Δ -6+Δ	-2 -4 -6	-4 -8+Δ -10+Δ	-4 0 0
>10~14 >14~18	+290	-150	+95	—	+50	+32	—	+16	—	+6	0		+6	+10	+15	-1+Δ	—	-7+Δ	-7	-12+Δ	0
>18~24 >24~30	+300	+160	+110	—	+65	+40	—	-20	—	+7	0		+8	+12	+20	-2+Δ	—	-8+Δ	-8	-15+Δ	0
>30~40 >40~50	+310 +320	+170 +180	+120 +130	—	+80	+50	—	+25	—	9	0		+10	+14	+24	-2+Δ	—	-9+Δ	-9	-17+Δ	0
>50~65 >65~80	+340 +360	+190 +200	+140 +150	—	+100	+60	—	+30	—	+10	0		+13	+18	+28	-2+Δ	—	-11+Δ	-11	-20+Δ	0
>80~100 >100~120	+380 +410	+220 +240	+170 +180	—	+120	+72	—	+36	—	+12	0		+16	+22	+34	-3+Δ	—	-13+Δ	-13	-23+Δ	0
>120~140 >140~160 >160~180	+460 +520 +580	+260 +180 +310	+200 +210 +230	—	+145	+85	—	+43	—	+14	0		+18	+26	+41	-3+Δ	—	-15+Δ	-15	-27+Δ	0
>180~200 >200~225 >225~250	+660 +740 +820	+340 +380 +420	+240 +260 +280	—	+170	+100	—	+50	—	+15	0		+22	+30	+47	-4+Δ	—	-17+Δ	-17	-31+Δ	+0
>250~280 >280~315	+920 +1050	+480 +540	+300 +330	—	+190	+110	—	+56	—	+17	0		+25	+36	+55	-4+Δ	—	-20+Δ	-20	-34+Δ	0
>315~355 >355~400	+1200 +1350	+600 +680	+360 +400	—	+210	-125	—	+62	—	+18	0		+29	+39	+60	-4+Δ	—	-21+Δ	-21	-37+Δ	0
>400~450 >450~500	+1500 +1650	+760 +840	+440 +480	—	+230	-135	—	+68	—	+20	0		+33	+43	+66	-5+Δ	—	-23+Δ	-23	-40+Δ	0

（续）

基本偏差代号	P 至 ZC	P	R	S	T	U	V	X	Y	Z	ZA	ZB	ZC	Δ/μm					
公差等级	≤7	>7												3	4	5	6	7	8
公称尺寸/mm	上偏差/μm																		
≤3	在>7级的相应数值上增加一个Δ值	-6	-10	-14	—	-18	—	-20	—	-26	-32	-40	-60			0			
>3~6		-12	-15	-19	—	-23	—	-28	—	-35	-42	-50	-80	1	1.5	1	3	4	6
>6~10		-15	-19	-23	—	-28	—	-34	—	-42	-52	-67	-97	1	1.5	2	3	6	7
>10~14		-18	-23	-38	—	-33	—	-40	—	-50	-64	-90	-130	1	2	3	3	7	9
>14~18							-39	-45	—	-60	-77	-108	-150						
>18~24		-22	-28	-35	—	-41	-47	-54	-63	-73	-98	-136	-188	1.5	2	3	4	8	12
>24~30					-41	-48	-55	-64	-75	-88	-118	-160	-218						
>30~40		-26	-34	-43	-48	-60	-68	-80	-94	-112	-148	-200	-274	1.5	3	4	5	9	14
>40~50					-54	-70	-81	-97	-114	-136	-180	-242	-325						
>50~65		-32	-41	-53	-66	-87	-102	-122	-144	-172	-226	-300	-405	2	3	5	6	11	16
>65~80			-43	-59	-75	-102	-120	-146	-174	-210	-274	-360	-480						
>80~100		-37	-51	-71	-91	-124	-146	-178	-214	-258	-335	-445	-585	2	4	5	7	13	19
>100~120			-54	-79	-104	-144	-172	-210	-254	-310	-400	-525	-690						
>120~140		-43	-63	-92	-122	-170	-202	-248	-300	-365	-470	-620	-800	3	4	6	7	15	23
>140~160			-65	-100	-134	-190	-228	-280	-340	-415	-535	-700	-900						
>160~180			-68	-108	-146	-210	-252	-310	-380	-465	-600	-780	-1000						
>180~200		-50	-77	-122	-166	-236	-284	-350	-425	-520	-670	-880	-1150	3	4	6	9	17	26
>200~225			-80	-130	-180	-258	-310	-385	-470	-575	-740	-960	-1250						
>225~250			-84	-140	-196	-284	-340	-425	-520	-640	-820	-1050	-1350						
>250~280		-56	-94	-158	-218	-315	-385	-475	-580	-710	-920	-1200	-1550	4	4	7	9	20	29
>280~315			-98	-170	-240	-350	-425	-525	-650	-790	-1000	-1300	-1700						
>315~355		-62	-108	-190	-268	-390	-475	-590	-730	-900	-1150	-1500	-1900	4	5	7	11	21	23
>355~400			-114	-208	-294	-435	-530	-660	-820	-1000	-1300	-1650	-2100						
>400~450		-68	-126	-232	-330	-490	-595	-740	-920	-1100	-1450	-1850	-2400	5	5	7	13	23	34
>450~500			-132	-252	-360	-540	-660	-820	-1000	-1250	-1600	-2100	-2600						

附表 5-4　轴的极限偏差（GB/T 1800.4—1999）

（尺寸至 500mm）　　　　　　（单位：μm）

公称尺寸/mm		公差带														
		a					b					c				
大于	至	9	10	11	12	13	9	10	11	12	13	8	9	10	11	12
—	3	-270	-270	-270	-270	-270	-140	-140	-140	-140	-140	-60	-60	-60	-60	-60
		-295	-310	-330	-370	-410	-165	-180	-200	-240	-280	-74	-85	-100	-120	-160
3	6	-270	-270	-270	-270	-270	-140	-140	-140	-140	-140	-70	-70	-70	-70	-70
		-300	-318	-345	-390	-450	-170	-188	-215	-260	-320	-88	-100	-118	-145	-190
6	10	-280	-280	-280	-280	-280	-150	-150	-150	-150	-150	-80	-80	-80	-80	-80
		-316	-338	-370	-430	-500	-186	-208	-240	-300	-370	-102	-116	-138	-170	-230
10	14	-290	-290	-290	-290	-290	-150	-150	-150	-150	-150	-95	-95	-95	-95	-95
14	18	-333	-360	-400	-470	-560	-193	-220	-260	-330	-420	-122	-138	-165	-205	-275
18	24	-300	-300	-300	-300	-300	-160	-160	-160	-160	-160	-110	-110	-110	-110	-110
24	30	-352	-384	-430	-510	-630	-212	-244	-290	-370	-490	-143	-162	-194	-240	-320
30	40	-310	-310	-310	-310	-310	-170	-170	-170	-170	-170	-120	-120	-120	-120	-120
		-372	-410	-470	-560	-700	-232	-270	-330	-420	-560	-159	-182	-220	-280	-370
40	50	-320	-320	-320	-320	-320	-180	-180	-180	-180	180	-130	-130	-130	-130	-130
		-382	-420	-480	-570	-710	-242	-280	-340	-430	-570	-169	-192	-230	-290	-380
50	65	-340	-340	-340	-340	-340	-190	-190	-190	-190	-190	-140	-140	-140	-140	-140
		-414	-460	-530	-640	-800	-264	-310	-380	-490	-650	-186	-214	-260	-330	-440
65	80	-360	-360	-360	-360	-360	-200	-200	-200	-200	-200	-150	-150	-150	-150	-150
		-434	-480	-550	-660	-820	-274	-320	-390	-500	-660	-196	-224	-270	-340	-450
80	100	-380	-380	-380	-380	-380	-220	-220	-220	-220	-220	-170	-170	-170	-170	-170
		-467	-520	-600	-730	-920	-307	-360	-440	-570	-760	-224	-257	-310	-390	-520
100	120	-410	-410	-410	-410	-410	-240	-240	-240	-240	-240	-180	-180	-180	-180	-180
		-497	-550	-630	-760	-950	-327	-380	-460	-590	-780	-234	-267	-320	-400	-530
120	140	-460	-460	-460	-460	-460	-260	-260	-260	-260	-260	-200	-200	-200	-200	-200
		-560	-620	-710	-860	-1090	-360	-420	-510	-660	-890	-263	-300	-360	-450	-600
140	160	-520	-520	-520	-520	-520	-280	-280	-280	-280	-280	-210	-210	210	-210	-210
		-620	-680	-770	-920	-1150	-380	-440	-530	-680	-910	-273	-310	-370	-460	-610
160	180	-580	-580	-580	-580	-580	-310	-310	-310	-310	-310	-230	-230	-230	-230	-230
		-680	-740	-830	-980	-1210	-410	-470	-560	-710	-940	-293	-330	-390	-480	-630
180	200	-660	-660	-660	-660	-660	-340	-340	-340	-340	-340	-240	-240	-240	-240	240
		-775	-845	-950	-1120	1380	-455	-525	-630	-800	-1060	-312	-355	-425	-530	-700
200	225	-740	-740	-740	-740	-740	-380	-380	-380	-380	-380	-260	-260	-260	-260	-260
		-855	-925	-1030	-1200	-1460	-495	-565	-670	-840	-1100	-332	-375	-445	-550	-720
225	250	-820	-820	-820	-820	-820	-420	-420	-420	-420	-420	-280	-280	-280	-280	-280
		-935	-1005	-1110	-1280	-1540	-535	-605	-710	-880	-1140	-352	-395	-465	-570	-740
250	280	-920	-920	-920	-920	-920	-480	-480	-480	-480	-480	-300	-300	-300	-300	-300
		-1050	-1130	-1240	-1440	-1730	-610	-690	-800	-1000	-1290	-381	-430	-510	-620	-820
280	315	-1050	-1050	-1050	-1050	-1050	-540	-540	-540	-540	-540	-330	-330	-330	-330	-330
		-1180	-1260	-1370	-1570	-1860	-670	-750	-860	-1060	-1350	-411	-460	-540	-650	-850
315	355	-1200	-1200	-1200	-1200	-1200	-600	-600	-600	-600	-600	-360	-360	-360	-360	-360
		-1340	-1430	-1560	-1770	-2090	-740	-830	-960	-1170	-1490	-449	-500	-590	-720	-930
355	400	-1350	-1350	-1350	-1350	-1350	-680	-680	-680	-680	-680	-400	-400	-400	-400	-400
		-1490	-1580	-1710	-1920	-2240	-820	-910	-1040	-1250	-1570	-489	-540	-630	-760	-970
400	450	-1500	-1500	-1500	-1500	-1500	-760	-760	-760	-760	-760	-440	-440	-440	-440	-440
		-1655	-1750	-1900	-2130	-2470	-915	-1010	-1160	-1390	-1730	-537	-595	-690	-840	-1070
450	500	-1650	-1650	-1650	-1650	-1650	-840	-840	-840	-840	-840	-480	-480	-480	-480	-480
		-1805	-1900	-2050	-2280	-2620	-995	-1090	-1240	-1470	-1810	-577	-635	-730	-880	-1110

（续）

公称尺寸/mm		公差带													
		c	d					e					f		
大于	至	13	7	8	9	10	11	6	7	8	9	10	5	6	7
—	3	-60 -200	-20 -30	-20 -34	-20 -45	-20 -60	-20 -80	-14 -20	-14 -24	-14 -28	-14 -39	-14 -54	-6 -10	-6 -12	-6 -16
3	6	-70 -250	-30 -42	-30 -48	-30 -60	-30 -78	-30 -105	-20 -28	-20 -32	-20 -38	-20 -50	-20 -68	-10 -15	-10 -18	-10 -22
6	10	-80 -300	-40 -55	-40 -62	-40 -76	-40 -98	-40 -130	-25 -34	-25 -40	-25 -47	-25 -61	-25 -83	-13 -19	-13 -22	-13 -28
10	14	-95	-50	-50	-50	-50	-50	-32	-32	-32	-32	-32	-16	-16	-16
14	18	-365	-68	-77	-93	-120	-160	-43	-50	-59	-75	-102	-24	-27	-34
18	24	-110	-65	-65	-65	-65	-65	-40	-40	-40	-40	-40	-20	-20	-20
24	30	-440	-86	-98	-117	-149	-195	-53	-61	-73	-92	-124	-29	-33	-41
30	40	-120 -510	-80	-80	-80	-80	-80	-50	-50	-50	-50	-50	-25	-25	-25
40	50	-130 -520	-105	-119	-142	-180	-240	-66	-75	-89	-112	-150	-36	-41	-50
50	60	-140 -600	-100	-100	-100	-100	-100	-60	-60	-60	-60	-60	-30	-30	-30
65	80	-150 -610	-130	-146	-174	-220	-290	-79	-90	-106	-134	-180	-43	-49	-60
80	100	-170 -710	-120	-120	-120	-120	-120	-72	-72	-72	-72	-72	-36	-36	-36
100	120	-180 -720	-155	-174	-207	-260	-340	-94	-107	-126	-159	-212	-51	-58	-71
120	140	-200 -830	-145	-145	-145	-145	-145	-85	-85	-85	-85	-85	-43	-43	-43
140	160	-210 -840													
160	180	-230 -860	-185	-208	-245	-305	-395	-110	-125	-148	-185	-245	-61	-68	-83
180	200	-240 -960	-170	-170	-170	-170	-170	-100	-100	-100	-100	-100	-50	-50	-50
200	225	-260 -980													
225	250	-280 -1000	-216	-242	-285	-355	-460	-129	-146	-172	-215	-285	-70	-79	-96
250	280	-300 -1110	-190	-190	-190	-190	-190	-110	-110	-110	-110	-110	-56	-56	-56
280	315	-330 -1140	-242	-271	-320	-400	-510	-142	-162	-191	-240	-320	-79	-88	-108
315	355	-360 -1250	-210	-210	-210	-210	-210	-125	-125	-125	-125	-125	-62	-62	-62
355	400	-400 -1290	-267	-299	-350	-440	-570	-161	-182	-214	-265	-355	-87	-98	-119
400	450	-440 -1110	-230	-230	-230	-230	-230	-135	-135	-135	-135	-135	-68	-68	-68
450	500	-480 -1450	-293	-327	-385	-480	-630	-175	-198	-232	-290	-385	-95	-108	-131

（续）

公称尺寸/mm		公差带												
		f		g					h					
大于	至	8	9	4	5	6	7	8	1	2	3	4	5	6
—	3	-6 -20	-6 -31	-2 -5	-2 -6	-2 -8	-2 -12	-2 -16	0 -0.8	0 -1.2	0 -2	0 -3	0 -4	0 -6
3	6	-10 -28	-10 -40	-4 -8	-4 -9	-4 -12	-4 -16	-4 -22	0 -1	0 -1.5	0 -2.5	0 -4	0 -5	0 -8
6	10	-13 -35	-13 -49	-5 -9	-5 -11	-5 -14	-5 -20	-5 -27	0 -1	0 -1.5	0 -2.5	0 -4	0 -6	0 -9
10	14	-16	-16	-6	-6	-6	-6	-6	0	0	0	0	0	0
14	18	-43	-59	-11	-14	-17	-24	-33	-1.2	-2	-3	-5	-8	-11
18	24	-20	-20	-7	-7	-7	7	-7	0	0	0	0	0	0
24	30	-53	-72	-13	-16	-20	-28	-40	-1.5	-2.5	-4	-6	-9	-13
30	40	-25	-25	-9	-9	-9	-9	-9	0	0	0	0	0	0
40	50	-64	-87	-16	-20	-25	-34	-48	-1.5	-2.5	-4	-7	-11	-16
50	65	-30	-30	-10	-10	-10	-10	-10	0	0	0	0	0	0
65	80	-76	-104	-18	-23	-29	-40	-56	-2	-3	-5	-8	-13	-19
80	100	-36	-36	-12	-12	-12	-12	-12	0	0	0	0	0	0
100	120	-90	-123	-22	-27	-34	-47	-66	-2.5	-4	-6	-10	-15	-22
120	140	-43	-43	-14	-14	-14	-14	-14	0	0	0	0	0	0
140	160													
160	180	-106	-143	-26	-32	-39	-54	-77	3.5	-5	-8	-12	-18	-25
180	200	-50	-50	-15	-15	-15	-15	-15	0	0	0	0	0	0
200	225													
225	250	-122	-165	-29	-35	-44	-61	-87	-4.5	-7	-10	-14	-20	-29
250	280	-56	-56	-17	-17	-17	-17	-17	0	0	0	0	0	0
280	315	-137	-186	-33	-40	-49	-69	-98	-6	-8	-12	-16	-23	-32
315	355	-62	-62	-18	-18	-18	-18	-18	0	0	0	0	0	0
355	400	-151	-202	-36	-43	-54	-75	-107	-7	-9	-13	-18	-25	-36
400	450	-68	-68	-20	-20	-20	-20	-20	0	0	0	0	0	0
450	500	-165	-223	-40	-47	-60	-83	-117	-8	-10	-15	-20	-27	-40

（续）

公称尺寸/mm		公差带												
		h							j			js		
大于	至	7	8	9	10	11	12	13	5	6	7	1	2	3
—	3	0 −10	0 −14	0 −25	0 −40	0 −60	0 −100	0 −140	—	+4 −2	+6 −4	±0.4	±0.6	±1
3	6	0 −12	0 −18	0 −30	0 −48	0 −75	0 −120	0 −180	+3 −2	+6 −2	+8 −4	±0.5	±0.75	±1.25
6	10	0 −15	0 −22	0 −36	0 −58	0 −90	0 −150	0 −220	+4 −2	+7 −2	+10 −5	±0.5	±0.75	±1.25
10	14	0	0	0	0	0	0	0	+5	+8	+12	±0.6	±1	±1.5
14	18	−18	−27	−43	−70	−110	−180	−270	−3	−3	−6			
18	24	0	0	0	0	0	0	0	+5	+9	+13	±0.75	±1.25	±2
24	30	−21	−33	−52	−84	−130	−210	−330	−4	−4	−8			
30	40	0	0	0	0	0	0	0	+6	+11	+15	±0.75	±1.25	±2
40	50	−25	−39	−62	−100	−160	−250	−390	−5	−5	−10			
50	65	0	0	0	0	0	0	0	+6	+12	+18	±1	±1.5	±2.5
65	80	−30	−46	−74	−120	−190	−300	−460	−7	−7	−12			
80	100	0	0	0	0	0	0	0	+6	+13	+20	±1.25	±2	±3
100	120	−35	−54	−87	−140	−220	−350	−540	−9	−9	−15			
120	140	0	0	0	0	0	0	0	+7	+14	+22			
140	160											±1.75	±2.5	±4
160	180	−40	−63	−100	−160	−250	−400	−630	−11	−11	−18			
180	200	0	0	0	0	0	0	0	+7	+16	+25			
200	225											±2.25	±3.5	±5
225	250	−46	−72	−115	−185	−290	−460	−720	−13	−13	−21			
250	280	0	0	0	0	0	0	0	+7	—	—	±3	±4	±6
280	315	−52	−81	−130	−210	−320	−520	−810	−16					
315	355	0	0	0	0	0	0	0	+7	—	+29	±3.5	±4.5	±6.5
355	400	−57	−89	−140	−230	−360	−570	−890	−18		−28			
400	450	0	0	0	0	0	0	0	+7	—	+31	±4	±5	±7.5
450	500	−63	−97	−155	−250	−400	−630	−970	−20		−32			

（续）

公称尺寸/mm		公差带											
		js										k	
大于	至	4	5	6	7	8	9	10	11	12	13	4	5
—	3	±1.5	±2	±3	±5	±7	±12	±20	±30	±50	±70	+3 0	+4 0
3	6	±2	±2.5	±4	±6	±9	±15	±24	±37	±60	±90	+5 +1	+6 +1
6	10	±2	±3	±4.5	±7	±11	±18	±29	±45	±75	±110	+5 +1	+7 +1
10	14	±2.5	±4	±5.5	±9	±13	±21	±35	±55	±90	±135	+6 +1	+9 +1
14	18												
18	24	±3	±4.5	±6.5	±10	±16	±26	±42	±65	±105	±165	+8 +2	+11 +2
24	30												
30	40	±3.5	±5.5	±8	±12	±19	±31	±50	±80	±125	±195	+9 +2	+13 +2
40	50												
50	65	±4	±6.5	±9.5	±15	±23	±37	±60	±95	±150	±230	+10 +2	+15 +2
65	80												
80	100	±5	±7.5	±11	±17	±27	±43	±70	±110	±175	±270	+13 +3	+18 +3
100	120												
120	140	±6	±9	±12.5	±20	±31	±50	±80	±125	±200	±315	+15 +3	+21 +3
140	160												
160	180												
180	200	±7	±10	±14.5	±23	±36	±57	±92	±145	±230	±360	+18 +4	+24 +4
200	225												
225	250												
250	280	±8	±11.5	±16	±26	±40	±65	±105	±160	±260	±405	+20 +4	+27 +4
280	315												
315	355	±9	±12.5	±18	±28	±44	±70	±115	±180	±285	±445	+22 +4	+29 +4
355	400												
400	450	±10	±13.5	±20	±31	±48	±77	±125	±200	±315	±485	+25 +5	+32 +5
450	500												

（续）

公称尺寸/mm		公差带												
		k			m					n				
大于	至	6	7	8	4	5	6	7	8	4	5	6	7	8
—	3	+6 0	+10 0	+14 0	+5 +2	+6 +2	+8 +2	+12 +2	+16 +2	+7 +4	+8 +4	+10 +4	+14 +4	+18 +4
3	6	+9 +1	+13 +1	+18 0	+8 +4	+9 +4	+12 +4	+16 +4	+22 +4	+12 +8	+13 +8	+16 +8	+20 +8	+26 +8
6	10	+10 +1	+16 +1	+22 0	+10 +6	+12 +6	+15 +6	+21 +6	+28 +6	+14 +10	+16 +10	+19 +10	+25 +10	+32 +10
10	14	+12	+19	+27	+12	+15	+18	+25	+34	+17	+20	+23	+30	+39
14	18	+1	+1	0	+7	+7	+7	+7	+7	+12	+12	+12	+12	+12
18	24	+15 +2	+23 +2	+33 0	+14 +8	+17 +8	+21 +8	+29 +8	+41 +8	+21 +15	+24 +15	+28 +15	+36 +15	+48 +15
24	30													
30	40	+18	+27	+39	+16	+20	+25	+34	+48	+24	+28	+33	+42	+56
40	50	+2	+2	0	+9	+9	+9	+9	+9	+17	+17	+17	+17	+17
50	65	+21	+32	+46	+19	+24	+30	+41	+57	+28	+33	+39	+50	+66
65	80	+2	+2	0	+11	+11	+11	+11	+11	+20	+20	+20	+20	+20
80	100	+25	+38	+54	+23	+28	+35	+48	+67	+33	+38	+45	+58	+77
100	120	+3	+3	0	+13	+13	+13	+13	+13	+23	+23	+23	+23	+23
120	140	+28	+43	+63	+27	+33	+40	+55	+78	+39	+45	+52	+67	+90
140	160													
160	180	+3	+3	0	+15	+15	+15	+15	+15	+27	+27	+27	+27	+27
180	200	+33	+50	+72	+31	+37	+46	+63	+89	+45	+51	+60	+77	+103
200	225													
225	250	+4	+4	0	+17	+17	+17	+17	+17	+31	+31	+31	+31	+31
250	280	+36	+56	+81	+36	+43	+52	+72	+101	+50	+57	+66	+86	+115
280	315	+4	+4	0	+20	+20	+20	+20	+20	+34	+34	+34	+34	+34
315	355	+40	+61	+89	+39	+46	+57	+78	+110	+55	+62	+73	+94	+126
355	400	+4	+4	0	+21	+21	+21	+21	+21	+37	+37	+37	+37	+37
400	450	+45	+68	+97	+43	+50	+63	+86	+120	+60	+67	+80	+103	+137
450	500	+5	+5	0	+23	+23	+23	+23	+23	+40	+40	+40	+40	+40

（续）

公称尺寸/mm		公差带												
		p					r					s		
大于	至	4	5	6	7	8	4	5	6	7	8	4	5	6
—	3	+9 +6	+10 +6	+12 +6	+16 +6	+20 +6	+13 +10	+14 +10	+16 +10	+20 +10	+24 +10	+17 +14	+18 +14	+20 +14
3	6	+16 +12	+17 +12	+20 +12	+24 +12	+30 +12	+19 +15	+20 +15	+23 +15	+27 +15	+33 +15	+23 +19	+24 +19	+27 +19
6	10	+19 +15	+21 +15	+24 +15	+30 +15	+37 +15	+23 +19	+25 +19	+28 +19	+34 +19	+41 +19	+27 +23	+29 +23	+32 +23
10	14	+23	+26	+29	+36	+45	+28	+31	+34	+41	+50	+33	+36	+39
14	18	+18	+18	+18	+18	+18	+23	+23	+23	+23	+23	+28	+28	+28
18	24	+28	+31	+35	+43	+55	+34	+37	+41	+49	+61	+41	+44	+48
24	30	+22	+22	+22	+22	+22	+28	+28	+28	+28	+28	+35	+35	+35
30	40	+33	+37	+42	+51	+65	+41	+45	+50	+59	+73	+50	+54	+59
40	50	+26	+26	+26	+26	+26	+34	+34	+34	+34	+34	+43	+43	+43
50	65	+40 +32	+45 +32	+51 +32	+62 +32	+78 +32	+49 +41	+54 +41	+60 +41	+71 +41	+87 +41	+61 +53	+66 +53	+72 +53
65	80						+51 +43	+56 +43	+62 +43	+73 +43	+89 +43	+67 +59	+72 +59	+78 +59
80	100	+47 +37	+52 +37	+59 +37	+72 +37	+91 +37	+61 +51	+66 +51	+73 +51	+86 +51	+105 +51	+81 +71	+86 +71	+93 +71
100	120						+64 +54	+69 +54	+76 +54	+89 +54	+108 +54	+89 +79	+94 +79	+101 +79
120	140	+55 +43	+61 +43	+68 +43	+83 +43	+106 +43	+75 +63	+81 +63	+88 +63	+103 +63	+126 +63	+104 +92	+110 +92	+117 +92
140	160						+77 +65	+83 +65	+90 +65	+105 +65	+128 +65	+112 +100	+118 +100	+125 +100
160	180						+80 +68	+86 +68	+93 +68	+108 +68	+131 +68	+120 +108	+126 +108	+133 +108
180	200	+64 +50	+70 +50	+79 +50	+96 +50	+122 +50	+91 +77	+97 +77	+106 +77	+123 +77	+149 +77	+136 +122	+142 +122	+151 +122
200	225						+94 +80	+100 +80	+109 +80	+126 +80	+152 +80	+144 +130	+150 +130	+159 +130
225	250						+98 +84	+104 +84	+113 +84	+130 +84	+156 +84	+154 +140	+160 +140	+169 +140
250	280	+72 +56	+79 +56	+88 +56	+108 +56	+137 +56	+110 +94	+117 +94	+126 +94	+146 +94	+175 +94	+174 +158	+181 +158	+190 +158
280	315						+114 +98	+121 +98	+130 +98	+150 +98	+179 +98	+186 +170	+193 +170	+202 +170
315	355	+80 +62	+87 +62	+98 +62	+119 +62	+151 +62	+126 +108	+133 +108	+144 +108	+165 +108	+197 +108	+208 +190	+215 +190	+226 +190
355	400						+132 +114	+139 +114	+150 +114	+171 +114	+203 +114	+226 +208	+233 +203	+244 +208
400	450	+88 +68	+95 +68	+108 +68	+131 +68	+165 +68	+146 +126	+153 +126	+166 +126	+189 +126	+223 +126	+252 +232	+259 +232	+272 +232
450	500						+152 +132	+159 +132	+172 +132	+195 +132	+229 +132	+272 +252	+279 +252	+292 +252

（续）

公称尺寸/mm		公差带												
		s		t				u				v		
大于	至	7	8	5	6	7	8	5	6	7	8	5	6	7
—	3	+24 +14	+28 +14					+22 +18	+24 +18	+28 +18	+32 +18			
3	6	+31 +19	+37 +19					+28 +23	+31 +23	+35 +23	+41 +23			
6	10	+38 +23	+45 +23					+34 +28	+37 +28	+43 +28	+50 +28			
10	14	+46 +28	+55 +28	—	—	—	—	+41 +33	+44 +33	+51 +33	+60 +33	—	—	—
14	18			—	—	—	—					+47 +39	+50 +39	+57 +39
18	24	+56 +35	+68 +35	—	—	—	—	+50 +41	+54 +41	+62 +41	+74 +41	+56 +47	+60 +47	+68 +47
24	30			+50 +41	+54 +41	+62 +41	+74 +41	+57 +48	+61 +48	+69 +48	+81 +48	+64 +55	+68 +55	+76 +55
30	40	+68 +43	+82 +43	+59 +48	+64 +48	+73 +48	+87 +48	+71 +60	+76 +60	+85 +60	+99 +60	+79 +68	+84 +68	+93 +68
40	50			+65 +54	+70 +54	+79 +54	+93 +54	+81 +70	+86 +70	+95 +70	+109 +70	+92 +81	+97 +81	+106 +81
50	65	+83 +53	+99 +53	+79 +66	+85 +66	+96 +66	+112 +66	+100 +87	+106 +87	+117 +87	+133 +87	+115 +102	+121 +102	+132 +102
65	80	+89 +59	+105 +59	+88 +75	+94 +75	+105 +75	+121 +75	+115 +102	+121 +102	+132 +102	+148 +102	+133 +120	+139 +120	+150 +120
80	100	+106 +71	+125 +71	+106 +91	+113 +91	+126 +91	+145 +91	+139 +124	+146 +124	+159 +124	+178 +124	+161 +146	+168 +146	+181 +146
100	120	+114 +79	+133 +79	+119 +104	+126 +104	+139 +104	+158 +104	+159 +144	+166 +144	+179 +144	+198 +144	+187 +172	+194 +172	+207 +172
120	140	+132 +92	+155 +92	+140 +122	+147 +122	+162 +122	+185 +122	+188 +170	+195 +170	+210 +170	+233 +170	+220 +202	+227 +202	+242 +202
140	160	+140 +100	+163 +100	+152 +134	+159 +134	+174 +134	+197 +134	+208 +190	+215 +190	+230 +190	+253 +190	+246 +228	+253 +228	+268 +228
160	180	+148 +108	+171 +108	+164 +146	+171 +146	+186 +146	+209 +146	+228 +210	+235 +210	+250 +210	+273 +210	+270 +252	+277 +252	+292 +252
180	200	+168 +122	+194 +122	+186 +166	+195 +166	+212 +166	+238 +166	+256 +236	+265 +236	+282 +236	+308 +236	+304 +284	+313 +284	+330 +284
200	225	+176 +130	+202 +120	+200 +180	+209 +180	+226 +180	+252 +180	+278 +258	+287 +258	+304 +258	+330 +258	+330 +310	+339 +310	+356 +310
225	250	+186 +140	+212 +140	+216 +196	+225 +196	+242 +196	+268 +196	+304 +284	+313 +284	+330 +284	+356 +284	+360 +340	+369 +340	+386 +340
250	280	+210 +158	+239 +158	+241 +218	+250 +218	+270 +218	+299 +218	+338 +315	+347 +315	+367 +315	+396 +315	+408 +385	+417 +385	+437 +385
280	315	+222 +170	+251 +170	+263 +240	+272 +240	+292 +240	+321 +240	+373 +350	+382 +350	+402 +350	+431 +350	+448 +425	+457 +425	+477 +425
315	355	+247 +190	+279 +190	+293 +268	+304 +268	+325 +268	+357 +268	+415 +390	+426 +390	+447 +390	+479 +390	+500 +475	+511 +475	+532 +475
355	400	+265 +208	+297 +208	+319 +294	+330 +294	+351 +294	+383 +294	+460 +435	+471 +435	+492 +435	+524 +435	+555 +530	+566 +530	+587 +530
400	450	+285 +232	+329 +232	+357 +330	+370 +330	+393 +330	+427 +330	+517 +490	+530 +490	+553 +490	+587 +490	+622 +595	+635 +595	+658 +595
450	500	+315 +252	+349 +252	+387 +360	+400 +360	+423 +360	+457 +360	+567 +540	+580 +540	+603 +540	+637 +540	+687 +660	+700 +660	+723 +660

（续）

公称尺寸/mm		公差带												
		v	x				y				z			
大于	至	8	5	6	7	8	5	6	7	8	5	6	7	8
—	3	—	+24 +20	+26 +20	+30 +40	+34 +20	—	—	—	—	+30 +26	+32 +26	+36 +26	+40 +26
3	6	—	+33 +28	+36 +28	+40 +28	+46 +28	—	—	—	—	+40 +35	+43 +35	+47 +35	+53 +53
6	10	—	+40 +34	+43 +34	+49 +34	+56 +34	—	—	—	—	+48 +42	+51 +42	+57 +42	+64 +42
10	14	—	+48 +40	+51 +40	+58 +40	+67 +40	—	—	—	—	+58 +50	+61 +50	+68 +50	+77 +50
14	18	+66 +39	+53 +45	+56 +45	+63 +45	+72 +45	—	—	—	—	+68 +60	+71 +60	+78 +60	+87 +60
18	24	+80 +47	+63 +54	+67 +54	+75 +54	+87 +54	+72 +63	+76 +63	+84 +63	+96 +63	+82 +73	+86 +73	+94 +73	+106 +73
24	30	+88 +55	+73 +64	+77 +64	+85 +64	+97 +64	+84 +75	+88 +75	+96 +75	+108 +75	+97 +88	+101 +88	+109 +88	+121 +88
30	40	+107 +68	+91 +80	+96 +80	+105 +80	+119 +80	+105 +94	+110 +94	+119 +94	+133 +94	+123 +112	+128 +112	+137 +112	+151 +112
40	50	+120 +81	+108 +97	+113 +97	+122 +97	+136 +97	+125 +114	+130 +114	+139 +114	+153 +114	+147 +136	+152 +136	+161 +136	+175 +136
50	65	+148 +102	+135 +122	+141 +122	+152 +122	+168 +122	+157 +144	+163 +144	+174 +144	+190 +144	+185 +172	+191 +172	+202 +172	+218 +172
65	80	+166 +120	+159 +146	+165 +146	+176 +146	+192 +146	+187 +174	+193 +174	+204 +174	+220 +174	+223 +210	+229 +210	+240 +210	+256 +210
80	100	+200 +146	+193 +178	+200 +178	+213 +178	+232 +178	+229 +214	+236 +214	+249 +214	+268 +214	+273 +258	+280 +258	+293 +258	+312 +258
100	120	+226 +172	+225 +210	+232 +210	+245 +210	+264 +210	+269 +254	+276 +254	+289 +254	+308 +254	+325 +310	+332 +310	+345 +310	+364 +310
120	140	+265 +202	+266 +248	+273 +248	+288 +248	+311 +248	+318 +300	+325 +300	+340 +300	+363 +300	+383 +365	+390 +365	+405 +365	+428 +365
140	160	+291 +228	+298 +280	+305 +280	+320 +280	+343 +280	+358 +340	+365 +340	+380 +340	+403 +340	+433 +415	+440 +415	+455 +415	+478 +415
160	180	+315 +252	+328 +310	+335 +310	+350 +310	+373 +310	+398 +380	+405 +380	+420 +380	+443 +380	+483 +465	+490 +465	+505 +465	+528 +465
180	200	+356 +284	+370 +350	+379 +350	+396 +350	+422 +350	+445 +425	+454 +425	+471 +425	+497 +425	+540 +520	+549 +520	+566 +520	+592 +520
200	225	+382 +310	+405 +385	+414 +385	+431 +385	+457 +385	+490 +470	+499 +470	+516 +470	+542 +470	+595 +575	+604 +575	+621 +575	+647 +575
225	250	+412 +340	+445 +425	+454 +425	+471 +425	+497 +425	+540 +520	+549 +520	+566 +520	+592 +520	+660 +640	+669 +640	+686 +640	+712 +640
250	280	+466 +385	+498 +475	+507 +475	+527 +475	+556 +475	+603 +580	+612 +580	+632 +580	+661 +580	+733 +710	+742 +710	+762 +710	+791 +710
280	315	+506 +425	+548 +525	+557 +525	+577 +525	+606 +525	+673 +650	+682 +650	+702 +650	+731 +650	+813 +790	+822 +790	+842 +790	+871 +790
315	355	+564 +475	+615 +590	+626 +590	+647 +590	+679 +590	+755 +730	+766 +730	+787 +730	+819 +730	+925 +900	+936 +900	+957 +900	+989 +900
355	400	+619 +530	+685 +660	+696 +660	+717 +660	+749 +660	+845 +820	+856 +820	+877 +820	+909 +820	+1025 +1000	+1036 +1000	+1057 +1000	+1089 +1000
400	450	+692 +595	+767 +740	+780 +740	+803 +740	+837 +740	+947 +920	+960 +920	+983 +920	+1017 +920	+1127 +1100	+1140 +1100	+1163 +1100	+1197 +1100
450	500	+757 +660	+847 +820	+860 +820	+883 +820	+917 +820	+1027 +1000	+1040 +1000	+1063 +1000	+1097 +1000	+1277 +1250	+1290 +1250	+1313 +1250	+1347 +1250

注：基本尺寸小于 1mm 时，各级的 a 和 b 均不采用。

附表 5-5　孔的极限偏差（GB/T 1800.2—2009）（尺寸至 500mm）　（单位：μm）

公称尺寸/mm		公差带												
		A				B				C				
大于	至	9	10	11	12	9	10	11	12	8	9	10	11	12
—	3	+295 +270	+310 +270	+330 +270	+370 +270	+165 +140	+180 +140	+200 +140	+240 +140	+74 +60	+85 +60	+100 +60	+120 +60	+160 +60
3	6	+300 +270	+318 +270	+345 +270	+390 +270	+170 +140	+188 +140	+215 +140	+260 +140	+88 +70	+100 +70	+118 +70	+145 +70	+190 +70
6	10	+316 +280	+338 +280	+370 +280	+430 +280	+186 +150	+208 +150	+240 +150	+300 +150	+102 +80	+116 +80	+138 +80	+170 +80	+230 +80
10	14	+333	+360	+400	+470	+193	+220	+260	+330	+122	+138	+165	+205	+275
14	18	+290	+290	+290	+290	+150	+150	+150	+150	+95	+95	+95	+95	+95
18	24	+352	+384	+430	+510	+212	+244	+290	+370	+143	+162	+194	+240	+320
24	30	+300	+300	+300	+300	+160	+160	+160	+160	+110	+110	+110	+110	+110
30	40	+372 +310	+410 +310	+470 +310	+560 +310	+232 +170	+270 +170	+330 +170	+420 +170	+159 +120	+182 +120	+220 +120	+280 +120	+370 +120
40	50	+382 +320	+420 +320	+480 +320	+570 +320	+242 +180	+280 +180	+340 +180	+430 +180	+169 +130	+192 +130	+230 +130	+290 +130	+380 +130
50	65	+414 +340	+460 +340	+530 +340	+640 +340	+264 +190	+310 +190	+380 +190	+490 +190	+186 +140	+214 +140	+260 +140	+330 +140	+440 +140
65	80	+434 +360	+480 +360	+550 +360	+660 +360	+274 +200	+320 +200	+390 +200	+500 +200	+196 +150	+224 +150	+270 +150	+340 +150	+450 +150
80	100	+467 +380	+520 +380	+600 +380	+730 +380	+307 +220	+360 +220	+440 +220	+570 +220	+224 +170	+257 +170	+310 +170	+390 +170	+520 +170
100	120	+497 +410	+550 +410	+630 +410	+760 +410	+327 +240	+380 +240	+460 +240	+590 +240	+234 +180	+267 +180	+320 +180	+400 +180	+530 +180
120	140	+560 +460	+620 +460	+710 +460	+860 +460	+360 +260	+420 +260	+510 +260	+660 +260	+263 +200	+300 +200	+360 +200	+450 +200	+600 +200
140	160	+620 +520	+680 +520	+770 +520	+920 +520	+380 +280	+440 +280	+530 +280	+680 +280	+273 +210	+310 +210	+370 +210	+460 +210	+610 +210
160	180	+680 +580	+740 +580	+830 +580	+980 +580	+410 +310	+470 +310	+560 +310	+710 +310	+293 +230	+330 +230	+390 +230	+480 +230	+630 +230
180	200	+775 +660	+845 +660	+950 +660	+1120 +660	+445 +340	+525 +340	+630 +340	+800 +340	+312 +240	+355 +240	+425 +240	+530 +240	+700 +240
200	225	+855 +740	+925 +740	+1030 +740	+1200 +740	+495 +380	+565 +380	+670 +380	+840 +380	+332 +266	+375 +260	+445 +260	+550 +260	+720 +260
225	250	+935 +820	+1005 +820	+1110 +820	+1280 +820	+535 +420	+605 +420	+710 +420	+880 +420	+352 +280	+395 +280	+465 +280	+570 +280	+740 +280
250	280	+1050 +920	+1130 +920	+1240 +920	+1440 +920	+610 +480	+690 +480	+800 +480	+1000 +480	+381 +300	+430 +300	+510 +300	+620 +300	+820 +300
280	315	+1180 +1050	+1260 +1050	+1370 +1050	+1570 +1050	+670 +540	+750 +540	+860 +540	+1060 +540	+411 +330	+460 +330	+540 +330	+650 +330	+850 +330
315	355	+1340 +1200	+1430 +1200	+1560 +1200	+1770 +1200	+740 +600	+830 +600	+960 +600	+1170 +600	+449 +360	+500 +360	+590 +360	+720 +360	+930 +360
355	400	+1490 +1350	+1580 +1350	+1710 +1350	+1920 +1350	+820 +680	+910 +680	+1040 +680	+1250 +680	+489 +400	+540 +400	+630 +400	+760 +400	+970 +400
400	450	+1655 +1500	+1750 +1500	+1900 +1500	+2130 +1500	+915 +760	+1010 +760	+1160 +760	+1390 +760	+537 +440	+595 +440	+690 +440	+840 +440	+1070 +440
450	500	+1805 +1650	+1900 +1650	+2050 +1650	+2280 +1650	+995 +840	+1090 +840	+1240 +840	+1470 +840	+577 +480	+635 +480	+730 +480	+880 +480	+1110 +480

（续）

公称尺寸/mm		公差带												
		D					E				F			
大于	至	7	8	9	10	11	7	8	9	10	6	7	8	9
—	3	+30 +20	+34 +20	+45 +20	+60 +20	+80 +20	+24 +14	+28 +14	+39 +14	+54 +14	+12 +6	+16 +6	+20 +6	+31 +6
3	6	+42 +30	+48 +30	+60 +30	+78 +30	+105 +30	+32 +20	+38 +20	+50 +20	+68 +20	+18 +10	+22 +10	+28 +10	+40 +10
6	10	+55 +40	+62 +40	+76 +40	+98 +40	+130 +40	+40 +25	+47 +25	+61 +25	+83 +25	+22 +13	+28 +13	+35 +13	+49 +13
10	14	+68 +50	+77 +50	+93 +50	+120 +50	+160 +50	+50 +32	+59 +32	+75 +32	+102 +32	+27 +16	+34 +16	+43 +16	+59 +16
14	18													
18	24	+86 +65	+98 +65	+117 +65	+149 +65	+195 +65	+61 +40	+73 +40	+92 +40	+124 +40	+33 +20	+41 +20	+53 +20	+72 +20
24	30													
30	40	+105 +80	+119 +80	+142 +80	+180 +80	+240 +80	+75 +50	+89 +50	+112 +50	+150 +50	+41 +25	+50 +25	+64 +25	+87 +25
40	50													
50	65	+130 +100	+146 +100	+174 +100	+220 +100	+290 +100	+90 +60	+106 +60	+134 +60	+180 +60	+49 +30	+60 +30	+76 +30	+104 +30
65	80													
80	100	+155 +120	+174 +120	+207 +120	+260 +120	+340 +120	+107 +72	+126 +72	+159 +72	+212 +72	+58 +36	+71 +36	+90 +36	+123 +36
100	120													
120	140	+185 +145	+208 +145	+245 +145	+305 +145	+395 +145	+125 +85	+148 +85	+185 +85	+245 +85	+68 +43	+83 +43	+106 +43	+143 +43
140	160													
160	180													
180	200	+216 +170	+242 +170	+285 +170	+355 +170	+460 +170	+146 +100	+172 +100	+215 +100	+285 +100	+79 +50	+96 +50	+122 +50	+165 +50
200	225													
225	250													
250	280	+242 +190	+271 +190	+320 +190	+400 +190	+510 +190	+162 +110	+191 +110	+240 +110	+320 +110	+88 +56	+108 +56	+137 +56	+186 +56
280	315													
315	355	+267 +210	+299 +210	+350 +210	+440 +210	+570 +210	+182 +125	+214 +125	+265 +125	+355 +125	+98 +62	+119 +62	+151 +62	+202 +62
355	400													
400	450	+293 +230	+327 +230	+385 +230	+480 +230	+630 +230	+198 +135	+232 +135	+290 +135	+385 +135	+108 +68	+131 +68	+165 +68	+223 +68
450	500													

（续）

公称尺寸/mm		公差带												
		G				H								
大于	至	5	6	7	8	1	2	3	4	5	6	7	8	9
—	3	+6 +2	+8 +2	+12 +2	+16 +2	+0.8 0	+1.2 0	+2 0	+3 0	+4 0	+6 0	+10 0	+14 0	+25 0
3	6	+9 +4	+12 +4	+16 +4	+22 +4	+1 0	+1.5 0	+2.5 0	+4 0	+5 0	+8 0	+12 0	+18 0	+30 0
6	10	+11 +5	+14 +5	+20 +5	+27 +5	+1 0	+1.5 0	+2.5 0	+4 0	+6 0	+9 0	+15 0	+22 0	+36 0
10	14	+14 +6	+17 +6	+24 +6	+33 +6	+1.2 0	+2 0	+3 0	+5 0	+8 0	+11 0	+18 0	+27 0	+43 0
14	18													
18	24	+16 +7	+20 +7	+28 +7	+40 +7	+1.5 0	+2.5 0	+4 0	+6 0	+9 0	+13 0	+21 0	+33 0	+52 0
24	30													
30	40	+20 +9	+25 +9	+34 +9	+48 +9	+1.5 0	+2.5 0	+4 0	+7 0	+11 0	+16 0	+25 0	+39 0	+62 0
40	50													
50	65	+23 +10	+29 +10	+40 +10	+56 +10	+2 0	+3 0	+5 0	+8 0	+13 0	+19 0	+30 0	+46 0	+74 0
65	80													
80	100	+27 +12	+34 +12	+47 +12	+66 +12	+2.5 0	+4 0	+6 0	+10 0	+15 0	+22 0	+35 0	+54 0	+87 0
100	120													
120	140	+32 +14	+39 +14	+54 +14	+77 +14	+3.5 0	+5 0	+8 0	+12 0	+18 0	+25 0	+40 0	+63 0	+100 0
140	160													
160	180													
180	200	+35 +15	+44 +15	+61 +15	+87 +15	+4.5 9	+7 0	+10 0	+14 0	+20 0	+29 0	+46 0	+72 0	+115 0
200	225													
225	250													
250	280	+40 +17	+49 +17	+69 +17	+98 +17	+6 0	+8 0	+12 0	+16 0	+23 0	+32 0	+52 0	+81 0	+130 0
280	315													
315	355	+43 +18	+54 +18	+75 +18	+107 +18	+7 0	+9 0	+13 0	+18 0	+25 0	+36 0	+57 0	+89 0	+140 0
355	400													
400	450	+47 +20	+60 +20	+83 +20	+117 +20	+8 0	+10 0	+15 0	+20 0	+27 0	+40 0	+63 0	+97 0	+155 0
450	500													

（续）

公称尺寸/mm		公差带												
		H				J			Js					
大于	至	10	11	12	13	6	7	8	1	2	3	4	5	6
—	3	+40 0	+60 0	+100 0	+140 0	+2 -4	+4 -6	+6 -8	±0.4	±0.6	±1	±1.5	±2	±3
3	6	+48 0	+75 0	+120 0	+180 0	+5 -3	—	+10 -8	±0.5	±0.75	±1.25	±2	±2.5	±4
6	10	+58 0	+90 0	+150 0	+220 0	+5 -4	+8 -7	+12 -10	±0.5	±0.75	±1.25	±2	±3	±4.5
10	14	+70 0	+110 0	+180 0	+270 0	+6 -5	+10 -8	+15 -12	±0.6	±1	±1.5	±2.5	±4	±5.5
14	18													
18	24	+84 0	+130 0	+210 0	+330 0	+8 -5	+12 -9	+20 -13	±0.75	±1.25	±2	±3	±4.5	±6.5
24	30													
30	40	+100 0	+160 0	+250 0	+390 0	+10 -6	+14 -11	+24 -15	±0.75	±1.25	±2	±3.5	±5.5	±8
40	50													
50	65	+120 0	+190 0	+300 0	+460 0	+13 -6	+18 -12	+28 -18	±1	±1.5	±2.5	±4	±6.5	±9.5
65	80													
80	100	+140 0	+220 0	+350 0	+540 0	+16 -6	+22 -13	+34 -20	±1.25	±2	±3	±5	±7.5	±11
100	120													
120	140	+160 0	+250 0	+400 0	+630 0	+18 7	+26 -14	+41 -22	±1.75	±2.5	±4	±6	±9	±12.5
140	160													
160	180													
180	200	+185 0	+290 0	+460 0	+720 0	+22 -7	+30 -16	+47 -25	±2.25	±3.5	±5	±7	±10	±14.5
200	225													
225	250													
250	280	+210 0	+320 0	+520 0	+810 0	+25 -7	+36 -16	+55 -26	±3	±4	±6	±8	±11.5	±16
280	315													
315	355	+230 0	+360 0	+570 0	+890 0	+29 -7	+39 -18	+60 -29	±3.5	±4.5	±6.5	±9	±12.5	±18
355	400													
400	450	+250 0	+400 0	+630 0	+970 0	+33 -7	+43 -20	+66 -31	±4	±5	±7.5	±10	±13.5	±20
450	500													

（续）

公称尺寸/mm		公　差　带												
		Js							K					M
大于	至	7	8	9	10	11	12	13	4	5	6	7	8	4
—	3	±5	±7	±12	±20	±30	±50	±70	0 -3	0 -4	0 -6	0 -10	0 -14	-2 -5
3	6	±6	±9	±15	±24	±37	±60	±90	+0.5 -3.5	0 -5	+2 -6	+3 -9	+5 -13	-2.5 -6.5
6	10	±7	±11	±18	±29	±45	±75	±110	+0.5 -3.5	+1 -5	+2 -7	+5 -10	+6 -16	-4.5 -8.5
10	14	±9	±13	±21	±35	±55	±90	±135	+1 -4	+2 -6	+2 -9	+6 -12	+8 -19	-5 -10
14	18													
18	24	±10	±16	±26	±42	±65	±105	±165	0 -6	+1 -8	+2 -11	+6 -15	+10 -23	-6 -12
24	30													
30	40	±12	±19	±31	±50	±80	±125	±195	+1 -6	+2 -9	+3 -13	+7 -18	+12 -27	-6 -13
40	50													
50	65	±15	±23	±37	±60	±95	±150	±230	+1 -7	+3 -10	+4 -15	+9 -21	+14 -32	-8 -16
65	80													
80	100	±17	±27	±43	±70	±110	±175	±270	+1 -9	+2 -13	+4 -18	+10 -25	+16 -38	-9 -19
100	120													
120	140	±20	±31	±50	±80	±125	±200	±315	+1 -11	+3 -15	+4 -21	+12 -28	+20 -43	-11 -23
140	160													
160	180													
180	200	±23	±36	±57	±92	±145	±230	±360	0 -14	+2 -18	+5 -24	+13 -33	+22 -50	-13 -27
200	225													
225	250													
250	280	±26	±40	±65	±105	±160	±260	±405	0 -16	+3 -20	+5 -27	+16 -36	+25 -56	-16 -32
280	315													
315	355	±28	±44	±70	±115	±180	±285	±445	+1 -17	+3 -22	+7 -29	+17 -40	+28 -61	-16 -34
355	400													
400	450	±31	±48	±77	±125	±200	±315	±485	0 -20	+2 -25	+8 -32	+18 -45	+29 -68	-18 -38
450	500													

（续）

公称尺寸/mm		公差带												
		M				N					P			
大于	至	5	6	7	8	5	6	7	8	9	5	6	7	8
—	3	-2 -6	-2 -8	-2 -12	-2 -16	-4 -8	-4 -10	-4 -14	-4 -18	-4 -29	-6 -10	-6 -12	-6 -16	-6 -20
3	6	-3 -8	-1 -9	0 -12	+2 -16	-7 -12	-5 -13	-4 -16	-2 -20	0 -30	-11 -16	-9 -17	-8 -20	-12 -30
6	10	-4 -10	-3 -12	0 -15	+1 -21	-8 -14	-7 -16	-4 -19	-3 -25	0 -36	-13 -19	-12 -21	-9 -24	-15 -37
10	14	-4 -12	-4 -15	0 -18	+2 -25	-9 -17	-9 -20	-5 -23	-3 -30	0 -43	-15 -23	-15 -26	-11 -29	-18 -45
14	18													
18	24	-5 -14	-4 -17	0 -21	+4 -29	-12 -21	-11 -24	-7 -28	-3 -36	0 -52	-19 -28	-18 -31	-14 -35	22 -55
24	30													
30	40	-5 -16	-4 -20	0 -25	+5 -34	-13 -24	-12 -28	-8 -33	-3 -42	0 -62	-22 -33	-21 -37	-17 -42	-26 -65
40	50													
50	65	-6 -19	-5 -24	0 -30	+5 -41	-15 -28	-14 -33	-9 -39	-4 -50	0 -74	-27 -40	-26 -45	-21 -51	-32 -78
65	80													
80	100	-8 -23	-6 -28	0 -35	+6 -48	-18 -33	-16 -38	-10 -45	-4 -58	0 -87	-32 -47	-30 -52	-24 -59	-37 -91
100	120													
120	140	-9 -27	-8 -33	0 -40	+8 -55	-21 -39	-20 -45	-12 -52	-4 -67	0 100	-37 -55	-36 -61	-28 -68	-43 -106
140	160													
160	180													
180	200	-11 -31	-8 -37	0 -46	+9 -63	-25 -45	-22 -51	-14 -60	-5 -77	0 -115	-44 -64	-41 -70	-33 -79	-50 -122
200	225													
225	250													
250	280	-13 -36	-9 -41	0 -52	+9 -72	-27 -50	25 -57	-14 -66	-5 -86	0 -130	-49 -72	-47 -79	-36 -88	-56 -137
280	315													
315	355	-14 -39	-10 -46	0 -57	+11 -78	-30 -55	-26 -62	-16 -73	-5 -94	0 -140	-55 -80	-51 -87	-41 -98	-62 -151
355	400													
400	450	-16 -43	-10 -50	0 -63	+11 -86	-33 -60	-27 -67	-17 -80	-6 -103	0 -155	-61 -88	-55 -95	-45 -108	-68 -165
450	500													

（续）

公称尺寸/mm		公差带												
		P	R				S				T			U
大于	至	9	5	6	7	8	5	6	7	8	6	7	8	6
—	3	-6 -31	-10 -14	-10 -16	-10 -20	-10 -24	-14 -18	-14 -20	-14 -24	-14 -28	—	—	—	-18 -24
3	6	-12 -42	-14 -19	-12 -20	-11 -23	-15 -33	-18 -23	-16 -24	-15 -27	-19 -37	—	—	—	-20 -28
6	10	-15 -51	-17 -23	-16 -25	-13 -28	-19 -41	-21 -27	-20 -29	-17 -32	-23 -45	—	—	—	-25 -34
10	14	-18 -61	-20 -28	-20 -31	-16 -34	-23 -50	-25 -33	-25 -36	-21 -39	-28 -55	—	—	—	-30 -41
14	18													
18	24	-22 -74	-25 -34	-24 -37	-20 -41	-28 -61	-32 -41	-31 -44	-27 -48	-35 -68	—	—	—	-37 -50
24	30										-37 -50	-33 -54	-41 -74	-44 -57
30	40	-26 -88	-30 -41	-29 -45	-25 -50	-34 -73	-39 -50	-38 -54	-34 -59	-43 -82	-43 -59	-39 -64	-48 -87	-55 -71
40	50										-49 -65	-45 -70	-54 -93	-65 -81
50	65	-32 -106	-36 -49	-35 -54	-30 -60	-41 -87	-48 -61	-47 -66	-42 -72	-53 -99	-60 -79	-55 -85	-66 -112	-81 -100
65	80		-38 -51	-37 -56	-32 -62	-43 -89	-54 -67	-53 -72	-48 -78	-59 -105	-69 -88	-64 -94	-75 -121	-96 -115
80	100	-37 -124	-46 -61	-44 -66	-38 -73	-51 -105	-66 -81	-64 -86	-58 -93	-71 -125	-84 -106	-78 -113	-91 -145	-117 -139
100	120		-49 -64	-47 -69	-41 -76	-54 -108	-74 -89	-72 -94	-66 -101	-79 -133	-97 -119	-91 -126	-104 -158	-137 -159
120	140	-43 -143	-57 -75	-56 -81	-48 -88	-63 -126	-86 -104	-85 -110	-77 -117	-92 -155	-115 -140	-107 -147	-122 -185	-163 -188
140	160		-59 -77	-58 -83	-50 -90	-65 -128	-94 -112	-93 -118	-85 -125	-100 -163	-127 -152	-119 -159	-134 -197	-183 -208
160	180		-62 -80	-61 -86	-53 -93	-68 -131	-102 -120	-101 -126	-93 -133	-108 -171	-139 -164	-131 -171	-146 -209	-203 -228
180	200	-50 -165	-71 -91	-68 -97	-60 -106	-77 -149	-116 -136	-113 -142	-105 -151	-122 -194	-157 -186	-149 -195	-166 -238	-227 -256
200	225		-74 -94	-71 -100	-63 -109	-80 -152	-124 -144	-121 -150	-113 -159	-130 -202	-171 -200	-163 -209	-180 -252	-249 -278
225	250		-78 -98	-75 -104	-67 -131	-84 -156	-134 -154	-131 -160	-123 -169	-140 -212	-187 -216	-179 -225	-196 -268	-275 -304
250	280	-56 -186	-87 -110	-85 -117	-74 -126	-94 -175	-151 -174	-149 -181	-138 -190	-158 -239	-209 -241	-198 -250	-218 -299	-306 -338
280	315		-91 -114	-89 -121	-78 -130	-98 -179	-163 -186	-161 -193	-150 -202	-170 -215	-231 -263	-220 -272	-240 -321	-341 -373
315	355	-62 -202	-101 -126	-97 -133	-87 -144	-108 -197	-183 -208	-179 -215	-160 -226	-190 -279	-257 -293	-247 -304	-268 -357	-379 -415
355	400		-107 -132	-103 -139	-93 -150	-114 -203	-201 -226	-197 -233	-187 -244	-208 -297	-283 -319	-273 -330	-294 -383	-424 -460
400	450	-68 -223	-119 -146	-113 -153	-103 -166	-126 -223	-225 -252	-219 -259	-209 -272	-232 -329	-317 -357	-307 -370	-330 -427	-477 -517
450	500		-125 -152	-119 -159	-109 -172	-132 -229	-245 -272	-239 -279	-229 -292	-252 -349	-347 -387	-337 -400	-360 -457	-527 -567

（续）

公称尺寸/mm		公差带													
		U		V			X			Y			Z		
大于	至	7	8	6	7	8	6	7	8	6	7	8	6	7	8
—	3	-18 -28	-18 -32	—	—	—	-20 -26	-20 -30	-20 -34	—	—	—	-26 -32	-26 -36	-26 -40
3	6	-19 -31	-23 -41	—	—	—	-25 -33	-24 -36	-28 -46	—	—	—	-32 -40	-31 -43	-35 -53
6	10	-22 37	-28 -50	—	—	—	-31 -40	-28 -43	-34 -56	—	—	—	-39 -48	-36 -51	-42 -64
10	14	-26 -44	-33 -60	—	—	—	-37 -48	-33 -51	-40 -67	—	—	—	-47 -58	-43 -61	-50 -77
14	18			-36 -47	-32 -50	-39 -66	-42 -53	-38 -56	-45 -72	—	—	—	-57 -68	-53 -71	-60 -87
18	24	-53 -54	-41 -74	-43 -56	-39 -60	-47 -80	-50 -63	-46 -67	-54 -87	-59 -72	-55 -76	-63 -96	-69 -82	-65 -86	-73 -106
24	30	-40 -61	-48 -81	-51 -64	-47 -68	-55 -88	-60 -73	-56 -77	-64 -97	-71 -84	-67 -88	-75 -108	-84 -97	-80 -101	-88 -121
30	40	-51 -76	-60 -99	-63 -79	-59 -84	-68 -107	-75 -91	-71 -96	-80 -119	-89 -105	-85 -110	-94 -133	-107 -123	-103 -128	-112 -151
40	50	-61 -86	-70 -109	-76 -92	-72 -97	-81 -120	-92 -108	-88 -113	-97 -136	-109 -125	-105 -130	-114 -153	-131 -147	-127 -152	-136 -175
50	65	-76 -106	-87 -133	-96 -115	-91 -121	-102 -148	-116 -135	-111 -141	-122 -168	-138 -157	-133 -163	-144 -190	-166 -185	-161 -191	-172 -218
65	80	-91 -121	-102 -148	-114 -133	-109 -139	-120 -166	-140 -159	-135 -165	-146 -192	-168 -187	-163 -193	-174 -220	-204 -223	-199 -229	-210 -256
80	100	-111 -146	-124 -178	-139 -161	-133 -168	-146 -200	-171 -193	-165 -200	-178 -232	-207 -229	-201 -236	-214 -268	-251 -273	-245 -280	-258 -312
100	120	-131 -166	-144 -198	-165 -187	-159 -194	-172 -266	-203 -225	-197 -232	-210 -264	-247 -269	-241 -276	-254 -308	-303 -325	-297 -332	-310 -364
120	140	-155 -195	-170 -233	-195 -220	-187 -227	-202 -265	-241 -226	-233 -273	-248 -311	-293 -318	-285 -325	-300 -363	-358 -383	-350 -390	-365 -428
140	160	-175 -215	-190 -253	-221 -246	-213 -253	-228 -291	-273 -298	-265 -305	-280 -343	-333 -358	-325 -365	-340 -403	-408 -433	-400 -440	-415 -478
160	180	-195 -235	-210 -273	-245 -270	-237 -277	-252 -315	-303 -328	-295 -335	-310 -373	-373 -398	-365 -405	-380 -443	-458 -483	-450 -490	-465 -528
180	200	-219 -265	-236 -308	-275 -304	-267 -313	-284 -356	-314 -370	-333 -379	-350 -422	-416 -445	-408 -454	-425 -497	-511 -540	-503 -549	-520 -592
200	225	-241 -287	-258 330	-301 330	-293 -339	-310 -382	-376 -405	-368 -414	-385 -457	-461 -490	-453 -499	-470 -542	-566 -595	-558 -604	-575 -647
225	250	-267 -313	-284 -356	-331 -360	-323 -369	-340 -412	-416 -445	-408 -454	-425 -497	-511 -540	-503 -549	-520 -592	-631 -660	-623 -669	-640 -712
250	280	-295 -347	-315 -396	-376 -408	-365 -417	-385 -466	-466 -498	-455 -507	-475 -556	-571 -603	-560 -612	-580 -661	-701 -733	-690 -742	-710 -791
280	315	-330 -382	-350 -431	-416 -448	-405 -457	-425 -506	-516 -548	-505 -557	-525 -606	-641 -673	-630 -632	-650 -731	-781 -813	-770 -822	-790 -871
315	355	-369 -426	-390 -479	-464 -500	-454 -511	-475 -564	-579 615	-569 -626	-590 -679	-719 -755	-709 -766	-730 -819	-889 -925	-879 -936	-900 -989
355	400	-414 -471	-435 -524	-519 -555	-509 -566	-530 -619	-649 -685	-639 -696	-660 -749	-809 -845	-799 -856	-820 -909	-989 -1025	-979 -1036	-1000 -1089
400	450	-467 -530	-490 -587	-582 -622	-572 -635	-595 -692	-727 -767	-717 -780	-740 -837	-907 -947	-897 -960	-920 -1017	-1087 -1127	-1077 -1140	-1100 -1197
450	500	-517 -580	-540 -637	-647 -687	-637 -700	-660 -757	-807 -847	-797 -860	-820 -917	-987 -1027	-977 -1040	-1000 -1097	-1237 -1277	-1227 -1290	-1250 -1347

注：1. 公称尺寸小于 1mm 时，各级的 A 和 B 均不采用。
2. 当公称尺寸大于 250 至 315mm 时，M6 的 ES 等于-9（不等于-11）。
3. 公称尺寸小于 1mm 时，大于 IT8 的 N 不采用。

附表 5-6 基孔制优先、常用配合（GB/T 1801—1999）

（基本尺寸至 500mm 的基孔制优先和常用配合）

基准孔	轴																				
	a	b	c	d	e	f	g	h	js	k	m	n	p	r	s	t	u	v	x	y	z
	间隙配合								过渡配合			过盈配合									
H6						H6/f5	H6/g5	H6/h5	H6/js5	H6/k5	H6/m5	H6/n5	H6/p5	H6/r5	H6/s5	H6/t5					
H7						H7/f6	◤H7/g6	◤H7/h6	H7/js6	◤H7/k6	H7/m6	◤H7/n6	◤H7/p6	H7/r6	◤H7/s6	H7/t6	◤H7/u6	H7/v6	H7/x6	H7/y6	H7/z6
H8					H8/e7	◤H8/f7	H8/g7	◤H8/h7	H8/js7	H8/k7	H8/m7	H8/n7	H8/p7	H8/r7	H8/s7	H8/t8	H8/u7				
				H8/d8	H8/e8	H8/f8		H8/h8													
H9			H9/c9	◤H9/d9	H9/e9	H9/f9		◤H9/h9													
H10			H10/c10	H10/d10				H10/h10													
H11	H11/a11	H11/b11	◤H11/c11	H11/d11				◤H11/h11													
H12		H12/b12						H12/h12													

注：1. $\frac{H6}{n5}$、$\frac{H7}{p6}$在基本尺寸小于或等于 3mm 和$\frac{H8}{r7}$在小于或等于 100mm 时，为过渡配合。

2. 标注◤的配合为优先配合。

附表 5-7 基轴制优先、常用配合（GB/T 1801—1999）

（基本尺寸至 500mm 的基轴制优先和常用配合）

基准轴	孔																				
	A	B	C	D	E	F	G	H	JS	K	M	N	P	R	S	T	U	V	X	Y	Z
	间隙配合								过渡配合			过盈配合									
h5						F6/h5	G6/h5	H6/h5	JS6/h5	K6/h5	M6/h5	N6/h5	P6/h5	R6/h5	S6/h5	T6/h5					
h6						F7/h6	◤G7/h6	◤H7/h6	JS7/h6	◤K7/h6	M7/h6	◤N7/h6	◤P7/h6	R7/h6	◤S7/h6	T7/h6	◤U7/h6				
h7					E8/h7	◤F8/h7		◤H8/h7	JS8/h7	K8/h7	M8/h7	N8/h7									
h8				D8/h8	E8/h8	F8/h8		H8/h8													

六、常用标准结构

附表 6-1　零件倒圆与倒角（摘自 GB/T 6403.4—2008）

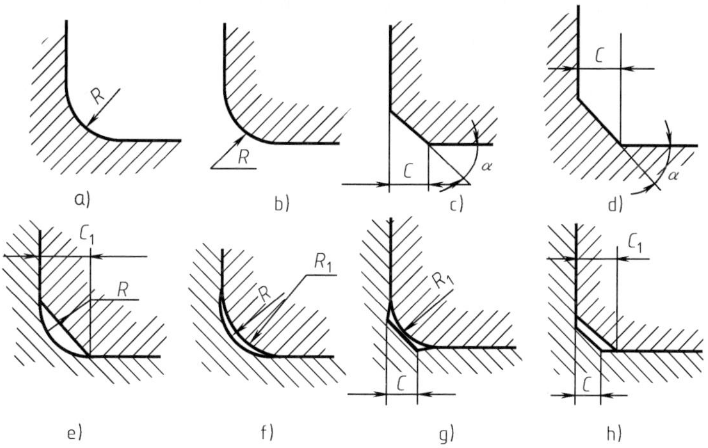

（单位：mm）

直径 D	~3	>3~6	>6~10	>10~18	>18~30	>30~50
C 或 R	0.2	0.4	0.6	0.8	1.0	1.6
直径 D	>50~80	>80~120	>120~180	>180~250	>250~320	>320~400
C 或 R	2.0	2.5	3.0	4.0	5.0	6.0
直径 D	>400~500	>500~630	>630~800	>800~1000	>1000~1250	>1250~1600
C 或 R	8.0	10	12	16	20	25

注：1. 内角倒圆，外角倒角时，$C_1>R$，如图 e 所示。
2. 内角倒圆，外角倒圆时，$R_1>R$，如图 f 所示。
3. 内角倒角，外角倒圆时，$C<0.58R_1$，如图 g 所示。
4. 内角倒角，外角倒角时，$C_1>C$，如图 h 所示。

附表 6-2　回转面及端面砂轮越程槽的形式及尺寸（摘自 GB/T 6403.5—2008）

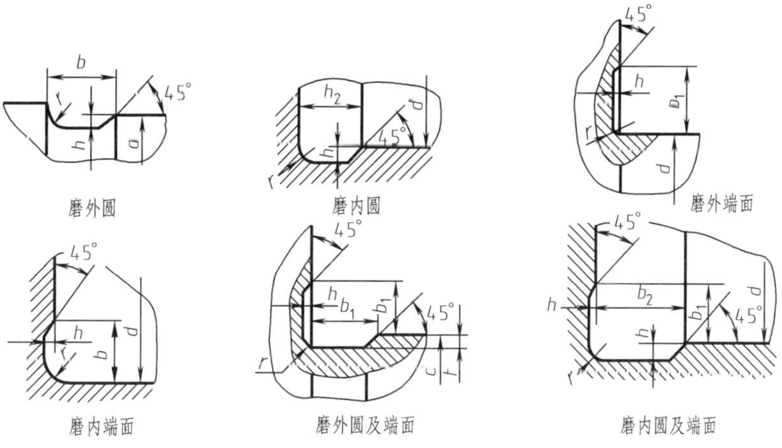

（单位：mm）

b_1	0.6	1.0	1.6	2.0	3.0	4.0	5.0	8.0	10
b_2	2.0	3.0		4.0		5.0		8.0	10
h	0.1	0.2		0.3	0.4		0.6	0.8	1.2
r	0.2	0.5		0.8	1.0		1.6	2.0	3.0
d	-10			>10~50		>50~100		>100	

参考文献

[1] 崔振勇，印建平. 工程制图［M］. 北京：机械工业出版社，2006.

[2] 高雪强. 机械制图［M］. 北京：机械工业出版社，2008.

[3] 丁一，何玉林. 工程图学基础［M］. 北京：高等教育出版社，2008.

[4] 唐克中，朱同钧. 画法几何及工程制图［M］. 4 版. 北京：高等教育出版社，2009.